普通高等院校土建类专业"十四五"创新规划教材

钢结构基本原理

朱万旭 李 丽 主 编

中国建材工业出版社
北 京

图书在版编目（CIP）数据

钢结构基本原理/朱万旭，李丽主编．--北京：中国建材工业出版社，2024.7

普通高等院校土建类专业"十四五"创新规划教材

ISBN 978-7-5160-3835-2

Ⅰ.①钢… Ⅱ.①朱… ②李… Ⅲ.①钢结构—高等学校—教材 Ⅳ.①TU391

中国国家版本馆 CIP 数据核字（2023）第 194412 号

钢结构基本原理
GANGJIEGOU JIBEN YUANLI
朱万旭 李 丽 主 编

出版发行：中国建材工业出版社
地　　址：北京市西城区白纸坊东街 2 号院 6 号楼
邮　　编：100054
经　　销：全国各地新华书店
印　　刷：北京印刷集团有限责任公司
开　　本：787mm×1092mm　1/16
印　　张：18
字　　数：420 千字
版　　次：2024 年 7 月第 1 版
印　　次：2024 年 7 月第 1 次
定　　价：59.80 元

本社网址：www.jccbs.com，微信公众号：zgjcgycbs
请选用正版图书，采购、销售盗版图书属违法行为
版权专有，盗版必究。本社法律顾问：北京天驰君泰律师事务所，张杰律师
举报信箱：zhangjie@tiantailaw.com　　举报电话：(010) 63567684
本书如有印装质量问题，由我社事业发展中心负责调换，联系电话：(010) 63567692

本书编委会

主　编 朱万旭　李　丽

副主编 柯晓军　邹万杰　赵　锐　张　敏

　　　　　李　琦　缪宇宁　孙凌云　张丙全

　　　　　唐文龙　易　金　孟庆鹏

前　言

随着社会的进步和科技的发展，钢结构在建筑、交通、能源等领域的应用越来越广泛。作为一种重要的结构形式，钢结构在支撑和承载方面具有独特的优势。为了使人们更好地理解和应用钢结构，我们编写了这本《钢结构基本原理》。

钢结构基本原理是土木工程专业的学科基础课程，适用于建筑工程、道路桥梁工程、岩土工程、地下工程等方向。通过本课程的学习，学生可以了解钢结构的应用范围和发展方向，掌握钢结构的材料选用、钢结构构件及连接设计方法。

为适应土木工程专业教学需求，将钢结构基本原理与钢结构设计分开编写。钢结构基本原理部分共六章，包括绪论、钢结构的材料、钢结构的连接、轴心受力构件、受弯构件、拉弯和压弯构件，适应不同方向学生的学习需求。我们联合广西壮族自治区内高校多年从事钢结构一线教学的教师共同编写本教材，同时结合实际工程需要，由吉林省建筑科学研究设计院及中交二公局提供工程案例；知识拓展部分，本书提供部分构件及节点模型，增强读者的感性认识，帮助读者更好地理解和掌握钢结构的基本原理。同时，我们关注最新的技术动态，将最新的研究成果和应用技术纳入书中，希望读者能够掌握钢结构的基本原理和设计方法，为今后的学习和工作打下坚实的基础。

本教材由桂林理工大学朱万旭、李丽担任主编，广西大学柯晓军、广西科技大学邹万杰、新疆大学赵锐、桂林理工大学张敏和李琦、广西民族大学缪宇宁、贺州学院孙凌云、吉林省建筑科学研究设计院张丙全、中交二公局唐文龙、桂林理工大学易金和孟庆鹏担任副主编，同时感谢桂林理工大学研究生欧维、邓成伟、熊云峰对本书出版工作给予的支持。

本书的出版得到了桂林理工大学的资助。

由于编者水平有限，书中难免有疏漏之处，恳请广大师生及专业人士不吝赐教，提出宝贵意见与建议。

主　编
2023 年 9 月

目 录

1 绪论 ··· 1
    1.1 钢结构的特点 / 1
    1.2 钢结构的设计方法 / 2
    1.3 钢结构的应用和发展 / 14

2 钢结构的材料 ··· 21
    2.1 钢材的破坏形式 / 21
    2.2 钢材的主要性能 / 21
    2.3 各种因素对钢材主要性能的影响 / 26
    2.4 钢材的疲劳 / 29
    2.5 钢的种类和钢材规格 / 38

3 钢结构的连接 ··· 43
    3.1 焊缝连接 / 43
    3.2 对接焊缝连接的设计 / 46
    3.3 角焊缝连接的设计 / 51
    3.4 焊接残余应力和焊接残余变形 / 66
    3.5 螺栓连接 / 71
    3.6 普通螺栓连接的设计 / 73
    3.7 高强度螺栓连接的设计 / 84

4 轴心受力构件 ··· 98
    4.1 概述 / 98
    4.2 轴心受力构件的强度和刚度计算 / 100
    4.3 轴心受压构件的稳定 / 104
    4.4 实腹式轴心受压柱的设计 / 116
    4.5 格构式轴心受压柱的设计 / 119
    4.6 柱头和柱脚 / 127

5 受弯构件 ·· 133
    5.1 概述 / 133
    5.2 梁的强度和刚度 / 134
    5.3 梁的整体稳定 / 139

5.4　梁的局部稳定和加劲肋的设计　/ 149
　　5.5　考虑腹板屈曲后强度的设计　/ 156
　　5.6　型钢梁截面设计　/ 160
　　5.7　组合梁截面设计　/ 162
　　5.8　梁的拼接连接　/ 164

6　拉弯和压弯构件 — 169
　　6.1　拉弯和压弯构件的应用和截面形式　/ 169
　　6.2　拉弯和压弯构件的破坏形式和设计要点　/ 171
　　6.3　拉弯和压弯构件的强度和刚度　/ 172
　　6.4　实腹式压弯构件的整体稳定　/ 179
　　6.5　实腹式压弯构件的局部稳定　/ 191
　　6.6　压弯构件和框架柱的计算长度　/ 195
　　6.7　实腹式压弯构件设计　/ 198
　　6.8　格构式压弯构件　/ 202

附录 — 212
　　附录1　钢材和连接的强度指标　/ 212
　　附录2　结构或构件的变形容许值　/ 216
　　附录3　梁的整体稳定系数　/ 219
　　附录4　轴心受压构件的稳定系数　/ 223
　　附录5　柱的计算长度系数　/ 227
　　附录6　疲劳计算的构件和连接分类　/ 239
　　附录7　型钢表　/ 246
　　附录8　螺栓和锚栓规格　/ 278
　　附录9　受弯和压弯构件的截面板件宽厚比等级及限值　/ 279

参考文献 — 280

1 绪 论

钢结构是土木工程学科中一门重要的专业课程。20 世纪 50 年代至 80 年代中期，我国人均钢材的拥有量很低，这在很大程度上制约了与钢结构学科相关的新结构体系构建、设计理论与计算方法研究以及钢结构制造水平和施工手段等方面的发展。最近十多年来，国内钢和钢材的需求量及产量、品种大幅度增加，国家经济建设对钢结构专业技术人员的需求明显增多，"积极发展钢结构"作为国家新的建设技术政策，具备了比较坚实的基础。

良好、丰富的建筑艺术表现力使钢结构受到建筑师们的普遍青睐，在传统冶金工业厂房、高层、超高层以及大跨度结构的多年建设实践中，钢结构的突出优势和作用与其他建筑结构相比几乎无可替代。近年来，钢结构在国内更是获得超常规发展，应用更趋广泛，影响快速扩大，不但大量的工业厂房普遍采用钢结构，而且一大批有影响力的公共建筑，如新建、扩建的各大中心城市机场航站楼，新建、扩建的体育文化中心场馆、大剧院、会展中心，也都选择了钢结构。例如，目前世界上最大的通水通航钢结构渡槽为我国的引江济淮淠河总干渠钢桁架结构双线 3 跨渡槽，总宽约 60m，水深达 5.05m，主跨跨度为 110m；广州电视塔结构主体高 450m，加上 160m 的天线，总高度达 610m 等。总之，我国钢结构的应用范围越来越广，国内钢结构学科的发展得到了强有力的推动，并成为结构工程最具活力的研究方向。

1.1 钢结构的特点

钢结构和其他材料的结构相比有如下特点：

(1) 建筑钢材强度高，塑性、韧性好，且自重轻

强度高：与混凝土、砖石材料相比，虽然钢材的重力密度大，但其强度和弹性模量及强度与重力密度之比要高得多。在同样的受力条件下，钢结构构件的截面面积要小得多，结构的自重轻，可减轻基础的负荷，降低地基、基础部分的造价，同时还方便运输和吊装。上部结构质量轻，地震作用就小，有利于抗震。

塑性好：结构在一般条件下不会因超载而突然断裂，只增大变形，故易于被发现。此外，还能将局部高峰应力重分配，使应力变化趋于平缓。

韧性好：具有较好的耗能能力，适宜在动力荷载作用下工作，因此在地震多发区采用钢结构较为有利。

(2) 材质均匀，其实际受力情况比较符合力学计算的结果

钢材由于冶炼和轧制过程的科学控制，其材质比较均匀，接近各向同性，为理想的

弹-塑性体，弹性模量和塑性模量皆较大。因此，钢结构实际受力情况比较符合工程力学计算结果，在计算中采用的经验公式不多，所以计算的不确定性较小，计算结果比较可靠。

（3）钢结构制作简便，施工工期短

钢结构构件一般是在工厂制作，施工机械化、程控化，准确度和精密度皆较高。钢结构所有材料皆已轧制成各种型材，加工简易而迅速。钢构件质量较轻、连接简单、安装方便、施工工期短。小型钢结构和轻型钢结构还可在现场制作，吊装简易。钢结构由于连接的特性，易于加固、改建和拆迁。

（4）钢结构密闭性较好

钢结构的钢材及其连接（如焊接）的水密性和气密性较好，适用于要求密闭的板壳结构，如高压容器、油库、气柜、管道等。

（5）钢结构耐腐蚀性差

钢材容易锈蚀，对钢结构必须注意防护，特别是薄壁构件更要注意，因此，处于较强腐蚀性介质内的建筑物不宜采用钢结构。钢结构在涂油漆以前应彻底除锈，油漆质量和涂层厚度均应符合要求。在设计中应避免使结构受潮、雨淋，构造上应尽量避免存在难以检查、维修的死角。目前国内正在研发多种高性能防腐涂料和抗锈蚀性能较好的耐候钢（也称耐大气腐蚀钢），较好地解决了钢结构耐腐蚀性差的问题。我国近期建设的一些大桥已采用的防腐涂料具有 50 年的抗腐蚀性能，耐候钢也已在一些工程中得到应用。

（6）钢材耐热但不耐火

钢材受热温度在 200℃ 以内时，其主要性能（屈服点和弹性模量）下降不多；当温度超过 200℃ 后，材质变化较大，不仅强度逐步降低，而且有蓝脆和徐变现象；当温度达 600℃ 时，钢材进入塑性状态，已不能承载。因此，设计规定钢材表面温度超过 150℃ 后即需隔热防护，对有防火要求的，更需按相应规定采取隔热保护措施。

（7）钢结构在低温和其他条件下，脆性增大，可能发生脆性断裂，严寒环境中钢结构应选用低温韧性钢

1.2　钢结构的设计方法

1.2.1　概述

任何结构都是为了完成所要求的某些功能而设计的，工程结构必须满足下列条件：①安全性。在正常施工和正常使用时，能承受可能出现的设计荷载范围内的各种作用。当发生火灾时，能在规定的时间内正常发挥功能。当发生爆炸、撞击、罕遇地震等偶然事件及人为失误时，结构能保持必需的整体稳固性，不出现与起因不相称的破坏后果。对重要的结构，应采取必要措施，防止出现结构的连续倒塌；对一般结构，宜采取适当的措施，防止出现结构的连续倒塌。②适用性。结构在正常使用条件下具有良好的工作性能。③耐久性。结构在正常使用和维护条件下具有能达到设计工作年限的耐久性能。

结构的安全性、适用性、耐久性总称为结构的可靠性。结构设计的目的是在满足可靠性要求的前提下，保证所设计的结构和结构构件在施工和使用过程中，符合可持续发展要求，技术先进、安全适用、经济合理，并确保质量。要实现这一目的，必须借助合理的设计方法。

将影响结构设计的诸因素取为定值，用一个安全系数来考虑诸因素变异的影响，衡量结构的安全度的方法称为定值法，包括容许应力法和最大荷载法。钢结构采用容许应力法，其设计式为：

$$\sigma \leqslant [\sigma] \tag{1.1}$$

式中 σ——由标准荷载（荷载规范所规定的荷载值）与构件截面公称尺寸（设计尺寸）所计算的应力；

$[\sigma]$——容许应力，$[\sigma]=f_k/K$（f_k 为材料的标准强度，对钢材为屈服点；K 为大于 1 的安全系数，用以考虑各种不确定性）。

早期的 K 值凭工程经验取值，现在确定 K 值时考虑了荷载和材料强度的不确定性，用概率方法分别确定荷载系数 k_1 和材料强度安全系数 k_2，对于荷载的特殊变异、结构受力状态和工作条件、施工制造条件等特殊情况，根据实际工程经验引入调整系数 k_3。因此，$K=k_1 k_2 k_3$。

容许应力法计算简单，但不能定量度量结构的可靠度，更不能使各类结构的安全度达到同一水准。一些设计人员往往从定值概念出发，将结构的安全度与安全系数等同起来。常常误认为采用了某一给定的安全系数，结构就能百分之百可靠，或认为安全系数大的结构安全度就高，没有与抗力及作用力的变异性联系起来。例如，砖石结构的安全系数最大，但不能说明砖石结构比其他结构更安全。所以，定值法对结构可靠度的研究处于以经验为基础的定性分析阶段。

随着工程技术的发展，建筑结构的设计方法开始由长期采用的定值法转向概率设计法。在概率设计法的研究进程中，首先考虑荷载和材料强度的不确定性，用概率方法确定它们的取值。根据经验确定分项安全系数，仍然没有将结构可靠度与概率联系起来，故称为半概率法。

材料强度和荷载的概率取值用下列公式计算：

$$f_k = \mu_f - \alpha_f \sigma_f \tag{1.2}$$

$$Q_k = \mu_Q + \alpha_Q \sigma_Q \tag{1.3}$$

式中 f_k, Q_k——材料强度和荷载的标准值；

μ_f, μ_Q——材料强度和荷载的平均值；

σ_f, σ_Q——材料强度和荷载的标准差；

α_f, α_Q——材料强度和荷载的保证系数（如果材料强度与荷载服从正态分布，当保证率为 95% 时，$\alpha=1.645$；当保证率为 97.7% 时，$\alpha=2$；当保证率为 99.9% 时，$\alpha=3$）。

半概率法的设计表达式仍可采用容许应力法的设计式，我国《钢结构设计规范》（TJ 17—1974）的设计式就是这样确定的，但安全系数是由多系数分析确定的，如下式所示：

$$\sigma \leqslant \frac{f_{yk}}{k_1 k_2 k_3} = \frac{f_{yk}}{K} = [\sigma] \tag{1.4}$$

式中　f_{yk}——钢材屈服点的标准值；

　　　k_1——荷载系数；

　　　k_2——材料系数；

　　　k_3——调整系数。

概率设计法的研究在 20 世纪 60 年代末期有了重大突破，这使概率设计法应用于规范成为可能。这个重大突破就是提出了一次二阶矩法。该法既有确定的极限状态，又可给出不超过该极限状态的概率（可靠度），因而是一种较为完善的概率极限状态设计方法，把结构可靠度的研究由以经验为基础的定性分析阶段推进到以概率论和数理统计为基础的定量分析阶段。

一次二阶矩法虽然已经是一种概率设计法，但由于在分析中忽略或简化了基本变量随时间的变化，确定基本变量的分布时有一定的近似性，且为了简化计算而将一些复杂关系进行了线性化，所以还只能算是一种近似的概率设计法。完全、真正的全概率法有待今后继续深入和完善，还将经历一个较长的发展过程。

1.2.2　概率极限状态设计方法

按极限状态进行结构设计时，首先应明确极限状态的概念。当结构或其组成部分超过某一特定状态而不能满足设计规定的某一功能要求时，此特定状态就称为该结构的极限状态。

结构的极限状态可以分为下列三类：

（1）承载能力极限状态：对应于结构或结构构件达到最大承载能力或出现不适于继续承载的变形，包括倾覆、强度破坏、疲劳破坏、丧失稳定、结构变为机动体系或出现过度的塑性变形等。

（2）正常使用极限状态：对应于结构或结构构件达到正常使用或耐久性能的某项规定限值，包括出现影响正常使用或影响外观的变形，出现影响正常使用或耐久性能的局部损坏以及影响正常使用的振动等。

（3）耐久性极限状态：对应于结构或结构构件在环境影响下出现的劣化（材料性能随时间的逐渐衰减）达到耐久性的某项规定限值或标志的状态，当结构或结构构件出现下列状态之一时，应认为超过了耐久性极限状态：①影响承载能力和正常使用的材料性能劣化；②影响耐久性的裂缝、变形、缺口、外观、材料削弱等；③影响耐久性能的其他待定状态。保证结构的承载能力的持续时间与环境适应度，应取《建筑结构可靠性设计统一标准》（GB 50068—2018）中结构构件的极限状态设计表达式，根据各种极限状态的设计要求，采用有关的荷载代表值、材料性能标准值、几何参数标准值以及各种分项系数等表达。

结构物在建造和使用过程中所起到的作用和所处环境不同，设计时所采用的结构体系、设计方法等也应有所区别。因此，进行建筑结构设计时，应根据结构在施工和使用中的条件和影响，区分四种设计状况，见表 1.1。

表 1.1　结构设计时应考虑的四种状况

设计状况	特点	实例
持久设计状况	使用过程中一定出现，持续时间长	房屋结构承受家具和正常人员荷载
短暂设计状况	在结构施工和使用过程中出现概率较大，而与设计使用年限相比，持续时间很短	结构施工和维修时承受堆料和施工荷载的状况
偶然设计状况	在结构使用过程中出现概率很小，且持续时间很短	火灾、爆炸、撞击等作用
地震设计状况	结构使用过程中遭受地震作用	地震作用

对于上述四种设计状况，均应进行承载能力极限状态设计，以确保结构的安全性。对持久设计状况，允许主要承重构件因出现设计规定的偶然事件而局部破坏，但其余部分具有使用期间内不发生连续倒塌的可靠度；对持久设计状况，应进行正常使用极限状态设计，以满足结构的适用性和耐久性。对短暂设计状况和地震设计状况，可根据需要进行正常使用极限状态设计；偶然设计状况持续时间很短，可不进行正常使用极限状态设计。

构件的工作性能可用结构的功能函数来描述。若结构设计需要考虑影响结构可靠性的随机变量有 n 个，即 $x_1, x_2, \cdots, x_n$，则在这 n 个随机变量间通常可建立某种函数关系：

$$Z = g(x_1, x_2, \cdots, x_n) \tag{1.5}$$

称为结构的功能函数。

为了简化起见，只以结构构件的荷载效应 S 和抗力 R 两个基本随机变量来表达结构的功能函数，则

$$Z = g(R, S) = R - S \tag{1.6}$$

式（1.6）中 R 和 S 是随机变量，其函数 Z 也是一个随机变量。在实际工程中，可能出现下列三种情况：

(1) 当 $Z > 0$ 时，结构处于可靠状态；
(2) 当 $Z = 0$ 时，结构达到临界状态，即极限状态；
(3) 当 $Z < 0$ 时，结构处于失效状态。

定值设计法认为 R 和 S 都是确定性的，只要按 $Z \geqslant 0$ 设计，并赋予一定的安全系数，结构就是绝对安全的。事实并不是这样，结构失效的事例仍很常见。这是由于基本变量的不定性，说明作用在结构上的荷载有出现高值的可能，材料性能也有出现低值的可能，即使设计者采用了相当保守的设计方案，在结构投入使用后，也不能保证其绝对可靠，因而对所设计的结构的功能只能做出一定概率的保证。这和进行其他有风险的工作一样，只要可靠的概率足够大，或者说失效概率足够小，便可认为所设计的结构是安全的。

按照概率极限状态设计方法，结构的可靠度定义为：结构在规定的时间内，在规定的条件下，完成预定功能的概率。这里所说的"完成预定功能"就是对于规定的某种功能来说结构不失效（$Z \geqslant 0$）。这样，若以 p_s 表示结构可靠度，则上述定义可表达为：

$$p_s = P(Z \geqslant 0) \tag{1.7}$$

结构失效概率以 p_f 表示，则：

$$p_f = P(Z<0) \tag{1.8}$$

由于事件（$Z<0$）与事件（$Z\geqslant 0$）是对立的，因此结构可靠度 p_s 与结构失效概率 p_f 符合下式：

$$p_f + p_s = 1 \tag{1.9}$$
$$p_s = 1 - p_f \tag{1.10}$$

由此，结构可靠度的计算可以转换为结构失效概率的计算。可靠的结构设计指的是设计控制目标要使结构失效概率小到人们可以接受的程度。绝对可靠的结构，$P_s=1$，即失效概率 $P_f=0$ 的结构是不存在的。

为了计算结构失效概率 p_f，最好是求得功能函数 Z 的分布。图 1.1 所示为 Z 的概率密度 $f_Z(Z)$ 曲线，图中纵坐标处 $Z=0$，结构处于极限状态；纵坐标以左 $Z<0$，结构处于失效状态；纵坐标以右 $Z>0$，结构处于可靠状态。图 1.1 中阴影面积表示事件（$Z<0$）的概率，也就是失效概率，可用积分求得：

$$p_f = P(Z<0) = \int_{-\infty}^{0} f_Z(Z) dZ \tag{1.11}$$

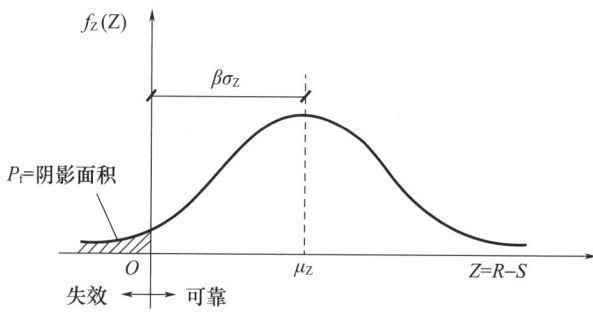

图 1.1 Z 的概率密度 $f_Z(Z)$ 曲线

但一般来说，Z 的分布很难求出。因此，失效概率的计算仅仅在理论上可以解决，实际上很难求出，这使得概率设计法一直不能付诸实用。

20 世纪 60 年代末期，美国学者康奈尔（C. A. Cornell）提出比较系统的一次二阶矩的设计方法，使概率设计法进入了实用阶段。

一次二阶矩法不直接计算结构失效概率 p，而是将图 1.1 中 Z 的平均值 μ_Z 用 Z 的标准差 σ_Z 来度量，得 β 值，则有：

$$\mu_Z = \beta \sigma_Z \tag{1.12}$$

由此得：

$$\beta = \frac{\mu_Z}{\sigma_Z} \tag{1.13}$$

式中，β 称为可靠指标或者安全指标。

显然，只要分布一定，β 与 p 就有一一对应的关系，而且 β 增大，p 减小；β 减小，p 增大。

如果 Z 为正态分布，则 β 与 p 的关系式为：

$$\beta = \Phi^{-1}(1-p) \tag{1.14}$$
$$p = \Phi(-\beta) \tag{1.15}$$

式中　　Φ——标准正态分布函数;

　　　　Φ^{-1}——标准正态分布的反函数。

如果 Z 为非正态分布,则可用当量正态化方法转化为正态。正态分布时 β 与 p 的对应关系见表 1.2。

表 1.2　正态分布时可靠指标 β 与结构失效概率 p 的对应值

β	4.5	4.2	4.0	3.7	3.5	3.2	3.0	2.7	2.5	2.0
p	3.4×10^{-6}	1.34×10^{-5}	3.17×10^{-5}	1.08×10^{-4}	2.33×10^{-4}	6.87×10^{-4}	1.35×10^{-3}	3.47×10^{-3}	6.21×10^{-3}	2.28×10^{-2}

β 的计算避开了 Z 的全分布的推求,而只采用分布的特征值,即一阶原点矩(均值)μ_Z 和二阶中心矩(方差)σ_Z^2,而这两者对于任何分布皆可按下式求得:

$$\mu_Z = \mu_R - \mu_S \tag{1.16}$$

$$\sigma_Z^2 = \sigma_R^2 + \sigma_S^2 \quad (R \text{ 和 } S \text{ 是独立统计的}) \tag{1.17}$$

式中　　μ_R、μ_S——抗力 R 和荷载效应 S 的平均值;

　　　　σ_R^2、σ_S^2——抗力 R 和荷载效应 S 的平方差。

只要经过测试取得足够的数据,就可由统计分析求得 R 和 S 的均值和方差,如果 Z 为非线性函数,则可将此函数展开为泰勒级数而取其线性项,由下式计算均值和方差:

$$Z = g(x_1, x_2, \cdots, x_n) \tag{1.18}$$

$$\mu_Z \approx g(\mu_{x1}, \mu_{x2}, \cdots, \mu_{xn}) \tag{1.19}$$

$$\sigma_Z^2 \approx \sum_{i=1}^{n}\left(\frac{\partial g}{\partial x_i}\bigg|_\mu\right)^2 \sigma_{xi}^2 \tag{1.20}$$

式中,σ_{xi} 为随机变量 x_i 的均值。

由此得:

$$\beta = \frac{\mu_Z}{\sigma_Z} = \frac{\mu_R - \mu_S}{\sqrt{\sigma_R^2 + \sigma_S^2}} = \frac{K_0 - 1}{\sqrt{K_0^2 \delta_R^2 + \delta_S^2}} \tag{1.21}$$

式中,$K_0 = \mu_R/\mu_S$,为中心安全系数;δ_R 和 δ_S 为变异系数。

当 K_0 一定时,δ 变动将使 β 增减,故安全系数不能度量结构的安全度。

将式(1.21)稍加变换,并写成设计式:

$$\mu_R = \mu_S + \beta\sqrt{\sigma_R^2 + \sigma_S^2} \tag{1.22}$$

由于

$$\sqrt{\sigma_R^2 + \sigma_S^2} = \frac{\sigma_R^2 + \sigma_S^2}{\sqrt{\sigma_R^2 + \sigma_S^2}}$$

故得:

$$\mu_R - \alpha_R \beta \sigma_R \geq \mu_S - \alpha_S \beta \sigma_S \tag{1.23}$$

其中:

$$\alpha_R = \frac{\sigma_R}{\sqrt{\sigma_R^2 + \sigma_S^2}}, \quad \alpha_S = \frac{\sigma_S}{\sqrt{\sigma_R^2 + \sigma_S^2}} \tag{1.24}$$

式(1.23)左右分别为 R 和 S 的设计验算点坐标 R^* 和 S^*,可写为:

$$R^* \geq S^* \tag{1.25}$$

这就是概率法的设计式。这种设计不考虑 Z 的全分布而只考虑至二阶矩,对非线性函数用泰勒级数展开取线性项,故称此法为一次二阶矩法。

式(1.23)中可靠指标的取值可用校准法求得。所谓"校准法",就是对现有结构构件进行反演计算和综合分析,求得其平均可靠指标来确定今后设计时应采用的目标可靠指标。我国《建筑结构可靠性设计统一标准》(GB 50068—2018)按破坏类型(延性或脆性破坏)和安全等级(根据破坏后果和建筑物类型分为一、二、三级,级数越高,破坏后果越不严重)分别规定了结构构件按承载能力极限状态设计时采用的不同的 β 值。对于承载能力极限状态,《建筑结构可靠性设计统一标准》(GB 50068—2018)规定的结构构件的可靠性指标 β 值不应小于表 1.3 中的值。

表 1.3 结构构件承载能力极限状态设计时采用的可靠指标 β 值

构件类型	安全等级		
	一级	二级	三级
延性破坏	3.7	3.2	2.7
脆性破坏	4.2	3.7	3.2

1.2.3 设计表达式

《钢结构设计标准》(GB 50017—2017)除疲劳计算外,采用以概率理论为基础的极限状态设计方法,用分项系数的设计表达式进行计算。这是考虑对于概率法的设计式,过去未学习过或不太了解概率法的一部分设计人员不熟悉也不习惯,同时许多基本统计参数还不完善,不能列出。因此,《建筑结构可靠性设计统一标准》(GB 50068—2018)建议采用设计人员普遍熟悉的分项系数设计表达式。但这与以往的设计方法不同,分项系数不是凭经验确定,而是以可靠指标 β 为基础用概率设计法求出,也就是将式(1.23)或式(1.25)转化为等效的以基本变量标准值和分项系数形式表达的极限状态设计式。

现以简单的荷载情况为例,分项系数设计表达式可写成:

$$\frac{R_K}{\gamma_R} \geqslant \gamma_G S_{GK} + \gamma_Q S_{QK} \tag{1.26}$$

式中 R_K——抗力标准值(由材料强度标准值和截面公称尺寸计算而得);

S_{GK}——按标准值计算的永久荷载(G)效应值;

S_{QK}——按标准值计算的可变荷载(Q)效应值;

γ_R、γ_G、γ_Q——抗力分项系数、永久荷载分项系数、可变荷载分项系数。

因此式(1.25)可写成:

$$R^* \geqslant S_G^* + S_Q^* \tag{1.27}$$

为使式(1.26)与式(1.27)等价,必须有:

$$\gamma_R = \frac{R_K}{R^*}, \quad \gamma_G = \frac{S_G^*}{S_{GK}}, \quad \gamma_Q = \frac{S_Q^*}{S_{QK}} \tag{1.28}$$

由式(1.23)可知,R^*、S_G^*、S_Q^* 不仅与可靠指标 β 值有关,而且与各基本变量的统计参数(平均值、标准值)有关。因此,对每一种构件,在给定 β 值的情况下,γ 值将随荷载效应比值 $\rho = S_{QK}/S_{GK}$ 变动而为一系列的值,这对于设计显然不方便;如果分别取 γ_G、γ_Q 为定值,γ_R 亦按各种构件取不同的定值,则所设计的结构构件的实际可靠指标就不可能与给定可靠指标完全一致。为此,可用优化法求最佳的分项系数值,使

两者 β 值的差值最小,并由工程经验确定。

《建筑结构可靠性设计统一标准》(GB 50068—2018)经过计算和分析,规定一般情况下荷载分项系数为:

$$\gamma_G=1.3,\ \gamma_Q=1.5$$

当永久荷载效应与可变荷载效应异号时(如屋盖因风的作用而被掀起时),永久荷载对设计有利,应取:

$$\gamma_G=1.0,\ \gamma_Q=0$$

在荷载分项系数统一规定条件下,《钢结构设计标准》(GB 50017—2017)对钢结构抗力分项系数 γ_R 进行分析,使欲设计的结构构件的实际 β 值与预期的 β 值差值最小,并结合工程经验确定 Q235 钢的 $\gamma_R=1.090$;Q355 钢和 Q390 钢、厚度不大于 40mm 的 Q420 钢、Q460 钢,$\gamma_R=1.125$;厚度为 40~100mm 的 Q420 钢、Q460 钢,$\gamma_R=1.180$;Q355GJ 钢的厚度分别为不大于 40mm 和 40~60mm 及 60~100mm 时,分别取 γ_R 为 1.059 和 1.095 及 1.120;铸钢件的 $\gamma_R=1.282$。

钢结构设计习惯用应力表达,采用钢材强度设计值。钢材强度设计值 f 等于钢材屈服点 f_y 除以抗力分项系数 γ_R 的商,即 $f=f_y/\gamma_R$。但钢结构端面承压和钢结构连接强度设计值则由其极限强度 f_u 除以对应抗力分项系数 γ_R 获得。

结构或结构构件的破坏或过度变形的承载能力极限状态设计,应符合下式要求:

$$\gamma_0 S_d \leqslant R_d \tag{1.29}$$

式中 γ_0——结构重要性系数,其值按《建筑结构可靠性设计统一标准》(GB 50068—2018)采用;

S_d——作用组合的效应设计值,如轴力、弯矩设计值或表示几个轴力、弯矩向量的设计值;

R_d——结构或结构构件的抗力设计值。

对持久设计状况和短暂设计状况,应采用作用的基本组合。

基本组合的效应设计值应按式(1.30)中最不利值确定:

$$S_d = S\left[\sum_{i\geqslant 1}\gamma_{Gi}G_{iK}+\gamma_p P+\gamma_{Q1}\gamma_{L1}Q_{1K}+\sum_{j>1}\gamma_{Qi}\Psi_{cj}\gamma_{Lj}Q_{jK}\right] \tag{1.30}$$

式中 S——作用组合的效应函数;

G_{iK}——第 i 个永久作用的标准值;

P——预应力作用的有关代表值;

Q_{1K}——第 1 个可变作用的标准值;

Q_{jK}——第 j 个可变作用的标准值;

γ_{Gi}——第 i 个永久作用的分项系数,应按表 1.4 采用;

γ_p——预应力作用的分项系数,应按表 1.4 采用;

γ_{Q1}——第 1 个可变作用的分项系数,应按表 1.4 采用;

γ_{L1}、γ_{Lj}——第 1 个和第 j 个考虑结构设计使用年限的荷载调整系数,应按表 1.5 采用;

Ψ_{cj}——第 j 个可变作用的组合值系数应按有关规范的规定采用。

注:在作用组合的效应函数 S 中,符号"Σ"和"+"均表示组合,即同时考虑所有作用对结构的共同影响,而不表示代数相加。

表 1.4 建筑结构的作用分项系数

作用分项系数	当作用效应对承载力不利时	当作用效应对承载力有利时
γ_G	1.3	≤1.0
γ_P	1.3	1.0
γ_Q	1.5	0

表 1.5 考虑建筑结构设计使用年限的荷载调整系数 γ_L

结构的设计使用年限（年）	γ_L
5	0.9
50	1.0
100	1.1

当作用与作用效应按线性关系考虑时，基本组合的效应设计值应按下式中最不利值计算：

$$S_d = \sum_{i \geq 1} \gamma_{G_i} S_{G_i K} + \gamma_p S_p + \gamma_{Q_1} \gamma_{L_1} S_{Q_1 K} + \sum_{j>1} \gamma_{Q_j} \Psi_{c_j} \gamma_{L_j} S_{Q_j K} \tag{1.31}$$

式中 $S_{G_i K}$——第 i 个永久作用标准值的效应；

S_p——预应力作用有关代表值的效应；

$S_{Q_1 K}$——第 1 个可变作用标准值的效应；

$S_{Q_j K}$——第 j 个可变作用标准值的效应。

对于偶然组合，极限状态设计表达式宜按下列原则确定：偶然作用的代表值不乘分项系数；与偶然作用同时出现的可变荷载，应根据观测资料和工程经验采用适当的代表值，具体的设计表达式及各种系数应符合专门规范的规定。

对于正常使用极限状态，按《建筑结构可靠性设计统一标准》(GB 50068—2018)的规定要求分别采用荷载的标准组合、频遇组合和准永久组合进行设计，并使变形等设计不超过相应的规定限值。

钢结构只考虑荷载的标准组合，其设计式为：

$$\nu_{GK} + \nu_{Q1K} + \sum_{i=2}^{n} \Psi_{ci} \nu_{QiK} \leq [\nu] \tag{1.32}$$

式中 ν_{GK}——永久荷载的标准值在结构或结构构件中产生的变形值；

ν_{Q1K}——第 1 个可变荷载的标准值在结构或结构构件中产生的变形值；

ν_{QiK}——其他第 i 个可变荷载标准值在结构或结构构件中产生的变形值；

$[\nu]$——结构或结构构件的容许变形值。

1.2.4 结构内力的分析方法

(1) 一阶弹性分析。

建筑结构的内力一般按结构静力学的方法由一阶弹性分析求得。分析时力的平衡条件按变形前的结构杆件轴线建立，即不考虑结构变形对内力的影响。因此，可以利用叠加原理，先分别按各种荷载单独计算结构内力，然后进行内力组合得到结构各部位的最不利内力设计值。

(2) 框架结构的近似二阶弹性分析。

① 二阶弹性分析。

二阶弹性分析与一阶弹性分析的不同之处在于，力的平衡条件是按发生变形后的杆件轴线建立的。现以图 1.2（a）所示横梁刚度为无穷大的单跨有侧移的对称框架为例，来说明两者的不同。

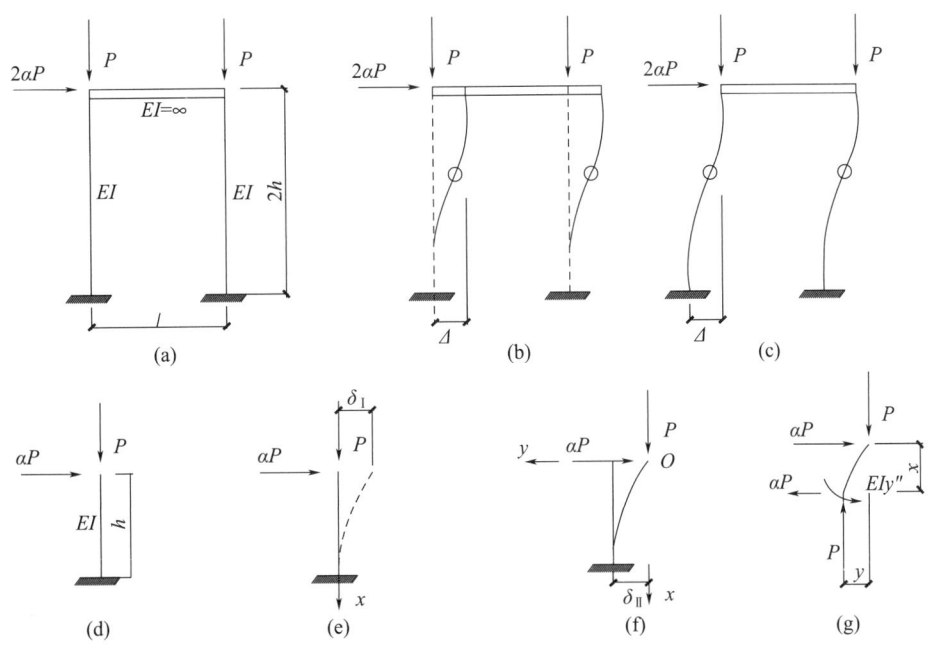

图 1.2 单跨对称框架分析

由于横梁刚度无穷大，框架在荷载作用下，无节点角位移而只有侧移，柱子的反弯点位于柱子中点，因此分析时可将框架简化为悬臂柱，如图 1.2（d）所示。图 1.2（b）和图 1.2（e）分别为框架和悬壁柱进行一阶弹性分析时的计算简图。显然，框架的柱顶位移为：

$$\Delta_{\text{I}} = 2\delta_{\text{I}} = \frac{2\alpha P h^3}{3EI} \tag{1.33}$$

固端弯矩为：

$$M_{\text{I}} = \alpha P h \tag{1.34}$$

由位移和内力公式可知，一阶弹性分析的位移和内力均与水平荷载 αP 成线性关系。

图 1.2（c）和图 1.2（f）分别为框架和悬壁柱进行二阶弹性分析时的计算简图。图 1.2（g）为按悬臂柱模型进行二阶弹性分析时的隔离体图。隔离体的平衡方程为：

$$EIy'' + Py + \alpha Px = 0 \tag{1.35}$$

由二阶微分方程可解得弹性位移曲线 $y = f(x)$，取 $x = h$，可求得：

$$\delta_{\text{II}} = \frac{\alpha P h^3}{3EI} \cdot \frac{3(\tan u - u)}{u^3} \tag{1.36}$$

则

$$\Delta_{\text{II}} = 2\delta_{\text{II}} = \frac{2\alpha P h^3}{3EI} \cdot \frac{3(\tan u - u)}{u^3} \tag{1.37}$$

式中，$u = h\sqrt{\dfrac{P}{EI}}$。

固端弯矩为：

$$M_{\mathrm{II}} = \alpha Ph + P\delta_{\mathrm{II}} \tag{1.38}$$

由式（1.36）可知，位移δ_{II}与P成非线性关系，这是与一阶弹性分析的根本不同之处。

比较两种分析方法，可见二阶弹性分析的结果更接近于实际，而且自动考虑了杆件的弹性稳定问题，但计算工作量大大增加，计算结果中还包含超越函数，解算难度较大。

② 框架结构的近似二阶弹性分析。

关于P-Δ效应的基本概念，设图1.3（a）所示为单跨对称框架在受到竖向和水平荷载共同作用下的最终变形状态，根据上述分析可知，柱顶侧移Δ_i与竖向荷载P_i之间成复杂的非线性关系。现假设Δ_i已知，则P_i将对框架柱底产生一附加弯矩，该值为$P_i\Delta_i$，相当于在该柱顶增加了一个假想水平力$P_i\Delta_i/h_i$的作用。如果将两个柱子的假想水平力$\sum P_i\Delta_i/h_i$施加于框架顶部，如图1.3（c）所示，就可以用一阶弹性分析的方式考虑竖向荷载的二阶影响，最终计算可按图1.3（d）分析。

定义该框架的侧移刚度为单位侧移所需施加的水平力。由图1.3（b）可知该刚度为$\sum H_i/\Delta_{1i}$，由图1.3（d）可知该刚度为$(\sum H_i + \sum P_i\Delta_i/h_i)/\Delta_i$。在一阶弹性分析中，假设框架的刚度与轴力无关，故有：

$$\frac{\sum H_i}{\Delta_{1i}} = \frac{\sum H_i + \sum P_i\Delta_i/h_i}{\Delta_i} \tag{1.39}$$

可解出：

$$\Delta_i = \frac{\Delta_{1i}}{1 - \dfrac{\Delta_{1i}\sum P_i}{h_i \sum H_i}} = \alpha_{2i}\Delta_{1i} \tag{1.40}$$

其中：

$$\alpha_{2i} = \frac{1}{1 - \dfrac{\Delta_{1i}\sum P_i}{h_i \sum H_i}} \tag{1.41}$$

称为考虑P-Δ二阶效应的侧移增加系数。因此，可以用一阶侧移Δ_{1i}乘以α_{2i}求得考虑二阶效应影响的最终侧移Δ_i。

由图1.3（a）可以看出，由于变形的影响，结构将增加$\sum P_i\Delta_i = \alpha_{2i}\sum P_i\Delta_{1i}$的二阶弯矩作用，即在一阶弯矩的基础上，将增加$\alpha_{2i}$倍的一阶侧移弯矩的作用。

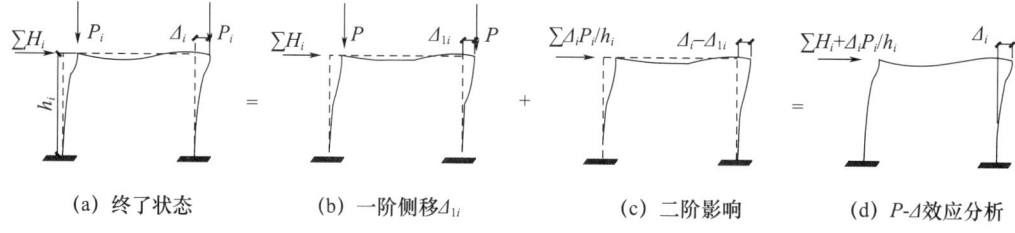

图1.3 P-Δ二阶效应分析

多层框架的近似二阶弹性分析，对于多层框架，同样可以采用上述的P-Δ分析方法，在一阶弹性分析的基础上考虑二阶效应的影响。

图 1.4 所示为典型的多层框架一阶弹性分析计算过程图。原结构的一阶弯矩 M_1 可由无侧移框架 [图 1.4（b）为结构力学位移法中的基本结构] 的弯矩 M_{jb} 和有侧移框架 [图 1.4（c）为撤掉各层约束后的框架位移] 的弯矩 M_{js}。叠加求得：

$$M_1 = M_{jb} + M_{js} \tag{1.42}$$

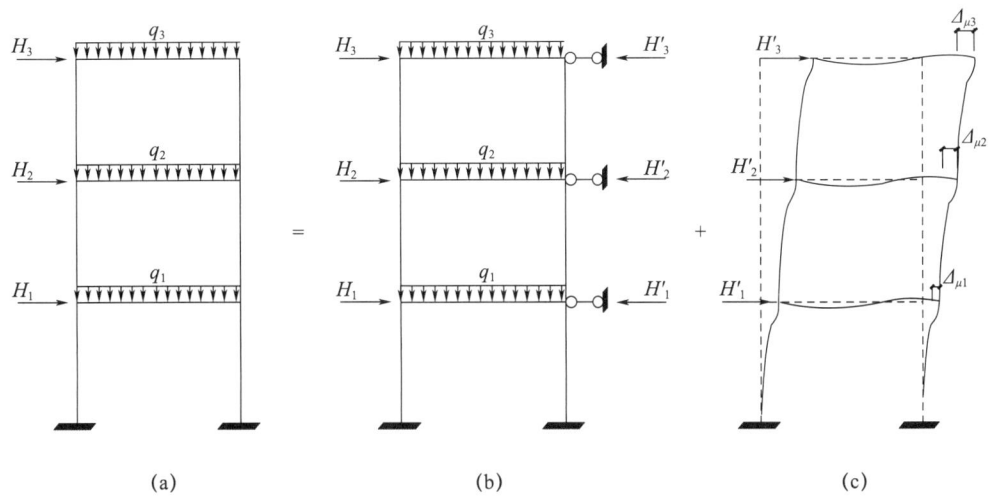

图 1.4　多层框架的一阶分析

当考虑近似二阶弹性分析时，各层的二阶层间侧移可由 $P\text{-}\Delta$ 效应增大系数 α_{2i} 乘以各层的一阶层间位移 Δu_i 得到。相应有侧移框架的各层弯矩也将增大 α_{2i} 倍，变成 $\alpha_{2i} M_{js}$。于是，当采用近似二阶弹性分析时，框架杆件的弯矩 M_{II} 为：

$$M_{II} = M_{jb} + \alpha_{2i} M_{js} \tag{1.43}$$

式中，M_{jb} 为假定框架无侧移时 [图 1.4（b）] 进行一阶弹性分析求得的各杆弯矩；M_{js} 为假定框架各节点侧移时 [图 1.4（c）] 进行一阶弹性分析得的杆件弯矩；α_{2i} 为考虑二阶效应第 i 层杆件的侧移弯矩的增大系数。

$$\alpha_{2i} = \frac{1}{1 - \dfrac{\Delta u \sum N}{h \sum H}} = \frac{1}{1 - \eta} \tag{1.44}$$

式中　$\sum H$——产生层间侧移 Δu 的所计算楼层及其以上各层的水平荷载之和；

$\sum N$——本层所有柱的轴力之和。

算例分析表明，当 $\eta \leqslant 0.25$（$\alpha_{2i} = 1.33$）时，该近似方法的精确度较高，弯矩误差在 7% 以内。当 $\eta > 0.25$ 时，误差较大，此时应增加框架结构的侧向刚度，使 $\alpha_{2i} \leqslant 1.33$。当 $\eta \leqslant 0.1$ 时，二阶弹性分析和一阶弹性分析的结果差别很小，说明框架结构的抗侧移刚度较大，可忽略侧移对内力分析的影响，可采用一阶弹性分析法来计算框架的内力。式中 Δu 是一阶的层间侧移值，为能简便判别是否要用二阶弹性分析的条件，计算时可用层间侧移的容许值 $[\Delta u]$ 代替。

必须指出的是，由于进行二阶弹性分析时荷载和位移成非线性关系，叠加原理已不再适用，上一节给出的极限状态设计表达式也同样不再适用。为了得到柱子各个截面上的最不利内力设计值，必须先进行荷载组合。在各种荷载组合下进行二阶弹性分析，然后相互比较求得最不利的内力设计值。在用二阶内力计算框架柱的整体稳定度时，框架柱的计算长度系数可取 1.0，这是二阶弹性分析与一阶弹性分析在稳定度计算中的重要不同之处。

1.3 钢结构的应用和发展

1.3.1 钢结构的应用

应根据钢结构的自身特点，注意扬长避短，合理使用钢结构。在土木工程、水利水电工程及桥梁工程等中，钢结构的主要应用范围如下：

（1）大跨度结构。

随着结构跨度增大，结构自重在全部荷载中所占比重增大，减轻自重可获得明显的经济效益，钢结构自重轻，已成为大跨度结构的主要结构形式。我国近年来建设的大型体育场馆、剧院、飞机场航站楼、火车站站房等大型公共建筑的屋盖大多为钢结构，如国家体育场、国家大剧院等。

大跨度桥梁大多采用钢结构，目前世界跨度最大的桥梁之一是主桥跨度 1991m 的日本明石海峡悬索桥。2020 年 10 月通车的武汉杨泗港长江大桥主跨 1700m，为我国目前跨度最大的双层公路钢桁架悬索桥。先后于 2020 年 7 月和 12 月通车的沪苏通和五峰山长江大桥主跨均为 1092m，为目前世界跨度最大的公铁两用钢桁架斜拉桥。目前市政桥梁和许多高速公路桥梁也采用了钢结构。如图 1.5 所示为南宁东站。

（2）高层建筑。

高层建筑已成为现代化城市的一个标志。钢结构质量轻和抗震性能好的特点对高层建筑具有重要意义。钢材强度高则构件截面尺寸小，可提高有效使用面积。质量轻可大大减轻构件、基础和地基所承受的荷载，降低基础工程等的造价，且有利于抗震。目前世界最高建筑为迪拜哈利法塔，162 层，高度为 828m。我国的上海中心大厦（图 1.6）125 层，高度为 632m。台北 101 大楼地上 101 层，高度为 508m。

图 1.5 南宁东站

图 1.6 上海中心大厦

（3）工业建筑。

当工业建筑的跨度和柱距较大，或者因设有大吨位吊车而产生大的动力荷载时，往往部分或全部采用钢结构。为了尽快发挥投资效益，缩短建设周期，我国的普通工业建筑大量采用了钢结构。如图1.7所示为钢结构的工业厂房。

图1.7　钢结构的工业厂房

(4) 轻型结构。

当自重是主要荷载时，常用冷成型薄壁型钢或轻型钢制成的轻型钢结构，包括轻型门式钢架房屋钢结构、冷成型薄壁型钢结构、钢管结构和拱形波纹屋盖结构。轻型钢结构已广泛用于仓库、办公楼、工业厂房、住宅、体育馆等公共设施。

(5) 高耸结构。

高耸结构主要有塔架和桅杆等，它们的高度大，横截面尺寸较小，风荷载和地震作用常常为主要作用，自重对结构的影响较大，常采用钢结构。广州塔（图1.8）结构主体高450m，加上160m的天线，总高度达610m。日本东京电视塔天空树高度为634m。火箭发射架大多也采用钢结构。

图1.8　广州塔

(6) 活动式结构。

活动式结构如水利水电工程中的水工钢闸门、升船机等，可充分发挥钢结构质量轻的特点，降低启闭设备的造价和运转所耗费的动力。一些钢闸门为动水启闭，可发挥钢材塑性和韧性好的性能。三峡水利枢纽工程的永久船闸为双线五级连续梯级船闸，闸门孔口净宽34m，钢闸门高近40m，共24扇门，每扇门质量达820t以上。三峡水利枢纽工程的升船机承船厢轮廓尺寸为132.0m×23.4m×10.0m，一次可载一艘3000t级客轮，船舶过坝时间约 40min，最大提升质量为 15500t，提升高度为 113m。如图 1.9 所示为钢结构升船机。

图 1.9 钢结构升船机

（7）可拆卸或移动的结构。

钢结构可采用便于拆装的螺栓连接，一些临时建筑和钢栈桥、流动式展览馆、移动式平台等采用钢结构，可发挥钢结构质量轻，便于运输和安装与拆卸方便的优点。我国建造的"蓝鲸 2 号"半潜式双钻塔海上深水钻井平台长 117m，宽 92.7m，高 118m，自重 43725t，能抵御 12 级台风，最大作业水深 3.6km、最大钻井深度 15km。

（8）容器和大直径管道。

利用钢结构密闭性好的特点，可制成储罐、输油（气、原料）管道、水工压力管道、石油化工塔等。三峡水利枢纽工程中的发电机组采用的压力钢管内径达 12.4m，钢管壁厚达 60mm。图 1.10 所示为钢结构石油化工塔。

图 1.10 钢结构石油化工塔

(9) 特种结构。

特种结构主要有纪念性建筑（如北京的中华世纪坛）、城市大型雕塑、钢水塔、钢烟囱（图 1.11）等。

图 1.11 钢烟囱

综上所述，钢结构是在各种工程中广泛应用的一种重要的结构形式。终止使用的钢结构建（构）筑物可拆除异地重建或用作炼钢材料，钢结构符合可持续发展要求，在工程建设中将会发挥日益重要的作用，具有广阔的应用前景。

1.3.2 钢结构的应用发展

钢结构的应用发展，从材料来看，先是铸铁、锻铁，后是钢。铝合金结构是金属结构的一个新分支，不过其工程应用尚不能与钢结构相提并论。

从连接方式的发展来看，在生铁和熟铁时代是销钉连接，19 世纪初采用铆钉连接，20 世纪初出现焊接连接，如今则发展出高强度螺栓连接。

从结构形式来看，先是桥梁、塔，后是工业与民用房屋和水工结构，以及板结构（如高炉、储液库、储气库等）。我国在公元前 200 多年秦始皇时代就曾用铁造桥墩，公元 60 年左右汉明帝时代建造了铁链悬桥（兰津桥），山东济宁崇觉寺铁塔和江苏镇江甘露寺铁塔也是很古老的建筑。1927 年建成沈阳皇姑屯机车厂钢结构厂房，1931 年建成广州中山纪念堂钢结构圆屋顶，1937 年建成钱塘江大铁桥。中华人民共和国成立后，钢结构应用日益扩大，1957 年建成武汉长江大桥，1968 年建成南京长江大桥。建筑钢结构中，具有代表性的建筑有首都体育馆和上海体育馆等大跨度结构；改革开放以来，陆续兴建了北京的中国国贸中心（高 155.2m）、京城大厦（高 182m）、京广中心大厦（高 208m）、深圳的发展中心大厦（高 139m）、地王商业大厦（高 384m）、平安金融中心（高 599m）、上海的金茂大厦（高 340m）、环球金融中心（高 492m）、上海中心大厦（高 632m）、天津的滨海大厦（高 596m）等一大批有影响力的高层、超高层钢结构。除此之外还有塔架钢结构，有 210m 高的上海电视塔、325m 高的北京气象铁塔；特种工业钢结构，有上海大型湿式储气柜等。

钢结构工程技术研究与应用实践表明，在很长一个时期内，钢结构的发展潜力是巨大的，但任务也十分艰巨。为适应建筑高度越来越高、结构跨度越来越大的需求，低合金高强度结构钢应用有从 300MPa 强度向 400MPa 强度甚至更高强度发展的趋势，钢结构行业需要不懈地致力于改进钢结构工程设计计算方法，研发和采用新材料、新的结构及结构体系，在钢结构制造、施工上更多采用新设备、新工艺、新技术，并借助仿真建造，融合建筑信息模型（Building Information Modeling，BIM）、基于工程实践的建筑信息模型（Practice-based BIM implementation，P-BIM）、互操作性矩阵（Interoperability Matrix，IM）等方法与工具，才能不断创造出性能更加优异的钢结构。

1.3.3 设计方法的新发展

目前我国采用的概率极限状态设计法的特点是，用根据各种不定性分析所得到的失效概率（或可靠指标）去度量结构的可靠性，并使所计算的结构构件的可靠度达到预期的一致性和可比性。但是该方法还有待发展，因为用它计算的可靠度还只是构件或某一截面的可靠度而不是结构体系的可靠度，该方法也不适用于构件或连接的疲劳验算。

目前大多数国家（包括我国）采用计算长度法计算钢结构的稳定问题。该方法的步骤是：采用一阶弹性分析求解结构内力，按各种荷载组合求出各杆件的最不利内力，按第一类弹性稳定问题建立结构达临界状态时的特征方程，确定各压杆的计算长度；将各杆件隔离出来，按单独的压弯构件进行稳定承载能力验算，验算中考虑了弹塑性、残余应力和几何缺陷等的影响。该方法的最大特点是采用计算长度系数来考虑结构体系对被隔离出来的构件的影响，计算比较简单，对比较规则的结构也可给出较好的结果。

计算长度法存在以下缺陷（以框架结构为例）：①不考虑节间荷载的影响，按理想框架分支点失稳求特征值的方法求解稳定问题，得不到失稳时框架的准确位移，无法精确考虑二阶效应的影响；②不能考虑结构体系中内力的塑性重分布，因此对大型结构体系常常给出保守的设计，使结构体系的可靠度高于构件的可靠度；③不能精确地考虑结构体系与它的构件之间的相互影响，无法在给定荷载下预测结构体系的破坏模式；④需要花费大量时间进行各构件的承载力验算，包括计算长度的计算；⑤不便于基于计算机的分析和设计。

要克服上述问题，必须开展以整个框架结构体系为对象的二阶非弹性分析，即所谓高等分析和设计。此时，可求得在特定荷载作用下框架体系的极限承载力和失效模式，而无须对各个构件进行验算。目前《欧洲规范：钢结构设计》（EC3）和《澳大利亚钢结构标准》（AS 4100—1998）都列有二阶弹塑性分析或高等分析的条款。我国现行《钢结构设计标准》（GB 50017）则列入了无支撑纯框架可采用二阶弹性分析的条款。上述方法主要是用来计算内力的，然后还要验算构件的承载力，只是计算长度或取构件的实际长度，或者按无侧移框架确定计算长度。

应当指出的是，同时考虑几何非线性和材料非线性的全过程分析（高等分析）给出的结构承载力，将同时满足整个体系和它的组成构件的强度和稳定性的要求，可完全抛弃计算长度和单个构件验算的概念，对结构进行直接的分析和设计。但目前仅平面框架的高等分析和设计方法研究得比较成熟，空间框架的高等分析距实用还有很大的一段距离有待跨越。高等分析和设计方法的缺陷是：①由于考虑了非线性的影响，对荷载的不同组合都需要单独进行分析，叠加原理不再适用；②高等分析依赖于精确的计算模型，如果初选截面不合理，则将耗费较多的时间调整截面；③必须确保构件的局部稳定和平面空间稳定，目前的高等分析还不包括这些方面的验算内容；④该方法是基于计算机的设计方法，无法进行手算，因此计算程序的优劣将直接影响设计效率。高等分析和设计是一个正在发展和完善的新设计方法，而且是一种较精确的方法，我们可以用其来评价计算长度法的精度和问题，提出有关计算长度法的改进建议。可以预期，在近期内这两种方法将并存，并获得共同的发展。今后，随着计算机技术的发展，高等分析和设计方法将逐渐成为主要的设计方法。对于这一点，我们必须有清醒的认识，应加紧开展相应的研究，以便在下一次钢结构规范修订时能达到国际水平。

1.3.4 提高制造工业水平和安装技术水平

随着互联网、人工智能、信息化技术及BIM技术的不断发展，不断提升钢结构智能化建造水平，实现环保、绿色制造是实现产业升级换代的必由之路。加强科学管理和质量控制，提高劳动生产率，改进钢结构制造的工艺和设备更新，提高机械化和自动化以及智能建造水平。促进结构系列化、标准化、产品化，实现工厂批量生产，作为产品投放市场。创造具有中国特色的施工技术和成套工法，强化自动化设备研发，不断提高我国的钢结构安装技术水平。

1.3.5 开发研究和推广应用高性能钢材

研究强度更高的钢材及其合理使用，采用高强度钢材，可以用较少的材料做成功效较高的结构，对于跨度大、荷载大的结构和移动式结构极为有利。2020年10月1日开始实施的《高强钢结构设计标准》（JGJ/T 483—2020）列入Q500、Q550、Q620和Q690钢。Q500和Q690桥梁钢已先后用于沪苏通长江公路铁路两用大桥和江汉七桥等工程。

研发和推广应用经济断面钢材，如薄壁H型钢、大尺寸冷（热）成型圆钢管和方钢管等，不断完善系列产品与应用标准。

研发高性能耐候钢和涂料等。锈蚀是钢材的一大弱点，在钢材冶炼中掺入铜、镍、钛、铬、磷等元素，能提高钢材的耐腐蚀能力，称其为耐候钢［《耐候结构钢》（GB/T 4171—2008）］；不锈钢结构具有优越的耐腐蚀性能，已用于南京园博园等工程；我国颁布的《不锈钢结构技术规程》（CECS 400：2015），为不锈钢结构的工程应用提供了技术支持；科研工作者还研究了新的高性能耐候钢和涂料，如海洋环境耐候钢、有机或无机以及不锈钢板覆盖的复合钢材等。

低屈服强度钢研发与应用。钢材的屈强比越低，材料破断前产生稳定塑形变形的能力越强，吸震性能越好；我国已开发研究生产出了低屈强比耐震结构钢，并用于工程中的耗能构件等，《低屈服点钢应用技术规程》正在编制中。

研发低温韧性钢。严寒环境下钢结构应选用低温韧性钢，采用低温环境下的焊接技术，马鞍山钢铁集团已生产Q420超低温韧性热轧H型钢，－60℃的冲级韧性为250～300J/cm^2。工程设计可参照《耐低温热轧H型钢》（YB/T 4619—2017）和《船舶及海洋工程用低温韧性钢》（GB/T 37602—2019）等。

习题

1.1 简述钢结构的优缺点。

1.2 什么是承载能力极限状态？什么是正常使用极限状态？

知识拓展

2 钢结构的材料

2.1 钢材的破坏形式

钢材有两种性质完全不同的破坏形式，即塑性破坏和脆性破坏。钢结构所用的材料虽然有较高的塑性和韧性，一般为塑性破坏，但在一定的条件下，仍然有脆性破坏的可能。

（1）塑性破坏

塑性破坏是由于变形过大，超过了材料或构件可能的应变能力而产生的，而且仅在构件的应力达到钢材的抗拉强度 f_u 后才发生。破坏前构件产生较大的塑性变形，断裂后的断口呈纤维状，色泽发暗。在塑性破坏前，由于总有较大的塑性变形发生，且变形持续的时间较长，很容易及时发现而采取措施予以补救，不致引起严重后果。另外，塑性变形后出现内力重分布，使结构中原先受力不等的部分应力趋于均匀，因而提高了结构的承载力。

（2）脆性破坏

脆性破坏前塑性变形很小，甚至没有塑性变形，计算应力可能小于钢材的屈服点 f_y，断裂从应力集中处开始。冶金和机械加工过程中产生的缺陷，特别是缺口和裂纹，常常是断裂的发源地。破坏前没有任何预兆，破坏是突然发生的，断口平直并呈有光泽的晶粒状。由于脆性破坏前没有明显的预兆，无法及时察觉和采取补救措施，而且个别构件的断裂常引起整个结构塌毁，危及生命财产的安全，后果严重。在设计、施工和使用钢结构时，要特别注意防止出现脆性破坏。

2.2 钢材的主要性能

2.2.1 受拉、受压及受剪时的性能

钢材标准试件在常温静荷载情况下，单向均匀受拉试验时的荷载-变形（F-ΔL）曲线或应力-应变（σ-ε）曲线，如图 2.1 所示。

2.2.1.1 强度性能

由图 2.1 所示应力-应变曲线可看出钢材的工作特性可分为如下几个阶段：

（1）弹性阶段（OP 段）

如图 2.1 所示，图中 σ-ε 曲线的 OP 段为直线变化，表示钢材具有完全弹性性质。应力由零到比例极限 f_p（P 点应力 f_p 称为比例极限），应力与应变呈正比关系，二者的

比值称为弹性模量，记为 $E=\tan\alpha=\sigma/\varepsilon$，$\alpha$ 是 OP 直线与横坐标轴之间的夹角。钢材的弹性模量很大，因此钢材在弹性阶段工作时的变形很小，卸荷后变形完全恢复。

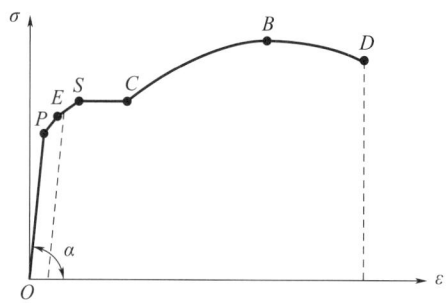

图 2.1　碳素结构钢的应力-应变曲线

（2）屈服阶段（PES 段）

曲线的 PE 段仍具有弹性，但非线性，即为非线性弹性阶段，这时的模量叫作切线模量，$E_t=\mathrm{d}\sigma/\mathrm{d}\varepsilon$。此段上限 E 点的应力 f_e 称为弹性极限。随着荷载的增加，曲线出现 ES 段，这时表现为非弹性性质，即卸荷曲线成为与 OP 平行的直线（图 2.1 中的虚线），留下永久性的残余变形。此段上限 S 点的应力 f_y 称为屈服点。当应力增加时，增加的应变包括弹性应变和塑性应变两部分。弹性模量由 P 点处逐渐下降，至 S 点趋于零。S 点应力称为钢材屈服点（或称屈服应力、屈服强度）f_y。因此将屈服强度作为钢结构设计强度标准的依据，即以屈服点作为钢材的强度承载力极限，f_y 称为钢材的抗拉（压和弯）强度标准值，除以材料分项系数 γ_R 后，即得强度设计值 f（$f=f_y/\gamma_R$）。在此阶段卸荷时，弹性应变立即恢复，而塑性应变不能恢复，称为残余应变。

（3）塑性阶段（SC 段）

在开始进入塑性流动范围时，曲线波动较大，以后逐渐趋于平稳，其最高点和最低点分别称为上屈服强度和下屈服强度（也称为上屈服点和下屈服点）。上屈服点和试验条件（加载速度、试件形状、试件对中的准确性）有关；下屈服点则对此不太敏感。以前设计中以下屈服点为依据，目前已与国际标准协调一致，以上屈服点作为钢材屈服强度代表值。应力达到屈服点后，应力不再增加，而应变可继续增大，应力-应变关系形成水平线段 SC，通常称为屈服平台，即塑性流动阶段，钢材表现出完全塑性。对于结构钢材，此阶段终了的应变（C 点的应变）可达 2%~3%。

（4）强化阶段（CBD 段）

超过屈服台阶，材料出现应变硬化，曲线上升，直至曲线最高处的 B 点，这点的应力称为抗拉强度或极限强度 f_u。当应力达到 B 点时，试件发生颈缩现象，该处截面迅速缩小，承载能力也随之下降，最终试件至 D 点断裂破坏，弹性应变恢复，残余的塑性变形应变可达 20%~30%。当以屈服点的应力 f_y 作为强度限值时，抗拉强度成为材料的强度储备。

对于没有缺陷和残余应力影响的试件，比例极限和屈服点比较接近，且屈服点前的应变很小（对低碳钢约 0.15%）。为了简化计算，通常假定屈服点以前钢材为完全弹性的，屈服点以后则为完全塑性的，这样就可把钢材视为理想的弹-塑性体，其应力-应变曲线表现为双直线，如图 2.2 所示。当应力达到屈服点后，将使结构产生很大的在使用上不容许的残余变形（此时，对低碳钢 $\varepsilon_c = 2.5\%$），表明钢材的承载能力达到了最大限度。因此，在设计时取屈服点为钢材可以达到的最大应力的代表值。

高强度钢没有明显的屈服点和屈服台阶。这类钢的屈服条件是根据试验分析结果而人为规定的，故称为条件屈服点（或屈服强度）。条件屈服点是以卸荷后试件中残余应变 ε_r 为 0.2% 所对应的应力定义的（有时用 $f_{0.2}$ 表示），如图 2.3 所示。由于这类钢材不具有明显的塑性平台，设计中不宜利用它的塑性。

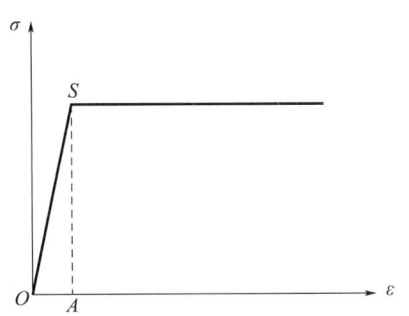

图 2.2 理想的弹-塑性体的应力-应变曲线

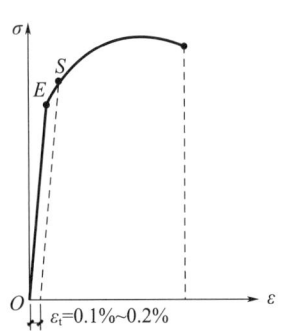

图 2.3 高强度钢的应力-应变曲线

2.2.1.2 塑性性能

伸长率 δ 和断面收缩率 Ψ 是衡量钢材塑性的两个主要指标。断面收缩率能真实、客观地反映钢材在正向应力作用下所能产生的最大塑性变形，不过在测量时容易产生较大的误差，因而钢材塑性指标通常采用伸长率作为保证要求。伸长率是（应力-应变曲线中最大的应变值）试件被拉断时的最大伸长值（塑性变形值）与原标距之比的百分数，其计算公式为：

$$\delta = \frac{l_1 - l_0}{l_0} \times 100\%$$

式中　l_1——试件拉断后的标距长度；

l_0——试件原标距长度，一般取 $5d$ 或 $10d$（d 为试件直径）；

δ——伸长率，对不同标距用下标区别，如 δ_5、δ_{10}（$\delta_5 > \delta_{10}$）。

断面收缩率是试件拉断后横截面尺寸的变化量与原尺寸之比，其计算公式为：

$$\Psi = \frac{A_0 - A_1}{A_0} \times 100\%$$

式中　A_0——试件截面面积；

A_1——拉断后颈缩区的截面面积。

δ 和 Ψ 反映了钢材塑性性能的大小，其值越大，表明材料的塑性越好。通常将 $\delta \geqslant 5\%$ 的材料称为塑性材料，如低碳钢、低合金钢、青铜等；将 $\delta < 5\%$ 的材料称为脆性材料，如铸铁、混凝土、玻璃和陶瓷等。

2.2.1.3 钢材在复杂应力作用下的工作性能

在单向拉力试验中，单向应力达到屈服点时，钢材即进入塑性状态。在复杂应力如平面或立体应力（图 2.4）作用下，钢材由弹性状态转入塑性状态的条件是按能量强度理论（或第四强度理论）计算的折算应力 σ_{red} 与单向应力下的屈服点相比较来判断：

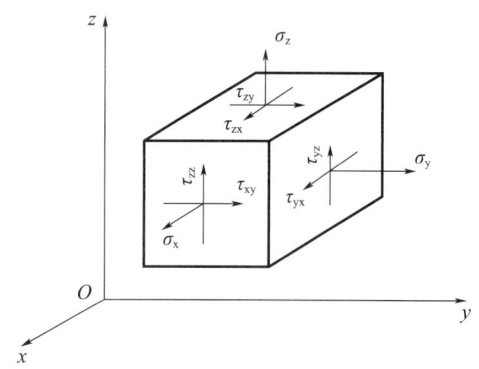

图 2.4 复杂应力

$$\sigma_{\text{red}} = \sqrt{\sigma_x^2 + \sigma_y^2 + \sigma_z^2 - (\sigma_x\sigma_y + \sigma_y\sigma_z + \sigma_z\sigma_x) + 3(\tau_{xy}^2 + \tau_{yz}^2 + \tau_{zx}^2)} \quad (2.1)$$

当 $\sigma_{\text{red}} < f_y$ 时，为弹性状态；当 $\sigma_{\text{red}} \geq f_y$ 时，为塑性状态。如果三向应力中有一向应力很小（如厚度较小，厚度方向的应力可忽略不计）或为 0 时，则属于平面应力状态，式（2.1）成为：

$$\sigma_{\text{red}} = \sqrt{\sigma_x^2 + \sigma_y^2 - \sigma_x\sigma_y + 3\tau_{xy}^2} \quad (2.2)$$

在一般的梁中，只存在正应力 σ 和剪应力 τ，则：

$$\sigma_{\text{red}} = \sqrt{\sigma^2 + 3\tau} \quad (2.3)$$

当只有剪应力时，$\sigma = 0$，则：

$$\sigma_{\text{red}} = \sqrt{3\tau^2} = \sqrt{3}\,\tau = f_y$$

由此得：

$$\tau = \frac{f_y}{\sqrt{3}} = 0.58 f_y \quad (2.4)$$

当平面或立体应力皆为拉应力时，材料破坏时没有明显的塑性变形产生，即材料处于脆性状态。

2.2.1.4 钢材物理性能指标

钢材（粗而短的试件）在单向受压时，受力性能基本上和单向受拉时相同。受剪的情况也相似，但屈服点 τ_y 及抗剪强度 τ_u 均较受拉时低；剪变模量 G 也低于弹性模量 E。

钢材和钢铸件的弹性模量 E、剪变模量 G、线膨胀系数 α 和质量密度 ρ 见表 2.1。

表 2.1　钢材和钢铸件的物理性能指标

弹性模量 E（N/mm²）	剪变模量 G（N/mm²）	线膨胀系数 α（以每℃计）	质量密度 ρ（kg/m³）
2.06×10^5	7.9×10^4	1.2×10^{-5}	7850

2.2.1.5 冷弯性能

冷弯性能由冷弯试验来确定（图 2.5）。试验时按照规定的弯心直径在试验机上用冲头加压，使试件弯成 180°，若试件外表面不出现裂纹和分层，则为合格。冷弯试验不仅能直接检验钢材的弯曲变形能力或塑性性能，还能暴露钢材内部的冶金缺陷，如硫、磷偏析和硫化物与氧化物的掺杂情况，这些缺陷都将降低钢材的冷弯性能。因此，冷弯性能是鉴定钢材在弯曲状态下塑性应变能力和钢材质量的综合指标。

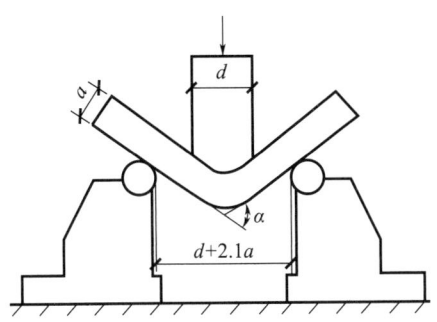

图 2.5 钢材冷弯试验示意图

图中，a 为冷变试验试件的厚度；d 为符合试验要求的弯心直径；$α$ 为符合试验要求的试件弯曲角度。

2.2.2 冲击韧性

拉伸试验所表现的钢材性能，如强度和塑性属于静力性能，而韧性试验则可获得钢材的一种动力性能。冲击韧性是钢材抵抗冲击荷载的能力，它用材料在断裂时所吸收的总能量（包括弹性能和非弹性能）来量度，其值为图 2.1 中 $σ-ε$ 曲线与横坐标所包围的总面积，总面积越大韧性越高，故韧性是钢材强度和塑性的综合指标。通常钢材强度提高，韧性降低，表示钢材趋于脆性。

钢材的冲击韧性通常通过在材料试验机上对标准试件进行冲击荷载试验来测定，常用的标准试件的形式有夏比 V 形缺口和梅氏 U 形缺口两种。V 形缺口试件的冲击韧性用试件断裂时所吸收的功 C_V 来表示，其单位为 J，梅氏试件在梅氏试验机上进行试验，所得结果以单位截面面积上所消耗的冲击功 a_k 表示，单位为 J/cm^2。由于 V 形缺口试件对冲击尤为敏感，更能反映结构类裂纹性缺陷的影响，近年来用 C_V 来表示材料冲击韧性的方法取代用 a_k 来表示，如图 2.6 所示。

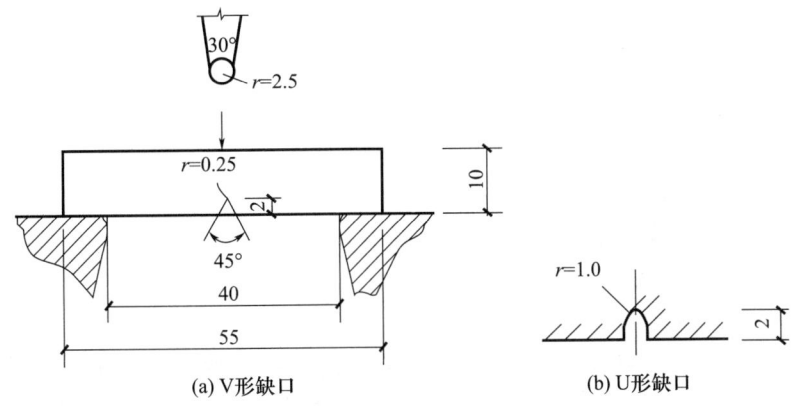

(a) V 形缺口　　(b) U 形缺口

图 2.6 冲击韧性试验

由于低温对钢材的脆性破坏有显著影响，在寒冷地区建造的结构不但要求钢材具有常温（20℃）冲击韧性指标，还要求具有负温（0℃、-20℃或-40℃）冲击韧性指标，以保证结构具有足够的抗脆性破坏能力。

2.3　各种因素对钢材主要性能的影响

2.3.1　化学成分

钢是由各种化学成分组成的，化学成分及其含量对钢的性能特别是力学性能有着重要的影响。其中铁（Fe）和少量的碳（C）是钢材的主要组成元素，纯铁质软，在碳素结构钢中约占99%，而碳和其他元素[包括硅（Si）、锰（Mn）、硫（S）、磷（P）、氮（N）、氧（O）等]仅占1%，但对钢材的力学性能有着决定性的影响。

(1) 碳。

在碳素结构钢中，碳是仅次于纯铁的主要元素，它直接影响钢材的强度、塑性、韧性和焊接性能等。碳含量增加，钢的强度提高，而塑性、韧性和疲劳强度下降，可焊性和抗腐蚀性均变差，但在钢结构中采用的碳素结构钢，对含碳量要加以限制，一般不应超过0.22%，在焊接结构钢中还应低于0.20%。

(2) 硫和磷。

硫和磷（特别是硫）是钢中的有害成分，它们降低钢材的塑性、韧性、焊接性能和疲劳强度。在高温时，硫使钢变脆，谓之热脆；在低温时，磷使钢变脆，谓之冷脆。碳素结构钢如Q235钢，一般硫的含量不应超过0.045%，磷的含量不应超过0.045%。低合金高强度结构钢一般硫和磷含量均不超过0.035%。但是，磷可提高钢材的强度和抗锈蚀性。常使用的高磷钢，其磷含量可达0.12%，这时应减少钢材中的含碳量，以保持一定的塑性和韧性。

(3) 氧和氮。

氧和氮都是钢中的有害杂质。氧的作用和硫类似，使钢热脆；氮的作用和磷类似，使钢冷脆。氧、氮一般不会超过极限含量，故通常不要求做含量分析。

(4) 硅和锰。

硅和锰是钢中的有益元素，它们都是炼钢的脱氧剂。它们使钢材的强度提高，当含量不过高时，对塑性和韧性无显著的不良影响。在碳素结构钢中，硅的含量应不大于0.3%，锰的含量为0.3%～0.8%。对于低合金高强度结构钢，锰的含量可达1.0%～1.6%，硅的含量可达0.55%。

为了改善钢材的力学性能，可以掺入一定数量的合金元素，如锰（Mn）、铬（Cr）、镍（Ni）、铌（Nb）、钒（V）、钛（Ti）、铜（Cu）等，这种钢称为合金钢。掺入的合金元素含量较少时，称为低合金钢。

2.3.2　冶金缺陷

常见的冶金缺陷有偏析、非金属夹杂、气孔、裂纹及分层等。偏析是指钢中化学成分不一致和不均匀，特别是硫、磷偏析严重降低钢材的性能。非金属夹杂是指钢中含有硫化物与氧化物等杂质。气孔是浇铸钢锭时，由氧化铁与碳作用所生成的一氧化碳气体不能充分逸出而形成的。这些缺陷都将影响钢材的力学性能。浇铸时的非金属夹杂物在轧制后能造成钢材的分层，会严重降低钢材的冷弯性能。

冶金缺陷对钢材性能的影响，不仅在结构或构件受力时表现出来，有时还在加工制作过程中表现出来。

2.3.3 钢材硬化

冷拉、冷弯、冲孔、机械剪切等冷加工使钢材产生很大塑性变形，从而提高了钢的屈服点，同时降低了钢的塑性和韧性，这种现象称为冷作硬化（或应变硬化）。

在高温时熔化于铁中的少量氮和碳，随着时间的增长逐渐从纯铁中析出，形成自由碳化物和氮化物，对基体的塑性变形起遏制作用，从而使钢材的强度提高，塑性、韧性下降。这种现象称为时效硬化，俗称老化。时效硬化的过程一般很长，但如在材料塑性变形后加热，可使时效硬化发展特别迅速。这种方法称为人工时效。

此外还有应变时效，是应变硬化（冷作硬化）后又加时效硬化。

在一般钢结构中，不利用硬化提高强度，有些重要结构要求对钢材的冲击韧性进行人工时效后检验，以保证结构具有足够的抗脆性破坏能力。另外，应将局部硬化部分用刨边或扩钻的方式予以消除。

2.3.4 温度影响

钢材性能随温度变动而有所变化。总体趋势是：温度升高，钢材强度降低，应变增大；反之，温度降低，钢材强度略有增加，塑性和韧性却会降低而变脆（图2.7）。

温度升高，在 200℃ 以内钢材性能没有很大变化，430～540℃ 强度急剧下降，600℃时强度很低不能承担荷载。但在 250℃ 左右，钢材的强度反而略有提高，同时塑性和韧性均下降，材料有转脆的倾向，钢材表面氧化膜呈现蓝色，称为蓝脆现象。钢材应避免在蓝脆温度范围内进行热加工。当温度在 260～320℃ 时，在应力持续不变的情况下，钢材以很缓慢的速度继续变形，称为徐变现象。

当温度从常温开始下降，特别是在负温度范围内时，钢材强度虽有些提高，但其塑性和韧性降低，材料逐渐变脆，这种性质称为低温冷脆。图2.8所示是钢材冲击韧性与温度的关系曲线。由图2.8可见，随着温度的降低，C_v 值迅速下降，材料将由塑性破坏转变为脆性破坏，同时可见这一转变是在一个温度区间 $T_1 T_2$ 内完成的，此温度区间 $T_1 T_2$ 称为钢材的脆性转变温度区，在此区间内曲线的反弯点（最陡点）所对应的温度 T_0 称为脆性转变温度。把低于 T_0 完全脆性破坏的最高温度 T_1 作为钢材的脆断设计温度，即可保证钢结构低温工作的安全。每种钢材的脆性转变温度区及脆断设计温度需要由大量破坏或不破坏的使用经验和试验资料的统计分析确定。

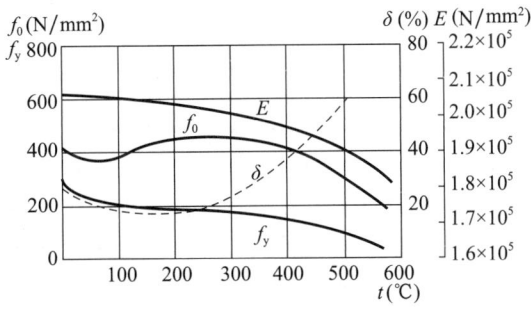

图 2.7 温度对钢材性能的影响

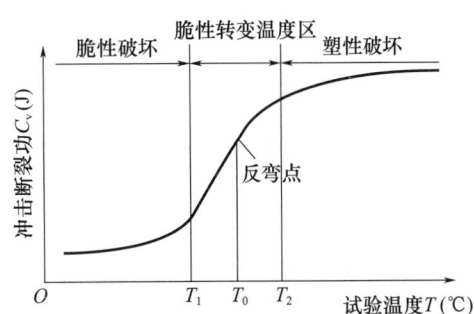

图 2.8 钢材冲击韧性与温度的关系曲线

2.3.5 应力集中

钢材的工作性能和力学性能指标都是以轴心受拉杆件中应力沿截面均匀分布的情况作为基础的。实际上在钢结构的构件中常存在孔洞、槽口、凹角、截面突然改变以及钢材内部缺陷等。此时，构件中的应力分布将不再保持均匀，而是在某些区域产生局部高峰应力，在另外一些区域应力则降低，形成所谓应力集中现象（图 2.9）。高峰区的最大应力与净截面的平均应力之比称为应力集中系数。研究表明，在应力高峰区域总是存在同号的双向或三向应力，这是因为由高峰拉应力引起的截面横向收缩受到附近低应力区的阻碍而引起垂直于内力方向的拉应力 σ_y，在较厚的构件里还产生 σ_z，使材料处于复杂受力状态，由能量强度理论得知，这种同号的平面或立体应力场有使钢材变脆的趋势。应力集中系数越大，变脆的倾向越严重。但由于建筑钢材塑性较好，在一定程度上能促使应力进行重分配，使应力分布严重不均的现象趋于平缓。故受静荷载作用的构件在常温下工作时，在计算中可不考虑应力集中的影响。但在负温或动力荷载作用下工作的结构，应力集中的不利影响将十分突出，往往是引起脆性破坏的根源，故在设计中应采取措施避免或减小应力集中，并选用质量优良的钢材。

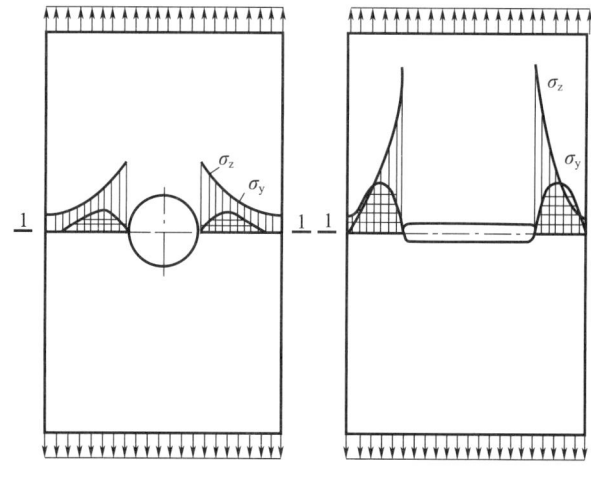

图 2.9 孔洞及槽孔处的应力集中

2.3.6 反复荷载作用

钢材在反复荷载作用下，结构的抗力及性能都会发生重要变化，甚至发生疲劳破坏。在直接的连续反复的动力荷载作用下，根据试验，钢材的强度将降低，即低于一次静力荷载作用下的拉伸试验的极限强度 f_u，这种现象称为钢的疲劳。疲劳破坏表现为突然发生的脆性断裂。

但是，实际上疲劳破坏是损伤累积的结果。材料总是有缺陷的，在反复荷载作用下，先在其缺陷处发生塑性变形和硬化而生成一些极小的裂纹，此后这种微观裂纹逐渐发展成宏观裂纹，试件截面削弱，而在裂纹根部出现应力集中现象，使材料处于三向拉伸应力状态，塑性变形受到限制，当反复荷载达到一定的循环次数时，材料终于破坏，并表现为突然的脆性断裂。

实践证明，构件的应力水平不高或反复次数不多的钢材一般不会发生疲劳破坏，计算中不必考虑疲劳的影响。但是，长期承受频繁的反复荷载的结构构件及其连接，例如承受重级工作制吊车的吊车梁等，在设计中就必须考虑结构的疲劳问题。

钢材的脆性破坏往往是多种因素影响的结果，例如当温度降低，荷载速度增大，使用应力较高，特别是这些因素同时存在时，材料或构件就有可能发生脆性断裂。为了防止脆性破坏的发生，一般需要在设计、制造及使用中注意下列各点：

（1）合理的设计。使其能均匀、连续地传递应力，避免构件截面剧烈变化。低温下工作、受动力作用的钢结构应选择合适的钢材，使所用钢材的脆性转变温度低于结构的工作温度，尽量使用较薄的材料。

（2）正确的制造。正确的制造应严格遵守设计对制造所提出的技术要求，例如，尽量避免使材料出现应变硬化，因剪切、冲孔而造成的局部硬化区，要通过扩钻或刨边等手段来除掉；要正确地选择焊接工艺，保证焊接质量，不在构件上任意起弧、锤击，必要时可用热处理的方法消除重要构件中的焊接残余应力，重要部位的焊接要由相应项目考试合格的焊工操作。

（3）正确的使用。不在主要结构上任意焊接附加的零件，不任意悬挂重物，不任意超负荷使用结构；要注意检查维护，及时刷油漆防锈，避免任何撞击和机械损伤；原设计在室温工作的结构，在冬季停产检修时要注意保暖等。

2.4　钢材的疲劳

钢材在连续反复荷载作用下，应力即使还低于极限强度，甚至还低于屈服点，也会发生破坏，这种破坏称为疲劳破坏。钢材在疲劳破坏之前，并没有明显变形，是一种突然发生的断裂，断口平直。所以疲劳破坏属于反复荷载作用下的脆性破坏。钢材的疲劳破坏是经过长时间的发展过程才出现的，破坏过程可分为3个阶段，即裂纹的形成、裂纹缓慢扩展与最后迅速断裂而破坏。由于钢结构总会有内在的微小缺陷，这些缺陷本身就起着裂纹的作用，所以钢结构的疲劳破坏只有后两个阶段。由此可见，钢材的疲劳破坏首先是由钢材内部结构不均匀（微小缺陷）和应力分布不均所引起的。应力集中可以使个别晶粒很快出现塑性变形及硬化等，从而大大降低了钢材的疲劳强度。

钢材的疲劳强度取决于应力集中（或缺口效应）和应力循环次数。通常钢结构的疲劳破坏属高周低应变疲劳，即总应变幅小，破坏前荷载循环次数多。疲劳强度的大小与应力循环的次数有关。《钢结构设计标准》（GB 50017—2017）规定，对直接承受动力荷载重复作用的钢结构构件及其连接，当应力变化的循环次数 N 等于或大于 5×10^5 次时，应进行疲劳强度计算。

2.4.1　常幅疲劳

根据应力循环中应力幅是否发生变化，将疲劳问题分为常幅疲劳和变幅疲劳两种。如果在所有应力循环内的应力幅保持常量，则称为常幅疲劳。由于现阶段对基于可靠度理论的疲劳极限状态设计方法的基础性研究还比较缺乏，仍沿用传统的按弹性状态计算容许应力幅的设计方法计算疲劳强度。

应力幅 $\Delta\sigma$ 为应力谱（如图 2.10 中的实线所示，拉应力为正、压应力为负）中最大应力 $\sigma_{\max}$ 与最小应力 $\sigma_{\min}$ 之差，即 $\Delta\sigma=\sigma_{\max}-\sigma_{\min}$。式中，$\sigma_{\max}$ 为每次应力循环中的最大应力，$\sigma_{\min}$ 为每次应力循环中的最小应力。

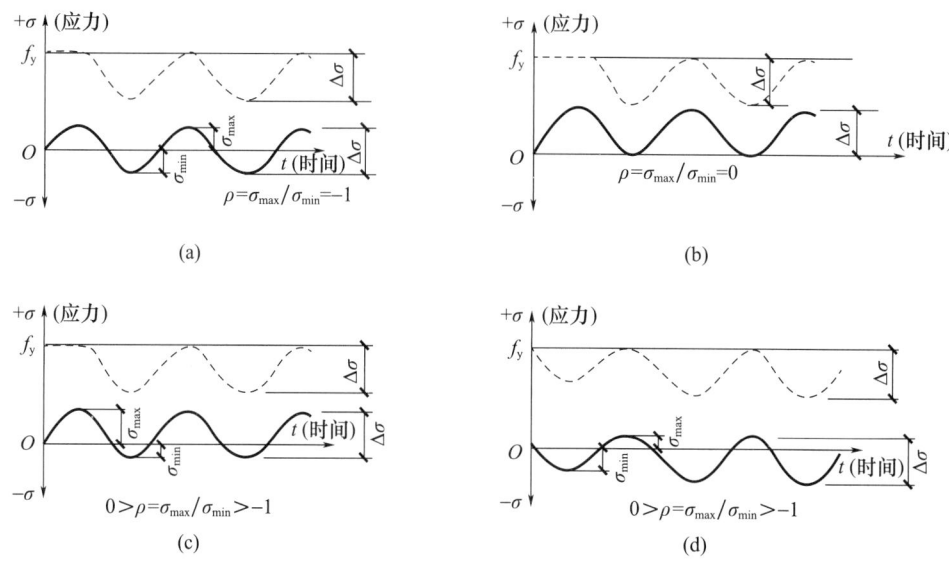

图 2.10 循环应力谱

应力循环特征也可用应力比 ρ 来表示，其含义为 $\sigma_{\max}$ 和 $\sigma_{\min}$ 两者（拉应力取正值，压应力取负值）中，绝对值较小者与绝对值较大者之比。图 2.10（a）中 $\rho=-1$，称为完全对称循环；图 2.10（b）中 $\rho=0$，称为脉冲循环；图 2.10（c）（d）中 ρ 为 $0\sim-1$，称为不完全对称循环，但图 2.10（c）中以拉应力为主，而图 2.10（d）中则以压应力为主。

对轧制钢材或非焊接结构，在循环次数 N 一定的情况下，根据试验资料可绘出 N 次循环的疲劳图，即 $\sigma_{\max}$ 和 $\sigma_{\min}$ 的关系曲线。由于此曲线的曲率不大，可近似用直线来代替，所以只要求得两个试验点便可确定疲劳图。

图 2.11 所示为 $N=2\times10^6$ 次的疲劳图。当 $\rho=0$ 和 $\rho=-1$ 时疲劳强度分别为 σ_0 和 σ_{-1}，由此便可确定 $B(-\sigma_{-1},\sigma_{-1})$ 和 $C(0,\sigma_0)$ 两点，并通过 B、C 两点得直线 $ABCD$。D 点的水平线代表钢材的屈服强度，即使 $\sigma_{\max}$ 不超过 f_y，当坐标为 $\sigma_{\max}$ 和 $\sigma_{\min}$ 的点落在直线 $ABCD$ 上或其上方，即这组应力循环达到 N 次时，也将发生疲劳破坏。线段 BCD 以受拉为主，线段 AB 以受压为主，直线 $ABCD$ 的方程为：

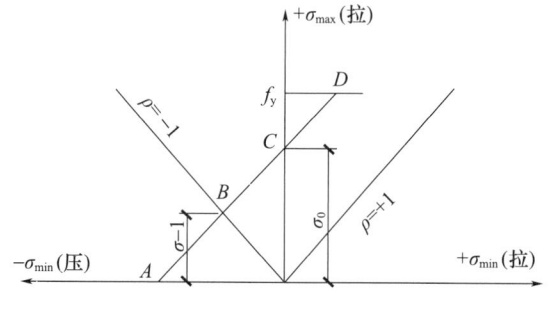

图 2.11 非焊接结构的疲劳图

$$\sigma_{max} - k\sigma_{min} = \sigma_0 \quad (2.5a)$$

或

$$\sigma_{max}(1-k\rho) = \sigma_0 \quad (2.5b)$$

式中，$k=(\sigma_0-\sigma_{-1})/\sigma_{-1}$ 为直线 $ABCD$ 的斜率。

从上面的推导可知，对轧制钢材或非焊接结构，疲劳强度与最大应力、应力比、循环次数和缺口效应（构造类型的应力集中情况）有关。

对焊接结构并不是这样。焊接加热及随后的冷却，将在截面上产生垂直于截面的残余应力。在焊缝及其附近，主体金属残余拉应力通常达到钢材的屈服点 f_y，而此部位正是形成和发展疲劳裂纹最为敏感的区域。在重复荷载作用下，当循环内应力开始处于增大阶段时，焊缝附近的高峰应力将不再增加（只是塑性范围加大），最大实际应力为 f_y，之后循环应力下降到最低 $f_y-\Delta\sigma$，再之后的实际应力循环范围仍在这两个值之间。因此，无论应力比 ρ 值如何，焊缝附近的实际应力循环情况均形成在 f_y 和 $f_y-\Delta\sigma$ 之间的拉应力循环（图 2.10 中的虚线所示）。所以疲劳强度与名义最大应力和应力比无关，而与应力幅 $\Delta\sigma$ 有关。此观点已为国内外的大量疲劳试验所证实。图 2.10 中的实线为名义应力循环应力谱，虚线为实际应力循环应力谱。

根据试验数据可以画出构件或连接的应力幅 $\Delta\sigma$ 与相应的致损循环次数 N 的关系曲线 [图 2.12（a）]，按试验数据回归的曲线为平均值曲线。目前国内外都常用双对数坐标轴的方法使曲线变为直线（或分段直线），以便于简化 [图 2.12（b）]。在双对数坐标图中，疲劳直线方程为：

$$\lg N = b_1 - \beta \lg(\Delta\sigma) \quad (2.6a)$$

或

$$N(\Delta\sigma)^\beta = 10^{b_1} = C \quad (2.6b)$$

式中　β——疲劳直线对纵坐标的斜率；

b_1——疲劳直线在横坐标轴上的截距；

N——循环次数。

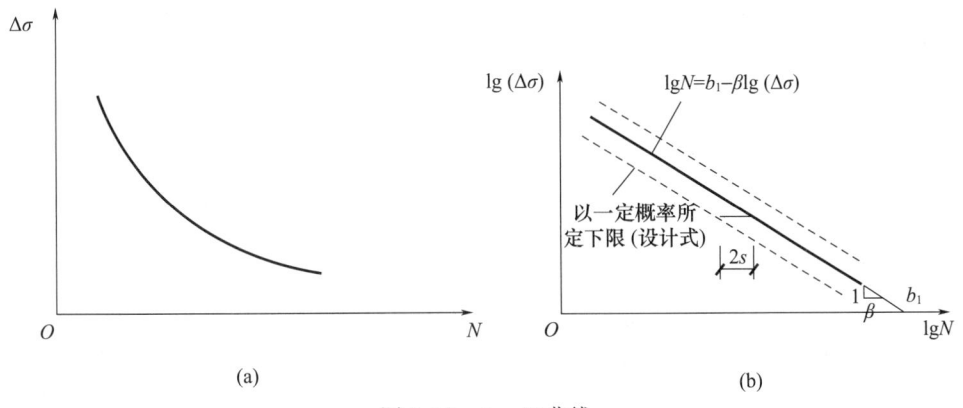

图 2.12　$\Delta\sigma$-N 曲线

考虑到试验数据的离散性，取平均值减去 2 倍 $\lg N$ 的标准差（$2s$）作为疲劳强度下限值 [图 2.12（b）中实线下方的虚线]，如果 $\lg\Delta\sigma$ 为正态分布，则从构件或连接的抗力方面来讲，保证率为 97.7%。下限值的直线方程为：

$$\lg N = b_1 - \beta \lg (\Delta\sigma) - 2s = b_2 - \beta \lg (\Delta\sigma) \quad (2.7)$$

或

$$N(\Delta\sigma)^\beta = 10^{b_2} = C \quad (2.8)$$

取此作为容许应力幅：

$$[\Delta\sigma] = \left(\frac{C}{N}\right)^{\frac{1}{\beta}} \quad (2.9)$$

疲劳计算的基本计算思路，就是保证构件或连接所计算部位的应力幅不超过容许应力幅，容许应力幅根据构件和连接类别、结构使用寿命期内应力循环次数等因素确定。

2.4.2 正应力常幅疲劳的计算

对于不同焊接构件和连接形式，按试验数据回归的直线方程的斜率不尽相同。为了设计的方便，我国现行《钢结构设计标准》(GB 50017)按连接方式、受力特点和疲劳强度，再适当考虑 S-N 曲线（应力幅值与该应力幅下发生疲劳破坏时所经历的应力循环次数的关系曲线）族的等间距布置归纳分类，将正应力作用下的构件和连接分为14类，各类别的 S-N 曲线如图 2.13 所示，对应的疲劳计算参数见表 2.2。

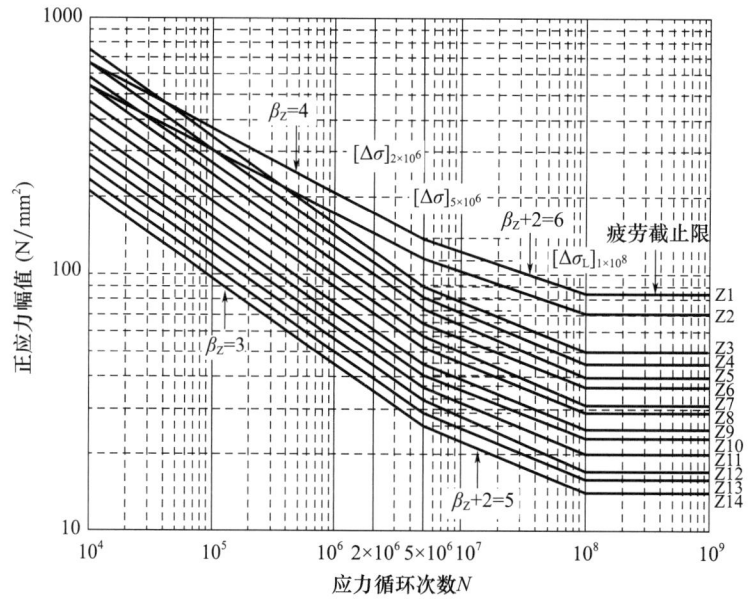

图 2.13 关于正应力幅的疲劳强度 N-S 曲线

表 2.2 正应力幅的疲劳计算参数

构件与连接类别	构件与连接相关系数 C_z	β_z	循环次数 N 为 2×10^6 的容许正应力幅 $[\Delta\sigma]_{2\times10^6}$ (N/mm²)	循环次数 N 为 5×10^6 的容许正应力幅 $[\Delta\sigma]_{5\times10^6}$ (N/mm²)	疲劳截止限 $[\Delta\sigma_L]_{1\times10^8}$ (N/mm²)
Z1	192×10^{12}	4	176	140	85
Z2	861×10^{12}	4	144	115	70

续表

构件与连接类别	构件与连接相关系数 C_z	β_z	循环次数 N 为 2×10^6 的容许正应力幅 $[\Delta\sigma]_{2\times10^6}$ (N/mm²)	循环次数 N 为 5×10^6 的容许正应力幅 $[\Delta\sigma]_{2\times10^6}$ (N/mm²)	疲劳截止限 $[\Delta\sigma_L]_{1\times10^8}$ (N/mm²)
Z3	3.9×10^{12}	3	125	92	51
Z4	2.81×10^{12}	3	112	83	46
Z5	2.00×10^{12}	3	100	74	41
Z6	1.4×10^{12}	3	90	66	36
Z7	1.02×10^{12}	3	80	59	32
Z8	0.72×10^{12}	3	71	52	29
Z9	0.50×10^{12}	3	63	46	25
Z10	0.3×10^{12}	3	56	41	23
Z11	0.25×10^{12}	3	50	37	20
Z12	0.18×10^{12}	3	45	33	18
Z13	0.13×10^{12}	3	40	29	16
Z14	0.09×10^{12}	3	36	26	14

研究表明，低应力幅在高周循环阶段的疲劳损伤程度有所降低，且存在一个不会疲劳损伤的截止限。对于正应力幅疲劳强度问题，当应力幅大于 $N=5\times10^6$ 对应的应力幅时，S-N 曲线的斜率为 β_z，当应力幅处于 $N=5\times10^6 \sim 1\times10^8$ 对应的应力幅时，斜率为 β_z+2（图 2.13）。对于正应力幅疲劳问题，取 $N=1\times10^8$ 对应的应力幅为疲劳截止限。

(1) 确定应力幅 $\Delta\sigma$。

对于焊接部位：

$$\Delta\sigma=\sigma_{max}-\sigma_{min} \tag{2.10}$$

对于非焊接部位：由式（2.5）可以看出，疲劳寿命不仅与应力幅有关，也与名义最大应力有关。因此采用由该式确定的折算应力幅，以考虑 σ_{max} 的影响。经试验数据统计分析，取 $k=0.7$，即：

$$\Delta\sigma=\sigma_{max}-0.7\sigma_{min} \tag{2.11}$$

(2) 疲劳强度快速验算。

当应力幅较低时，可采用下式进行疲劳强度的快速验算：

$$\Delta\sigma<\gamma_t[\Delta\sigma_L]_{1\times10^8} \tag{2.12}$$

式中 γ_t——考虑厚板效应对焊缝疲劳强度影响及大直径螺栓尺寸效应对螺栓疲劳强度影响的修正系数。

低于疲劳截止限的应力幅一般不会导致疲劳破坏，因此，若式（2.12）能得到满足，则疲劳强度满足要求，无须做进一步计算。

对于横向角焊缝或对接焊缝连接，当连接板厚 $t > 25\text{mm}$ 时：

$$\gamma_t = \left(\frac{25}{t}\right)^{0.25} \tag{2.13}$$

对于螺栓轴向受拉连接，当螺栓的公称直径 $d > 30\text{mm}$ 时：

$$\gamma_t = \left(\frac{25}{d}\right)^{0.25} \tag{2.14}$$

(3) 应力幅高于疲劳截止限时的计算。

若不满足式（2.12），表明应力幅高于疲劳截止限，需进一步根据结构预期使用寿命，按下式进行计算：

$$\Delta\sigma \leqslant \gamma_t [\Delta\sigma] \tag{2.15}$$

当 $N \leqslant 5 \times 10^6$ 时：

$$[\Delta\sigma] = \left(\frac{C_z}{N}\right)^{\frac{1}{\beta_z}} \tag{2.16}$$

当 $5 \times 10^6 < N \leqslant 1 \times 10^8$ 时：

$$[\Delta\sigma] = \left[([\Delta\sigma]_{5\times10^6}) \frac{C_z}{N}\right]^{\frac{1}{\beta_z+2}} \tag{2.17}$$

当 $N > 1 \times 10^8$ 时：

$$[\Delta\sigma] = [\Delta\sigma_L]_{1\times10^8} \tag{2.18}$$

2.4.3 剪应力常幅疲劳的计算

剪应力作用下的构件和连接分为 3 类（附表 6.6），各类别的 S-N 曲线如图 2.14 所示，对应的疲劳计算参数见表 2.3。剪应力常幅疲劳的计算方法与前述正应力常幅疲劳的计算方法基本一致，简要说明如下：

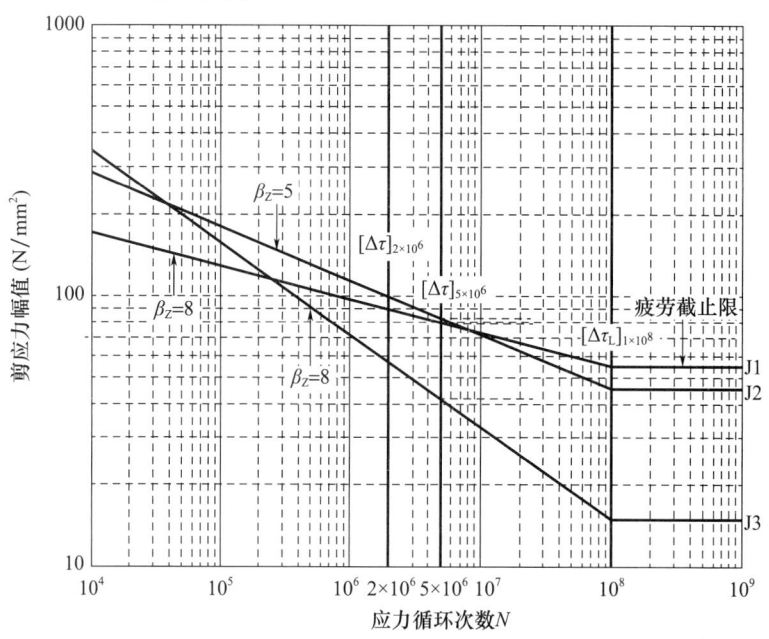

图 2.14 关于剪应力幅的疲劳强度 S-N 曲线

表 2.3 剪应力幅的疲劳计算参数

构件与连接类别	构件与连接相关系数 C_J	β_J	循环次数 N 为 2×10^6 的容许剪应力幅 $[\Delta\tau]_{2\times10^6}$ (N/mm²)	疲劳截止限 $[\Delta\tau_L]_{1\times10^8}$ (N/mm²)
J1	4.10×10^{11}	3	59	16
J2	2.00×10^{16}	5	100	46
J3	8.16×10^{21}	8	90	55

(1) 确定剪应力幅 $\Delta\sigma$。

对于焊接部位：

$$\Delta\tau=\tau_{\max}-\tau_{\min} \quad (2.19)$$

对于非焊接部位：

$$\Delta\sigma=\tau_{\max}-0.7\tau_{\min} \quad (2.20)$$

(2) 疲劳强度快速计算。

对于剪应力幅疲劳问题，仍取 $N=1\times10^8$ 对应的应力幅为疲劳截止限。当应力幅低于剪应力幅疲劳截止限时，即：

$$\Delta\tau<[\Delta\tau_L]_{1\times10^8} \quad (2.21)$$

则认为不会产生疲劳损伤，疲劳强度满足要求。

(3) 应力幅高于疲劳截止限时的计算。

当剪应力幅不满足式（2.21）要求时，需进一步按下式验算：

$$\Delta\tau\leqslant[\Delta\tau] \quad (2.22)$$

式中，常幅疲劳的容许剪应力幅 $[\Delta\tau]$ 根据应力循环次数 N 及构件和连接的类别计算如下：

当 $N\leqslant1\times10^8$ 时：

$$[\Delta\sigma]=\left(\frac{C_J}{N}\right)^{\frac{1}{\beta_J}} \quad (2.23)$$

当 $N>1\times10^8$ 时：

$$\Delta\tau=[\Delta\tau_L]_{1\times10^8} \quad (2.24)$$

对于剪应力幅疲劳强度问题，当应力幅大于 $N=1\times10^8$ 对应的应力幅时，斜率保持不变为 β_Z（图 2.14）。

2.4.4 变幅疲劳和吊车梁的欠载效应系数

(1) 变幅疲劳。

上面的分析皆属于常幅疲劳的情况，实际结构（如厂房吊车梁）所受荷载常小于计算荷载，且各次应力循环中，应力幅并非固定值，即性质为变幅的，或称随机荷载。变幅疲劳的应力谱如图 2.15 所示。

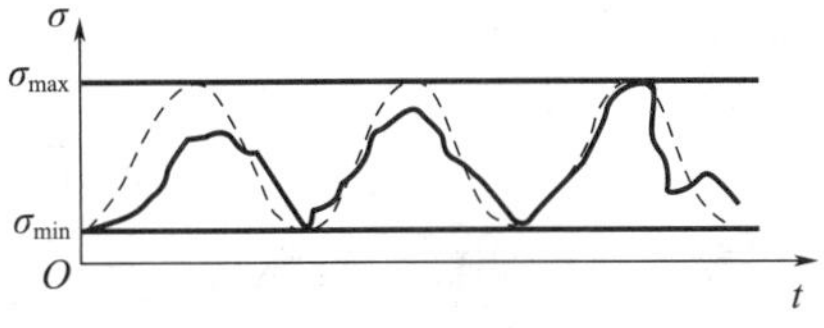

图 2.15 变幅疲劳的应力谱

变幅疲劳问题同样可以按式（2.12）和式（2.22）进行快速计算，对于变幅疲劳，

式中的 $\Delta\sigma$ 和 $\Delta\tau$ 为最大正应力幅和最大剪应力幅。当计算不满足要求时，可将变幅疲劳等效为常幅疲劳问题计算疲劳强度。

欲将常幅疲劳的研究结果推广到变幅疲劳，须引入累积损伤法则。当前通用的是帕姆格伦-迈固纳（Palmgren-Miner）定理。从设计应力谱可知应力幅水平 $\Delta\sigma_1$，$\Delta\sigma_2$，$\cdots$，$\Delta\sigma_i$，$\cdots$ 和对应的循环次数 n_1，n_2，$\cdots$，n_i，$\cdots$，假设应力幅水平分别为 $\Delta\sigma_1$，$\Delta\sigma_2$，$\cdots$，$\Delta\sigma_i$，$\cdots$ 的常幅疲劳寿命分别是 N_1，N_2，$\cdots$，N_i，$\cdots$。其中 N_i 表示在常幅疲劳中 $\Delta\sigma_i$ 循环作用 n_i 次后，构件或连接发生疲劳破坏，则在应力幅 $\Delta\sigma_i$ 作用下的一次循环所引起的损伤为 $1/N_i$，n_i 次循环为 n_i/N_i。按累积损伤法则，将总的损伤按线性叠加计算，则得发生疲劳破坏的条件为：

$$\frac{n_1}{N_1}+\frac{n_2}{N_2}+\cdots+\frac{n_i}{N_i}+\cdots=\sum\frac{n_i}{N_i}=1 \tag{2.25}$$

或写成

$$\sum\frac{n_i}{\sum n_i}\cdot\frac{\sum n_i}{N_i}=1 \tag{2.26}$$

若认为变幅疲劳与同类常幅疲劳有相同的曲线，则根据式（2.8）可知，任一级应力幅水平均有：

$$N_i(\Delta\sigma_i)^\beta=C \tag{2.27}$$

或

$$N_i=\frac{C}{(\Delta\sigma_i)^\beta} \tag{2.28}$$

按照图 2.13 与图 2.14 及帕姆格伦-迈固纳损伤定理，可将变幅疲劳问题换算成应力循环总次数为 2×10^6 的等效常幅疲劳进行计算。以变幅疲劳的等效正应力幅为例（图 2.13），推导过程如下：

设有一变幅疲劳，其应力谱由 $(\Delta\sigma_i, n_i)$ 和 $(\Delta\sigma_j, n_j)$ 两部分组成，分别对应于应力谱中 $\Delta\sigma\geqslant[\Delta\sigma]_{5\times10^6}$ 和 $[\Delta\sigma]_{1\times10^8}\leqslant\Delta\sigma<[\Delta\sigma]_{5\times10^6}$ 范围内的正应力幅（N/mm²）及频次。总的应力循环 $\sum n_i+\sum n_j$ 次后发生疲劳破坏，则按照 S-N 曲线的方程，分别对 i 级的应力幅 $\Delta\sigma_i$、频次 n_i 和 j 级的应力幅 $\Delta\sigma_j$、频次 n_j 有：

$$n_i=\frac{C_z}{(\Delta\sigma_i)^{\beta_z}} \tag{2.29}$$

$$n_j=\frac{C'_z}{(\Delta\sigma_j)^{\beta_z+2}} \tag{2.30}$$

$$\sum\frac{n_i}{N_i}+\sum\frac{n_j}{N_j}=1 \tag{2.31}$$

式中 C_z，C'_z——斜率 β_z 和 β_z+2 的 S-N 曲线参数。

由于斜率 β_z 和 β_z+2 的两条 S-N 曲线在 $N=5\times10^6$ 处交会，则满足下式：

$$C'_z=\frac{(\Delta\sigma_{5\times10^6})^{\beta_z+2}}{(\Delta\sigma_{5\times10^6})^{\beta_z}}C_z=(\Delta\sigma_{5\times10^6})^2 C_z \tag{2.32}$$

设想上述变幅疲劳破坏与一常幅疲劳（应力幅为 $\Delta\sigma_e$，循环 2×10^6 次）的疲劳破坏具有等效的疲劳损伤效应，则：

$$C_z=2\times10^6(\Delta\sigma_e)^{\beta_z} \tag{2.33}$$

将式（2.29）、式（2.30）、式（2.32）和式（2.33）代入式（2.31），可得到常幅疲劳 2×10^6 次的等效正应力幅表达式：

$$\Delta\sigma_e = \left[\frac{\sum n_i(\Delta\sigma_i)^{\beta_z} + ([\Delta\sigma]_{5\times10^6})^{-2}\sum n_j(\Delta\sigma_j)^{\beta_z+2}}{2\times10^6}\right] \quad (2.34)$$

对于剪应力变幅疲劳，根据图 2.14，采用类似方法经简单推导，可得到常幅疲劳 2×10^6 次的等效剪应力幅表达式：

$$\Delta\tau_e = \left[\frac{\sum n_i(\Delta\tau_i)^{\beta_j}}{2\times10^6}\right]^{\frac{1}{\beta_j}} \quad (2.35)$$

算得变幅疲劳的等效正应力幅和等效剪应力幅后，可分别按下式进行疲劳计算：

$$\Delta\sigma_e \leqslant \gamma_t[\Delta\sigma]_{2\times10^6} \quad (2.36)$$

$$\Delta\tau_e \leqslant [\Delta\tau]_{2\times10^6} \quad (2.37)$$

（2）吊车梁的欠载效应系数。

为方便计算，《钢结构设计标准》（GB 50017—2017）在计算重级工作制吊车梁和重级、中级工作制吊车桁架的变幅疲劳时，以 $N=2\times10^6$ 的疲劳强度为基准，计算出变幅疲劳等效应力幅与应力循环中最大应力幅之比（称为欠载效应系数 α_f），采用等效应力幅进行疲劳验算，从而将变幅疲劳问题等效为常幅疲劳问题。正应力幅和剪应力幅的疲劳计算应分别满足式（2.38）和式（2.39）的要求：

$$\alpha_f \Delta\sigma_{max} \leqslant \gamma_t[\Delta\sigma]_{2\times10^6} \quad (2.38)$$

$$\alpha_f \Delta\tau_{max} \leqslant [\Delta\tau]_{2\times10^6} \quad (2.39)$$

式中 $\Delta\sigma_{max}$——正应力变幅疲劳中的最大应力幅；

$\Delta\tau_{max}$——剪应力变幅疲劳中的最大应力幅；

$[\Delta\sigma]_{2\times10^6}$——循环次数 N 为 2×10^6 的容许正应力幅，根据构件和连接的类别，按表 2.2 取值；

$[\Delta\tau]_{2\times10^6}$——循环次数 N 为 2×10^6 的容许剪应力幅，根据构件和连接的类别，按表 2.3 取值；

α_f——变幅荷载的欠载效应系数，按表 2.4 采用。

表 2.4 吊车梁和吊车桁架的欠载效应系数 α_f

吊车类型	α_f
A6、A7 工作级别（重级）的硬钩吊车	1.0
A6、A7 工作级别（重级）的软钩吊车	0.8
A4、A5 工作级别（中级）吊车	0.5

2.4.5 疲劳设计中应注意的其他事项

目前，按概率极限状态方法进行疲劳强度计算还处于研究阶段，因此疲劳强度计算用容许应力幅法，容许应力幅 $[\Delta\sigma]$ 是根据试验结果得到，故应采用荷载标准值进行计算。另外，疲劳计算中采用的计算数据大部分是根据实测应力或疲劳试验所得，已包含了荷载的动力影响，因此不应再乘动力系数。

对于非焊接的构件和连接，在完全压应力（不出现拉应力）循环作用下，可不计算疲劳强度。焊接部位由于存在较大的残余拉应力，造成名义上受压应力的部位仍旧会疲劳开裂，只是裂纹扩展的速度比较缓慢，裂纹扩展的长度有限，当裂纹扩展到残余拉应力释放后便会停止。考虑到疲劳破坏通常发生在焊接部位，而鉴于钢结构连接节点的重要性和受力的复杂性，一般不容许开裂，因此，《钢结构设计标准》（GB 50017—2017）规定完全压应力循环作用下的焊接部位仍需计算疲劳强度。

根据试验，不同钢级的不同静力强度对焊接部位的疲劳强度无显著影响。但是轧制钢材（其残余应力较小）、经焰切的钢材和经过加工的对接焊缝（其残余应力因加工而大为改善）的疲劳强度有随钢材强度提高而稍微增大的趋势，但这些连接和主体金属一般不在构件疲劳计算中起控制作用，故可认为疲劳容许应力幅与钢级无关，即疲劳强度所控制的构件采用强度较高的钢材是不经济的。

2.5 钢的种类和钢材规格

2.5.1 钢的种类

（1）钢的不同分类。

① 钢按用途可分为结构钢、工具钢和特殊钢（如不锈钢等）。

② 按结构类型分，结构钢又分建筑用钢和机械用钢。

③ 按冶炼方法分，钢可分为转炉钢和平炉钢（还有电炉钢，是特种合金钢）。

④ 按脱氧方法分，钢可分为沸腾钢（代号为F）、镇静钢（代号为Z）和特殊镇静钢（代号为TZ），镇静钢和特殊镇静钢的代号可以省去。镇静钢脱氧充分，沸腾钢脱氧较差。一般采用镇静钢，尤其是轧制钢材的钢坯推广采用连续铸锭法生产，钢材必然为镇静钢。若采用沸腾钢，不但质量差，价格不便宜，而且供货困难。碳素结构钢的牌号由代表屈服强度的汉语拼音字母（Q）、屈服强度数值、质量等级符号（A、B、C、D）、脱氧方法符号（F、Z、TZ）四个部分按顺序组成。如：

Q235AF——屈服强度为235N/mm²，A级沸腾钢；

Q235B——屈服强度为235N/mm²，B级镇静钢。

⑤ 按成型方法分，钢可分为轧制钢（热轧、冷轧）、锻钢和铸钢。

⑥ 按化学成分分，钢可分为碳素钢和合金钢。在建筑工程中采用的是碳素结构钢、低合金高强度结构钢和优质碳素结构钢。

（2）碳素结构钢。

我国于2006年11月1日发布了国家标准《碳素结构钢》（GB/T 700—2006），按质量等级将碳素结构钢分为A、B、C、D四级。在保证钢材力学性能符合标准规定的情况下，各牌号A级钢的碳、锰、硅含量可以不作为交货条件，但其含量应在质量证明书中注明。B、C、D级钢均应保证屈服强度、抗拉强度、伸长率、冷弯及冲击韧性等力学性能。

A级——保证f_u、f_y、δ，磷、硫含量；

B级——保证f_u、f_y、δ，冷弯，常温时C_v，磷，硫，碳含量；

C级——保证f_u、f_y、δ，冷弯，0℃时C_v，磷，硫，碳含量；

D级——保证f_u、f_y、δ，冷弯，-20℃时C_v，磷，硫，碳含量。

根据钢材厚度（或直径）不大于16mm时的屈服强度数值，碳素结构钢的牌号表达为Q195、Q215、Q235、Q275四大类。一般仅Q235钢用于钢结构，其用于钢结构工程设计的指标列入附录1。

(3) 低合金高强度结构钢。

低合金钢是在普通碳素钢中添加一种或几种少量合金元素，总量低于5%，故称低合金钢。根据现行国家标准《低合金高强度结构钢》（GB/T 1591）规定，采用与碳素结构钢类似的表示方法，按照钢材厚度（或直径）不大于16mm时的屈服强度值，低合金高强度结构钢牌号表述为："热轧"四大类——Q355、Q390、Q420、Q460；"正火及正火轧制"四大类——Q355N、Q390N、Q420N、Q460N；"热机械轧制"八大类——Q355M、Q390M、Q420M、Q460M、Q500M、Q550M、Q620M、Q690M。低合金高强度结构钢不设A质量等级，其中的E级和F级分别要求保证-40℃和-60℃的冲击韧性。低合金高强度结构钢均为镇静钢，因此在其牌号中不需要标注脱氧方法。

目前，在建筑钢结构中应用最为广泛的是Q355钢（在现行《低合金高强度结构钢》（GB/T 1591）中其以下屈服强度值标识，表达为Q355钢），而Q390、Q420、Q460等钢用量相对较少。低合金高强度结构钢相关设计指标按附录1取用。

(4) 优质碳素结构钢。

优质碳素结构钢主要应用于钢结构某些节点或用作连接件。例如，用于制造高强度螺栓的45号优质碳素结构钢，需要经过热处理，其强度较高，而塑性、韧性又未受到显著影响。

(5) 建筑结构用钢板。

高性能建筑结构钢材（GJ钢）方面也制定了相应产品标准，2005年获批确定为国家标准《建筑结构用钢板》（GB/T 19879—2005），2005年9月22日首次发布，2006年2月1日实施。

GJ钢牌号由代表屈服强度的汉语拼音字母（Q）、屈服强度数值、代表高性能建筑结构用钢的汉语拼音字母（GJ）、质量等级符号（B、C、D、E）四部分按顺序组成，如：Q355GJC、Q420GJD等。对于厚度方向性能钢板，在质量等级后面加上厚度方向性能级别（Z15、Z25或Z35），如Q355GJCZ25。

GJ钢适用于建造高层建筑结构、大跨度结构及其他重要建筑结构（这正是钢结构与其他材料的建筑结构相比，最能体现优势的领域）。其与碳素结构钢、低合金高强度结构钢的主要差是：规定了屈强比和屈服强度的波动范围；规定了碳当量和焊接裂纹敏感性指数；降低了磷、硫含量，提高了冲击功值；降低了强度的厚度效应等。

GJ钢从2000年前后开始在国内建设工程中尝试使用，GJ钢比相同强度等级的低合金高强度结构钢有更好的综合性能。例如，16mm厚与100mm厚Q420GJ钢，屈服强度值分别是420MPa和410MPa，而16mm厚与100mm厚Q420钢，屈服强度值则分别是420MPa和370MPa。前者厚度效应约为2.4%，后者厚度效应则为11.9%，两者差异非常明显。

2.5.2 钢材的选择

2.5.2.1 选用原则

钢结构的材料主要是钢材，为保障钢材安全可靠和满足使用要求，需要深入了解钢结构各方面特性，对钢材主要有以下要求：

（1）强度高。对钢材的抗拉强度 f_u 和屈服点 f_y 较高。f_u 是衡量钢材经过较大变形后的抗拉能力，它直接反映钢材内部组织的优劣，同时 f_u 高可以增加结构的安全储备。f_y 是衡量结构承载能力的指标，f_y 高则可减轻结构自重，节约钢材和降低造价。

（2）塑性和冲击韧性好。结构在静荷载和动荷载作用下有足够的应变能力，既可减轻结构脆性破坏的倾向，又能通过较大的塑性变形调整局部高峰应力，使应力得到重分布，同时还具有较好的抵抗重复荷载作用的能力，提高构件的延性，从而提高结构的抗震能力。

（3）冷加工性能好。钢材通常在常温下进行加工，冷加工性能好，可以保证钢材加工过程中不发生裂纹或脆断，不致因加工而对结构强度、塑性及韧性带来较大的影响。

（4）热加工和可焊性能好。可焊性是衡量钢材的热加工性能。钢材的可焊性好是指在一定的工艺和构造条件下，钢材经过焊接后能够获得良好的性能。可焊性可分为施工上的可焊性和使用上的可焊性。施工上的可焊性是指在焊缝金属及近缝区产生裂纹的敏感性，近缝区钢材硬化的敏感性。可焊性好是指在一定的焊接工艺条件下，焊缝金属及近缝区钢材不产生裂纹。使用性能上的可焊性是指焊缝和焊接热影响区的力学性能不低于母材的力学性能。

（5）耐久性好。耐久性是指钢结构的使用寿命。影响钢材使用寿命的主要是钢材的耐腐蚀性较差，其次是在长期荷载、反复荷载和动力荷载作用下钢材力学性能的恶化。

此外，根据结构的具体工作条件，有时还要求钢材具有适应低温、高温或腐蚀性环境的能力。

按以上要求，钢结构设计标准具体规定：承重结构采用的钢材应具有抗拉强度、伸长率、屈服强度和硫、磷含量的合格保证，对焊接结构还应具有碳含量的合格保证。焊接承重结构以及重要的非焊接承重结构采用的钢材还应具有冷弯试验的合格保证。对需要验算疲劳强度的结构用钢材，根据具体情况应当具有常温或负温冲击韧性的合格保证。

钢材的选择在钢结构设计中是首要的一环，选择的目的是保证安全可靠和做到经济合理。选择钢材时考虑的因素有：

（1）结构的重要性。对重型工业建筑结构、大跨度结构、高层或超高层的民用建筑结构或构筑物等重要结构，应考虑选用质量好的钢材；对一般工业与民用建筑结构，可按工作性质分别选用普通质量的钢材。另外，按现行《建筑结构可靠性设计统一标准》（GB 50068）规定的安全等级，把建筑物分为一级（重要的）、二级（一般的）和三级（次要的）。安全等级不同，要求的钢材质量也应不同。

（2）荷载情况。荷载可分为静态荷载和动态荷载两种。直接承受动态荷载的结构和强烈地震区的结构，应选用综合性能好的钢材；一般承受静态荷载的结构则可选用价格较低的 Q355 钢。

（3）连接方法。钢结构的连接方法有焊接和非焊接两种。由于在焊接过程中，会产生焊接变形、焊接应力以及其他焊接缺陷，如咬边、气孔、裂纹、夹渣等，有导致结构产生裂缝或脆性断裂的危险。因此，焊接结构对材质的要求应严格一些。例如，在化学成分方面，焊接结构必须严格控制碳、硫、磷的极限含量，而非焊接结构对含碳量可降低要求。

(4) 结构所处的温度和环境。钢材处于低温时容易冷脆，因此在低温条件下工作的结构，尤其是焊接结构，应选用具有良好抗低温脆断性能的镇静钢。此外，露天结构的钢材容易产生时效，有有害介质作用的钢材容易腐蚀、疲劳和断裂，也应加以区别地选择不同材质。

(5) 结构形式和钢材厚度。采用格构式构件的结构形式，由于缀件的肢件连接处可能产生应力集中现象，而且该处需要进行焊接，对材料性能要求比实腹式构件高一些。薄钢材滚轧次数多，轧制的压缩比大；厚度大的钢材压缩比小。所以，厚度大的钢材不但强度较小，而且塑性、冲击韧性和焊接性能较差。因此，厚度大的焊接结构应采用材质较好的钢材。

2.5.2.2 钢材选择规定

承重结构所用的钢材应具有屈服强度、抗拉强度、断后伸长率和硫、磷含量的合格保证，对焊接结构还应具有碳的极限含量保证或者碳当量的合格保证。焊接承重结构以及重要的非焊接承重结构采用的钢材应具有冷弯试验的合格保证；对直接承受动力荷载或需验算疲劳的构件所用钢材尚应具有冲击韧性的合格保证。

钢材质量等级选择应符合下列规定：

(1) A级钢仅可用于结构工作温度高于0℃的不需要验算疲劳的结构，且Q235A钢不宜用于焊接结构。

(2) 需要验算疲劳的焊接结构用钢材应符合下列规定：

① 当结构工作温度高于0℃时，其质量等级不应低于B级；

② 当结构工作温度不高于0℃但高于−20℃时，Q235钢、Q355钢的质量等级不应低于C级，Q390钢、Q420钢及Q460钢的质量等级不应低于D级；

③ 当结构工作温度不高于−20℃时，Q235钢、Q355钢的质量等级不应低于D级，Q390钢、Q420钢及Q460钢的质量等级应选用E级。

(3) 需验算疲劳的非焊接结构，其钢材质量等级要求可较上述焊接结构降低一级但不应低于B级。吊车起重量不小于50t的中级工作制吊车梁，其钢材质量等级要求与需要验算疲劳的构件相同。

2.5.3 钢材的规格

钢结构采用的型材有热轧成型的钢板和型钢以及冷弯（或冷压）成型的薄壁型钢。

热轧钢板有厚钢板（厚度为4.5～60mm）和薄钢板（厚度为0.35～4mm），还有扁钢（厚度为4～60mm，宽度为30～200mm，此钢板宽度小）。钢板的表示方法：在钢板符号后加"宽度×厚度×长度"，如−1200×8×6000，单位皆为mm。

热轧型钢有角钢、工字钢、槽钢和钢管（图2.16）。

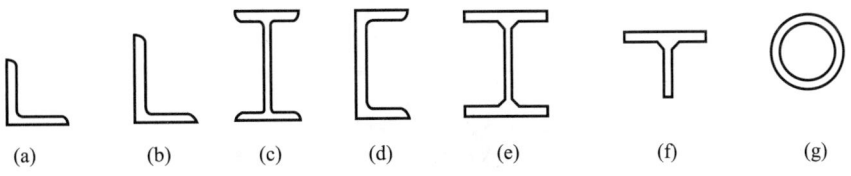

图2.16 热轧型钢截面

角钢分等边和不等边两种。不等边角钢的表示方法：在符号"∟"后加"长边宽×短边宽×厚度"，如∟100×80×8；对于等边角钢则以边宽和厚度表示，如∟100×8，单位皆为 mm。

工字钢有普通工字钢、轻型工字钢和 H 型钢。普通工字钢和轻型工字钢用号数表示，号数为其截面高度的厘米数。20 号以上的工字钢，同一号数有三种腹板厚度分别为 a、b、c 三类。如 I30a、I30b、I30c，由于 a 类腹板较薄，用作受弯构件较为经济。轻型工字钢的腹板和翼缘均较普通工字钢薄，因而在相同质量下其截面模量和回转半径均较大。H 型钢是世界各国使用很广泛的热车钢，与普通工字钢相比，其翼缘内外两侧平行，便于与其他构件相连。它可分为宽翼缘 H 型钢（代号 HW，翼缘宽度 B 与截面高度 H 相等）、中翼缘 H 型钢 [代号 HM，$B=(1/2 \sim 2/3)H$]、窄翼缘 H 型钢 [代号 HN，$B=(1/3 \sim 1/2)H$]。各种 H 型钢均可剖分为 T 型钢供应，代号分别为 TW、TM 和 TN。H 型钢和剖分 T 型钢的规格标记均采用高度 H×宽度 B×腹板厚度 t_1×翼缘厚度 t_2 表示。例如 HM340×250×9×14，其剖分 T 型钢为 TM170×250×9×14，单位皆为 mm。

槽钢有普通槽钢和轻型槽钢两种，也以其截面高度的厘米数编号，如 [30a。号码相同的轻型槽钢，其翼缘较普通槽钢宽而薄，腹板也较薄，回转半径较大，质量较轻。

钢管有无缝钢管和焊接钢管两种，用符号"ϕ"后面加"外径×厚度"表示，如 ϕ400×6，单位皆为 mm。

薄壁型钢（图 2.17）是用薄钢板（一般采用 Q235 钢或 Q355 钢），经模压或弯曲而制成，其壁厚一般为 1.5～5mm，在国外薄壁型钢厚度有加大的趋势，如美国可用到 25.4mm 厚。有防锈涂层的彩色压型钢板（图 2.17），所用钢板厚度为 0.4～1.6mm，用作轻型屋面及墙面等构件。

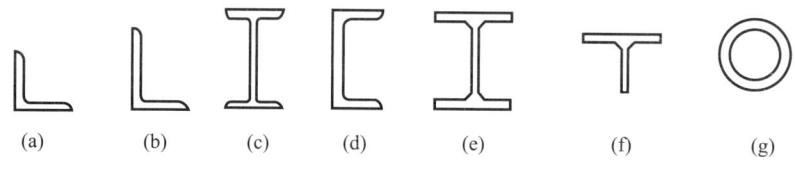

图 2.17 薄壁型钢截面

习题

2.1 影响钢材性能的主要因素有哪些？

2.2 简述钢材的塑性破坏和脆性破坏的区别。

2.3 什么是钢材的疲劳？影响钢材疲劳的主要因素是什么？

2.4 钢材的选用应考虑哪些因素？

知识拓展

3 钢结构的连接

钢结构由钢板、型钢通过必要的安装连接形成整体,连接部分应保证拥有足够的承载力、刚度和延性,因此连接的合理设计与合理施工对于钢结构安全承载尤为重要。钢结构常用的连接方式有焊缝连接、螺栓连接和铆钉连接(图3.1),本章主要介绍焊缝连接和螺栓连接。

(a) 焊缝连接

(b) 螺栓连接

图3.1 钢结构常用的连接方式

3.1 焊缝连接

焊缝连接是一种冶金式连接,即使焊条高温熔化后形成焊丝滴落到两钢板(母材)的缝隙里,母材间的缝隙处在高温下将熔化,最后两母材连接成整体。焊缝连接作为现代钢结构最基本的连接方式,应用最为广泛,其主要优点有:

(1) 几何适应性强——无论连接截面形式如何均可直接连接。
(2) 构造简单——任何形状的构件无须辅助零配件可直接连接。
(3) 省工省料——加工方便,不需打孔钻眼,不削弱截面。
(4) 施工快速——工厂自动焊接时施工速度快。
(5) 连接的密闭性好、刚度大、整体性好。

其缺点主要有:

(1) 在焊缝附近的热影响区内钢材的力学性能发生改变,局部材质易变脆。
(2) 焊接残余应力和焊接残余变形对结构承载力产生不利影响,会导致结构发生脆性破坏以及焊件尺寸和形状改变。
(3) 结构内一旦产生局部裂纹就极易扩展至结构整体,且低温冷脆问题突出,对钢结构疲劳有不利影响。

（4）焊接产生的几何缺陷和物理缺陷对结构的稳定有不利影响。

（5）手工焊较多地依赖焊工的技能水平，质量不易把控。

3.1.1 焊缝连接的形式

（1）按作用力的方向划分。

对接焊缝分为正对接焊缝［图3.2（a）］和斜对接焊缝［图3.2（b）］。

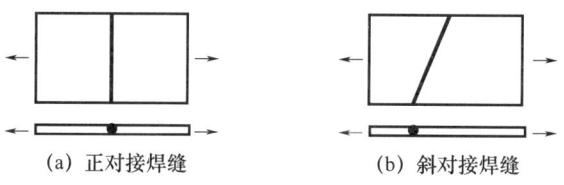

图 3.2　正对接焊缝与斜对接焊缝

（2）按施焊位置划分。

焊缝按施焊位置可分为俯焊、横焊、立焊及仰焊（图3.3）。俯焊施焊方便，焊接质量容易得到保证，应尽量采用；横焊和立焊对焊工操作技术的要求比俯焊高；仰焊的操作条件最差，焊缝质量不易得到保证，因此应尽量避免采用仰焊。

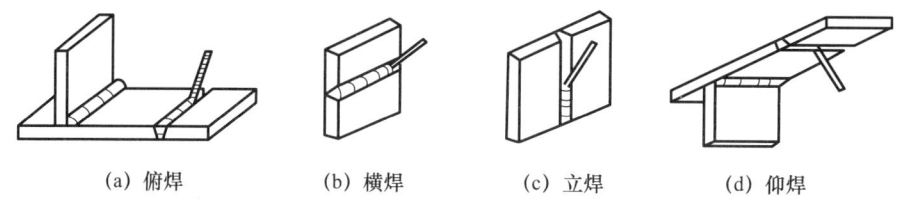

图 3.3　焊缝施焊位置

（3）按接头形式划分。

按板件的相对位置可分为对接、搭接、角部连接和T形连接四种类型，如图3.4所示。

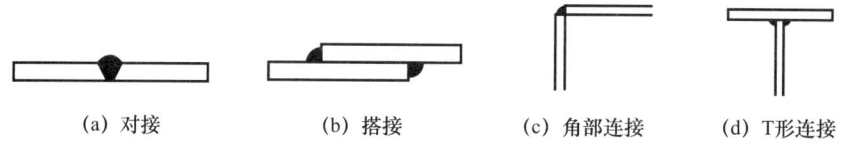

图 3.4　焊缝连接形式

3.1.2 焊缝符号表示

焊缝符号一般由基本符号及指引线组成，必要时可以加上补充符号和焊缝尺寸等。基本符号表示焊缝的横截面形状，如用"⌐"表示角焊缝，用"V"表示V形坡口对接焊缝；补充符号则补充说明焊缝的某些特征，如用"▲"表示现场安装焊缝，用"⌐"表示焊件三面施焊。

指引线一般由横线和带箭头的斜线组成，箭头指在相应焊缝处，横线的上方和下方用来标注基本符号和焊缝尺寸。当指引线的箭头指向焊缝所在的一面时，应将基本符号和焊缝尺寸等标注在水平横线的上方；当箭头指向对应焊缝所在的另一面时，应将基本符号和焊缝尺寸标注在水平横线的下方。常用焊缝符号见表 3.1。

表 3.1 常用焊缝符号

焊缝类别	角焊缝				对接焊缝	塞焊缝	三面焊缝
	单面焊缝	双面焊缝	安装焊缝	相同焊缝			
示意图	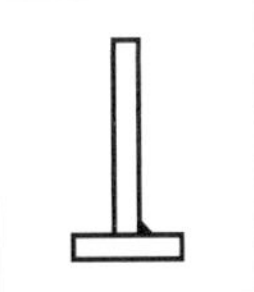	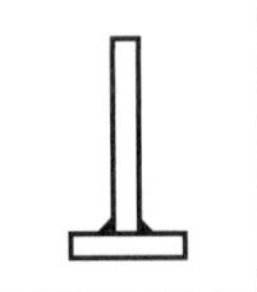	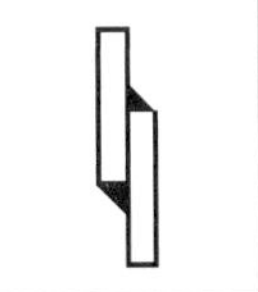	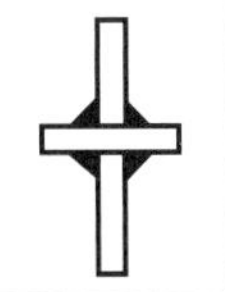	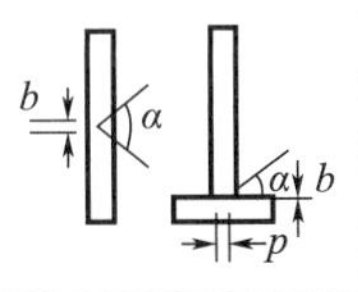	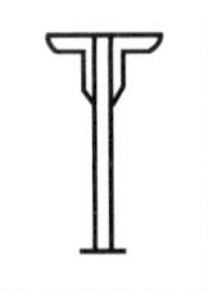	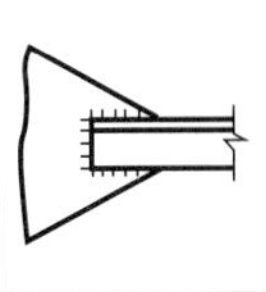
标注方法	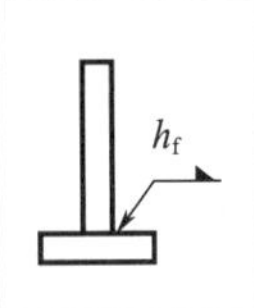	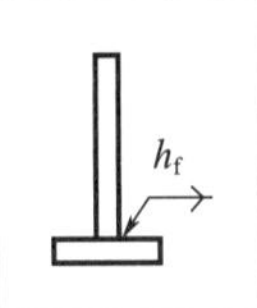	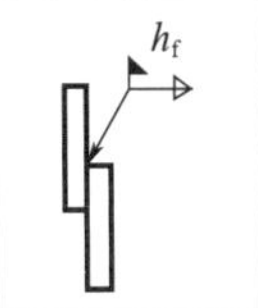	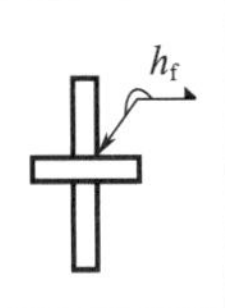	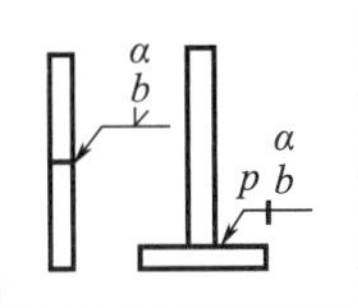	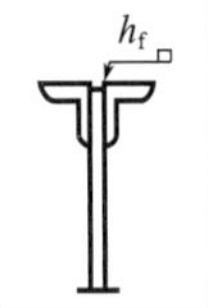	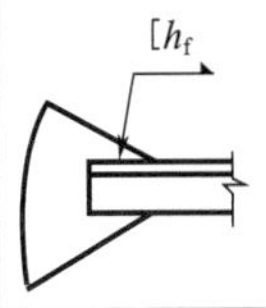

当焊缝分布比较复杂或用上述方法不能表达清楚时，可在标注焊缝符号的同时在图形上加栅线，如图 3.5 所示。

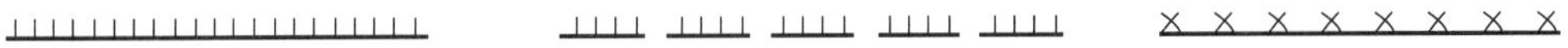

(a) 正面焊缝　　　　(b) 背面焊缝　　　　(c) 安装焊缝

图 3.5 用栅线表示焊缝

3.1.3 焊缝缺陷及质量检验

（1）焊缝缺陷。

焊缝缺陷的存在将削弱焊缝的受力面积，在缺陷处引起应力集中，缺陷处就会产生裂缝并延伸发展至整个结构，进而对焊件连接处的强度产生不利影响。常见的焊缝缺陷有裂纹、焊瘤、烧穿、弧坑、气孔、夹渣、咬边、未熔合、未焊透（图 3.6）以及焊缝尺寸不符合要求、焊缝成型不良。裂纹是焊接工程中最不利的缺陷，产生裂纹的原因有很多，如钢材的化学成分不当，焊接工艺条件不合理，焊件表面油污未清除干净等。但如果采用合理的施焊顺序，则可减少焊接残余应力，避免焊缝裂纹的出现；或者对构件进行焊前预热、缓慢冷却或焊后热处理，也可以减少焊缝裂纹的产生。

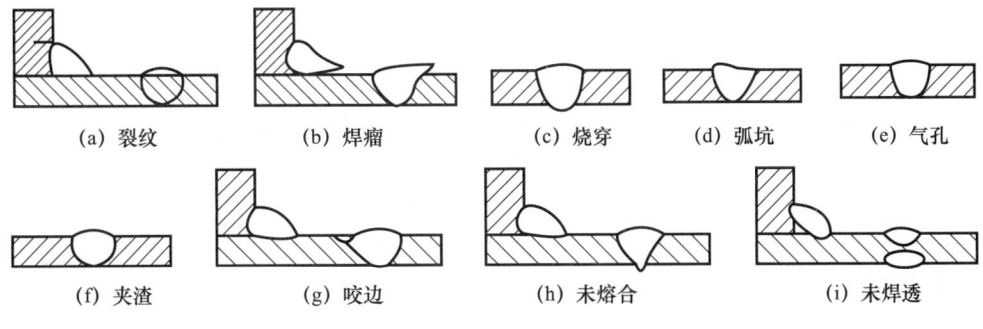

图 3.6 焊缝缺陷

（2）焊缝质量检验。

焊缝质量检验包括外观检查和内部无损检验。前者检查外观缺陷和几何尺寸；后者检查内部缺陷。内部无损检验目前广泛采用超声波检验，该技术使用灵活、经济，对内部缺陷反应灵敏，但不易识别缺陷性质，常辅助采用磁粉检验、荧光检验等方法。此外，还可采用X射线或γ射线透照拍片。

《钢结构工程施工质量验收标准》（GB 50205—2020）规定：焊缝质量等级根据钢结构的重要性、荷载特性、焊缝形式、工作环境以及应力状态分为一级、二级和三级。在进行质量检验时，三级焊缝只要求对全部焊缝做外观检查；一级、二级焊缝除进行外观检查外，还要求一定数量的超声波（或射线）检验，一级焊缝检测比例为100%，二级焊缝检测比例为20%。对于现场安装焊缝，二级焊缝以同一类型、同一施焊条件下的焊缝总条数确定检测数量，且不应少于3条焊缝。

3.2 对接焊缝连接的设计

对接焊缝按是否焊透划分可分为部分焊透、焊透的对接焊缝。部分焊透的对接焊缝主要起连系作用，适用于一些受力较小的连接部位。

3.2.1 焊透的对接焊缝连接设计

（1）强度及等级要求。

焊透的对接焊缝在连接处为完全熔透焊，如果焊缝中不存在任何缺陷，则焊缝强度通常都高于母材强度。试验表明，焊缝缺陷对受压、受剪的对接焊缝影响不大，故可认为受压、受剪的对接焊缝强度与母材强度相等。但受拉的对接焊缝对焊缝缺陷甚为敏感，当缺陷面积与焊件截面面积之比超过5%时，对接焊缝的抗拉强度将明显下降。由于质量等级为三级的对接焊缝允许存在的缺陷较多，其抗拉强度取母材抗拉强度的85%，而一、二级对接焊缝的抗拉强度与母材的抗拉强度可相等。

由于焊透的对接焊缝已成为焊件截面的组成部分，焊透的对接焊缝强度的计算方法与构件的强度计算一样（仅在计算三级焊缝受拉时，抗拉强度设计值有所降低），即：

$$\sigma = \frac{N}{l_w h_e} \leqslant f_t^w \text{ 或 } f_c^w \tag{3.1}$$

式中　N——轴心拉力或压力；

　　　l_w——对接焊缝的计算长度，当未采用引弧板（引出板）时，取实际长度减去$2t$，t为较薄的焊件厚度，mm；

　　　h_e——对接焊缝的计算厚度，在对接连接节点中取焊件的较小厚度，mm；

f_t^w、f_c^w——对接焊缝的抗拉、抗压强度设计值，MPa。

对于需进行疲劳验算的构件，为提高连接可靠性，要求垂直于作用力方向的横向对接焊缝受拉时质量等级为一级，受压时不低于二级；平行于作用力方向的纵向对接焊缝不应低于二级。对于不需要计算疲劳的构件，其要求可适当降低，此时受拉对接焊缝不应低于二级，受压对接焊缝不宜低于二级。

(2) 构造要求。

为了保证连接部位焊透，对接焊缝的焊件通常需开坡口 [图 3.7 (b) ～图 3.7 (f)]，其中斜坡口和根部间隙 b 共同组成焊条施焊的工作空间，使焊缝易于焊透；沿焊件厚度方向通常有高度为 p、间隙为 b 的部分不开坡口，称为钝边，有托住熔化金属的作用。仅当焊件厚度 t 较小时（手工焊时 $t \leqslant 6\mathrm{mm}$，埋弧焊时 $t \leqslant 10\mathrm{mm}$），可用直边缝 [图 3.7 (a)]。

开坡口的对接焊缝的坡口形式与焊缝厚度有关。当焊件厚度 $t \leqslant 20\mathrm{mm}$ 时，可采用单边 V 形坡口 [图 3.7 (b)] 或 V 形坡口 [图 3.7 (c)]；对于较厚的焊件（$t > 20\mathrm{mm}$），则通常采用 U 形、K 形和 X 形坡口 [图 3.7 (d)(e)(f)]。对于 V 形坡口和 U 形坡口，在焊接完成后须对焊缝根部进行补焊。对接焊缝坡口形式可根据板厚和施工条件参照《钢结构焊接规范》（GB 50661—2011）的要求选择使用。

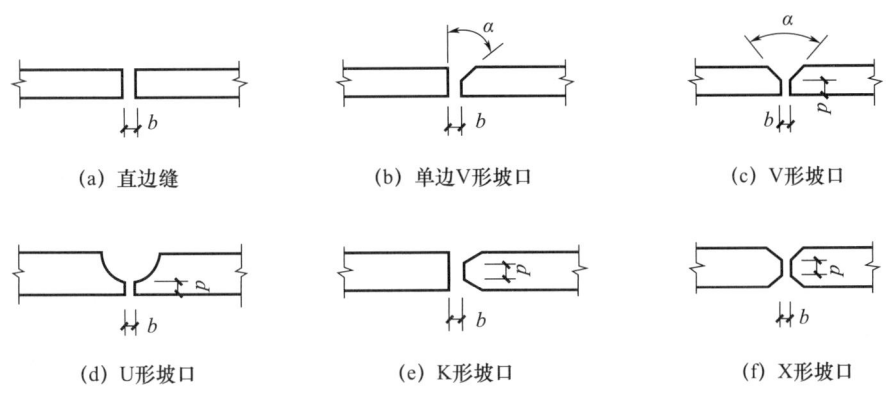

图 3.7 焊透的对接焊缝

在钢板厚度和宽度有变化的连接中，当焊件的宽度不同或厚度在一侧相差 4mm 以上时，为减小应力集中，宜分别在宽度方向或厚度方向从一侧或两侧做成坡度不大于 1∶2.5 的斜角（图 3.8），以使截面平缓过渡。同时，当不同板厚的对接连接承受动载时，均应按此要求做成平缓过渡。板厚相差小于 4mm 时，可不做斜坡。

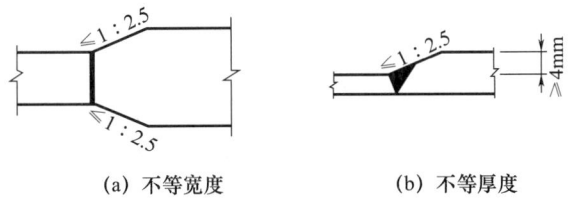

图 3.8 不等宽度和不等厚度钢板的对接

在对接焊缝的起、落弧处常会因为不能熔透而出现焊口，形成应力集中，对连接的承载力影响很大，故焊接时一般应设置引弧板和引出板（图 3.9），焊接完成后将其割除并使用砂轮磨平。当结构要求等强焊接（焊缝与母材抗拉强度相同）时，均应采用引弧板和引出板，以避免焊缝两端产生起、落弧缺陷。承受静力荷载的构件，当设置引弧板（引出板）操作困难时，允许不设置

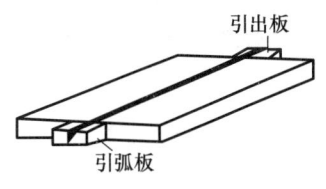

图 3.9 引弧板和引出板

引弧板（引出板），此时可取焊缝计算长度为实际长度减去 $2t$（t 为较薄焊件的厚度）。

3.2.2 焊透的对接焊缝连接的计算

（1）承受轴心力作用。

对接焊缝受轴心拉力或压力作用时，其强度应按式（3.1）计算。若正对接焊缝不能满足强度要求，应增加焊缝长度，改用斜对接焊缝。

【例 3.1】计算图 3.10 所示钢板的对接焊缝的强度。钢板宽度为 200mm，板厚为 14mm，轴心拉力设计值为 $N=490$kN，钢材为 Q235，手工焊，焊条为 E43 型，焊缝质量标准为三级，施焊时不加引弧板。

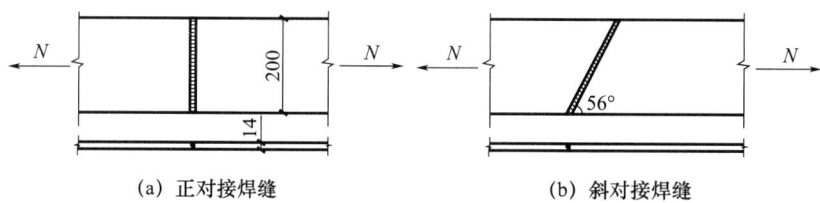

(a) 正对接焊缝　　　　　　　　(b) 斜对接焊缝

图 3.10　正对接焊缝和斜对接焊缝

【解】焊缝计算长度 $l_w=200-2\times14=172$（mm）

焊缝正应力为：

$$\sigma=\frac{490\times10^3}{172\times14}=203.5\ (\text{N/mm}^2),\ >f_t^w=185\text{N/mm}^2;$$

不满足要求，改为斜对接焊缝。取焊缝斜度为 1.5∶1，相应的倾角 $\theta=56°$，焊缝长度为：

$$l_w=\frac{200}{\sin56°}-2\times14=213.2\ (\text{mm});$$

此时焊缝正应力为：

$$\sigma=\frac{N\sin\theta}{l_w t}=\frac{490\times10^3\times\sin56°}{213.2\times14}=136.1\ (\text{N/mm}^2),\ <f_t^w=185\text{N/mm}^2;$$

剪应力为：

$$\tau=\frac{N\cos\theta}{l_w t}=\frac{490\times10^3\times\cos56°}{213.2\times14}=91.80\ (\text{N/mm}^2),\ <f_v^w=125\text{N/mm}^2;$$

斜对接焊缝满足要求。$\tan56°=1.48$，这也说明当 $\tan\theta\leqslant1.5$ 时，焊缝强度能够得到保证，可不必计算。

（2）承受弯矩、剪力或轴力作用。

① 受弯剪的钢板对接焊缝 [图 3.11（a）]。

由于焊缝截面是矩形，根据材料力学知识可知，正应力与剪应力图形分别为三角形与抛物线形，其最大值应分别满足下列强度条件：

$$\sigma_{max}=\frac{M}{W_w}=\frac{6M}{l_w^2 h_e}\leqslant f_t^w \tag{3.2}$$

$$\tau_{max}=\frac{VS_w}{I_w h_e}=\frac{3}{2}\cdot\frac{V}{l_w h_e}\leqslant f_v^w \tag{3.3}$$

式中　W_w——焊缝截面模量；

S_w——焊缝截面面积矩;
I_w——焊缝截面惯性矩。

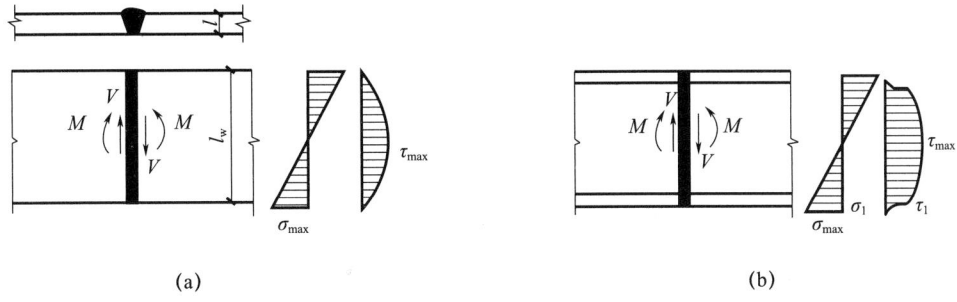

(a)　　　　　　　　　　　　(b)

图 3.11　对接焊缝受弯矩和剪力联合作用

② 受弯剪的工字形截面对接焊缝 [图 3.11 (b)]。

焊缝除应分别验算最大正应力和最大剪应力外,对于同时受较大正应力和较大剪应力的位置(如腹板与翼缘的交接点处),还应按下式验算折算应力(材料力学中的第四强度理论):

$$\sigma_{red}=\sqrt{\sigma_1^2+3\tau_1^2}\leqslant 1.1f_t^w \tag{3.4}$$

式中　σ_1、τ_1——验算点处的焊缝正应力和剪应力;
　　　1.1——强度提高系数值。考虑到最大折算应力只在局部位置出现,而将强度设计值适当提高。

③ 受弯剪以及轴力共同作用的对接焊缝。

当轴力与弯矩、剪力共同作用时,焊缝的最大正应力为轴力和弯矩引起的正应力之和,最大剪应力按式(3.3)验算,折算应力仍按式(3.4)验算。

【例 3.2】计算图 3.12 所示 T 形截面牛腿与柱翼缘连接的对接焊缝。翼缘板宽 130mm,厚 12mm,腹板高 200mm,厚 10mm。牛腿承受竖向荷载设计值 $V=100$kN,力作用点到焊缝截面距离 $e=200$mm。钢材为 Q355,焊条 E50 型,焊缝质量标准为三级,施焊时不加引弧板。

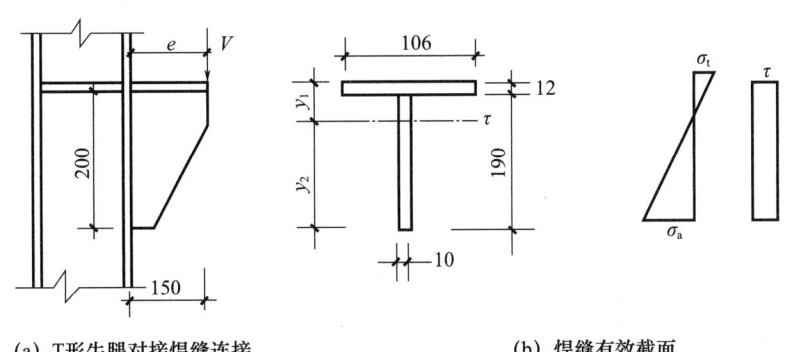

(a) T形牛腿对接焊缝连接　　　(b) 焊缝有效截面

图 3.12　例 3.2 题图

【解】将力 V 移到焊缝形心,已知焊缝受剪力 $V=100$kN,弯矩 $M=V\cdot e=100\times 0.2=20$ (kN·m)。

翼缘板焊缝计算长度为：

$130-2×12=106$（mm）；

腹板焊缝计算长度为：

$200-10=190$（mm）；

焊缝的有效截面如图 3.12（b）所示，焊缝有效截面形心轴 x—x 的位置：

$$y_1=\frac{10.6×1.2×0.6+19×1.0×10.7}{10.6×1.2+19×1.0}=6.65\text{（cm）}；$$

$$y_2=19+1.2-6.65=13.55\text{（cm）}；$$

焊缝有效截面惯性矩为：

$$I_w=\frac{1}{12}×19^3+19×1×4.05^2+10.6×1.2×6.05^2=1349\text{（cm}^4\text{）}；$$

翼缘上边缘产生最大拉应力，其值为：

$$\sigma_t=\frac{My_1}{I_w}=\frac{20×10^6×6.65×10}{1349×10^4}=98.59\text{（N/mm}^2\text{）}，<f_t^w=265\text{N/mm}^2；$$

腹板下边缘压应力最大，其值为：

$$\sigma_a=\frac{My_2}{I_w}=\frac{20×10^6×13.55×10}{1349×10^4}=200.89\text{（N/mm}^2\text{）}，<f_c^w=310\text{N/mm}^2；$$

为简化计算，认为剪力由腹板焊缝承受，并沿焊缝均匀分布：

$$\tau×=\frac{V}{A_w}=\frac{100×10^3}{190×10}=52.63\text{（N/mm}^2\text{）}，<f_v^w=180\text{N/mm}^2；$$

腹板下边缘正应力和剪应力都存在，验算该点折算应力：

$$\sigma=\sqrt{\sigma_a^2+3\tau^2}=\sqrt{200.9^2+3×52.63^2}=220.6\text{（N/mm}^2\text{）}，<1.1f_t^w=1.1×265=291.5\text{（N/mm}^2\text{）}。$$

焊缝强度满足要求。

3.2.3 部分焊透的对接焊缝连接设计

对于受力较小的对接焊缝，没有必要全部焊透，此时可采用部分焊透的对接焊缝（图 3.13）。部分焊透的对接焊缝实际上可视为在坡口内焊接的角焊缝，故其强度计算方法与 3.3 节中直角角焊缝相同，除在垂直于焊缝长度方向的压力作用下取 $\beta_f=1.22$ 外，其他情况均偏安全地取 $\beta_f=1.0$。由于焊缝熔合线上的强度略低，而对于图 3.13（b）（d）（e）所示的三种情况，熔合线处焊缝截面边长等于或接近于最短距离 s，对这三种情况的抗剪强度设计值应按角焊缝的强度设计值乘以 0.9。

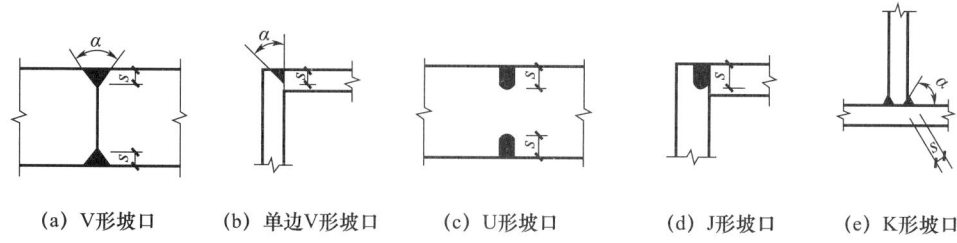

(a) V形坡口　　(b) 单边V形坡口　　(c) U形坡口　　(d) J形坡口　　(e) K形坡口

图 3.13　部分焊透的对接焊缝

相对于角焊缝的有效厚度h_e，部分焊透对接焊缝h_e的取值规定如下：

对U形坡口、J形坡口和坡口角$\alpha \geqslant 60°$的V形坡口，h_e取焊缝根部至焊缝表面（不考虑余高）的最短距离s，即$h_e=s$。

对于$\alpha<60°$的V形坡口焊缝，考虑到焊缝根部处不易焊满，因此将h_e降低，取$h_e=0.75s$。

对K形和单边V形坡口焊缝，当$\alpha=45°\pm5°$时，取$h_e=s-3\text{mm}$。

3.3 角焊缝连接的设计

3.3.1 角焊缝的构造和强度

按焊缝与作用力方向划分，角焊缝可分为正面角焊缝（作用力与焊缝垂直）、侧面角焊缝（作用力与焊缝平行）和斜焊缝（作用力与焊缝的角度α，$0°<\alpha<90°$），如图3.14所示。

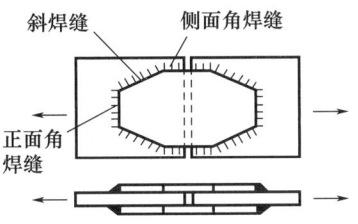

图3.14 角焊缝与作用力的关系

按截面形式的不同，角焊缝可分为直角角焊缝（图3.15）和斜角角焊缝（图3.16），图中h_f为角焊缝的焊脚尺寸，其大小为角焊缝截面内最大等腰三角形的等腰边长；h_e为角焊缝的有效厚度，$h_e=h_f\cos(\alpha/2)$，直角角焊缝$\alpha=90°$，此时$h_e\approx0.7h_f$。

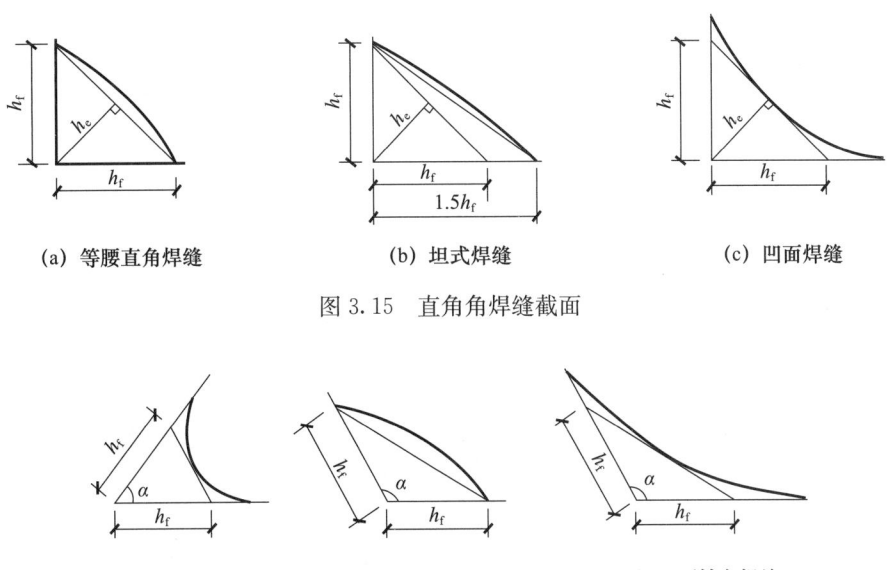

(a) 等腰直角焊缝　　(b) 坦式焊缝　　(c) 凹面焊缝

图3.15 直角角焊缝截面

(a) 锐角焊缝　　(b) 钝角焊缝　　(c) 凹面钝角焊缝

图3.16 斜角角焊缝截面

直角角焊缝通常采用表面微凸的等腰直角焊缝[图3.15（a）]。在直接承受动力荷载的结构中，正面角焊缝常采用坦式焊缝[图3.15（b）]或者凹面焊缝[图3.15（c）]。

（1）侧面角焊缝（图3.17）。

侧面角焊缝主要承受剪力作用，在弹性阶段，受力时焊缝轴向两端出现塑性变形，应力沿焊缝长度方向的分布不均匀，呈现中间小两端大，焊缝越长，应力分布不均匀现象越显著。但由于焊缝塑性较好，在规范规定的长度范围内，临近塑性阶段，焊缝应力重分布，应力分布可逐渐趋向均匀。

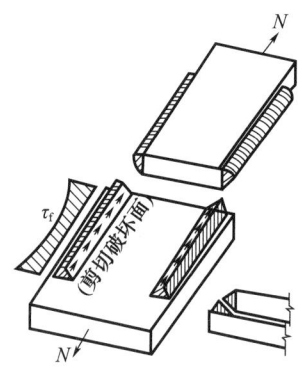

图3.17 侧面角焊缝的应力

（2）正面角焊缝（图3.18）。

相较于侧面角焊缝，正面角焊缝的应力状态更为复杂，其刚度较大，破坏强度较高，但塑性变形较差。在受到外力作用时，焊缝截面中的各面均存在正应力和剪应力，由于力线弯折，焊脚根部处应力集中现象最为严重，因此焊缝破坏先从焊脚根部出现裂缝并发展延伸至整个截面。但焊缝沿长度方向的应力分布较为均匀。

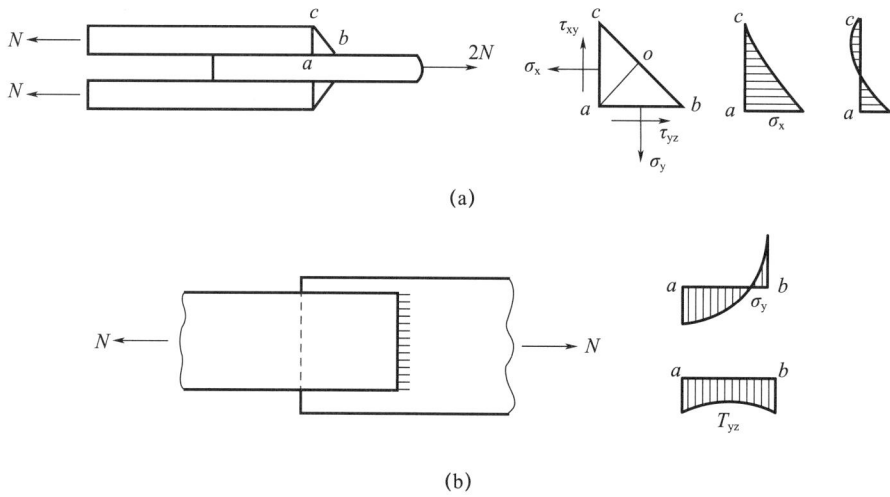

图3.18 正面角焊缝的应力

（3）斜焊缝。

受力性能和强度值介于正面角焊缝和侧面角焊缝之间。

3.3.2 角焊缝的等级要求及构造要求

(1) 等级要求。

由于焊缝的内部质量难以探测,焊缝质量等级一般为三级,即检查焊缝实际尺寸与设计是否相符或者是否存在可见裂缝。二级质量检验是在三级质量检验的基础上再做超声波无损检测,检测每条焊缝长度的20%,一级质量检验要求检验焊缝全长度。根据《钢结构设计标准》(GB 50017—2017)中对焊缝质量等级的规定:①承受动荷载且需要疲劳验算的构件要求焊缝质量等级:作用力垂直于焊缝长度方向的横向对接焊缝或T形对接与角接组合焊缝,受拉时应为一级,受压时不应低于二级;②作用力平行于焊缝长度方向的纵向对接焊缝不应低于二级。在工作温度等于或低于-20℃的地区,构件对接焊缝的质量不得低于二级。③在不需要疲劳验算的构件中,凡要求与母材等强的对接焊缝宜焊透,其质量等级受拉时不应低于二级,受压时不宜低于二级。

(2) 构造要求。

① 最大焊脚尺寸。

焊缝在施焊后,如施焊的焊脚尺寸太大,焊缝收缩就会引起较大的收缩变形,且随着焊脚尺寸增大,热影响区就会扩大。因此,为减小焊件的焊接残余应力和焊接变形,焊脚尺寸不宜过大。

板件边缘的焊缝,当板件厚度为 t 时,应满足:当 $t<6$mm 时,$h_f \leqslant t$ [图 3.19 (a)];当 $t>6$mm 时,$h_f \leqslant t-(1\sim 2)$ mm [图 3.19 (b)]。

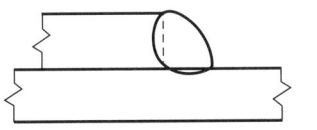
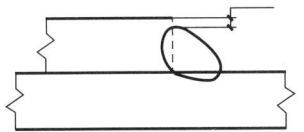

(a) 母材厚度小于或等于6mm　　(b) 母材厚度大于6mm

图 3.19 角焊缝沿母材棱边的最大焊脚尺寸

② 最小焊脚尺寸。

为保证焊缝承载力满足要求,角焊缝的焊脚尺寸 h_f 不能过小,且如果焊脚尺寸过小,施焊时会因冷却速度过快而导致产生裂纹。焊缝的冷却速度与焊件的厚度有关,因此设计标准规定的角焊缝最小焊脚尺寸如表 3.2 所示。

③ 角焊缝的最大计算长度。

在静力荷载作用下,侧焊缝长度不宜过大,因为焊缝会因冷却速度的不同,而沿着长度呈现出中间小两端大的应力分布状况,且侧焊缝长度的增加会加重沿长度应力分布的不均匀性,焊缝越长,中间和两端的应力差就会越大,导致两端的焊缝在受荷时先达到荷载极限状态而破坏,未完整发挥焊缝承载能力。因此,焊缝计算长度不应大于 $60h_f$。当实际长度大于上述限值时,其超过部分在计算中可不予考虑;或者也可采用全长焊缝的承载力设计值乘以折减系数的方法来处理,折减系数 $\alpha_f \leqslant 1.5 - \dfrac{l_w}{120h_f}$,且不小于 0.5,式中的有效焊缝计算长度 l_w 不应超过 $180h_f$。

若内力沿侧面角焊缝全长分布，比如焊接梁翼缘板与腹板的连接焊缝，屋架中弦杆与节点板的连接焊缝，以及梁的支撑加劲肋与腹板连接焊缝等，其计算长度可不受最大计算长度要求的限制。

④ 角焊缝的最小计算长度。

侧面角焊缝或正面角焊缝的计算长度不得小于 $8h_f$ 和 40mm，因为角焊缝的厚度大而长度过小，会使焊件的局部加热严重，且焊缝起落弧所引起的缺陷位置相距太近，以及焊缝中可能产生的其他缺陷，会使焊缝可靠度降低。

对使用两边侧焊缝搭接连接的构件而言，每条侧焊缝的长度要大于两条侧焊缝之间的距离，且焊缝之间的距离 b 不宜大于 200mm，t 为较薄构件厚度。当 $b>200$mm 时，应加横向角焊缝或中间塞焊，以免因焊缝横向收缩而引起板件向外发生较大拱曲（图 3.20）。当采用正面角焊缝时，其搭接长度必须大于较小焊件厚度的 5 倍并大于 25mm。角焊缝焊接连接不宜将厚板焊接到较薄板上。当杆件端部搭接采用围焊或者角焊缝端部位于转角处时，在转角处必须连续施焊，可连续地做长度为 $2h_f$ 的绕角焊（图 3.21），避免落弧缺陷引起应力集中。

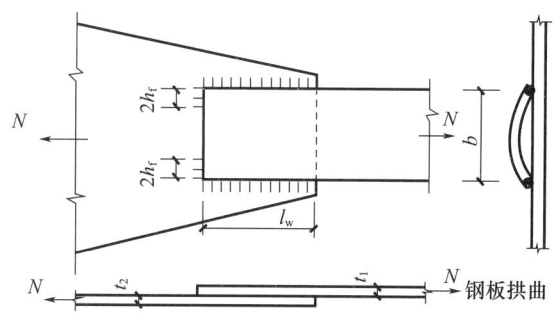

图 3.20 焊缝长度及两侧焊缝间距

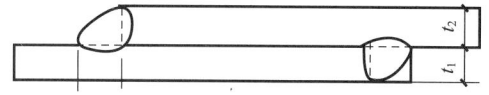

图 3.21 搭接连接双角焊缝的要求

⑤ 断续角焊缝。

在次要构件或次要焊缝连接中，可采用断续角焊缝。断续角焊缝焊段的长度不得小于 $10h_f$ 或 50mm，其净距不应大于 $15t$（受压构件）或 $30t$（受拉构件），t 为较薄焊件厚度。腐蚀环境和承受动载工况下，不宜采用断续角焊缝。

3.3.3 直角角焊缝连接计算

直角角焊缝的截面如图 3.22 所示，其中直角边边长 h_f 称为角焊缝的焊脚尺寸。角焊缝的破坏常发生在焊喉，故取直角角焊缝 45°方向的最小厚度 $h_e = h_f\cos 45° \approx 0.7h_f$ 为角焊缝的有效厚度，即以有效厚度与焊缝计算长度的乘积作为角焊缝破坏时的有效截面（或计算截面）。

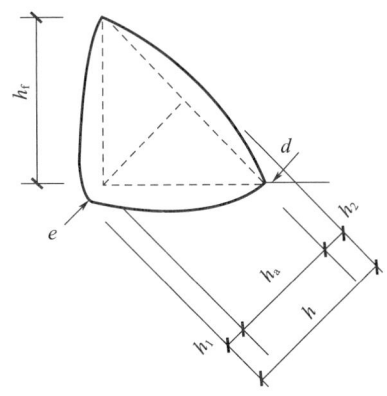

图 3.22 直角角焊缝的截面

作用于焊缝有效截面上的应力如图 3.23 所示,这些应力包括垂直于焊缝有效截面的正应力 $\sigma_\perp$,有效截面上垂直于焊缝长度方向的剪应力 $\tau_\perp$,以及有效截面上平行于焊缝长度方向的剪应力 $\tau_{/\!/}$。

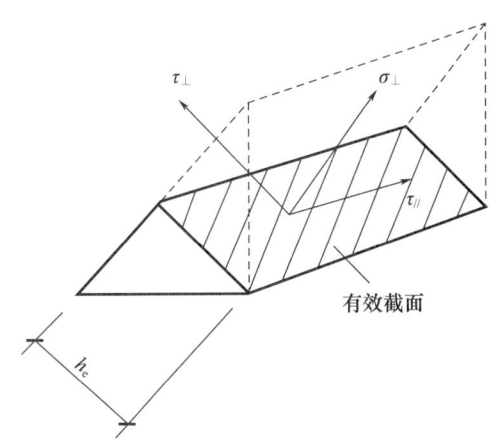

图 3.23 焊缝有效截面上的应力

《钢结构设计标准》(GB 50017—2017)在对角焊缝进行计算时,假定焊缝在有效截面处破坏,各应力分量满足折算应力式(3.5),式中 f_u^w 为焊缝金属的抗拉强度。

$$\sqrt{\sigma_\perp^2 + 3(\tau_\perp^2 + \tau_{/\!/}^2)} = f_u^w \tag{3.5}$$

由于设计标准规定的角焊缝强度设计值 f_f^w(侧面焊缝的强度设计值,详见附录 1 中的附表 1.5)是根据抗剪条件确定的,而 $\sqrt{3} f_f^w$ 相当于角焊缝的抗拉强度设计值,则式(3.5)变为:

$$\sqrt{\sigma_\perp^2 + 3(\tau_\perp^2 + \tau_{/\!/}^2)} = \sqrt{3} f_f^w \tag{3.6}$$

以图 3.24 所示受斜向轴心力 $2N$(互相垂直的分力为 $2N_y$ 和 $2N_x$)作用的直角角焊缝为例,说明角焊缝基本公式的推导。

考虑一条焊缝的受力,N_y 在焊缝有效截面($h_e l_w$)上引起垂直于焊缝一个直角边的应力 σ_f(该应力是 $\sigma_\perp$ 和 $\tau_\perp$ 的合应力):

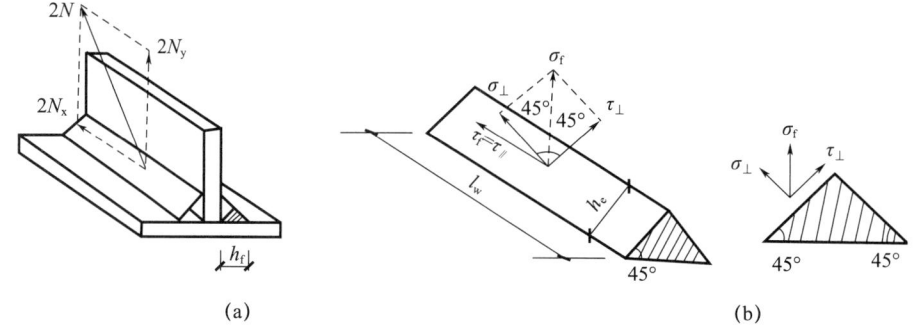

图 3.24 直角角焊缝的计算

$$\sigma_f = \frac{N_y}{h_e l_w} \tag{3.7}$$

式中 N_y——垂直于焊缝长度方向的轴心力；

l_w——焊缝的计算长度，考虑起落弧缺陷，按各条焊缝的实际长度每端减去 h_f 计算。

由图 3.24（b）可知，对直角角焊缝有：

$$\sigma_\perp = \tau_\perp = \frac{\sigma_f}{\sqrt{2}} \tag{3.8}$$

N_x 在焊缝有效截面上引起平行于焊缝长度方向的剪应力 $\tau_f = \tau_{//}$：

$$\tau_f = \tau_{//} = \frac{N_x}{h_e l_w} \tag{3.9}$$

将式（3.8）、式（3.9）代入式（3.6）可得：

$$\sqrt{4\left(\frac{\sigma_f}{\sqrt{2}}\right)^2 + 3\tau_f^2} \leqslant \sqrt{3} f_f^w \tag{3.10}$$

化简后即得到直角角焊缝强度计算的基本公式：

$$\sqrt{\left(\frac{\sigma_f}{\beta_f}\right)^2 + \tau_f^2} \leqslant f_f^w \tag{3.11}$$

式中 β_f——正面角焊缝的强度增大系数，$\beta_f = \sqrt{\frac{3}{2}} \approx 1.22$。

对正面角焊缝，此时有 $\tau_f = 0$，由式（3.11）可得：

$$\sigma_f = \frac{N}{h_e l_w} \leqslant \beta_f f_f^w \tag{3.12}$$

对侧面角焊缝，此时 $\sigma_f = 0$，由式（3.11）可得：

$$\tau_f = \frac{N}{h_e l_w} \leqslant f_f^w \tag{3.13}$$

式（3.11）~式（3.13）为角焊缝强度的基本计算公式。只要将焊缝应力分解为垂直于焊缝长度方向的应力 σ_f 和平行于焊缝长度方向的应力 τ_f，上述基本公式就可适用于任何受力状态。

对于直接承受动力荷载结构中的焊缝，虽然正面角焊缝的强度试验值比侧面角焊缝高，但判别结构或连接的工作性能，除检验是否具有较高的强度指标外，还需检验其延性指标(塑性变形能力)。由于正面角焊缝的刚度大、韧性差,应力集中现象较严重,应将其强度降低后使用,故对于直接承受动力荷载结构中的角焊缝,取 $\beta_f=1.0$,相当于按 σ_f 和 τ_f 的合应力进行计算,即 $\sqrt{\sigma_f^2+\tau_f^2} \leqslant f_f^w$。

3.3.4 斜角角焊缝连接计算

斜角角焊缝一般用于腹板倾斜的 T 形接头(图 3.25),采用与直角角焊缝相同的计算公式进行计算。考虑到斜角角焊缝的受力复杂性,无论其有效截面上的应力情况如何,均不考虑焊缝的方向,一律取 $\beta_f=1.0$,即计算公式采用如下形式:

$$\sqrt{\sigma_f^2+\tau_f^2} \leqslant f_f^w \tag{3.14}$$

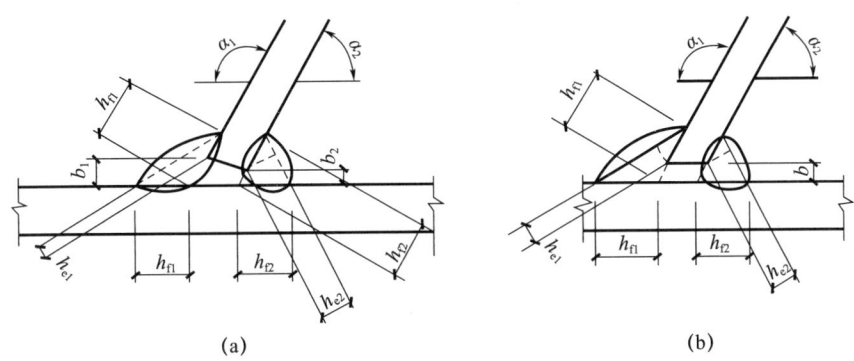

图 3.25 斜角角焊缝

在确定斜角角焊缝的有效厚度时(图 3.16),假定焊缝在其所成夹角的最小斜面上发生破坏,并且,当两焊边夹角 $60°\leqslant\alpha\leqslant135°$,根部间隙($b$、$b_1$ 或 b_2)不大于 1.5mm 时,焊缝有效厚度 h_e 为:

$$h_e=h_f\cos\frac{\theta}{2} \tag{3.15}$$

当根部间隙(b、b_1 或 b_2)大于 1.5mm 时,焊缝有效厚度计算时应扣除根部间隙,即应取为:

$$h_e=\left[h_f-\frac{b(或 b_1、b_2)}{\sin\alpha}\right]\cos\frac{\alpha}{2} \tag{3.16}$$

任何根部间隙不得大于 5mm,当图 3.25(a)中的 $b_1>5$mm 时,可将板边切割成图 3.25(b)所示的形式。

当 $30°\leqslant\alpha\leqslant60°$ 或 $\alpha<30°$ 时,斜角角焊缝计算厚度 h_e 应按国家标准《钢结构焊接规范》(GB 50661—2011)的有关规定计算取值。

3.3.5 直角角焊缝连接计算的应用举例

3.3.5.1 承受轴力作用

在钢桁架中,角钢腹杆与节点板的连接焊缝一般采用两面侧焊[图 3.26(a)],也可采用三面围焊[图 3.26(b)],特殊情况也允许采用 L 形围焊[图 3.26(c)]。桁架角钢腹杆受轴心力作用,为避免杆端焊缝连接出现偏心受力,连接设计时应考虑将焊缝群所传递的合力作用线与角钢杆件轴线相重合。

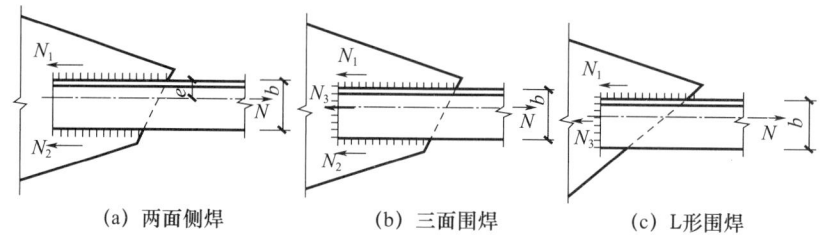

图 3.26 桁架腹杆与节点板的连接

(1) 当结构三面围焊 [图 3.26 (b)] 时，已知正面角焊缝的计算长度 l_{w3} 等于角钢肢宽 b，故先假定正面角焊缝的焊脚尺寸 h_{f3}，求出正面角焊缝所分担的轴心力 N_3 为：

$$N_3 = 2 \times 0.7 h_{f3} l_{w3} \beta_f f_f^w \tag{3.17}$$

由平衡条件（$\sum M = 0$）可分别求得角钢肢背和肢尖侧面角焊缝所分担的轴力：

$$N_1 = \frac{N(b-e)}{b} - \frac{N_3}{2} = \alpha_1 N - \frac{N_3}{2} \tag{3.18}$$

$$N_2 = \frac{Ne}{b} - \frac{N_3}{2} = \alpha_2 N - \frac{N_3}{2} \tag{3.19}$$

式中 N_1，N_2——角钢肢背和肢尖侧面角焊缝所分担的轴力；

e——角钢的形心距；

α_1，α_2——角钢肢背和肢尖焊缝的内力分配系数，按表 3.2 使用。

表 3.2 角钢角焊缝内力分配系数

连接情况	连接形式	分配系数	
		α_1	α_2
等肢角钢		0.70	0.30
不等肢角钢短肢连接		0.75	0.25
不等肢角钢长肢连接		0.65	0.35

(2) 对于两面侧焊 [图 3.26 (a)]，因 $N_3 = 0$，由式 (3.18) 和式 (3.19) 可得：

$$N_1 = \alpha_1 N \tag{3.20}$$

$$N_2 = \alpha_2 N \tag{3.21}$$

由式 (3.18)、式 (3.21) 求得各条侧面角焊缝所受的内力后，按构造要求（角焊缝的尺寸限制）假定肢背和肢尖焊缝的焊脚尺寸，即可求出两侧面角焊缝的计算长度：

$$l_{w1} = \frac{N_1}{2 \times 0.7 h_{f1} f_f^w} \tag{3.22}$$

$$l_{w2} = \frac{N_2}{2 \times 0.7 h_{f2} f_f^w} \tag{3.23}$$

式中 h_{f1}，l_{w1}——一个角钢肢背上侧面角焊缝的焊脚尺寸及计算长度；

h_{f2}，l_{w2}——一个角钢肢尖上侧面角焊缝的焊脚尺寸及计算长度。

对于三面围焊，由于在杆件端部转角处必须连续施焊，每条侧面角焊缝只有一端可能起落弧,故侧面角焊缝实际长度为计算长度加h_f。对于两面侧焊,如果在杆件端部转角处连续做绕角焊,则侧面角焊缝实际长度为计算长度;如果在杆件端部未做绕角焊,则侧面角焊缝实际长度为计算长度加$2h_f$。

(3) L形围焊 [图 3.26 (c)] 仅当杆件受力很小时采用。由于只有正面角焊缝和角钢肢背上的侧面角焊缝,可令式 (3.19) 中的 $N_2=0$,得:

$$N_3 = 2\alpha_2 N \qquad (3.24)$$
$$N_1 = N - N_3 \qquad (3.25)$$

角钢肢背上的角焊缝计算长度可按式 (3.22) 计算,由于在杆件端部转角处必须连续施焊,侧面角焊缝只有一端可能起落弧,故侧面角焊缝实际长度为计算长度加h_f。角钢端部的正面角焊缝的长度已知,可按下式计算其焊脚尺寸:

$$h_{f3} = \frac{N_3}{2 \times 0.7 l_{w3} \beta_f f_f^w} \qquad (3.26)$$

式中,$l_{w3}=b$(采用$2h_f$的绕角焊)或 $l_{w3}=b-h_{f3}$(未采用绕角焊)。

【例 3.3】图 3.27 所示是用双拼接盖板的角焊缝连接,钢板宽度为 240mm,厚度为 12mm,承受轴心力设计值 $N=600$kN。钢材为 Q235,采用 E43 型焊条。分别按(1)仅用侧面角焊缝;(2)采用三面围焊,确定盖板尺寸并设计此连接。

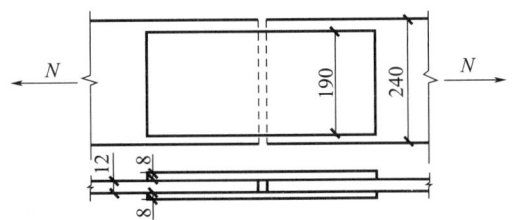

图 3.27 双拼接盖板的角焊缝连接

【解】根据拼接盖板和主板承载力相等的原则,确定盖板截面尺寸。盖板和主板材质相同,采用 Q235 钢,两块盖板截面面积之和大于或等于钢板截面面积。因要在盖板两侧面施焊,取盖板宽度为 190mm,则盖板厚度 $t=240\times12/(2\times190)=7.6$mm,取 8mm,则每块盖板的截面面积为 190mm×8mm。

角焊缝的焊脚尺寸h_f由盖板厚度确定。焊缝在盖板边缘施焊,盖板厚度 8mm>6mm,盖板厚度小于主板厚度,则:

$h_{fmax}=8-(1\sim2)=7\sim6$ (mm);

$h_{fmin}=1.5\sqrt{t}=1.5\sqrt{12}=5.2$ (mm),取 $h_f=6$mm,$h_{fmin}<h_f<h_{fmax}$。

由附表 1.5 查得直角角焊缝的强度设计值 $f_f^w=160$N/mm^2。

(1) 仅用侧面角焊缝。

连接一侧所需焊缝总计算长度为:

$\sum l_w = \dfrac{N}{h_e f_f^w} = \dfrac{600\times10^3}{0.7\times6\times160} = 893$ (mm);

因为有上、下两块拼接盖板,所以共有 4 条侧面角焊缝,每条焊缝的实际长度为:

$l=\dfrac{1}{4}\sum l_w+2h_f=\dfrac{1}{4}\times893+2\times6=235.25$ (mm) $<60h_f=60\times6=360$ (mm);

取 $l=240\text{mm}$。

两块被拼接钢板留出 10mm 间隙，所需拼接盖板长度为：

$L=2l+10=2\times240+10=490$（mm）;

检查盖板宽度是否符合构造要求：

盖板厚度为 8mm<12mm，宽度 $b=190\text{mm}$，且 $b<l=240\text{mm}$，故盖板宽度满足构造要求。

（2）采用三面围焊。

采用三面围焊可以减小两侧面角焊缝的长度，从而减小拼接盖板的尺寸。已知正面角焊缝的长度 $l'_w=190\text{mm}$，两条正面角焊缝所能承受的内力为：

$N'=0.7h_f\sum l'_w\beta_f f_f^w=0.7\times6\times2\times190\times1.22\times160=311.5$（kN）；

连接一侧所需焊缝总计算长度为：

$$\sum l_w=\frac{N-N'}{h_e f_f^w}=\frac{(600-311.5)\times10^3}{0.7\times6\times160}=429 \text{ (mm)}$$

连接一侧共有 4 条侧面角焊缝，每条焊缝的实际长度为：

$$l=\frac{1}{4}\sum l_w+h_f=\frac{1}{4}\times429+6=113.3 \text{ (mm)}$$

采用 120mm。

所需拼接盖板的长度为：

$L=2l+10=2\times120+10=250$（mm）。

【例 3.4】试设计图 3.28 所示某桁架腹杆与节点板的连接。腹杆为 2∟110×10 (mm)，节点板厚度为 12mm，承受静荷载设计值 $N=640\text{kN}$，钢材为 Q235，焊条为 E43 型，手工焊。分别按（1）采用两边侧面角焊缝；（2）采用三面围焊，确定肢背、肢尖的实际焊缝长度。

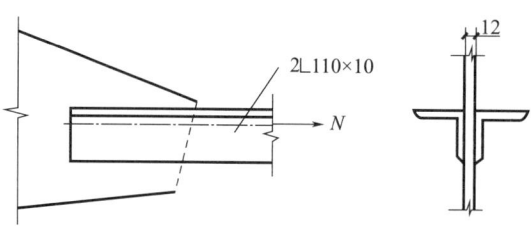

图 3.28 例 3.4 图

【解】（1）采用两边侧面角焊缝。

按构造要求确定焊脚尺寸：

$h_{f\min}=1.5\sqrt{t}=1.5\sqrt{12}=5.2$（mm）；

肢尖焊脚尺寸 $h_{f\max}=10-(1\sim2)=9\sim8$（mm），采用 $h_f=8\text{mm}$。

肢背焊脚尺寸 $h_{f\max}=1.2t=1.2\times10=12$（mm），同肢尖一样采用 $h_f=8\text{mm}$。

肢背、肢尖焊缝受力分别为：

$N_1=k_1N=0.7\times640=448$（kN）；

$N_2=k_2N=0.3\times640=192$（kN）；

肢背、肢尖所需焊缝计算长度分别为：

$$l_{w1} = \frac{N_1}{2h_e f_f^w} = \frac{448 \times 10^3}{2 \times 0.7 \times 8 \times 160} = 250 \text{ (mm)} < 60h_f = 60 \times 8 = 480 \text{ (mm)},$$

$$l_{w2} = \frac{N_2}{2h_e f_f^w} = \frac{192 \times 10^3}{2 \times 0.7 \times 8 \times 160} = 107 \text{ (mm)};$$

肢背、肢尖的实际焊缝长度分别为：

$$l_1 = l_{w1} + 2h_f = 250 + 2 \times 8 = 266 \text{ (mm)}，取 270\text{mm}，$$

$$l_2 = l_{w2} + 2h_f = 107 + 2 \times 8 = 123 \text{ (mm)}，取 130\text{mm}。$$

（2）采用三面围焊。

取 $h_{f3} = 8\text{mm}$，求端焊缝承载力：

$$N_3 = h_e \sum l_{w3} \beta_f f_f^w = 0.7 \times 8 \times 2 \times 110 \times 1.22 \times 160 = 240.5 \text{ (kN)};$$

此时肢背、肢尖焊缝受力分别为：

$$N_1 = k_1 N - \frac{N_3}{2} = 448 - \frac{240.5}{2} = 327.8 \text{ (kN)},$$

$$N_2 = k_2 N - \frac{N_3}{2} = 192 - \frac{240.5}{2} = 71.8 \text{ (kN)};$$

则肢背、肢尖所需焊缝计算长度分别为：

$$l_{w1} = \frac{N_1}{2h_e f_f^w} = \frac{327.8 \times 10^3}{2 \times 0.7 \times 8 \times 160} = 182.9 \text{ (mm)},$$

$$l_{w2} = \frac{N_2}{2h_e f_f^w} = \frac{71.8 \times 10^3}{2 \times 0.7 \times 8 \times 160} = 40.1 \text{ (mm)};$$

肢背、肢尖的实际焊缝长度分别为：

$$l_1 = l_{w1} + h_f = 182.9 + 8 = 190.9 \text{ (mm)}，取 200\text{mm}，$$

$$l_2 = l_{w2} + h_f = 40 + 8 = 48 \text{ (mm)}，取 50\text{mm}。$$

3.3.5.2 承受弯矩、剪力与轴力作用

（1）图 3.29（a）所示的双面角焊缝连接承受偏心斜拉力 N 作用，将作用力 N 分解为 N_x 和 N_y，可知角焊缝同时受轴心力 N_x、剪力 N_y 以及偏心弯矩 $M = N_x \cdot e$ 的共同作用。从焊缝计算截面上的应力分布 [图 3.29（b）] 看，A 点应力最大为控制设计点，此时对整个角焊缝连接的计算就转化为对 A 点应力的验算，如果强度满足要求，则可安全承载。

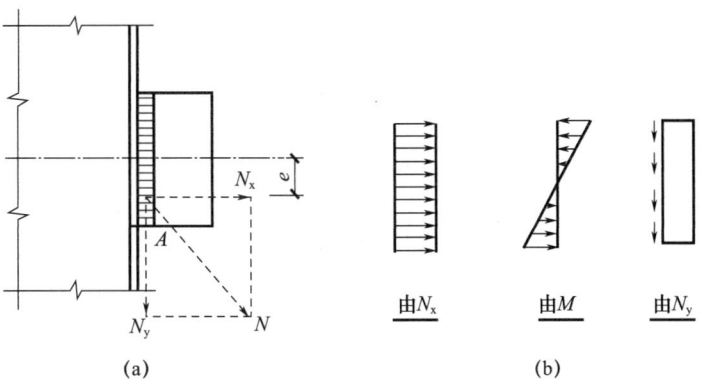

图 3.29 承受偏心斜拉力的角焊缝

A 点处垂直于焊缝长度方向的应力由轴心拉力 N_x 产生的应力 σ_N 以及由弯矩 M 产生的应力 σ_M 两部分组成，这两部分应力在 A 点处的方向相同可直接叠加，故 A 点垂直于焊缝长度方向的应力为：

$$\sigma_A = \sigma_N + \sigma_M = \frac{N_x}{A_e} + \frac{M}{W_e} = \frac{N_x}{2h_e l_w} + \frac{6M}{2h_e l_w^2} \tag{3.27}$$

式中 A_e——全部焊缝的有效截面面积；

W_e——全部焊缝的有效截面对中和轴的抗弯截面模量。

A 点处平行于焊缝长度方向的应力由剪力 N_y 产生，有：

$$\tau_f = \frac{N_y}{A_e} = \frac{N_y}{2h_e l_w} \tag{3.28}$$

将 σ_1、τ_f 代入式（3.11）即可验算焊缝 A 点处的强度，即：

$$\sqrt{\left(\frac{\sigma_f}{\beta_f}\right)^2 + \tau_f^2} \leqslant f_f^w \tag{3.29}$$

（2）图 3.30（a）所示的工字形梁（或牛腿）与钢柱翼缘的角焊缝连接，承受弯矩 M 和剪力 V 的联合作用。在计算该类连接焊缝应力时有以下两种方法。

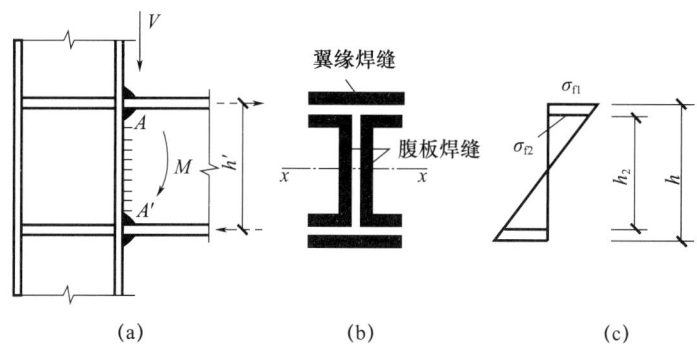

图 3.30 工字形梁（或牛腿）的角焊缝连接

方法一：假设腹板焊缝承受全部剪力，全部焊缝承受弯矩。由于翼缘焊缝只承受垂直于焊缝长度方向的弯曲应力，此弯曲应力沿梁高呈三角形分布 [图 3.30（c）]，最大应力发生在翼缘焊缝的最外纤维处，故该处的应力需满足角焊缝的强度条件为：

$$\sigma_{f1} = \frac{M}{I_w} \cdot \frac{h}{2} \leqslant \beta_f f_f^w \tag{3.30}$$

式中 M——全部焊缝能承受的弯矩；

h——上下翼缘焊缝有效截面最外纤维之间的距离；

I_w——全部焊缝有效截面对中和轴的惯性矩。

腹板焊缝承受两种应力的联合作用，即垂直于焊缝长度方向并沿梁高呈三角形分布的弯曲应力，以及平行于焊缝长度方向并沿焊缝截面均匀分布的剪应力。设计控制点为翼缘焊缝与腹板焊缝的交点处 A（或 A'），此处的弯曲应力和剪应力分别按下式计算：

$$\sigma_{f2} = \frac{M}{I_w} \cdot \frac{h_2}{2} \tag{3.31}$$

$$\tau_f = \frac{V}{\sum (h_{e2} l_{w2})} \tag{3.32}$$

式中 h_2——腹板焊缝的实际长度;

$\sum(h_{e2}l_{w2})$——腹板焊缝有效截面面积之和。

则腹板焊缝在 A 点（或 A' 点）的强度验算式为：

$$\sqrt{\left(\frac{\sigma_{f2}}{\beta_f}\right)^2+\tau_f^2}\leqslant f_f^w \tag{3.33}$$

方法二：假设腹板焊缝承受全部剪力，翼缘焊缝承受全部弯矩。由于翼缘焊缝承担全部弯矩，故可以将弯矩 M 化为一对水平力 $H=M/h'$，h' 为翼缘板中心间的距离，详见图 3.30(a)，则翼缘焊缝的强度计算式为：

$$\sigma_f=\frac{H}{h_{e1}l_{w1}}\leqslant \beta_f f_f^w \tag{3.34}$$

腹板焊缝的强度计算式为：

$$\tau_f=\frac{V}{2h_{e2}l_{w2}}\leqslant f_f^w \tag{3.35}$$

式中 $h_{e1}l_{w1}$——一个翼缘上的角焊缝有效截面面积；

$2h_{e2}l_{w2}$——两条腹板焊缝的有效截面面积。

【例 3.5】 图 3.31 所示为牛腿与钢柱的连接，承受偏心荷载设计值 $V=400$kN，$e=25$cm，钢材为 Q235，焊条为 E43 型，手工焊。试验算角焊缝的强度。

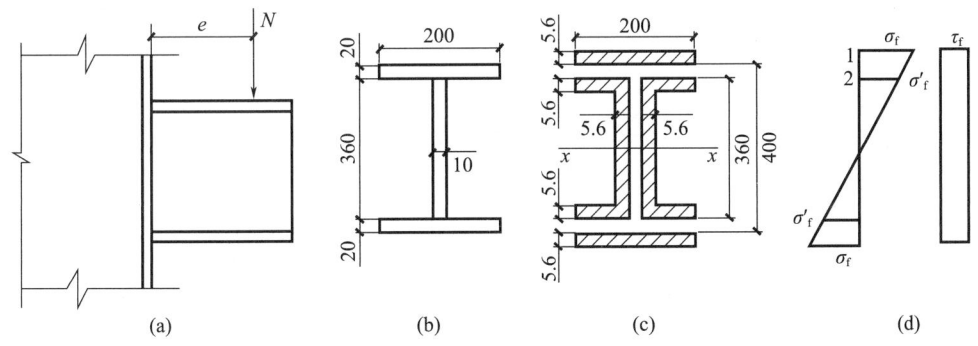

图 3.31 牛腿与钢柱的连接

【解】 偏心荷载使焊缝承受剪力 $V=400$kN，弯矩 $M=V\cdot e=400\times 0.25=100$ (kN·m)。

设焊缝为周边围焊，转角处连续施焊，没有起落弧所引起的焊口缺陷，计算时忽略工字形翼缘端部绕角部分焊缝。取 $h_f=8$mm，假定剪力仅由牛腿的腹板焊缝承受。

牛腿的腹板上角焊缝的有效面积为：

$A_w=2\times 0.7\times 0.8\times 36=40.32$（cm²）

全部焊缝对 x 轴的惯性矩为：

$I_x=2\times 0.7\times 0.8\times 20\times(20+0.28)^2+4\times 0.7\times 0.8\times(9.5-0.56)\times$

$(18-0.28)^2+2\times\frac{1}{12}\times 0.7\times 0.8\times 36^3=19855.2$（cm⁴）

翼缘焊缝最外边缘的截面模量是：

$W_{w1}=\frac{19855.2}{20.56}=965.7$（cm³）

翼缘和腹板连接处的截面模量是：

$$W_{w2}=\frac{19855.2}{18}=1103.1 \text{ (cm}^3\text{)}$$

在弯矩作用下角焊缝最大应力在翼缘焊缝最外边缘,其数值为:

$$\sigma_f=\frac{M}{W_{w1}}=\frac{100\times10^6}{965.7\times10^3}=103.6 \text{ (N/mm}^2\text{)}<\beta_f f_f^w=1.22\times160=195.2 \text{ (N/mm}^2\text{)}$$

由剪力引起的剪应力在腹板焊缝上均匀分布,其值为:

$$\tau_f=\frac{V}{A_w}=\frac{400\times10^3}{40.32\times10^2}=99.2 \text{ (N/mm}^2\text{)}<f_f^w=160 \text{ (N/mm}^2\text{)}$$

在牛腿翼缘和腹板交界处,存在弯矩引起的正应力和剪力引起的剪应力,其正应力为:

$$\sigma_f'=\frac{M}{W_{w2}}=\frac{100\times10^6}{1103.1\times10^3}=90.66 \text{ (N/mm}^2\text{)}$$

此处焊缝应满足:

$$\sqrt{\left(\frac{\sigma_f'}{\beta_f}\right)^2+\tau_f^2}=\sqrt{\left(\frac{90.66}{1.22}\right)^2+99.2^2}=123.9 \text{ (N/mm}^2\text{)}<f_f^w=160 \text{ (N/mm}^2\text{)}$$

【例3.6】 图3.32所示是一牛腿板与柱翼缘的连接,牛腿板厚12mm,柱翼缘板厚16mm,荷载设计值$V=200$kN,$e=300$mm,钢材为Q235钢,E43型焊条,手工焊,试设计角焊缝连接。

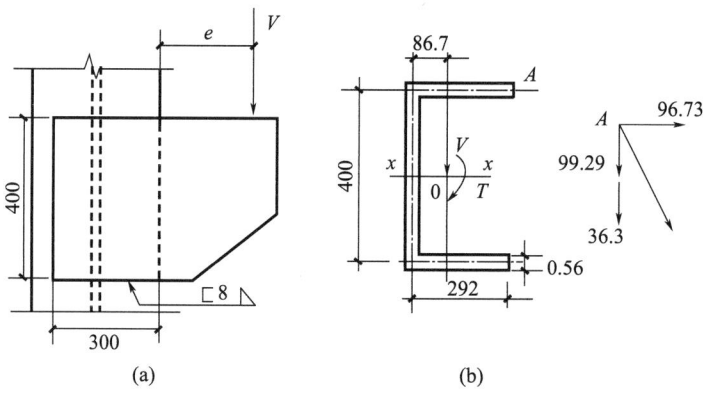

图3.32 例3.6图

【解】 设围焊焊脚尺寸$h_f=8$mm,近似按板边搭接长度来计算角焊缝的有效截面。

角焊缝有效截面形心位置为:

$$\bar{x}=2\times0.7\times0.8\times\frac{(30-0.8)^2}{2}\div\{0.7\times0.8\times[2\times(30-0.8)+40]\}=8.67 \text{ (cm)}$$

角焊缝有效截面的极惯性矩为:

$$I_x=0.7\times0.8\times\left[\frac{1}{12}\times40^3+2\times(30-0.8)\times20^2\right]=16068 \text{ (cm}^4\text{)}$$

$$I_y=0.7\times0.8\times\left[40\times8.67^2+2\times\frac{1}{12}\times(30-0.8)^3+2\times(30-0.8)\times\left(\frac{30-0.8}{2}-8.67\right)^2\right]$$
$$=5158 \text{ (cm}^4\text{)}$$

$$I_p=I_x+I_y=16068+5158=21226 \text{ (cm}^4\text{)}$$

扭矩为 $T=200\times(30+30-8.67)=10266$（kN·cm）。

角焊缝有效截面上 A 点最危险，其应力为：

$$\tau_A^T=\frac{T_{r_y}}{I_p}=\frac{10266\times10^4\times200}{21266\times10^4}=96.55\ (N/mm^2) \leqslant \sigma_A^T=\frac{T_{r_x}}{I_p}=\frac{10266\times10^4\times(300-8-86.7)}{21266\times10^4}$$
$$=99.11\ (N/mm^2)$$

$$\sigma_A^V=\frac{V}{A_w}=\frac{200\times10^3}{0.7\times8\times[400+(300-8)\times2]}=36.30\ (N/mm^2)$$

A 点应力应满足：

$$\sqrt{\left(\frac{\sigma_A^T+\sigma_A^V}{\beta_f}\right)^2+(\tau_A^T)^2}=\sqrt{\left(\frac{99.29+36.3}{1.22}\right)^2+96.73^2}=147.3\ (N/mm^2)<f_f^w$$
$$=160\ (N/mm^2)$$

取 $h_f=8mm$ 是合适的。

3.3.5.3 承受扭矩与剪力作用

图 3.33 所示为三面围焊的角焊缝连接，承受静态竖向剪力 $V=F$ 以及扭矩 $T=F$ 作用。

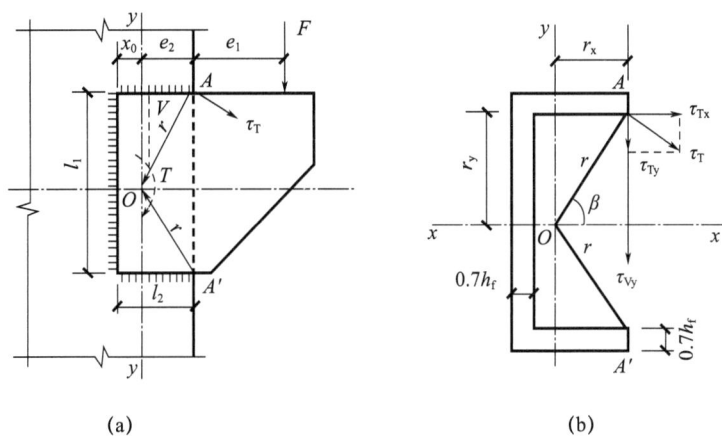

图 3.33 受扭矩与剪力作用的角焊缝

计算焊缝群在扭矩 T 作用下产生的应力时，可基于下列假定：

（1）假设角焊缝是弹性的，被连接件是绝对刚性并有绕焊缝形心点 O 旋转的趋势；

（2）焊缝群上任一点的应力方向垂直于该点与焊缝形心的连线，且应力大小与连线长度 r 成正比。基于以上假设，求解焊缝群在扭矩 T 作用下的剪应力可采用如下公式：

$$\tau_T=\frac{T\cdot r}{I_p} \tag{3.36}$$

式中 I_p——截面的极惯性矩，$I_p=I_x+I_y$。

由图 3.33 可知 A 点（或 A' 点）距形心点 O 最远，由扭矩 T 引起的剪应力 τ_T 最大，故 A 点（或 A' 点）为设计控制点。在扭矩 T 作用下 A 点（或 A' 点）的应力为：

$$\tau_T=\frac{T\cdot r}{I_p}=\frac{T\cdot r}{I_x+I_y} \tag{3.37}$$

将τ_T沿x轴和y轴分解为：

$$\tau_{Tx}=\tau_T \cdot \sin\theta=\frac{T \cdot r}{I_p} \cdot \frac{r_y}{r}=\frac{T \cdot r_y}{I_p} \tag{3.38}$$

$$\tau_{Ty}=\tau_T \cdot \cos\theta=\frac{T \cdot r}{I_p} \cdot \frac{r_x}{r}=\frac{T \cdot r_x}{I_p} \tag{3.39}$$

由剪力V在焊缝群引起的剪应力τ_V按均匀分布考虑，A点（或A'点）引起的应力τ_{Vy}为：

$$\tau_{Vy}=\frac{V}{\sum(h_e l_w)} \tag{3.40}$$

则A点（或A'点）受到垂直于焊缝长度方向的应力为$\sigma_f=\tau_{Ty}+\tau_{Vy}$，$A$点（或$A'$点）沿焊缝长度方向的应力为$\tau_{Tx}$，最后得到$A$点（或$A'$点）合应力应满足的强度条件为：

$$\sqrt{\left(\frac{\tau_{Ty}+\tau_{Vy}}{\beta_f}\right)^2+\tau_{Tx}^2} \leqslant f_f^w \tag{3.41}$$

当连接直接承受动态荷载时，取$\beta_f=1.0$。

需要注意的是，为了便于设计，上述计算方法存在一定的近似性：

(1) 在求剪力V引起的τ_{Vy}时，假设剪力V在焊缝群引起的剪应力均匀分布。事实上由于正面角焊缝（图3.33中水平焊缝）与侧面角焊缝（图3.33中竖向焊缝）的强度不同，在轴心力作用下，二者单位长度分担的应力是不同的，前者较大而后者较小，因此假设轴心力产生的应力为平均分布，与前面基本公式推导中考虑焊缝方向的思路不符。

(2) 在确定焊缝形心位置以及计算扭矩作用下产生的应力时，同样也没有考虑焊缝方向对计算结果的影响，但是最后又在验算式（3.41）中考虑焊缝的方向时而引进了系数β_f。

3.4 焊接残余应力和焊接残余变形

3.4.1 焊接残余应力的分类

(1) 纵向焊接残余应力。

纵向焊接残余应力是由焊缝的纵向收缩引起的，在焊接过程中，不均匀加热和冷却导致焊件产生不均匀变形。在两块焊件上施焊时，焊件上会产生不均匀的温度场，焊缝及附近温度最高可达1600℃以上，而邻近区域等温线密集，温度急剧下降[图3.34(a)]，不均匀的温度场产生不均匀的膨胀，温度高的钢材膨胀大，但受到周围温度较低、膨胀量较小的钢材限制，产生了热态塑性压缩。焊缝冷却时，被塑性压缩的焊缝趋向于缩短，但受到周围钢材限制而产生拉应力。因此，焊缝区及近焊缝两侧为拉应力区，远离焊缝端为压应力区[图3.34(b)]。在低碳钢和低合金钢中，这种拉应力经常达到钢材的屈服强度。

(2) 横向焊接残余应力。

横向焊接残余应力是由两部分收缩力引起的。一部分是由于焊缝纵向收缩，使两块钢板趋向于形成反方向的弯曲变形[图3.35(a)]，但实际上焊缝将两块钢板连接成整体不能分开,两块板的中间产生横向拉应力,而两端则产生压应力[图 3.35(b)];另一部分是由于施焊过程中,焊接的先后顺序或者焊缝冷却时间不同,先冷却的焊缝已经凝固,阻止后焊焊缝的横向自由膨胀,使后焊焊缝发生横向的塑性压缩变形。当后焊焊缝冷却时,其收缩受到已凝固的先焊焊缝限制而产生横向拉应力,而先焊部分则产生横向压应力,因应力自相平衡,更远处的另一端焊缝则受拉应力[图 3.35(c)]。两种横向应力叠加成最终的横向应力[图 3.35(d)]。

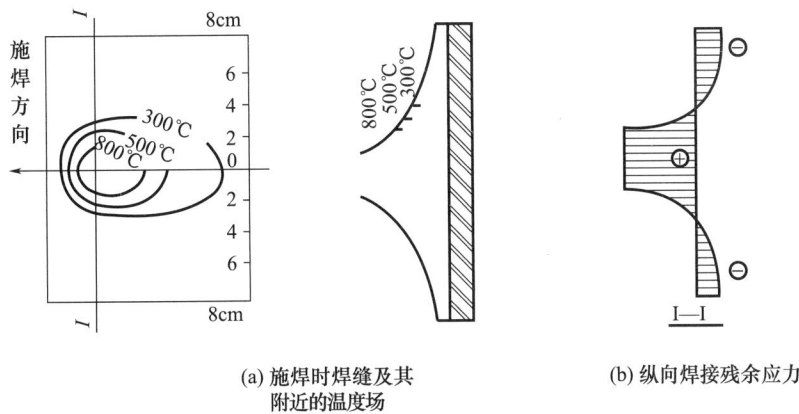

(a) 施焊时焊缝及其附近的温度场

(b) 纵向焊接残余应力

图 3.34 施焊时焊缝及附近的温度场和焊接残余应力

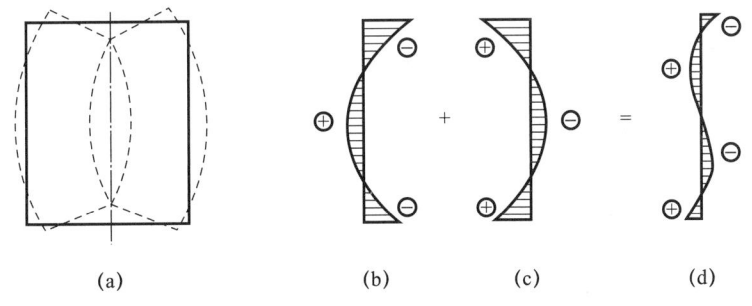

图 3.35 焊缝的横向焊接残余应力

(3) 厚度方向的焊接残余应力。

在厚钢板的焊接连接中,焊缝与钢板接触面和空气接触面散热较快而先达到冷却凝固状态,但中间的焊缝冷却较慢,导致冷却收缩受阻,形成中间焊缝受拉、四周受压的状态,除有纵向和横向残余应力 σ_x、σ_y 外,还存在着沿钢板厚度方向的焊接残余应力 σ_z (图 3.36),这三种应力形成三向拉应力场,将降低连接的塑性。

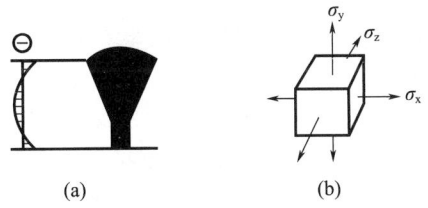

图 3.36 厚板中的焊接残余应力

3.4.2 焊接残余应力对结构性能的影响

（1）对结构静力强度的影响。

对于具有一定塑性的钢材，在静载作用下，焊接残余应力不会影响结构强度。假设在受荷前（$N=0$）截面上就存在纵向焊接残余应力，其分布如图 3.37（a）所示，截面 A_t 部分的焊接残余拉应力已达屈服强度 f_y，在施加轴心力 N 作用后该区域的应力将不再增加，因为钢材具有一定的塑性，此时拉力 N 仅由弹性区 A_c 承担。两侧弹性区应力由原来压应力逐渐变化为拉应力，最后应力达到屈服强度 f_y [图 3.37（b）]。

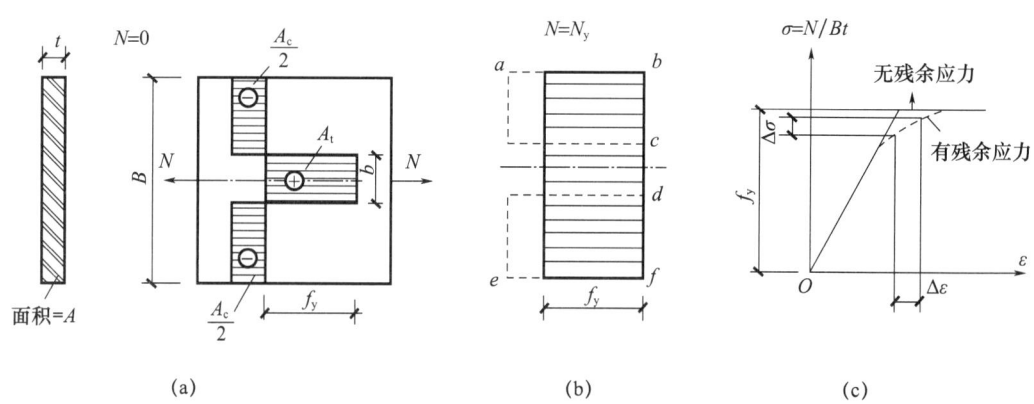

图 3.37 具有焊接残余应力的轴心受拉杆加荷时应力的变化情况

由于焊接残余应力在焊件内是自相平衡的，受拉区应力面积 A_t 等于受压区应力面积 A_c，即 $A_t=A_c=btf_y$。则构件全截面达到屈服点 f_y 时所承受的外力 $N_y=A_c+(B-b)tf_y=Btf_y$，而 Btf_y 就是无焊接残余应力的构件在全截面达到 f_y 时所承受的外力。所以，静载作用下，有焊接残余应力构件的承载能力和无焊接残余应力的构件承载能力完全相同，焊接残余应力不影响结构的静力强度。

（2）对结构刚度的影响。

焊接残余应力会降低结构的刚度。现仍以轴心受拉构件为例加以说明[图 3.37（a）]。因为残余应力的存在，受荷截面 $b×t$ 受拉区应力已达屈服强度 f_y，构件在拉力 N 作用下应变增量为 $\Delta\varepsilon_1=\Delta N/[(B-b)tE]$；无焊接残余应力的构件，等量的拉力作用下应变增量为 $\Delta\varepsilon_2=\Delta N/(BtE)$，当残余应力存在时，$b\neq0$，因此 $\Delta\varepsilon_1>\Delta\varepsilon_2$ [图 3.37（c）]。因此，焊接残余应力使构件的变形增大，刚度降低。

（3）对低温工作的影响。

在厚板焊接处和具有交叉焊缝的工况下，将产生三向焊接残余拉应力（图 3.38），阻碍这些区域塑性变形，进而导致在低温工作的焊缝容易产生裂纹，引起构件发生脆性破坏。

（4）对疲劳强度的影响。

焊接残余应力的存在对焊缝的抗疲劳性会产生不利影响，这是由于在焊缝及其附近的主体金属焊接残余拉应力通常会达到或接近钢材的屈服点，这将会促使疲劳裂纹更容易形成和扩展，但如果对焊缝以及附近金属进行锤

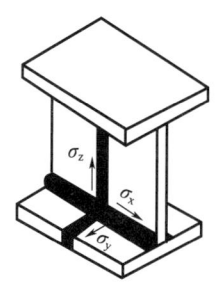

图 3.38 三向焊接残余应力

击，则可提高构件疲劳强度。

3.4.3 焊接残余变形的形式

在焊接过程中不均匀加热和高温区的热态塑性压缩导致构件冷却后形成残余变形，如纵向收缩变形、横向收缩变形、弯曲变形、角变形和扭曲变形等（图3.39），通常表现为几种变形的组合。任一焊接变形超过《钢结构工程施工质量验收标准》（GB 50205—2020）的规定时，必须进行校正，否则将会影响构件在正常使用条件下的承载能力。

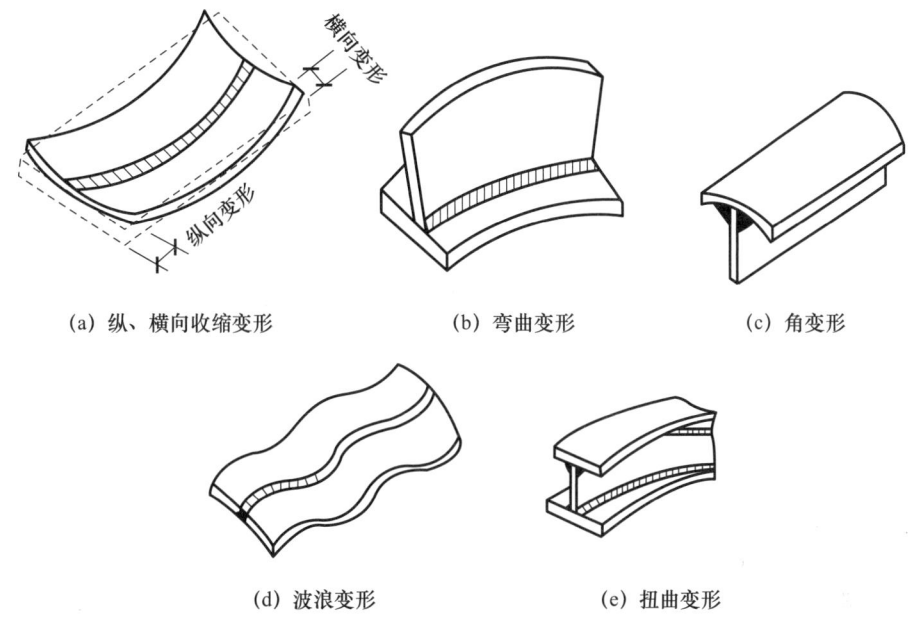

图 3.39 焊接残余变形

3.4.4 减少焊接应力和焊接残余变形的措施

（1）设计上的措施。

① 焊接位置安排要合理，在符合结构要求的前提下，焊缝的布置宜对称于构件截面的形心轴，以减小焊接变形。如图 3.40（a）（c）所示的焊接焊缝布置方案就分别优于图 3.40（b）（d）。

② 在保证结构强度设计要求容许范围内，可以采用较小的焊缝尺寸，也可在一定程度上加大焊缝长度。但需注意的是，焊缝的总面积应为定值，避免产生过大的焊接残余应力，同时焊缝过厚也会导致出现烧穿和过热等现象。

③ 焊缝不宜过度集中，图 3.40（e）所示方式比图 3.40（f）所示方式好。

④ 避免焊缝双向或三向交叉，如图 3.40（g）（h）所示，次要焊缝可中断，保证主要焊缝连续通过。

⑤ 避免板厚方向的焊接应力，厚度方向的焊接收缩应力易引起板材层状撕裂，图 3.40（i）所示的焊接处理方式对于防止层状撕裂就比图 3.40（j）所示的方式要好。

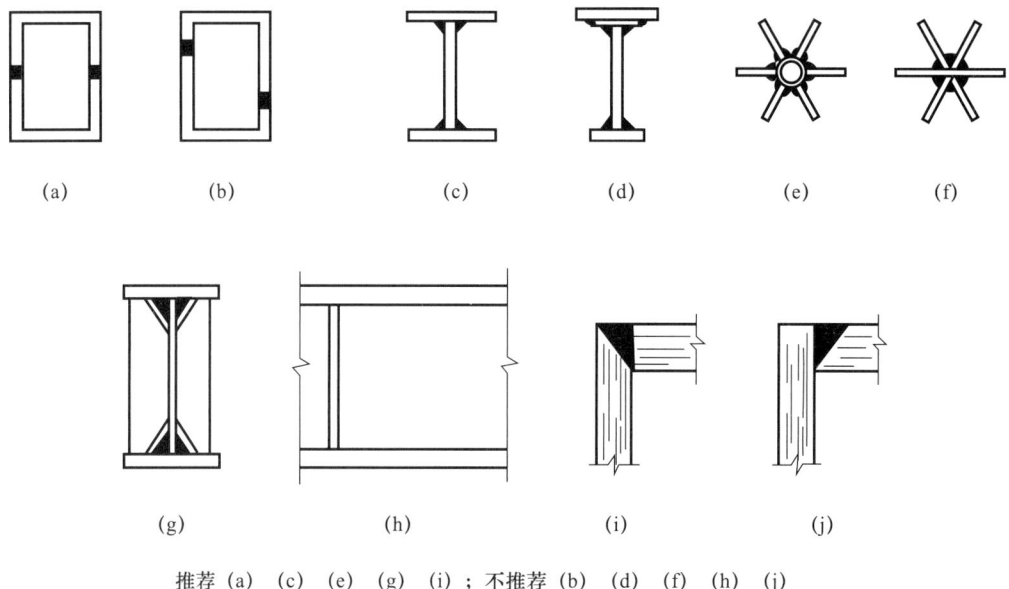

推荐（a）（c）（e）（g）（i）；不推荐（b）（d）（f）（h）（j）

图 3.40　减小焊接应力和焊接变形影响的设计措施

（2）工艺上的措施。

① 采用适当焊接顺序，钢板对接时采用分段焊［图 3.41（a）］，厚度方向采用分层焊［图 3.41（b）］，工字形截面 T 形连接采用对角跳焊［图 3.41（c）］，钢板分块拼接焊［图 3.41（d）］。

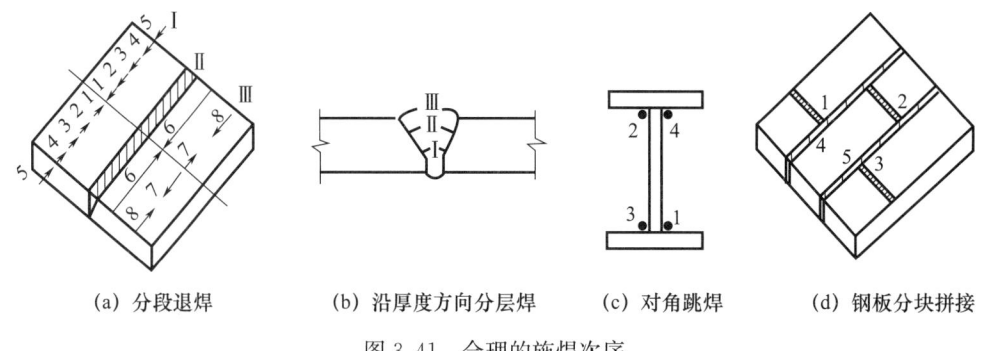

（a）分段退焊　　（b）沿厚度方向分层焊　　（c）对角跳焊　　（d）钢板分块拼接

图 3.41　合理的施焊次序

② 施加反变形。施焊前给构件一个与焊接变形反方向的预变形，使之与焊接所引起的变形相抵消，从而达到减小焊接变形的目的（图 3.42）。

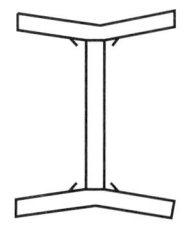

图 3.42　焊接前的反变形

③ 焊前预热或焊后高温回火。对于小尺寸焊件，焊前预热，或者焊后回火加热至600℃左右，然后缓慢冷却，可以部分消除焊接应力和焊接变形。也可用小锤轻击焊缝，降低焊接残余应力。

3.5 螺栓连接

3.5.1 螺栓的排列要求

螺栓在构件上常用的排列方式有并列 [图3.43 (a)] 和错列 [图3.43 (b)] 两种形式，并列适用于尺寸较小的连接板，但对构件截面削弱较大；错列对截面削弱较小，适用于尺寸较大的连接板。螺栓在排列时应满足下列要求：

（1）受力要求。为避免板件端部被螺栓剪断，螺栓端距不应小于 $2d_0$，d_0 为螺栓孔直径。受拉构件螺栓排距不宜过小，避免应力集中导致截面过度削弱，对承载能力影响过大。受压构件作用力方向的螺栓间距不宜过大，否则连接的板件易凸曲。螺栓在构件上排列的距离要求应符合表3.3的要求。

（2）构造与施工要求。为考虑板件的防腐问题，螺栓间距不宜过大，尽量使板件连接紧密。螺栓布设要充分考虑施工条件，保留一定空间，以便转动螺栓扳手。

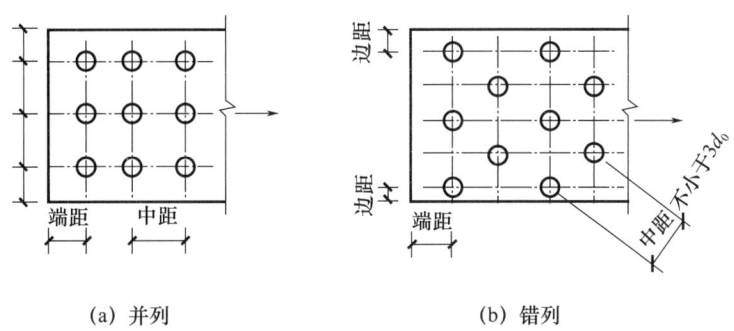

(a) 并列　　　　　　　　(b) 错列

图3.43　钢板的螺栓排列

表3.3　螺栓或铆钉的最大、最小容许距离

名称	位置和方向			最大容许距离（取两者的较小值）	最小容许距离
中心间距	外排（垂直内力或顺内力方向）			$8d_0$ 或 $12t$	$3d_0$
	中间排	垂直内力方向		$16d_0$ 或 $24t$	
		顺内力方向	构件受压力	$12d_0$ 或 $18t$	
			构件受拉力	$16d_0$ 或 $24t$	
	沿对角线方向				
中心至构件边缘距离	顺内力方向			$4d_0$ 或 $8t$	$2d_0$
	垂直内力方向	剪切边或手工气割边			$1.5d_0$
		轧制边、自动气割或锯割边	高强度螺栓		
			其他螺栓或铆钉		$1.2d_0$

注：d_0 为螺栓孔直径，t 为外层较薄板件的厚度。钢板边缘与刚性构件（如角钢、槽钢等）相连的高强度螺栓的最大间距，可按中间排的数值采用。计算螺栓孔引起的截面削弱时可取 $d+4$mm 和 d_0 的较大值。

螺栓在型钢（图3.44）上排列的间距应满足表3.4～表3.6的要求。在H型钢截面上排列螺栓[图3.44（d）]，腹板上的c值可参照普通工字钢，翼缘上的e值或e_1、e_2值可根据其外伸宽度参照角钢。

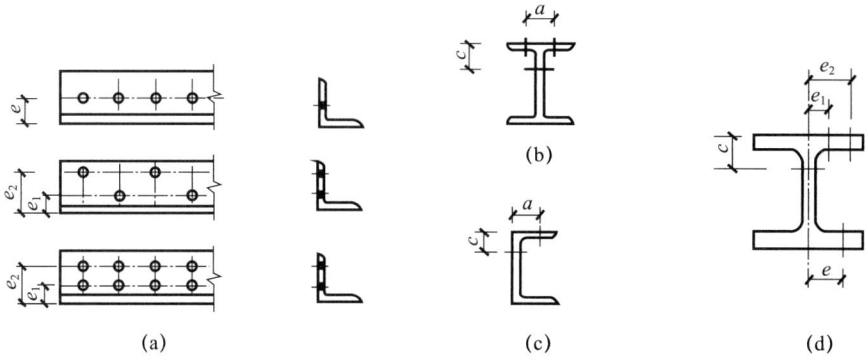

图3.44　型钢的螺栓排列

表3.4　角钢上螺栓或铆钉间距表（mm）

单行排列	角钢肢宽	40	45	50	56	63	70	75	80	90	100	110	125
	间距e	25	25	30	30	35	40	40	45	50	55	60	70
	螺孔最大直径	11.5	13.5	13.5	15.5	17.5	20	22	22	24	24	26	26
双行错排	角钢肢宽	125	140	160	180	200	双行并列			角钢肢宽	160	180	200
	e_1	55	60	70	70	80				e_1	60	70	80
	e_2	90	100	120	140	160				e_2	130	140	160
	螺孔最大直径	24	24	26	26	26				螺孔最大直径	24	24	26

表3.5　工字钢和槽钢腹板上的螺栓间距表（mm）

工字钢型号	12	14	16	18	20	22	25	28	32	36	40	45	50	56	63
间距a_{min}	40	45	45	45	50	50	55	60	60	65	70	75	75	75	75
槽钢型号	12	14	16	18	20	22	25	28	32	36	40	—	—	—	—
间距a_{min}	40	45	50	50	55	55	55	60	65	70	75				

表3.6　工字钢和槽钢翼缘上的螺栓间距表（mm）

工字钢型号	12	14	16	18	20	22	25	28	32	36	40	45	50	56	63
间距a_{min}	40	40	50	55	60	65	65	70	75	80	80	85	90	95	95
槽钢型号	12	14	16	18	20	22	25	28	32	36	40	—	—	—	—
间距a_{min}	30	35	35	40	40	45	45	45	50	56	60				

3.5.2　螺栓的符号表示

螺栓及其孔眼图例见表3.7，在钢结构施工图上需要将螺栓及其孔眼的施工要求用图例表示清楚，以免引起混淆。

表 3.7 螺栓及其孔眼图例

名称	永久螺栓	高强度螺栓	安装螺栓	圆形螺栓孔	长圆形螺栓孔
图例	◇	◆	◇	+φ	⬭ b

3.6 普通螺栓连接的设计

普通螺栓分为 A、B、C 三级，其中 A 级和 B 级为精制螺栓，C 级为粗制螺栓。A 级和 B 级普通螺栓的性能等级有 5.6 级和 8.8 级两种，C 级普通螺栓的性能等级有 4.6 级和 4.8 级两种。现以 5.6 级 A 级普通螺栓为例，解释螺栓性能等级的含义：小数点前的数字"5"表示螺栓的抗拉强度不小于 500MPa，小数点及小数点后面的数字"6"表示其屈强比为 0.6。

A 级与 B 级普通螺栓精度高、表面光滑、尺寸准确且受剪性能好，但制作和安装复杂、造价偏高。C 级普通螺栓表面粗糙，但安装方便，能有效传递拉力，宜用于沿其杆轴方向受拉的连接，如承受静力荷载或间接承受动力荷载结构中的次要连接、承受静力荷载的可拆卸结构的连接、临时固定构件用的安装连接。

3.6.1 螺栓抗剪的工作性能

抗剪连接是最常见的螺栓连接形式。图 3.45（a）所示的螺栓连接试件抗剪试验，可得出试件上 a、b 两点之间的相对位移 δ 与作用力 N 之间的关系曲线，如图 3.45（b）所示。

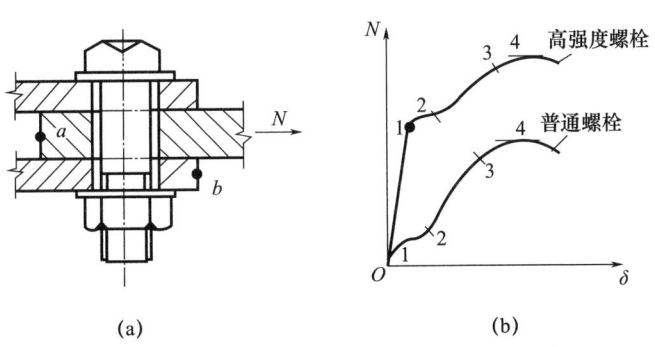

图 3.45 单个螺栓连接试件抗剪试验

由此关系曲线可知，试件由零载一直加载至连接破坏的全过程，经历了以下四个阶段：

（1）摩擦传力的弹性阶段。

在施加荷载初级阶段荷载较小，荷载靠板层间接触面的摩擦力传递，此时连接的板件未发生相对位移，连接处于弹性阶段，在 N-δ 曲线图中呈现出"0~1"斜直线段。但由于板件间摩擦力很小，此阶段很短可略去不计。

（2）滑移阶段。

随着荷载增大，界面间的剪力达到板件间摩擦力的最大值，板件发生相对滑移直至螺栓杆与孔壁接触，其最大滑移量为螺栓杆与孔壁之间的间隙，该阶段在 N-δ 曲线图中表现为"1~2"的近似水平线段。

(3) 螺杆直接传力的弹性阶段。

当荷载继续增加，外力靠连接的螺栓杆和孔壁承担，螺栓杆除主要受剪力和弯矩作用，而孔壁则受到挤压。由于接头材料的弹性性质，N-δ 曲线图呈直线上升状态，达到弹性极限"3"点后此阶段结束。

(4) 弹塑性阶段。

当荷载进一步增大，在此阶段即使给荷载很小的增量，连接的剪切变形也迅速加大，直到连接最后破坏。N-δ 曲线图中曲线的最高点"4"对应的荷载为螺栓抗剪连接的极限荷载。

3.6.2 普通螺栓的抗剪连接

图 3.46 所示为螺栓连接达到极限状态后的可能破坏形态，分别是螺杆被剪断[图 3.46（a）]、孔壁挤压[图 3.46（b）]、板件拉断[图 3.46（c）]、板件受螺栓杆挤压而剪断[图 3.46（d）]和螺栓大弯曲变形[图 3.46（e）]。对于后两种破坏形态，可通过构造措施来缓解，按规范要求限制板件端距，就可避免板件因为螺栓挤压而被剪断；通过限制连接板件的厚度可避免螺杆过大的弯曲变形。

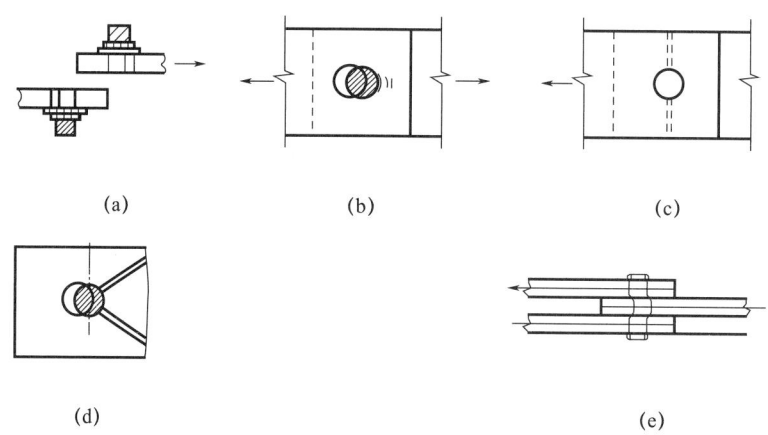

图 3.46 普通螺栓抗剪连接的破坏形式

由普通螺栓抗剪连接可能发生的破坏形式可以知道，连接计算只需考虑螺栓杆受剪破坏和孔壁承压破坏两种情况。设计时可以分别求得螺栓杆受剪承载力 N_v^b、孔壁承压承载力 N_c^b，取二者之中较小的承载力作为单个普通螺栓抗剪连接的承载力设计值，即 $N_{\min}^b = \min(N_v^b, N_c^b)$。

(1) 普通螺栓杆受剪承载力 N。

假定螺栓杆受剪面上的剪应力是均匀分布的，则螺栓杆受剪承载力设计值的计算公式为：

$$N_v^b = n_v \frac{\pi d^2}{4} f_v^b \tag{3.42}$$

式中 n_v——受剪面数目，单剪 $n_v=1$，双剪 $n_v=2$，四剪 $n_v=4$；

d——螺栓杆直径；

f_v^b——螺栓抗剪强度设计值。

(2) 孔壁承压承载力 N_c^b。

由于螺栓的实际承压应力分布情况较难确定，为简化计算，假定螺栓承压应力分布于螺栓直径平面上（图 3.47），而且假定该承压面上的应力为均匀分布，则螺栓承压（或孔壁承压）时承载力设计值为：

$$N_c^b = d\sum t f_c^b \tag{3.43}$$

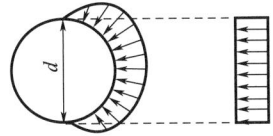

图 3.47 孔壁承压的计算承压面积

式中 $\sum t$——在同一受力方向的承压构件的较小总厚度；
f_c^b——螺栓承压强度设计值。

孔壁承压的计算式为：

$$N_v \leqslant N_c^b \tag{3.44}$$

式中 N_c^b——单个螺栓的孔壁承压承载力设计值，按式（3.43）计算。

试验表明，当螺栓群（包括普通螺栓和高强度螺栓）的抗剪连接承受轴心力时，螺栓群在长度方向上的各螺栓受力不均匀（图 3.48），表现为两端螺栓受力大而中间螺栓受力小。

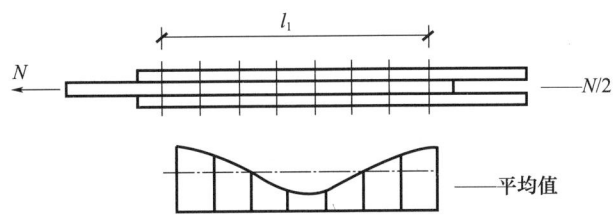

图 3.48 长接头螺栓的内力分布

当外力通过螺栓群形心时，可以认为每个螺栓平均受力，可以用下式计算出所需要的螺栓数目：

$$n = \frac{N}{\eta N_{min}^b} \tag{3.45}$$

式中 $N_{min}^b = \min(N_v^b, N_c^b)$；
η——折减系数。

当 $l_1 \leqslant 15d_0$ 时，$\eta = 1.0$；

当 $15d_0 < l_1 \leqslant 60d_0$ 时，$\eta = 1.1 - \dfrac{l_1}{150d_0}$；

当 $l_1 \geqslant 60d_0$ 时，$\eta = 0.7$。

当连接长度 $l_1 \leqslant 15d_0$（d_0 为螺孔直径）时，由于连接工作进入弹塑性阶段后内力发生重分布，螺栓群中各螺栓受力逐渐接近，故可认为轴心力 N 由每个螺栓平均分担。

当连接长度 $l_1 > 15d_0$ 时，由于接头较长，连接工作进入弹塑性阶段后，各螺栓所受内力也不易均匀，端部螺栓首先达到极限强度而破坏，随后由外向里依次破坏。

《钢结构设计标准》(GB 50017—2017)规定：在构件的节点处或拼接接头的一端，当螺栓（包括普通螺栓和高强度螺栓）沿轴向受力方向的连接长度 $l_1 > 15d_0$ 时，应将螺栓的承载力设计值乘以长接头折减系数 $\eta = 1.1 - \dfrac{l_1}{150d_0} \geqslant 0.7$；当 $l_1 \geqslant 60d_0$ 时，折减系数取定值 0.7。

由于螺栓孔削弱了构件截面，在排列好所需螺栓后，还需验算构件的净截面强度，其表达式为：

$$\sigma = \frac{N}{A_n} \leqslant f_d \tag{3.46}$$

(3) 普通受剪螺栓群承受扭矩、剪力和轴力作用。

图 3.49 所示为螺栓群承受剪力的情形，剪力 F 的作用线至螺栓群中心线的距离为 e，故螺栓群同时受到轴力 N、剪力 F 和扭矩 $T = F \cdot e$ 的联合作用。

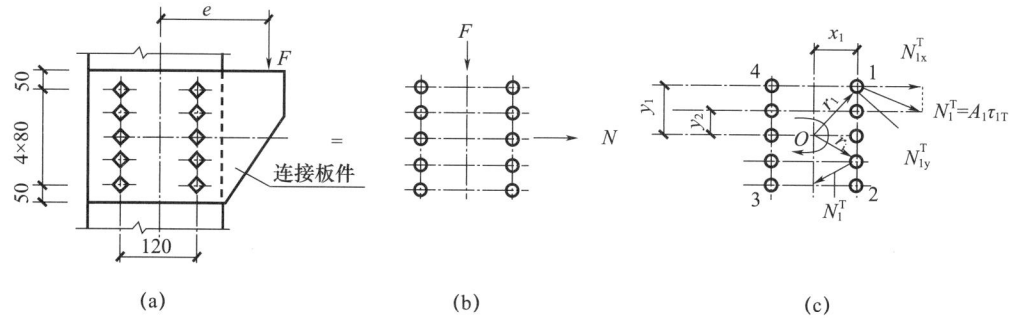

图 3.49 扭矩、剪力和轴力共同作用的剪力螺栓群

在剪力 F 作用下，每个螺栓平均承受竖直向下的剪力，则：

$$N_{1y}^V = \frac{F}{n} \tag{3.47}$$

由水平力 N 产生的螺栓剪力为：

$$N_{1x}^N = \frac{N}{n} \tag{3.48}$$

在扭矩 $T = F \cdot e$ 作用下每个螺栓均受剪，但承受的剪力大小或方向均有所不同。为了便于设计，连接计算从弹性设计法的角度出发，并基于下列假设计算扭矩 T 作用下的螺栓剪力：

① 连接板件为绝对刚性，螺栓为弹性体；

② 连接板件绕螺栓群形心旋转，各螺栓所受剪力大小与该螺栓至形心距离 r_i 成正比，剪力方向则与连线 r_i 垂直 [图 3.49 (c)]。

螺栓 1 距形心 O 最远，其所受剪力 N_1^T 最大：

$$N_1^T = A_1 \tau_{1T} = A_1 \frac{Tr_i}{I_p} = A_1 \frac{Tr}{A_1 \sum r_i^2} = \frac{Tr}{\sum r_i^2} \tag{3.49}$$

式中　A_1——单个螺栓的截面面积；

　　　τ_{1T}——螺栓 1 的剪应力；

I_p——螺栓群对形心 O 的极惯性矩；

r_i——任一螺栓至形心的距离。

将 N_1^T 分解为水平分力 N_{1x}^T 和垂直分力 N_{1y}^T：

$$N_{1x}^T = N_1^T \frac{y_1}{r_1} = \frac{Ty_1}{\sum r_i^2} = \frac{Ty_1}{\sum x_i^2 + \sum y_i^2} \tag{3.50}$$

$$N_{1y}^T = N_1^T \frac{x_1}{r_1} = \frac{Tx_1}{\sum r_i^2} = \frac{Tx_1}{\sum x_i^2 + \sum y_i^2} \tag{3.51}$$

由此可得螺栓群偏心受剪时，受力最大的螺栓 1 所受合力为：

$$\sqrt{(N_{1x}^T + N_{1x}^N)^2 + (N_{1y}^T + N_{1y}^V)^2} = N_1 \leqslant N_{\min}^b \tag{3.52}$$

当螺栓群布置在一个狭长带，例如 $y_1 > 3x_1$ 或 $x_1 > 3y_1$ 时，可取 $\sum x_i^2 = 0$ 或以 $\sum y_i^2 = 0$ 简化计算，则上式为：

$$N_{1x}^T = \frac{Ty_1}{\sum y_i^2} \tag{3.53}$$

$$N_{1y}^T = \frac{Tx_1}{\sum x_i^2} \tag{3.54}$$

设计时通常是先按构造要求排好螺栓，再用式（3.52）验算受力最大的螺栓。连接由受力最大螺栓的承载力控制，而其他大多数螺栓受力较小，不能充分发挥作用，因此这是一种偏安全的弹性设计法。

【**例 3.7**】 设计图 3.50 所示的角钢拼接节点，采用 C 级普通螺栓连接。角钢为 ∟ 100mm×8mm，材料为 Q235 钢，承受轴心拉力设计值 $N = 250$kN。采用同型号角钢做拼接角钢，螺栓直径 $d = 22$mm，孔径 $d_0 = 23.5$mm。试分析（1）构件一侧所需螺栓数及排列方式；（2）净截面强度是否满足要求。

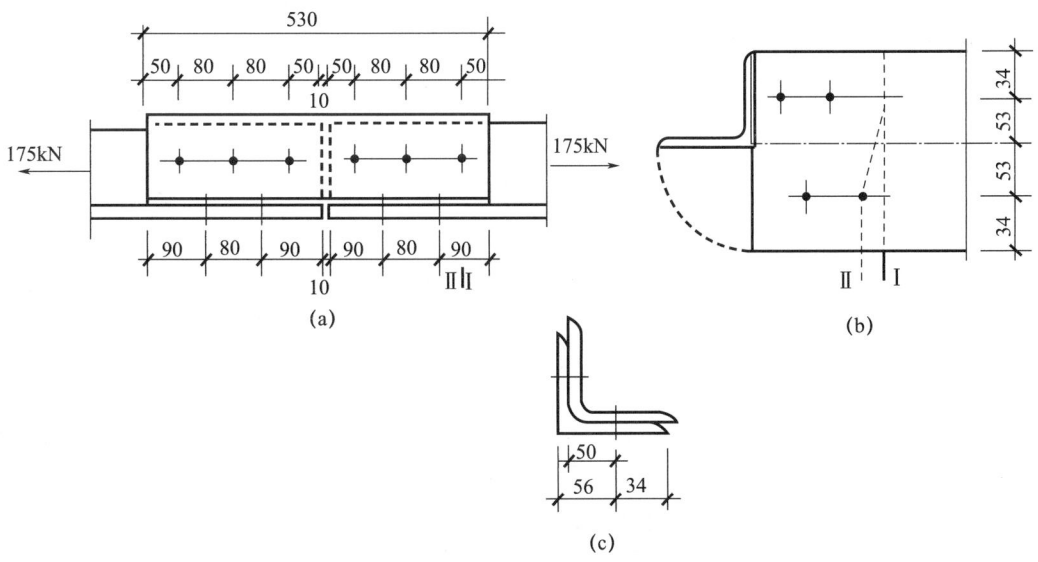

图 3.50 角钢拼接节点

【**解**】 由附表 1.6 查得 $f_v^b = 140$N/mm^2，$f_c^b = 305$N/mm^2。

（1）螺栓计算。

一个螺栓的抗剪承载力设计值为：
$$N_v^b = n_v \frac{\pi d^2}{4} f_v^b = 1 \times \frac{\pi \times 22^2}{4} \times 140 = 53.22 \text{ (kN)}$$

一个螺栓的承压承载力设计值为：
$$N_c^b = d \sum t f_c^b = 22 \times 8 \times 305 = 53.68 \text{ (kN)}$$
$$N_{min}^b = 53.22 \text{ (kN)}$$

构件一侧所需的螺栓数为：
$$n = \frac{N}{N_{min}^b} = \frac{250}{53.22} = 4.70 \text{ (个)，取 } n = 5 \text{ 个}$$

每侧用 5 个螺栓，在角钢两肢上交错排列。

(2) 构件净截面强度计算。

将角钢沿中线展开 [图 3.50 (b)]，角钢的毛截面面积为 15.6cm^2。

直线截面 I—I 的净面积为：
$$A_{n1} = A - n_1 d_0 t = 15.6 - 1 \times 2.35 \times 0.8 = 13.72 \text{ (cm}^2\text{)}$$

折线截面 II—II 的净面积为：
$$A_{n2} = t[2e_4 + (n_2-1)\sqrt{e_1^2 + e_2^2} - n_2 d_0] = 0.8 \times [2 \times 3.5 + (2-1) \times \sqrt{12.2^2 + 4^2} - 2 \times 2.35] = 12.11 \text{ (cm}^2\text{)}$$

$$\sigma = \frac{N}{A_{min}} = \frac{250 \times 10^3}{12.11 \times 10^2} = 206.4 \text{ (N/mm}^2\text{)} < f = 215 \text{ (N/mm}^2\text{)}$$

净截面强度满足要求。

【例 3.8】 设计双盖板拼接的普通螺栓连接，被拼接的钢板为 370mm×14mm，钢材为 Q235。承受设计值扭矩 $T = 25$kN·m，剪力 $V = 300$kN，轴心力 $N = 300$kN。螺栓直径 $d = 20$mm，孔径 $d_0 = 21.5$mm。试判断螺栓受力及净截面强度是否符合要求。

【解】 螺栓布置及盖板尺寸如图 3.51 所示，盖板截面面积大于被拼接钢板截面面积。螺栓间距均在容许距离范围内。

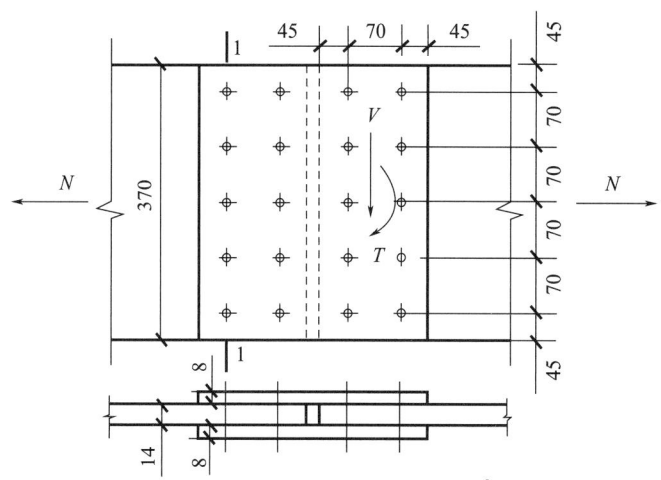

图 3.51 螺栓布置及盖板尺寸

一个抗剪螺栓的承载力设计值为：

$$N_v^b = n_v \frac{\pi d^2}{4} f_v^b = 2 \times \frac{\pi \times 20^2}{4} \times 140 = 87.96 \text{ (kN)}$$

$$N_c^b = d \sum t f_c^b = 20 \times 14 \times 305 = 85.4 \text{ (kN)}$$

$$N_{min}^b = 85.4 \text{ (kN)}$$

扭矩作用时，最外螺栓受剪力最大，其值为：

$$N_{1x}^T = \frac{Ty_1}{(\sum x_i^2 + \sum y_i^2)} = \frac{25 \times 10^6 \times 140}{[10 \times 35^2 + 4 \times (70^2 + 140^2)]} = 31.75 \text{ (kN)}$$

$$N_{1y}^T = \frac{Tx_1}{\sum x_i^2 + \sum y_i^2} = \frac{25 \times 10^6 \times 35}{110250} = 7.94 \text{ (kN)}$$

剪力和轴心力作用时，每个螺栓所受剪力相同，其值为：

$$N_{1x}^N = \frac{N}{n} = \frac{300 \times 10^3}{10} = 30 \text{ (kN)}$$

$$N_{1y}^V = \frac{V}{n} = \frac{300 \times 10^3}{10} = 30 \text{ (kN)}$$

受力最大螺栓所受的剪力合力为：

$$N_1 = \sqrt{(N_{1x}^T + N_{1x}^N)^2 + (N_{1y}^T + N_{1y}^V)^2} = \sqrt{(31.75+30)^2 + (7.94+30)^2}$$
$$= 72.47 \text{ (kN)} < N_{min}^b = 85.4 \text{kN}$$

钢板净截面强度验算，首先计算1-1截面几何性质：

$$A_n = (37 - 2.15 \times 5) \times 1.4 = 36.75 \text{ (cm}^2\text{)}$$

$$I_n = \frac{1.4 \times 37^3}{12} - 2 \times 1.4 \times 2.15 \times (7^2 + 14^2) = 4435 \text{ (cm}^4\text{)}$$

$$W_n = \frac{4435}{18.5} = 240 \text{ (cm}^3\text{)}$$

$$S_n = \frac{1}{8} \times 1.4 \times 37^2 - 1.4 \times 2.15 \times (14+7) = 176.4 \text{ (cm}^3\text{)}$$

钢板截面最外边缘正应力为：

$$\sigma = \frac{T}{W_n} + \frac{N}{A_n} = \frac{25 \times 10^6}{240 \times 10^3} + \frac{300 \times 10^3}{36.75 \times 10^2} = 185.8 \text{ (N/mm}^2\text{)} < f = 215 \text{ (N/mm}^2\text{)}$$

钢板截面形心处的剪应力为：

$$\tau = \frac{300 \times 10^3 \times 176.4 \times 10^3}{4435 \times 10^4 \times 14} = 85.23 \text{ (N/mm}^2\text{)} < f_v = 125 \text{N/mm}^2$$

螺栓受力及净截面强度均满足要求。

3.6.3 普通螺栓的抗拉连接

（1）抗拉普通螺栓连接的承载力。

抗拉螺栓连接在外力作用下，构件的接触面有脱开趋势。此时螺栓受到沿杆轴方向的拉力作用，故抗拉螺栓连接的破坏形式表现为螺栓杆被拉断。

单个抗拉螺栓的承载力设计值为：

$$N_t^b = A_e f_t^b = \frac{\pi d_e^2}{4} f_t^b \tag{3.55}$$

式中 A_e——螺栓在螺纹处的有效截面面积；

d_e——螺栓在螺纹处的有效直径；

f_t^b——螺栓抗拉强度设计值。

螺栓受拉时，通常不可能使拉力正好作用在每个螺栓轴线上，而是通过与螺杆垂直的板件传递。如图 3.52 所示的 T 形连接，如果连接件的刚度较小，受力后与螺栓垂直的连接件总会有变形，因而形成杠杆作用，螺栓有被撬开的趋势，使螺杆中的拉力增加并产生弯曲现象。

考虑杠杆作用时，螺杆的轴心力为：

$$N_t = N + Q \tag{3.56}$$

式中 Q——由于杠杆作用对螺栓产生的撬力。

撬力的大小与连接件的刚度有关，连接件的刚度越小撬力越大。同时，撬力也与螺栓直径和螺栓所在位置等因素有关。由于撬力的确定比较复杂，为了简化计算，可将普通螺栓抗拉强度设计值 f_t^b 取为螺栓钢材抗拉强度设计值 f 的 0.8 倍（即 $f_t^b = 0.8f$），以考虑撬力的影响。此外，在构造上也可采取一些措施加强连接件的刚度，如设置加劲肋（图 3.53），可以减小甚至消除撬力的影响。

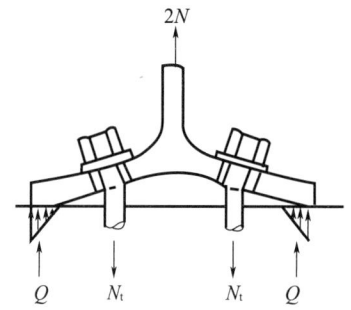

图 3.52 T 形连接中受拉螺栓的撬力

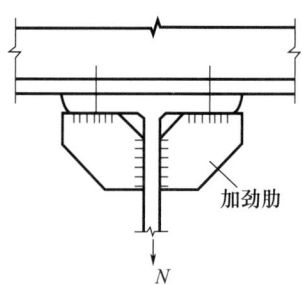

图 3.53 T 形连接中螺栓受拉

（2）普通受拉螺栓群轴心受拉。

螺栓群在轴心力作用下的抗拉连接，假定每个螺栓所受拉力相等，则连接所需螺栓数为：

$$n = \frac{N}{N_t^b} \tag{3.57}$$

式中 N_t^b——单个螺栓的抗拉承载力设计值。

（3）普通受拉螺栓群受弯矩作用。

图 3.54 所示为螺栓群在弯矩作用下的抗拉连接（图 3.54 中的剪力 V 通过承托板传递）。设中和轴至端板受压边缘的距离为 c，在弯矩作用下，离中和轴越远的螺栓所受拉力越大，而压应力则由弯矩指向一侧的部分端板承受。这种连接的受力有如下特点：受拉螺栓截面只是孤立的几个螺栓点，而端板受压区则是宽度较大的实体矩形截面 [图 3.54（c）]。当计算其形心位置并将形心轴作为中和轴时，所求得的端板受压区高度 c 总是很小，中和轴通常在弯矩指向一侧最外排螺栓附近的某个位置。因此，弯矩作用方向如图 3.54（a）所示时，实际计算时可近似取中和轴位于最下排螺栓 O 点处，即认为连接变形为绕 O 点处水平轴转动，螺栓拉力与 O 点算起的纵坐标 y 成

正比。

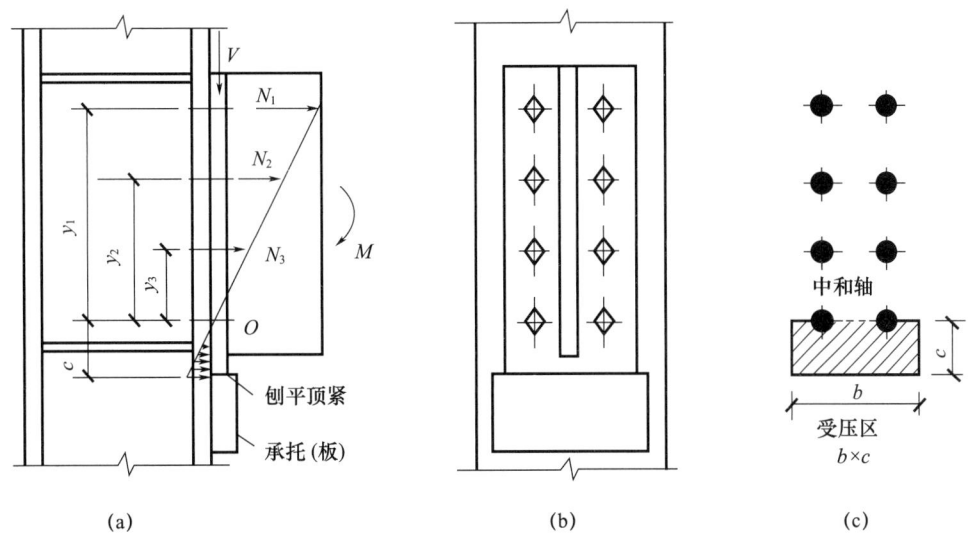

图 3.54 普通螺栓群弯矩受拉

按弹性设计法，仿照式（3.49）推导时的基本假设，并在对 O 点处水平轴列弯矩平衡方程时，偏安全地忽略力臂很小的端板受压区部分的力矩而只考虑受拉螺栓部分，则得（各 y_i 均自 O 点算起）：

由平衡条件得：

$$\begin{aligned} M &= (N_1 y_1 + N_2 y_2 + \cdots + N_i y_i + \cdots + N_{n-1} y_{n-1}) \\ &= (N_1/y_1) y_1^2 + (N_2/y_2) y_2^2 + \cdots + (N_i/y_i) y_i^2 + \cdots + (N_n/y_n) y_n^2 \\ &= (N_i/y_i) \sum y_i^2 \end{aligned}$$

式中 n——每列螺栓的数目。

因为 $\dfrac{N_1}{y_1} = \dfrac{N_2}{y_2} = \cdots = \dfrac{N_i}{y_i} = \cdots = \dfrac{N_{n-1}}{y_{n-1}}$ 故得螺栓 i 的拉力 N_i 为：

$$N_i = \frac{M y_i}{\sum y_i^2} \tag{3.58}$$

设计时要求受力最大的最外排螺栓 1 的拉力不超过单个螺栓的抗拉承载力设计值：

$$N_1 = \frac{M y_1}{\sum y_i^2} \leqslant N_t^b \tag{3.59}$$

（4）普通受拉螺栓群受弯矩和轴力作用。

由图 3.55（a）可知，螺栓群偏心受拉相当于连接承受轴心拉力 N 和弯矩 $M = N \cdot e$ 的联合作用。按弹性设计法，根据偏心距的大小可能出现小偏心受拉和大偏心受拉两种情况。

① 小偏心受拉。

对于小偏心受拉 [图 3.55（b）]，所有螺栓均承受拉力作用，端板与柱翼缘有分离趋势，故轴心拉力 N 由各螺栓均匀承受，而弯矩 M 则引起以螺栓群形心 O 点处水平轴为中和轴的三角形应力分布 [图 3.55（b）]，表现为上部螺栓受拉，下部螺栓受压；与轴心拉力叠加后全部螺栓均为受拉 [图 3.55（b）]。这样可得受力最小和最大螺栓的拉力计算公式如下（各 y_i 均自 O 点算起）：

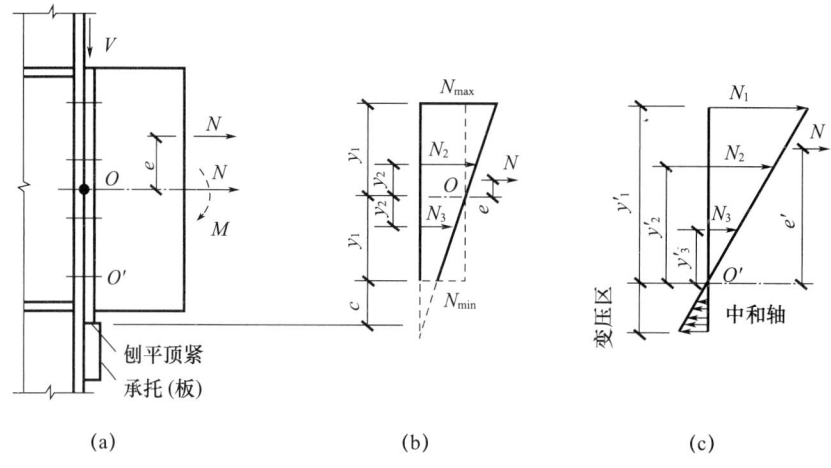

图 3.55 螺栓群偏心受拉

$$N_{\min}=\frac{N}{n}-\frac{Ney_1}{\sum y_i^2}\geqslant 0 \qquad (3.60)$$

$$N_{\max}=\frac{N}{n}+\frac{Ney_1}{\sum y_i^2}\leqslant N_t^b \qquad (3.61)$$

式（3.60）表示全部螺栓受拉，不存在受压区，该式也是小偏心受拉的条件验算式；式（3.61）表示受力最大螺栓的拉力不超过单个螺栓的承载力设计值。

② 大偏心受拉。

当由条件验算式（3.60）计算得到 $N_{\min}=\frac{N}{n}-\frac{Ney_1}{\sum y_i^2}<0$ 时，端板底部将出现受压区［图 3.55（c）］，这种情况往往是在偏心距 e 比较大时出现，故称为大偏心受拉。仿照式（3.58）的推导，并偏安全地取中和轴位于最下排螺栓 O' 点处，按相似步骤列出对 O' 点处水平轴的弯矩平衡方程，可得（e' 和各 y_i' 均自 O' 点算起，最上排螺栓 1 的拉力 N_1 最大）：

$$N_{\max}=\frac{(M+Ne)\,y_1}{\sum y_i^2}\leqslant N_t^b \qquad (3.62)$$

3.6.4 普通螺栓受拉剪共同作用

图 3.56 所示连接，螺栓群承受剪力 V 和偏心拉力 N（偏心拉力 N 可以看作轴心拉力 N 和弯矩 $M=N\cdot e$ 的合成）的联合作用。承受剪力和拉力联合作用的普通螺栓应考虑两种可能的破坏形式：一是螺杆受剪兼受拉破坏；二是孔壁承压破坏。

根据试验结果可知，兼受剪力和拉力的螺杆，将剪力和拉力分别除以各自单独作用时的承载力，这样无量纲化后的相关关系近似为一圆曲线。

故螺栓杆受剪兼受拉的计算式为：

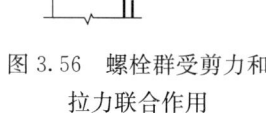

图 3.56 螺栓群受剪力和拉力联合作用

$$\left(\frac{N_v}{N_v^b}\right)^2 + \left(\frac{N_t}{N_t^b}\right)^2 \leqslant 1 \tag{3.63}$$

或

$$\sqrt{\left(\frac{N_v}{N_v^b}\right)^2 + \left(\frac{N_t}{N_t^b}\right)^2} \leqslant 1 \tag{3.64}$$

$$N_v \leqslant N_c^b$$

式中　　N_v——最危险螺栓所受的剪力设计值，一般假定剪力 V 由每个螺栓平均承担，即 $N_v = N/n$，n 为螺栓个数；

N_t——最危险螺栓所受的拉力设计值，由偏心拉力引起的螺栓最大拉力 N，按后面例题讲述的方法进行计算；

N_v^b，N_t^b，N_c^b——最危险螺栓的抗剪、抗拉和承压承载力设计值。

需要注意的是，在式（3.64）左侧加根号，数学上没有意义，但加根号后可以更明确地看出计算结果的富余量或不足量。假如按式（3.63）左侧算出的数值为 0.9，不能误认为富余量为 10%，实际上应为式（3.64）算出的数值 0.95，富余量仅为 5%。

【例 3.9】 图 3.57 所示为牛腿与柱翼缘的连接，承受设计值竖向力 $V=100\text{kN}$，轴向力 $N=120\text{kN}$。V 的作用点距柱翼缘表面距离 $e=200\text{mm}$。钢材为 Q235，螺栓直径 20mm，为普通 C 级螺栓，排列如图 3.57 所示。牛腿下设支托，焊条 E43 型，手工焊。按（1）支托承受剪力和（2）支托只起临时支承作用不承受剪力，验算螺栓强度和支托焊缝。

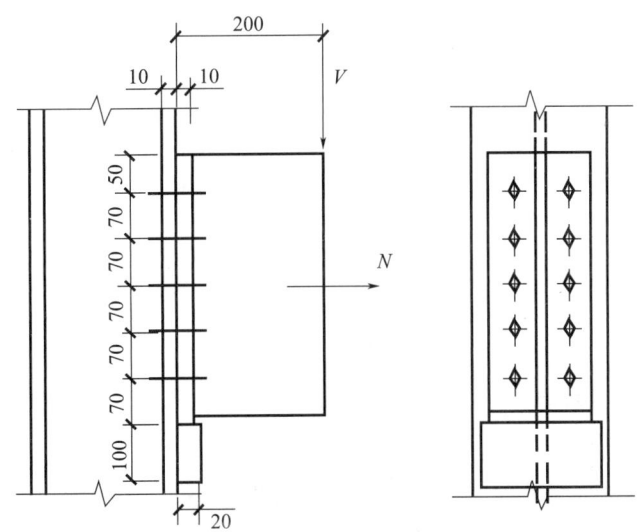

图 3.57　牛腿与柱翼缘的连接

【解】（1）竖向力 V 引起的弯矩 $M = Ve = 100 \times 0.2 = 20$ (kN·m)；

螺栓承受轴力 N 和弯矩 M，剪力 V 由支托承担。

一个抗拉螺栓的承载力设计值为：

$$N_t^b = \frac{\pi \times d_e^2}{4} f_t^b = \frac{\pi \times 17.65^2}{4} \times 170 = 41.60 \text{ (kN)};$$

先按小偏心受拉计算，假定牛腿绕螺栓群形心转动，受力最小螺栓的拉力为：

$$N_{\min}=\frac{N}{n}-\frac{My_1}{\sum y_i^2}=\frac{120\times10^3}{10}-\frac{20\times10^6\times140}{4\times(70^2+140^2)}=-16.57\times10^3\ (\text{N})<0;$$

说明连接下部受压，连接为大偏心受拉，中心轴位于最下排螺栓处，受力最大的最上排螺栓所受拉力为：

$$N_1=\frac{(M+Ne')\ y_1'}{\sum y_i'^2}=\frac{(20\times10^6+120\times10^3\times140)\times280}{2\times(70^2+140^2+210^2+280^2)}=35.05\times10^3\ (\text{N})$$
$$=35.05\text{kN}<N_t^b=41.60\text{kN};$$

支托承受剪力 $V=100\text{kN}$，设焊缝 $h_f=8\text{mm}$，

$$\tau_f=\frac{\alpha V}{h_e\sum l_w}=\frac{1.35\times100\times10^3}{2\times0.7\times8\times(100-2\times8)}=143.5\ (\text{N/mm}^2)<f_f^w=160\text{N/mm}^2。$$

（2）支托不承受剪力，螺栓同时承受拉力和剪力。

一个螺栓的承载力设计值为：

$$N_v^b=n_v\frac{\pi d^2}{4}f_v^b=1\times\frac{\pi\times20^2}{4}\times140=43.98\ (\text{kN}),$$

$$N_c^b=d\sum tf_c^b=20\times10\times306=61.20\ (\text{kN});$$

每个螺栓承担的剪力为：

$$N_v=\frac{V}{n}=\frac{100\times10^3}{10}=10^4\ (\text{N})=10\text{kN}<N_v^b=43.98\ (\text{kN});$$

受拉力最大螺栓所承担的拉力同（1），为 $N_t=35.05\text{kN}$。

在拉力和剪力共同作用下，

$$\sqrt{\left(\frac{N_v}{N_v^b}\right)^2+\left(\frac{N_t}{N_t^b}\right)^2}=\sqrt{\left(\frac{10}{43.98}\right)^2+\left(\frac{35.05}{41.6}\right)^2}=0.873<1;$$

螺栓强度满足要求。

3.7 高强度螺栓连接的设计

高强度螺栓一般采用 45 号钢、40B 钢和 20MnTiB 钢并经热处理加工而成，其性能等级有 8.8 级和 10.9 级两种，分别对应螺栓的抗拉强度不低于 830MPa 和 1040MPa。

高强度螺栓孔应采用钻成孔（一般为Ⅱ类孔）。当高强度螺栓承压型连接采用标准圆孔时，其孔径 d_0 可按表 3.8 采用；高强度螺栓摩擦型连接可采用标准孔、大圆孔和槽孔，孔型尺寸可按表 3.8 采用。采用扩大孔连接时，同一连接面只能在盖板和芯板其中之一的板上采用大圆孔或槽孔，其余仍采用标准孔。高强度螺栓摩擦型连接盖板按大圆孔、槽孔制孔时，应增大垫圈厚度或采用连续型垫板，其孔径与标准垫圈相同，对 M24 及以下的螺栓，厚度不宜小于 8mm；对 M24 以上的螺栓，厚度不宜小于 10mm。

表 3.8 高强度螺栓连接的孔型尺寸匹配 (mm)

螺栓公称直径			M12	M16	M20	M22	M24	M27	M30
孔型	标准孔	直径	13.5	17.5	22	24	26	30	33
	大圆孔	直径	16	20	24	28	30	35	38
	槽孔	短向	13.5	17.5	22	24	26	30	33
		长向	22	30	37	40	45	50	55

3.7.1 高强度螺栓的预拉力及抗滑移系数

高强度螺栓根据设计准则来分,有高强度螺栓摩擦型连接和高强度螺栓承压型连接。高强度螺栓摩擦型连接依靠板层间的摩擦阻力传力,并以剪力不超过接触面摩擦力作为设计准则,适用于直接承受动力荷载构件的连接。高强度螺栓的预拉力 F(板件间的法向压紧力)、摩擦面间的抗滑移系数等因素直接影响到高强度螺栓连接的承载力。

(1) 高强度螺栓的预拉力。

高强度螺栓的设计预拉力由下式计算得到:

$$P_d = \frac{k_1 k_2}{\alpha} A_e f_u = \frac{0.9 \times 0.9 \times 0.9}{1.2} A_e f_u \tag{3.65}$$

式中 A_e——螺纹处的有效面积;

f_u——螺栓材料经热处理后的最低抗拉强度,对 8.8 级螺栓,$f_u = 830 \text{N/mm}^2$;对 10.9 级螺栓,$f_u = 1040 \text{N/mm}^2$。

式(3.65)中的系数考虑了以下几个因素:

① 拧紧螺帽时螺栓同时受到预拉力引起的拉应力 σ 和由螺纹力矩引起的扭转剪应力 τ 共同作用,其折算应力为:

$$\sqrt{\sigma^2 + 3\tau^2} = \eta\sigma$$

② 根据试验分析,系数 η 为 1.15~1.25,取平均值为 1.2。式(3.65)中分母 $\alpha = 1.2$ 为考虑拧紧螺栓时扭矩对螺杆的不利影响系数。

③ 施工时为了补偿高强度螺栓预拉力的松弛损失,一般超张拉 5%~10%,故式(3.65)右端分子中考虑了一个超张拉系数 $k_2 = 0.9$。

④ 考虑螺栓材质不均匀性,故式(3.65)分子中引入一个折减系数 $k_1 = 0.9$。

⑤ 由于以螺栓的抗拉强度 f_u 而非通常情况下的屈服强度为基准(高强度螺栓没有明显的屈服点),为安全起见,式(3.65)分子中再引入一个附加安全系数 0.9。

各种规格高强度螺栓预拉力的取值见表 3.9。

表 3.9 一个高强度螺栓的设计预拉力值 (kN)

螺栓的承载性能等级	螺栓公称直径(mm)					
	M16	M20	M22	M24	M27	M30
8.8 级	80	125	150	175	230	280
10.9 级	100	155	190	225	290	355

(2) 高强度螺栓的抗滑移系数。

摩擦型连接的摩擦面抗滑移系数 μ 主要与钢材表面处理工艺和涂层厚度有关,表 3.10 规定了对应不同接触面处理方法的抗滑移系数值。根据工程实践及相关研究,限制抗滑移系数最大值不超过 0.45。

表 3.10 摩擦面的抗滑移系数 μ 值

连接处构件接触面的处理方法	构件的钢材牌号		
	Q235 钢	Q355 钢或 Q390 钢	Q420 钢或 Q460 钢
喷硬质石英砂或铸钢棱角砂	0.45	0.45	0.45
抛丸（喷砂）	0.40	0.40	0.40
钢丝刷清除浮锈或未经处理的干净轧制表面	0.30	0.35	—

在对摩擦面进行处理时，钢丝刷除锈方向应与受力方向垂直；当连接构件采用不同钢材牌号时，摩擦面抗滑移系数按相应较低强度者取值。表面涂有涂层时，抗滑系数在采用醇氧铁红和环氧富锌漆时取 0.15；在采用无机富锌漆时取 0.35；在采用防滑防锈硅酸锌漆时取 0.45。

3.7.2 高强度螺栓摩擦型连接的受剪承载力计算值

高强度螺栓在拧紧时，给螺杆施加了预拉力，板件间产生预压力。如图 3.45（b）所示，板件受到外力作用后，摩擦力能在一定范围的荷载情况下阻止板件间的相对滑移，摩擦传力的弹性阶段较长。外力大于接触面摩擦力后，板件间即产生相对滑动。高强度螺栓摩擦型连接以板件间出现滑动为抗剪承载能力极限状态，故它的最大承载力不能取图 3.45（b）所示的最高点，而应取板件产生相对滑动的起始点"1"。

摩擦型连接的承载力取决于构件接触面的摩擦力，而此摩擦力的大小与螺栓所受预拉力、摩擦面的抗滑移系数以及连接的传力摩擦面数有关。因此，单个高强度螺栓摩擦型连接的抗剪承载力设计值由式（3.61）给出。当高强度螺栓摩擦型连接采用大圆孔或槽孔时，由于连接的摩擦面面积有所减少，应对抗剪承载力进行折减，因此式（3.66）右侧乘以孔型折减系数 k。本章在未对孔型做特别注明时，均指标准孔。

$$N_v^b = 0.9 K N_f \mu P \quad (3.66)$$

式中 0.9——抗力分项系数 γ_R（$\gamma_R = 1.111$）的倒数；

K——孔型系数，标准孔取 1.0；大圆孔取 0.85；内力与槽孔长向垂直时取 0.7；内力与槽孔长向平行时取 0.6；

N_f——高强度螺栓的传力摩擦面数。单剪时 $N_f = 1$；双剪时 $N_f = 2$；

μ——摩擦面抗滑移系数，按表 3.10 采用；

P——单个高强度螺栓的设计预拉力，按表 3.9 采用。

高强度螺栓摩擦型连接受剪时力的分析方法和有关计算公式与普通螺栓连接相同。摩擦型高强度螺栓群连接受轴心力作用的情形，轴心力 N 由连接一侧的螺栓平均承受，所需螺栓数目为：

$$n = \frac{N}{N_v^b} \quad (3.67)$$

螺栓群承受扭矩和剪力时，一个螺栓所受剪力的计算方法与普通螺栓连接相同，应使最大受剪螺栓的剪力不超过其抗剪承载力设计值，即 $N_{v,max} \leq N_v^b$。

试验证明，低温对高强度螺栓摩擦型连接抗剪承载力无明显影响，但当环境温度为 100~150℃时，螺栓的预拉力将产生温度损失，故应将高强度螺栓连接的抗剪承载力设计值降低 10%；当高强度螺栓连接长期受热达 150℃以上时，应采用加耐热隔热涂层、热辐射屏蔽等隔热防护措施。

3.7.3 高强度螺栓摩擦型连接的受拉承载力计算值

高强度螺栓在承受外拉力前，螺杆中存在很大的预拉力，板层间存在与之相平衡的压紧力 C，拉力与压力 C 是等值反向的［图 3.58（a）］。

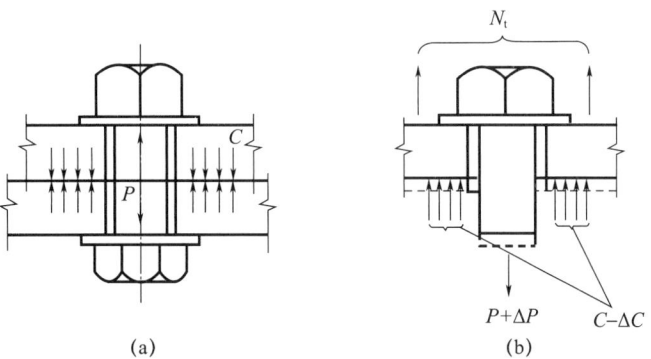

图 3.58 高强度螺栓受拉

当对螺栓连接施加外拉力 N_t 后，栓杆被拉长，此时螺杆中拉力增量为 Δ，同时压紧的板件被拉松，使压力 C 减少了 ΔC［图 3.58（b）］。计算表明，即使当外拉力 N_t 为预拉力的 80% 时，螺杆拉力增加也很少（$\Delta \approx 0$），因此，可认为此时螺杆的预拉力基本不变，但同时接触面间仍能保持一定的压紧力（压紧力约为 $-N_t$），整个板面始终处于紧密接触状态。同时由试验得知，当外拉力 N 大于螺栓预拉力 F 时，卸荷后螺杆中的预拉力会变小，即发生松弛现象。但如果外拉力小于螺栓预拉力的 80%，则无松弛现象发生。

由上述分析知，在沿杆轴方向受拉的高强度螺栓摩擦型连接中，单个高强度螺栓抗拉承载力设计值可取为：

$$N_t^b = 0.8P \tag{3.68}$$

应当注意的是，式（3.68）中的取值没有考虑杠杆作用引起的撬力影响。研究表明，当螺栓连接所受外拉力 $N_t \leq 0.5P$ 时，连接不出现撬力；撬力 Q 大约在 N_t 达到 $0.5P$ 时开始出现，起初增加缓慢，以后逐渐加快，到临近破坏时因螺栓开始屈服而又有所下降。

由于撬力 Q 的存在，高强度螺栓的抗拉承载力有所下降。因此，如果在设计中不计算撬力 Q，应使 $N_t \leq 0.5P$ 或者增大 T 形连接件翼缘板的刚度。分析表明，当翼缘板的厚度 t_1 不小于 2 倍螺栓直径时，螺栓中一般不产生撬力，但实际工程中很难满足这一条件，故一般采用设置加劲肋来增大 T 形连接件翼缘板的刚度。

在直接承受动力荷载的结构中，由于高强度螺栓连接受拉时的疲劳强度较低，每个高强度螺栓的外拉力不宜超过 $0.6P$，当需考虑撬力影响时，外拉力还应降低。

高强度螺栓群承受轴心拉力作用时所需螺栓数目为：

$$n \geq \frac{N}{N_t^b} \tag{3.69}$$

式中 N_t^b——沿杆轴方向受拉力时，单个高强度螺栓（摩擦型连接或承压型连接）的承载力设计值（表 3.9）。

高强度螺栓连接（包括摩擦型和承压型）的外拉力 N 的设计要求总是小于或等于

$0.8F$,在连接受弯矩而使螺栓沿螺杆方向受力时,被连接构件的接触面仍一直保持紧密贴合,因此可认为中和轴在螺栓群的形心轴上(图 3.59),而最外排螺栓受力最大。按照普通螺栓群小偏心受拉中关于弯矩使螺栓产生最大拉力的推导方法,同样可得高强度螺栓群弯矩受拉时的最大拉力及其计算式为:

$$N_1 = \frac{My_1}{\sum y_i^2} \leqslant N_t^b \tag{3.70}$$

式中 y_1——螺栓群形心轴至最外排螺栓的距离;
$\sum y_i^2$——形心轴上、下每个螺栓至形心轴距离的平方和。

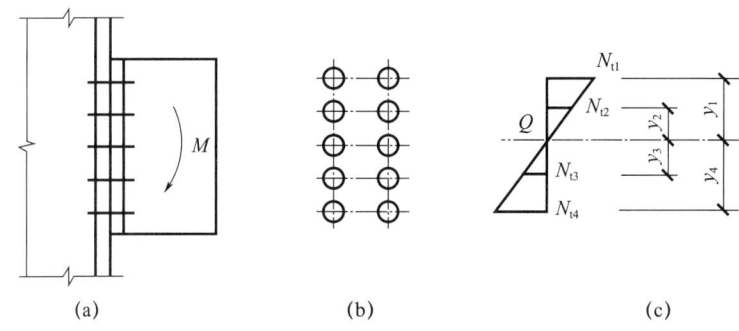

图 3.59 承受弯矩的高强度螺栓连接

需要明确的是,式(3.70)计算的 N_i 实际上是由弯矩产生的作用于高强度螺栓连接的最大外拉力,而不是栓杆实际受到的拉力。由前述可知,此时螺栓杆受到的拉力基本上保持着预拉力的大小不变。式(3.70)计算的目的就是确保在外拉力作用下,每个螺栓环周边区域板件间的压紧力仍然存在,而不是直接验算螺栓杆本身。

3.7.4 同时承受拉力和剪力作用的高强度螺栓摩擦型连接计算

如前所述,当螺栓连接所受外拉力 $N_t \leqslant 0.8P$ 时,螺杆中的预拉力基本不变,但板层间压力将减小到 $-N_t$。试验表明,这时接触面的抗滑移系数 μ 也有所降低,而且 μ 值随 N_t 的增大而减小。将 N_t 乘以系数 1.125 来考虑 μ 值降低的不利影响,故当采用标准孔时,单个高强度螺栓摩擦型连接有拉力作用时的抗剪承载力设计值为:

$$N_v^b = 0.9n_f\mu(P - 1.125 \times 1.111N_t) = 0.9n_f\mu(P - 1.125N_t) \tag{3.71}$$

式中的 1.111 为抗力分项系数 γ_R。

式(3.71)通过变化后,可以简化成如下直线相关形式:

$$\frac{N_v}{N_v^b} + \frac{N_t}{N_t^b} \leqslant 1 \tag{3.72}$$

式中 N_v、N_t——单个高强度螺栓所承受的剪力和拉力;
N_v^b——单个高强度螺栓抗剪承载力设计值,$N_v^b = 0.9n_f\mu P$,对于非标准孔引入孔型系数 κ,有 $N_v^b = 0.9\kappa n_f\mu P$;
N_t^b——单个高强度螺栓抗拉承载力设计值,$N_t^b = 0.8P$。

将 N_v^b 和 N_t^b 代入式(3.72),并令推导得出的 $0.9n_f\mu(P - 1.125N_t)$ 为 $N_{v,t}^b$,即可得到式(3.71),可见二者是等效的,《钢结构设计标准》(GB 50017—2017)中采用公

式（3.72）进行计算。

3.7.5 高强度螺栓承压型连接的抗剪连接

高强度螺栓承压型连接允许破坏前接触面滑移，以螺栓杆被剪断或板件被挤压破坏时的极限承载力作为设计准则，适用于承受静力荷载或间接承受动力荷载的结构。按承压型连接设计的高强度螺栓安装时同样也按表3.9施加预拉力，当螺栓受剪时，接触面的摩擦力只起延缓滑动的作用。承压型连接的最大抗剪承载力应取图3.45（b）所示曲线的最高点"4"。当连接达到极限承载力时，由于螺杆伸长，预拉力几乎全部消失，高强度螺栓承压型连接的计算方法与普通螺栓连接相同，仍可采用式（3.42）和式（3.43）计算单个螺栓的抗剪承载力，只是应采用承压型连接中的高强度螺栓强度设计值。抗剪承压型连接在正常使用极限状态下还应符合摩擦型连接的设计要求。值得注意的是，只有采用标准孔时，高强度螺栓摩擦型连接的极限状态才可转变为承压型连接。

对不同螺栓剪切面的取法需要区别：当剪切面在螺纹处时，高强度螺栓承压型连接的抗剪承载力应按螺纹处的有效截面A_e计算。但对于普通螺栓，其抗剪承载力是根据连接的试验数据统计而定的，试验时未分剪切面是否在螺纹处，故计算普通螺栓的抗剪承载力时直接采用公称直径。

高强度螺栓承压型连接的计算准则与摩擦型连接不同，故前者对构件接触面的要求较低，清除连接处构件接触面的油污及浮锈即可，仅承受拉力的高强度螺栓承压型连接，可不要求对接触面进行抗滑移处理。

由于高强度螺栓承压型连接是以承载力极限值作为设计准则，其最后破坏形式与普通螺栓相同，即栓杆被剪断或连接板被挤压破坏，因此计算方法也与普通螺栓相同。但当剪切面在螺纹处时，高强螺栓受剪承载力设计值应按螺栓螺纹处的有效面积计算，所以承压型高强度螺栓的抗剪承载力设计值按下式计算：

抗剪承载力设计值：

$$N_v^b = n_v \frac{\pi d^2}{4} f_v^b \tag{3.73}$$

承压承载力设计值：

$$N_c^b = d \sum t \cdot f_c^b \tag{3.74}$$

式中 n_v——受剪面数，单剪＝1，双剪＝2；

d——螺栓杆直径，如剪切面在螺纹处，取有效直径d_e；

f_v^b——螺栓的抗剪强度设计值；

$\sum t$——在不同受力方向中一个受力方向承受构件总厚度的较小值；

f_c^b——螺栓承压强度设计值，其值取决于构件钢材。

3.7.6 高强度螺栓承压型连接的抗拉连接

尽管高强度螺栓承压型连接的预拉力的施拧工艺和设计预拉力值大小与高强度螺栓摩擦型连接相同，但考虑到高强度螺栓承压型连接的设计准则与普通螺栓类似，故其抗拉承载力设计值N_t^b采用与普通螺栓相同的计算公式$N_t^b = A_e f_t^b$（注意强度设计值f_t^b取值不同），不过按此式计算得到的结果与0.8相差不大。

3.7.7 高强度螺栓摩擦型连接的受拉剪共同作用

同时承受剪力和杆轴方向拉力的高强度螺栓承压型连接的计算方法与普通螺栓相同，即：

$$\sqrt{\left(\frac{N_V}{N_v^b}\right)^2+\left(\frac{N_t}{N_t^b}\right)^2}\leqslant 1 \qquad (3.75)$$

当高强度螺栓承压型连接只承受剪力时，由于板层间存在着由高强度螺栓预拉力产生的强大压紧力，当板层间的摩擦力被克服，螺杆与孔壁接触挤压时，板件孔前区形成三向压应力场，因而高强度螺栓承压型连接的承压强度比普通螺栓高得多（两者相差约50%）。但当高强度螺栓承压型连接同时受沿杆轴方向的拉力时，由于板层间压紧力随外拉力的增加而减小，其承压强度设计值也随之降低。

为了计算简便，《钢结构设计标准》（GB 50017—2017）规定只要有外拉力存在，就将承压强度设计值除以 1.2 予以降低，从而忽略承压强度设计值随外拉力大小而变化这一因素。因为所有高强度螺栓的外拉力一般均不大于 0.8，此时整个板层间始终处于紧密接触状态，采用统一除以 1.2 的做法来降低承压强度，一般能保证安全。

因此，对于兼受剪力和杆轴方向拉力的高强度螺栓承压型连接，除按式（3.75）计算螺栓的强度外，还应按下式计算孔壁承压：

$$N_V\leqslant \frac{N_c^b}{1.2}=\frac{1}{1.2}d\sum t f_c^b \qquad (3.76)$$

式中　N_c^b——只承受剪力时孔壁承压承载力设计值；

f_c^b——高强度螺栓承压型连接的承压强度设计值。

【例 3.10】图 3.60 所示为双拼接板拼接的轴心受力构件，截面为 20mm×280mm，承受轴心拉力设计值 $N=850$kN，钢材为 Q235 钢，采用 8.8 级的 M22 高强度螺栓，连接处构件接触面经喷砂处理，试分别采用高强度螺栓摩擦型和承压型设计此连接。

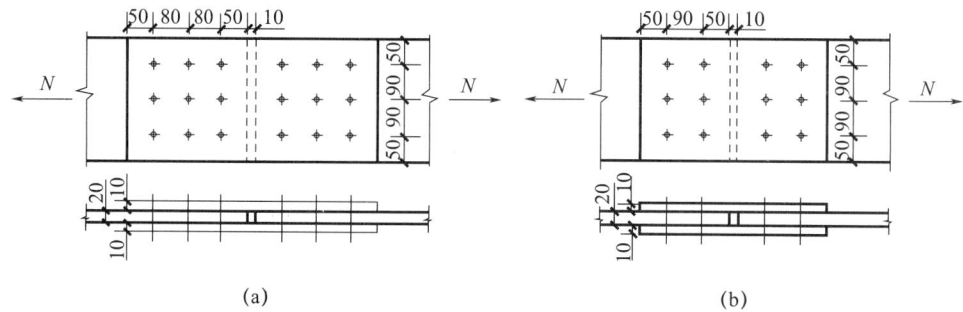

图 3.60　双拼接板拼接的轴心受力构件

【解】（1）采用高强度螺栓摩擦型连接。

一个螺栓抗剪承载力设计值为：

$N_v^b=0.9n_f\mu P=0.9\times 2\times 0.45\times 150=121.5$（kN）

连接一侧所需螺栓数为：

$n=\dfrac{N}{N_v^b}=\dfrac{850}{121.5}=7$（个）

选用 9 个，螺栓排列如图 3.60（a）所示。

构件净截面强度验算，钢板在边列螺栓处的截面最危险。取螺栓孔径比螺栓杆径大 2.0mm。

$$N' = N\left(1 - 0.5\frac{n_1}{n}\right) = 850 \times \left(1 - 0.5 \times \frac{3}{9}\right) = 708.3 \text{ (kN)}$$

$$A_n = t(b - n_1 d_0) = 2 \times (28 - 3 \times 2.4) = 41.6 \text{ (cm}^2\text{)}$$

$$\sigma = \frac{N'}{A_n} = \frac{708.3 \times 10^3}{41.6 \times 10^2} = 170.3 \text{ (N/mm}^2\text{)} < f = 205 \text{ (N/mm}^2\text{)}$$

构件毛截面验算：

$$\sigma = \frac{N}{A} = \frac{850 \times 10^3}{280 \times 20} = 151.8 \text{ (N/mm}^2\text{)} < f = 205 \text{N/mm}^2$$

（2）采用高强度螺栓承压型连接。

一个螺栓的抗剪承载力设计值为：

$$N_v^b = n_v \frac{\pi d_e^2}{4} f_v^b = 2 \times \frac{\pi \times 22^2}{4} \times 250 = 190.1 \text{ (kN)}$$

$$N_c^b = d\sum t f_c^b = 22 \times 20 \times 470 = 206.8 \text{ (kN)}$$

$$N_{\min}^b = 190.1 \text{kN}$$

连接一侧所需螺栓数为：

$$n = \frac{N}{N_{\min}^b} = \frac{850}{190.1} = 4.47 \text{ (个)}$$

用 6 个，排列如图 3.60（b）所示。

构件净截面验算，钢板在边列螺栓处的截面最危险。取螺栓孔径比螺栓杆径大 1.5mm。

$$A_n = t(b - n_1 d_0) = 2 \times (28 - 3 \times 2.35) = 41.9 \text{ (cm}^2\text{)}$$

$$\sigma = \frac{N}{A_n} = \frac{850 \times 10^3}{41.9 \times 10^2} = 202.9 \text{ (N/mm}^2\text{)} < f = 205 \text{N/mm}^2$$

【例 3.11】图 3.61 所示为牛腿与柱的连接，承受竖向集中荷载设计值 $V = 235$kN，钢材为 Q355 钢，采用 8.8 级的 M22 高强度螺栓，接触面经喷砂处理，试分别采用高强度螺栓摩擦型和承压型设计此连接。

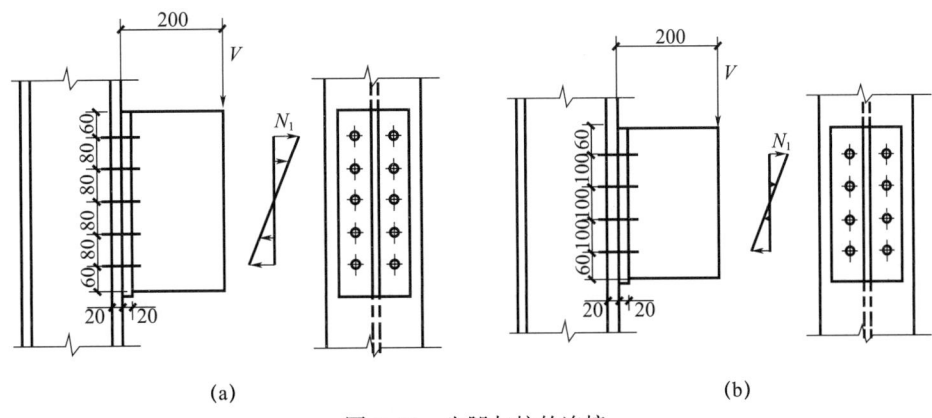

图 3.61 牛腿与柱的连接

【解】（1）采用高强度螺栓摩擦型连接。

螺栓群承受剪力 $V=235$ kN，弯矩 $M=Ve=235\times 0.2=47$（kN·m）；

一个螺栓的承载力设计值为：

$N_t^b=0.8P=0.8\times 150=120$（kN）

$N_v^b=0.9n_f\mu P=0.9\times 1\times 0.5\times 150=67.5$（kN）

采用 10 个螺栓，布置如图 3.61（a）所示。在弯矩作用下，受拉力最大螺栓所承担的拉力为：

$$N_t=\frac{My_1}{m\sum y_i^2}=\frac{47\times 10^6\times 160}{2\times 2\times(160^2+80^2)}=58.75\text{（kN）}$$

剪力由螺栓平均分担，每个螺栓承受的剪力为：

$$N_v=\frac{235}{10}=23.5\text{（kN）}$$

受力最大螺栓应满足：

$$\frac{N_v}{N_v^b}+\frac{N_t}{N_t^b}=\frac{23.5}{67.5}+\frac{58.75}{120}=0.838<1$$

采用 10 个螺栓合适。

（2）采用高强度螺栓承压型连接。

采用 8 个螺栓，布置如图 3.61（b）所示。

一个螺栓的承载力设计值为：

$$N_v^b=n_v\frac{\pi d^2}{4}f_v^b=1\times\frac{\pi\times 22^2}{4}\times 250=95.03\text{（kN）}$$

$N_c^b=d\sum tf_c^b=22\times 20\times 590=259.6$（kN）

$$N_t^b=\frac{\pi d_e^2}{4}f_t^b=\frac{\pi\times 19.65^2}{4}\times 400=121.3\text{（kN）}$$

在弯矩作用下，受拉力最大螺栓所承担的拉力为：

$$N_t=\frac{My_1}{m\sum y_i^2}=\frac{47\times 10^6\times 150}{2\times 2\times(50^2+150^2)}=70.5\text{（kN）}<N_t^b=121.3\text{kN}$$

剪力由螺栓平均分担，每个螺栓承受的剪力为：

$$N_v=\frac{235}{8}=29.38\text{（kN）}$$

受力最大螺栓应满足：

$$\sqrt{\left(\frac{N_v}{N_v^b}\right)^2+\left(\frac{N_t}{N_t^b}\right)^2}=\sqrt{\left(\frac{29.38}{95.03}\right)^2+\left(\frac{70.5}{121.3}\right)^2}=0.658<1$$

$$N_v<\frac{N_c^b}{1.2}=\frac{259.6}{1.2}=216.3\text{（kN）}$$

采用 8 个螺栓合适。

习题

3.1 钢结构常用的连接方法有哪几种？试述其优缺点及适用范围。

3.2 什么叫角焊缝的有效厚度与有效截面？角焊缝有效厚度 h_e 与直角角焊缝焊脚尺寸 h_f 之间是什么关系？角焊缝尺寸构造有哪些要求？

3.3 选择焊条型号为什么要与被焊金属的种类相适应？

3.4 在计算正面角焊缝时，什么情况考虑强度设计值增大系数 β_f？为什么？

3.5 角焊缝的焊脚尺寸、焊缝长度有何限制？为什么？

3.6 焊缝的起落弧对焊缝有何影响？计算中如何考虑？

3.7 焊接残余应力是怎样产生的？

3.8 焊接残余应力对结构工作有何影响？

3.9 普通螺栓连接和高强度螺栓连接的计算有什么区别？

3.10 高强度螺栓摩擦型连接和承压型连接有什么区别？

3.11 高强度螺栓的预拉力起什么作用？预拉力大小与承载力有何关系？

3.12 计算构件净截面强度时，高强度螺栓摩擦型连接、承压型连接与普通螺栓连接三者有何异同？

3.13 普通螺栓受剪连接有哪几种可能的破坏形式？如何防止？

3.14 普通螺栓与高强度螺栓受弯连接中，在计算螺栓拉力时的主要区别是什么？为什么？

3.15 影响高强度螺栓承载力的因素有哪些？

3.16 试验算图 3.62 所示钢板的对接焊缝的强度。钢板宽度为 200mm，板厚为 14mm，轴心拉力设计值为 $N=490$kN，钢材为 Q235，手工焊，焊条为 E43 型，焊缝质量标准为三级，施焊时不加引弧板。

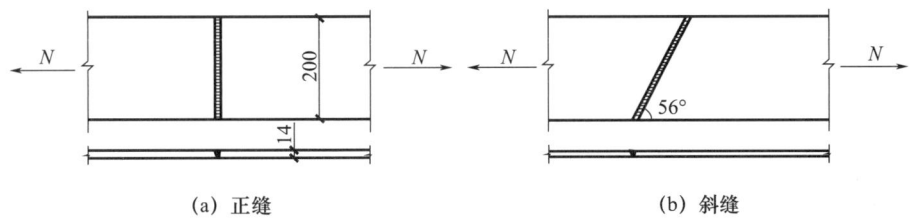

(a) 正缝　　　　　　　　　　　　(b) 斜缝

图 3.62　3.16 题图（mm）

3.17 计算图 3.63 所示 T 形截面牛腿与柱翼缘连接的对接焊缝。牛腿翼缘板宽 130mm，厚 12mm，腹板高 200mm，厚 10mm。牛腿承受竖向荷载设计值 $V=100$kN，力作用点到焊缝截面距离 $e=200$mm。钢材为 Q355，焊条 E50 型，焊缝质量标准为三级，施焊时不加引弧板。

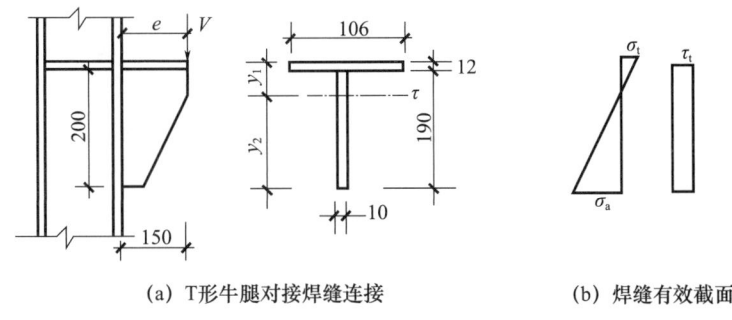

(a) T 形牛腿对接焊缝连接　　　　　　(b) 焊缝有效截面

图 3.63　3.17 题图（mm）

3.18 图 3.64 所示是用双拼接盖板的角焊缝连接，钢板宽度为 240mm，厚度为

12mm，承受轴心力设计值 $N=600$kN。钢材为 Q235，采用 E43 型焊条。分别按（1）仅用侧面角焊缝；（2）采用三面围焊，确定盖板尺寸并设计此连接。

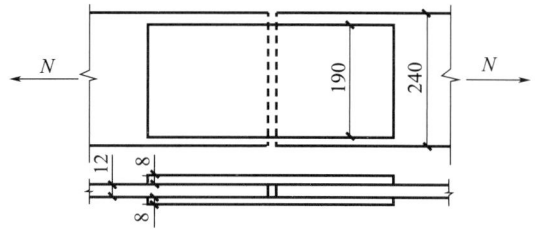

图 3.64 双拼接盖板的角焊缝连接（mm）

3.19 试设计图 3.65 所示某桁架腹杆与节点板的连接。腹杆为 2L110mm×10mm，节点板厚度为 12mm，承受静荷载设计值 $N=640$kN，钢材为 Q235，焊条为 E43 型，手工焊。

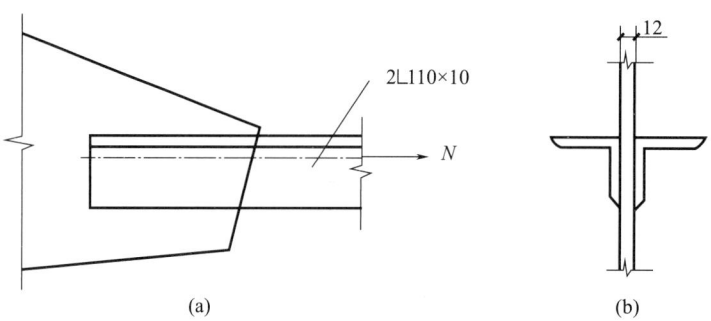

图 3.65 某桁架腹杆与节点板的连接（mm）

3.20 图 3.66 所示为牛腿与钢柱的连接，承受偏心荷载设计值 $V=400$kN，$e=25$cm，钢材为 Q235，焊条为 E43 型，手工焊。试验算角焊缝的强度。

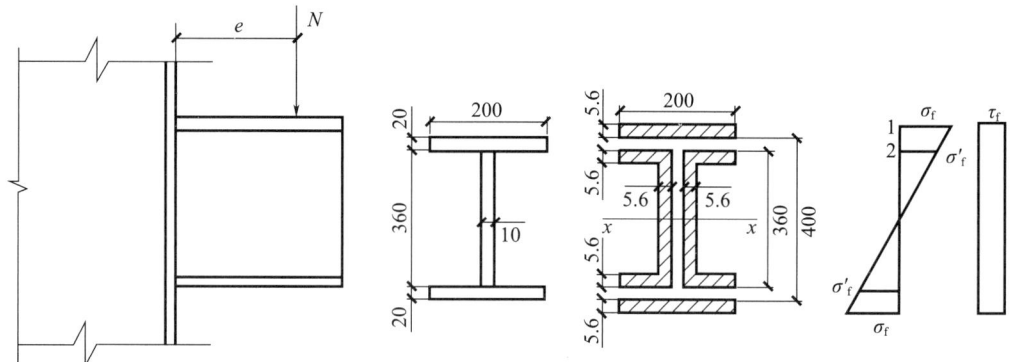

图 3.66 牛腿与钢柱的连接（mm）

3.21 图 3.67 所示是一牛腿板与柱翼缘的连接，牛腿板厚 12mm，柱翼缘板厚 16mm，荷载设计值 $V=200$kN，$e=300$mm，钢材为 Q235 钢，E43 型焊条，手工焊，试设计角焊缝连接。

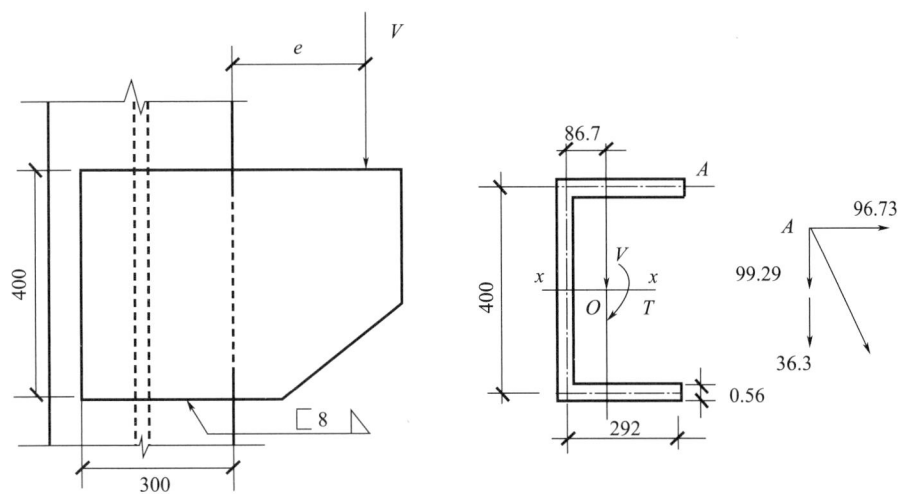

图 3.67 牛腿板与柱翼缘的连接（mm）

3.22 设计图 3.68 所示的角钢拼接节点，采用 C 级普通螺栓连接。角钢为 L 100mm× 8mm，材料为 Q235 钢，承受轴心拉力设计值 $N=250$kN。采用同型号角钢做拼接角钢，螺栓直径 $d=22$mm，孔径 $d_0=23.5$mm。

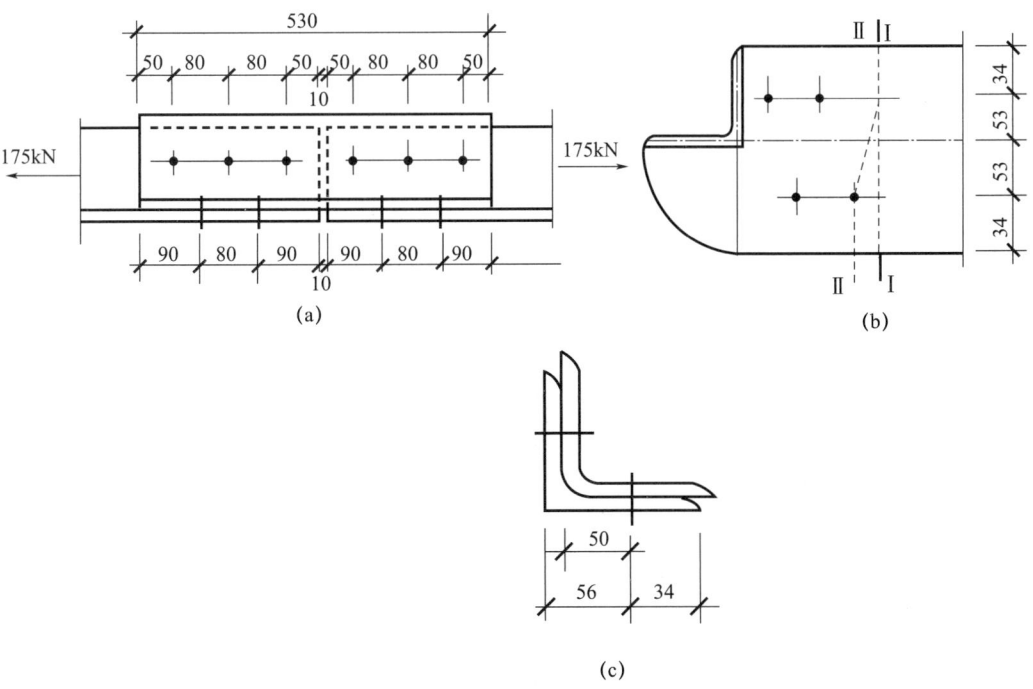

图 3.68 角钢拼接节点（mm）

3.23 图 3.69 所示为双盖板拼接的普通螺栓连接，被拼接的钢板为 370mm×14mm，钢材为 Q235。承受设计值扭矩 $T=25$kN·m，剪力 $V=300$kN，轴心力 $N=300$kN。螺栓直径 $d=20$mm，孔径 $d_0=21.5$mm。

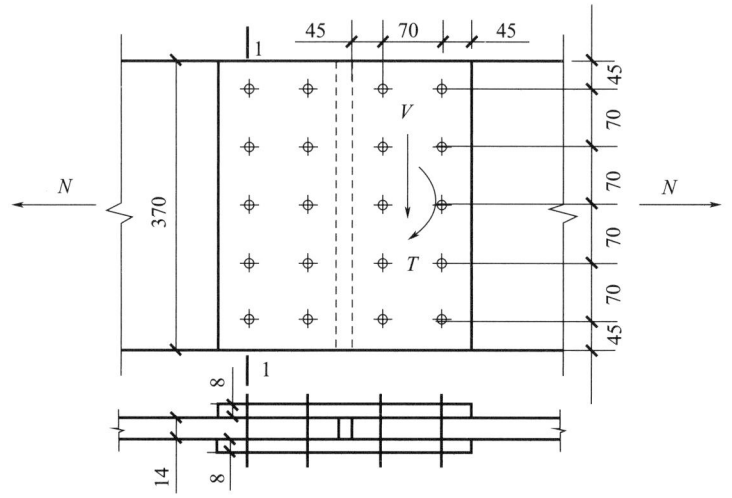

图 3.69 双盖板拼接的普通螺栓连接（mm）

3.24 图 3.70 所示为双拼接板拼接的轴心受力构件，截面为 20mm×280mm，承受轴心拉力设计值 $N=850$kN，钢材为 Q235 钢，采用 8.8 级的 M22 高强度螺栓，连接处构件接触面经喷砂处理，试分别采用高强度螺栓摩擦型和承压型设计此连接。

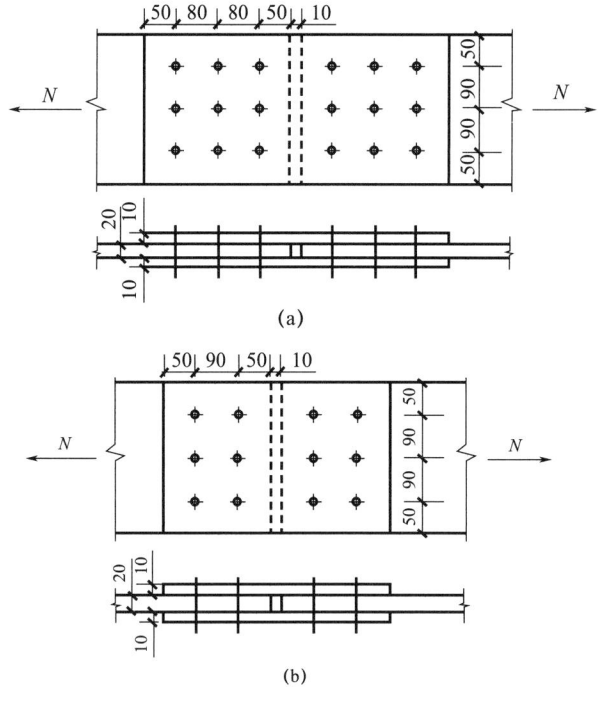

图 3.70 3.24 题图（mm）

3.25 图 3.71 所示为牛腿与柱的连接，承受竖向集中荷载设计值 $V=235$kN，钢材为 Q355 钢，采用 8.8 级的 M22 高强度螺栓，接触面经喷砂处理，试分别采用高强度螺栓摩擦型和承压型设计此连接。

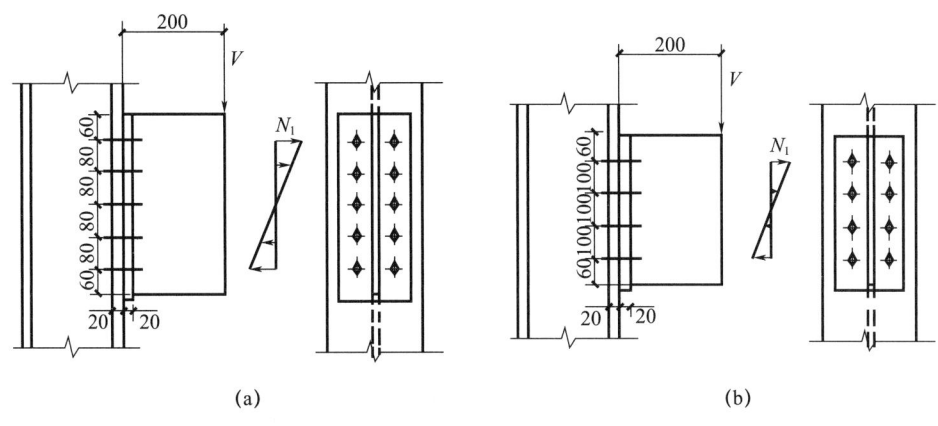

图 3.71　3.25 题图（mm）

知识拓展

4 轴心受力构件

4.1 概　　述

轴心受力构件是指轴心受拉构件和轴心受压构件，在钢结构中的应用十分广泛，例如屋架、托架、塔架和网架等各种类型的平面或空间钢桁架的杆件体系，这类结构通常假设其节点为铰接连接，当无节间荷载作用时，只受轴向拉力和压力的作用。图 4.1 所示为轴心受力构件在工程中应用的一些实例。

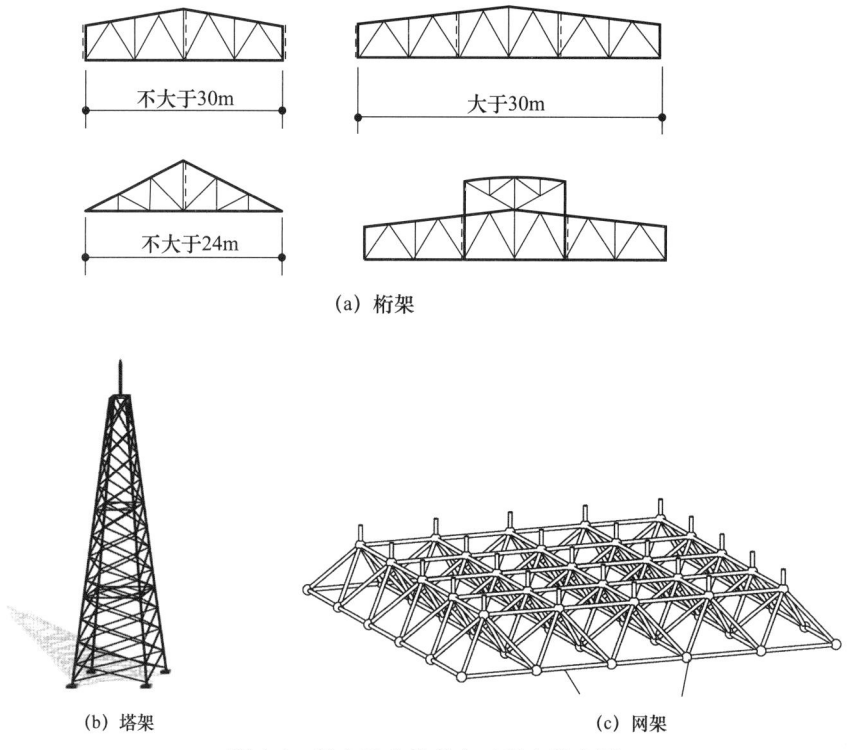

图 4.1　轴心受力构件在工程中的应用

轴心受力构件的常用截面形式可分为实腹式和格构式两大类（图 4.2）。

实腹式构件具有整体连通的截面，如图 4.2（a）所示，其中最常用的是工字形和箱形截面。实腹式构件构造简单，制造方便，整体受力和抗剪性能好，但截面尺寸大时钢材用量较多。可直接选用单个型钢截面，如圆钢、钢管、角钢、T 型钢、槽钢、工字钢、H 型钢等 [图 4.3（a）]，也可选用由型钢或钢板组成的组合截面 [图 4.3（b）]。一般桁架结构中的弦杆和腹杆，除 T 型钢外，常采用角钢或双角钢组合截面 [图 4.3（c）]，在轻型结构中则可采用冷弯薄壁型钢截面 [图 4.3（d）]。以上这些截面中，截面紧凑（如圆钢和组成板件宽厚比较小的截面）或两主轴刚度相差悬殊的（如单槽钢、工字钢），一般只可能用于轴心受拉构件。而受压构件通常采用较为开展、组成板件宽而薄的截面。

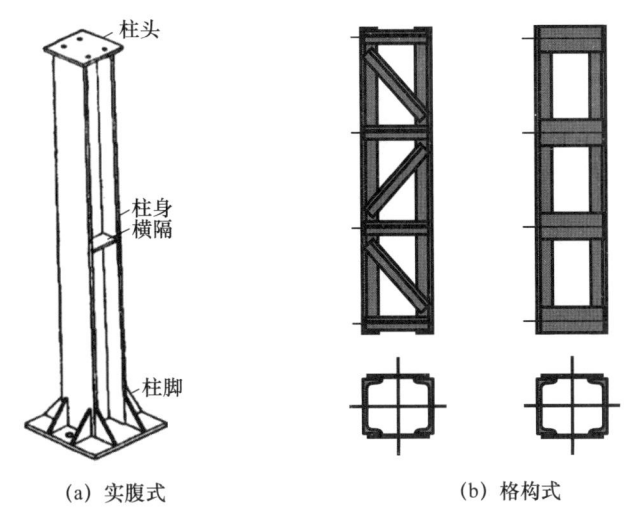

图 4.2 柱的形式和组成

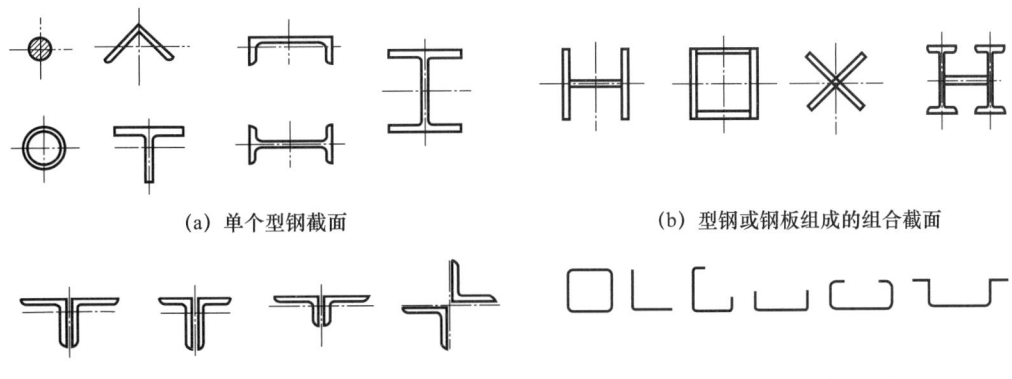

图 4.3 轴心受力实腹式构件的截面形式柱的形式和组成

格构式构件一般由两个或多个分肢用缀件（缀条或缀板）联系组成 [图 4.2（b）]。采用较多的是两分肢格构式构件，其缀件一般设置在分肢翼缘两侧平面内。分肢通常采用轧制槽钢或工字钢，承受荷载大时可采用焊接工字形或槽形组合截面。格构式构件中，垂直于分肢腹板平面的主轴叫作实轴，垂直于分肢缀件平面的主轴叫作虚轴。缀件分为缀条和缀板两类，其作用是将各分肢连成整体，使其共同受力，并承受绕虚轴弯曲时产生的剪力。缀条常采用单角钢与分肢翼缘组成杆架体系，对承受横向剪力有较大的刚度。缀板常采用钢板，必要时也可采用型钢，每隔一定距离在每个缀板平面内设置一个，与分肢翼缘组成刚架体系。在构件产生绕虚轴弯曲而承受横向剪力时，其变形比缀条体系稍大，因而刚度略低，所以通常用于受拉构件或压力较小的受压构件。

对轴力构件截面形式的共同要求是：（1）能提供承载力所需要的截面面积；（2）制作比较简便；（3）便于和相邻的构件连接；（4）截面开展后壁厚较薄，以满足刚度要求。对于轴压构件（以下简称压杆），截面开展更具有重要意义，因为这类构件的截面面积往往取决于稳定承载力，若整体刚度大，则构件的稳定性好，用料比较经济。对构件截面的两个主轴都应如此要求。根据以上情况，压杆除经常采用双角钢和宽翼缘工字钢截面外，有时需采用实腹式或格构式组合截面，格构式组合截面容易使压杆实现两主轴方向的等稳定性，同时刚度大，抗扭性能好，用料较省。轮廓尺寸宽大的四肢或三肢格构式组合截面适用于轴压力不大但比较长的构件，以便满足刚度、稳定性要求。在轻型钢结构中采用冷弯薄壁型钢截面比较有利。

4.2 轴心受力构件的强度和刚度计算

4.2.1 轴心受拉构件的强度计算

（1）截面无削弱的轴心受拉构件。

在轴心拉力作用下，构件毛截面上的应力是均匀分布的，从钢材的应力-应变关系可知，当轴心受力构件的截面平均应力达到钢材的抗拉强度时，构件才达到强度极限承载力。但当构件毛截面屈服时，由于构件塑性变形的发展，构件将产生过大的变形，以致达到不适于继续承载的变形的极限状态。因此，对于无孔洞削弱的轴心受拉构件，以毛截面上的平均应力达到屈服强度作为强度极限状态，引入抗力分项系数后按下式进行毛截面强度计算：

$$\sigma = \frac{N}{A} \leqslant f \tag{4.1}$$

式中　N——构件计算截面处的轴心拉力设计值；

　　　A——构件计算截面处的毛截面面积；

　　　f——钢材的抗拉强度设计值。

（2）有孔洞削弱的轴心受拉构件。

有孔洞削弱的轴心受拉构件在孔洞处存在应力集中现象（图4.4）。在弹性阶段，随孔洞形状的不同，孔壁边缘的最大应力 σ_{max} 可能达到构件毛截面平均应力 σ_a 的3～4倍。图4.4（a）中若拉力继续增加，则当孔壁边缘的最大应力达到材料的屈服强度以后，应力不再继续增加而只发展塑性变形，由于应力重分布，净截面的应力可以均匀地达到屈服强度，如图4.4（b）所示。因此，对于有孔洞削弱的轴心受拉构件，仍以其净截面的平均应力达到其强度限值作为极限状态。这要求在设计时选用具有良好塑性性能的材料。

端部用螺栓或铆钉连接的拉杆［图4.5（a）］，其因孔洞而削弱的截面是薄弱部位，强度应按净截面核算。然而，少数截面屈服，杆件并未达到承载能力的极限状态，还可以继续承受更大的拉力，直至净截面拉断为止。此时强度计算的限值是钢材

的极限强度 f 除以对应的抗力分项系数 γ_{Ru}。考虑到拉断的后果比屈服严重得多，抗力分项系数需要取大一些，可取 $\gamma_{Ru}=1.1\times1.3=1.43$，其倒数为 0.7。净截面强度的计算公式是：

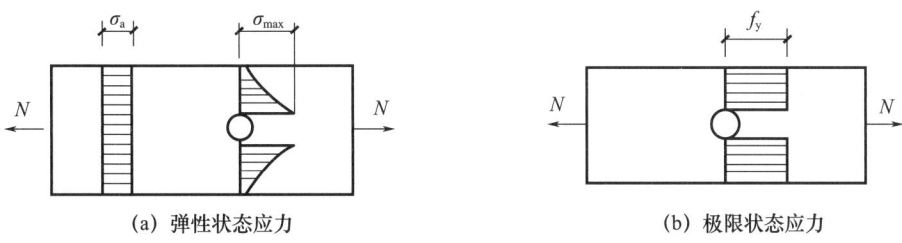

图 4.4 有孔洞拉杆截面的应力分布

$$\sigma=\frac{N}{A_n}\leqslant 0.7 f_u \tag{4.2}$$

式中 f_u——钢材抗拉强度最小值。

A_n——构件的净截面面积。

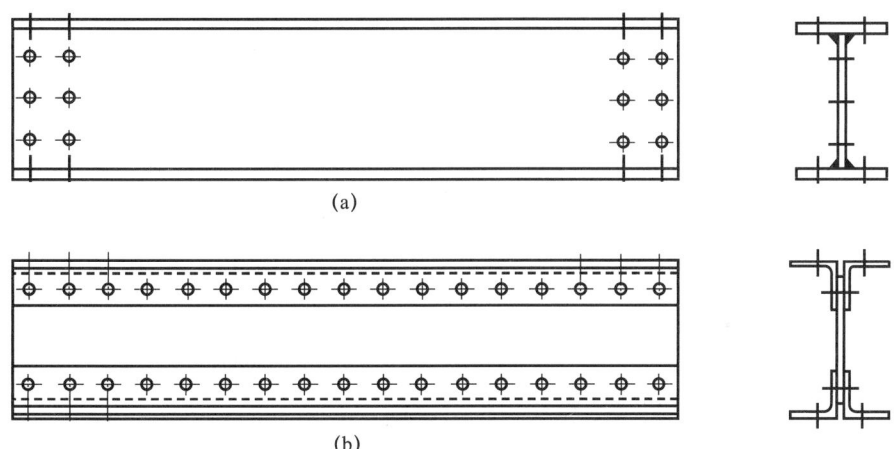

图 4.5 有孔洞的轴心受拉构件

沿全长都有排列较密螺栓的组合受拉构件如图 4.5（b）所示。当构件沿长度方向分布有较密的螺栓孔时，每个螺栓孔处的构件屈服将导致相当大的变形。在这种情况下，我们应该使用净截面的平均应力达到屈服强度作为轴心受拉构件的强度准则，按以下公式进行计算：

$$\sigma=\frac{N}{A_n}\leqslant f \tag{4.3}$$

4.2.2 轴心受压构件的强度计算

在计算压杆的截面强度时，可以认为孔洞由螺栓或铆钉填充，由于在净截面处部分轴力已经通过螺栓与孔壁的承压传走，不必验算净截面强度，按全截面公式式（4.1）计算。当孔洞为没有紧固件的虚孔时，应按式（4.2）计算孔心处的强度，沿全长都有排列较密螺栓的组合受压构件强度，按式（4.4）进行计算。

一般情况下，压杆的承载力是由稳定条件决定的，强度计算不起决定性作用。

4.2.3 端部部分连接的杆件有效截面系数

轴心受力构件的端部连接或中间拼接应尽量采用全部直接传力的连接方式，如图 4.6（a）所示的 H 形截面，上、下翼缘及腹板均设拼接板，力可以通过翼缘、腹板直接传递，因此这种连接构造净截面全部有效。图 4.6（b）所示为仅设置翼缘拼接板的部分直接传力的连接方式，由于腹板没有拼接板，其内力要通过剪切传入翼缘，继而传给焊缝，在 B—B 截面，正应力分布不均匀，这种现象称为剪力滞后。正应力分布不均匀使得 B—B 截面应力最大处在达到全截面屈服之前出现裂缝，使得 B—B 截面并非全部有效。因此，对未采用全部直接传力连接构造的节点或拼接，按以上各公式对轴心受力构件进行强度计算时，应将危险截面的面积乘以有效截面系数 η。不同构件截面形式和连接方式的 η 值可按表 4.1 的规定采用。

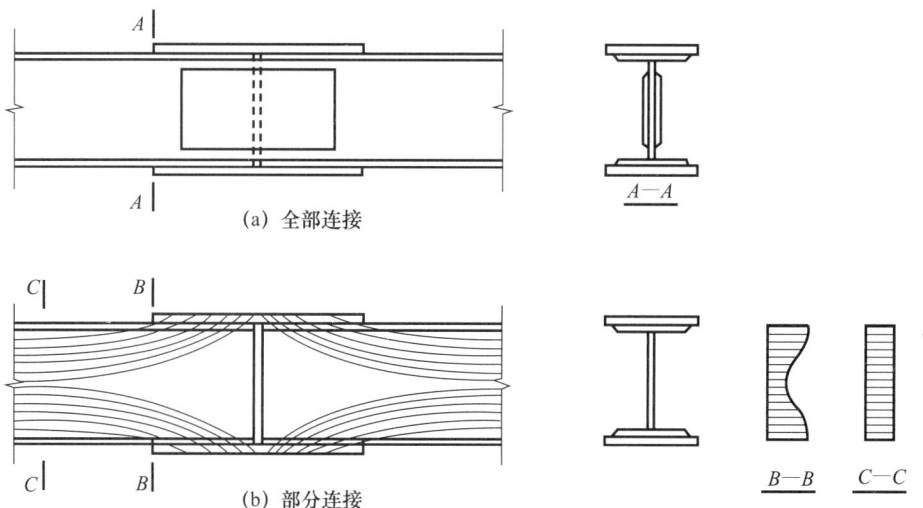

图 4.6 H 形截面轴心受力构件

表 4.1 轴心受力构件节点或拼接处危险截面有效截面系数

构件截面形式	连接形式	η	图例
角钢	单边连接	0.85	
工字形、H 形	翼缘连接	0.90	
工字形、H 形	腹板连接	0.70	

4.2.4 轴心受力构件的刚度

轴心受拉和轴心受压构件的刚度通常用长细比来衡量，长细比是构件的计算长度与构件截面的回转半径的比值，长细比越小，表示构件刚度越大，反之则刚度越小。长细比过大会使构件在使用过程中容易由于自重发生挠曲，在动力荷载作用下容易产生振动，在运输和安装过程中容易产生弯曲，因此设计时应使构件长细比不超过规定的容许长细比。

受拉和受压构件的刚度是以保证其长细比限值 λ 来实现的，即：

$$\lambda = \frac{l_0}{i} \leqslant [\lambda] \tag{4.4}$$

式中 λ——构件的最大长细比；
l_0——构件的计算长度；
i——截面的回转半径；
[λ]——构件的容许长细比。

验算受压构件的长细比时，可不考虑扭转效应。

当构件的长细比太大时，会产生下列不利影响：

(1) 在运输和安装过程中产生弯曲或过大的变形；
(2) 使用期间因其自重而明显下挠；
(3) 在动力荷载作用下发生较大的振动；
(4) 当压杆的长细比过大时，除具有前述各种不利因素外，还使得构件的极限承载力显著降低，同时，初弯曲和自重产生的挠度也将对构件的整体稳定带来不利影响。

我国《钢结构设计标准》(GB 50017—2017) 在总结了钢结构长期使用经验的基础上，根据构件的重要性和荷载情况，对受拉构件的容许长细比规定了不同的要求和数值，见表 4.2。

表 4.2 受拉构件的容许长细比

构件名称	承受静力荷载或间接承受动力荷载的结构			直接承受动力荷载的结构
	一般建筑结构	对腹杆提供平面外支点的弦杆	有重级工作制吊车的厂房	
桁架的杆件	350	250	250	250
吊车梁或吊车桁架以下的柱间支撑	300	—	200	—
除张紧的圆钢外的其他拉杆、支撑、系杆等	400	—	350	—

注：1. 在直接或间接承受动力荷载的结构中，计算单角钢受拉构件的长细比时，应采用角钢的最小回转半径，但在计算交叉点相互连接的交叉构件平面外的长细比时，可采用与角钢肢边平行的回转半径。
2. 除对腹杆提供平面外支点的弦杆外，承受静力荷载的结构受拉构件，可仅计算竖向平面内的长细比。
3. 中、重级工作制吊车桁架下弦杆的长细比不宜超过 200。
4. 受拉构件在永久荷载与风荷载组合作用下受压时，其长细比不宜超过 250。
5. 跨度大于或等于 60m 的桁架的受拉弦杆和腹杆的长细比，在承受静力荷载或间接承受动力荷载时不宜超过 300，在直接承受动力荷载时不宜超过 250。
6. 在设有夹钳或刚性料耙等硬钩起重机的厂房中，支撑的长细比不宜超过 300。

对于受压构件，长细比更为重要。长细比过大，会使其稳定承载力降低太多，在较小荷载下就会丧失整体稳定，因而其容许长细比限制应更严。《钢结构设计标准》(GB 50017—2017)对受压构件的容许长细比的规定更为严格，见表4.3。

表 4.3 受压构件的容许长细比

构件名称	容许长细比
轴心受压柱、桁架和天窗架中的压杆	150
柱的缀条、吊车梁或吊车桁架以下的柱间支撑	150
支撑	200
用以减小受压构件长细比的杆件	200

注：1. 计算单角钢受压构件的长细比时，应采用角钢的最小回转半径，但在计算交叉点相互连接的交叉构件平面外的长细比时，可采用与角钢肢边平行的回转半径。
2. 跨度大于或等于60m的桁架，其受压弦杆、端压杆和直接承受动力荷载的受压腹杆的长细比不宜大于120。
3. 当杆件内力设计值不大于承载能力的50%时，容许长细比可取200。

4.3 轴心受压构件的稳定

对轴心受压构件，除构件很短及有孔洞等削弱时可能发生强度破坏外，通常由整体稳定控制其承载力。近几十年来，结构形式的不断发展和较高强度钢材的应用，使构件更倾向于是超轻型而且是薄壁，以致更容易出现失稳现象。轴心受压构件丧失整体稳定常常是突发性的，容易造成严重后果，应予特别重视。

4.3.1 整体稳定的计算

4.3.1.1 整体稳定的临界应力

轴心受压构件的整体稳定临界应力和许多因素有关，而这些因素的影响又是错综复杂的，这就给压杆承载能力的计算带来了复杂性。确定轴心压杆整体稳定临界应力的方法，一般有下列三种：

（1）屈曲准则。

屈曲准则是建立在理想轴心压杆假定上的。所谓理想轴心压杆，就是假定杆件完全挺直、荷载沿杆件形心轴作用，杆件在受荷之前没有初始应力，也没有初弯曲和初偏心等缺陷，截面沿杆件是均匀的。此种杆件失稳，叫作发生屈曲。屈曲形式可分为三种，即：

① 弯曲屈曲时只发生弯曲变形，杆件的截面只绕一个主轴旋转，杆的纵轴由直线变为曲线，这是双轴对称截面最常见的屈曲形式。图4.7（a）所示就是两端铰支（支承端能自由绕截面主轴转动但不能侧移和扭转）工字形截面压杆发生绕弱轴的弯曲屈曲情况。

② 扭转屈曲失稳时杆件除支承端外的各截面均绕纵轴扭转，这是某些双轴对称截面压杆可能发生的屈曲形式。图4.7（b）所示为长度较小的十字形截面杆件可能发生的扭转屈曲情况。

③ 弯扭屈曲单轴对称截面绕对称轴屈曲时，在发生弯曲变形的同时必然伴随着扭转。图4.7（c）所示即T形截面的弯扭屈曲情况。

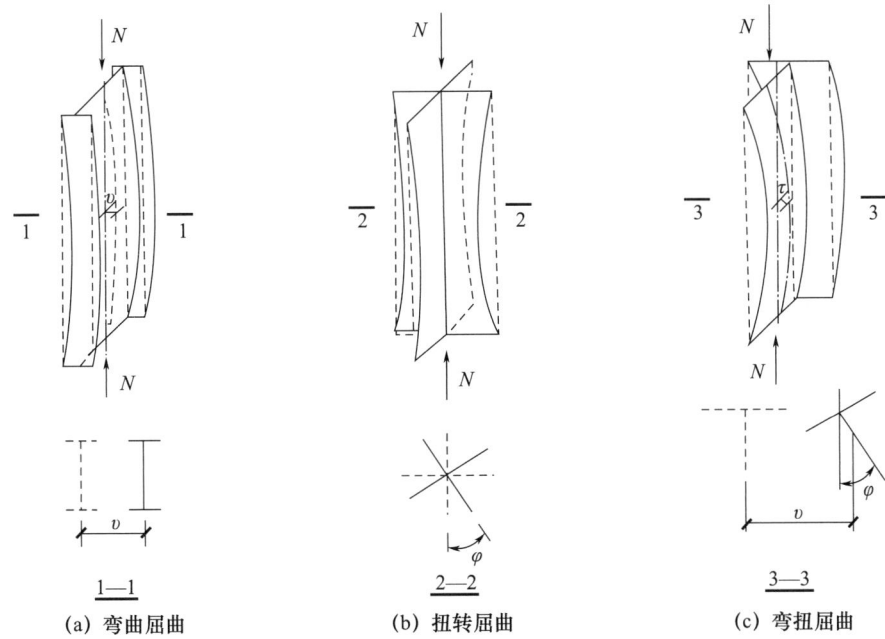

图 4.7 轴心压杆的屈曲变形

这三种屈曲形式中最基本且最简单的屈曲形式是弯曲屈曲。细长的理想直杆,在弹性阶段弯曲屈曲时的临界力 N_{cr} 和临界应力 σ_{cr} 可由欧拉(Euler)公式求出:

$$N_{cr}=\frac{\pi^2 EI}{l^2}$$

$$\sigma_{cr}=\frac{\pi^2 E}{\lambda^2}$$

式中 λ——构件的长细比。由于欧拉公式的推导中假定构件材料为理想弹性体,当杆件的长细比 $\lambda<\lambda_p$ ($\lambda_p=\pi\sqrt{\frac{E}{f_p}}$) 时,临界应力超过了材料的比例极限 f_p,构件受力已进入弹塑性阶段,材料的应力-应变关系成为非线性的。德国科学家恩格塞(Engesser)于 1889 年提出了切线模量理论,该理论提出的计算公式为:

$$\sigma_{cr}=\frac{\pi^2 E_t}{\lambda^2}$$

式中,E_t 为非弹性区的切线模量(图 4.8)。

切线模量公式提出后,曾经过试验验证,认为比较符合压杆的实际临界应力,但仅适用于材料有明确的应力-应变曲线时。

建立在屈曲准则上的稳定计算方法,弹性阶段以欧拉临界力为基础,弹塑性阶段以切线模量临界力为基础,通过提高安全系数来考虑初偏心、初弯曲等不利影响。

(2)边缘屈服准则。

实际的轴心压杆与理想柱的受力性能之间是有很大差别的,这是因为实际轴心压杆是带有初始缺陷的构件。边缘屈服准则以有初偏心和初弯曲等的压杆为计算模型,截面边缘应力达到屈服点即视为压杆承载能力的极限。

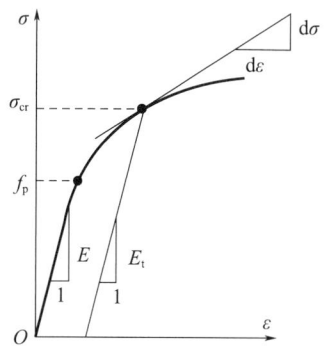

图 4.8 应力-应变曲线

图 4.9 所示为一两端铰支的压杆，跨中最大等效初始弯曲挠度（综合考虑初弯曲、初偏心和残余应力的影响）为 v_0，该压杆一经加载，挠度就会增加至 v，由于实际压杆并非无限弹性体，只要挠度增大到一定程度，杆件跨中截面在轴心力 N 和弯矩 N_v 作用下边缘开始屈服（图 4.10 中的 A 点或 A' 点），随后截面塑性区不断增加，杆件即进入弹塑性阶段，致使压力还未达到临界力 N_{cr} 之前就丧失承载能力。图 4.10 中的虚线为弹塑性阶段的压力-挠度曲线。虚线的最高点（B 点和 B' 点）为压杆弹塑性阶段的极限压力点。

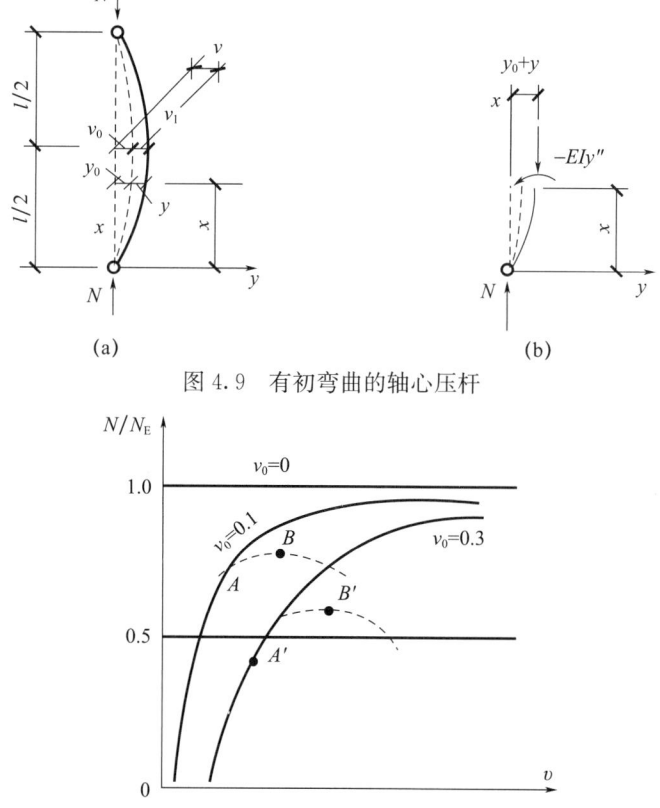

图 4.9 有初弯曲的轴心压杆

图 4.10 有初弯曲压杆的压力-挠度曲线

根据弹性理论，对无残余应力仅有初弯曲的轴心压杆，截面开始屈服的条件为：

$$\frac{N}{A}+\frac{Nv}{W}=\frac{N}{A}+\frac{Nv_0}{W}\cdot\frac{N_E}{N_E-N}=f_y$$

或

$$\frac{N}{A}\left(1+v_0\frac{A}{W}\cdot\frac{\sigma_E}{\sigma_E-\sigma}\right)=f_y \quad (4.5)$$

$$\sigma\left(1+\varepsilon_0\cdot\frac{\sigma_E}{\sigma_E-\sigma}\right)=f_y$$

式中 ε_0——初弯曲率，$\varepsilon_0=v_0\dfrac{A}{W}$；

σ_E——欧拉临界应力；

W——截面模量。

式（4.5）为以 σ_{cr} 为变量的一元二次方程，解出其有效根，就是以截面边缘屈服作为准则的临界应力 σ_{cr}：

$$\sigma_{cr}=\frac{f_y+(1+\varepsilon_0)\sigma_E}{2}-\sqrt{\left[\frac{f_y+(1+\varepsilon_0)\sigma_E}{2}\right]^2-f_y\sigma_E} \quad (4.6)$$

上式称为柏利（Perry）公式，它由边缘屈服准则导出，实际上已成为考虑压力二阶效应的强度计算式。

（3）最大强度准则。

以边缘屈服准则导出的柏利公式实质上是强度公式而不是稳定公式，而且所表达的并不是轴心压杆承载能力的极限。因为边缘纤维屈服以后塑性还可以深入截面，压力还可以继续增加，只是压力超过边缘屈服时的最大承载力 N_A 以后（图 4.11），构件进入弹性阶段，随着截面塑性区的不断扩展，v 值增加得更快，到达 B 点之后，压杆的抵抗能力开始小于外力的作用，不能维持稳定平衡。曲线最高点 B 处的压力 N_B，才是具有初始缺陷的轴心压杆真正的稳定极限承载力，以此为准则计算压杆稳定，称为最大强度准则。

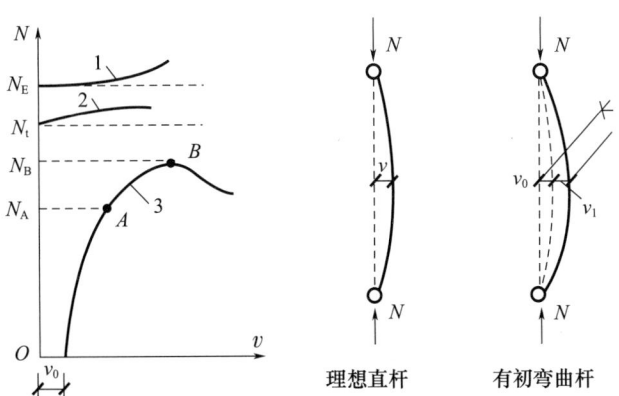

图 4.11 轴心压杆的压力-挠度曲线

最大强度准则仍以有初始缺陷（初偏心、初弯曲和残余应力等）的压杆为依据，但考虑塑性深入截面，以构件最后破坏时所能达到的最大轴心压力值作为压杆的稳定极限承载能力。

采用最大强度准则计算时，如果同时考虑残余应力和初弯曲缺陷，则沿横截面的各点以及沿杆长方向各截面，其应力-应变关系都是变数，很难列出临界力的解析式，只能借助计算机用数值方法求解。求解方法常用数值积分法。由于运算方法不同，又分为压杆挠曲线法（CDC法）和逆算单元长度法等。

4.3.1.2 轴心受压构件整体稳定的实用计算方法——《钢结构设计标准》（GB 50017—2017）中 φ 的介绍

临界应力主要根据试验资料确定，这是由于早期对柱弹塑性阶段的稳定理论还研究得很少，只能从试验数据中回归得出经验公式，作为压杆稳定承载能力的设计依据。

（1）轴心受压构件的柱子曲线。

压杆失稳时临界应力 σ_{cr} 与长细比 λ 之间的关系曲线称为柱子曲线。我国《钢结构设计标准》（GB 50017—2017）所采用的轴心受压柱子曲线是按最大强度准则确定的，计算结果与国内各单位的试验结果进行了比较，较为吻合，说明了计算理论和方法的正确性。早期的《钢结构设计规范》（TJ 17—74）采用单一柱子曲线，即考虑压杆的极限承载能力只与长细比 λ 有关。事实上，压杆的极限承载力并不仅仅取决于长细比。由于残余应力的影响，即使是长细比相同的构件，随着截面形状、弯曲方向、残余应力水平及分布情况的不同，构件的极限承载能力也有很大差异。所计算的轴压柱子曲线分布在图 4.12 所示虚线所包的范围内，呈相当宽的带状分布。这个范围的上、下限相差较大，特别是中等长细比的常用情况相差尤其显著。因此，若用一条曲线来代表，显然不合理。《钢结构设计标准》（GB 50017—2017）在上述计算资料的基础上，结合工程实际，将这些柱子曲线合并归纳为四组，取每组中柱子曲线的平均值作为代表曲线，即图 4.12 中的 a、b、c、d 四条曲线。在 $\lambda=40\sim120$ 的常用范围内，柱子曲线 a 比曲线 b 高出 4%～15%，而曲线 c 比曲线 b 低 7%～13%，曲线 d 则更低，主要用于厚板截面。

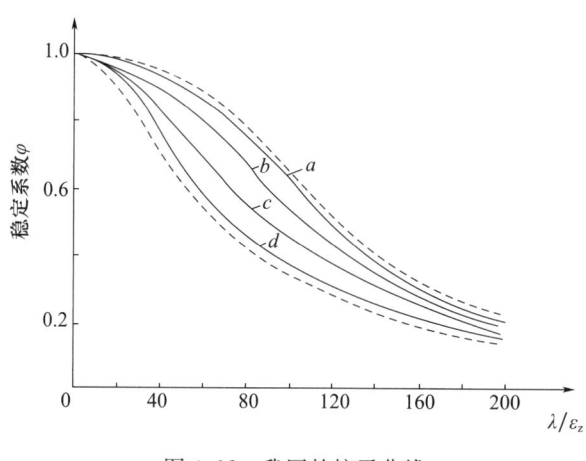

图 4.12 我国的柱子曲线

组成板件厚度 $t<40\text{mm}$ 的轴心受压构件的截面分类见表 4.4，而 $t\geqslant40\text{mm}$ 的截面分类见表 4.5。

表 4.4 轴心受压构件的截面分类（板厚 $t<40\mathrm{mm}$）

截面形式		对 x 轴	对 y 轴
轧制（圆形截面）		a 类	a 类
工字形	b/h≤0.8	a 类	b 类
	b/h>0.8	a* 类	b* 类
轧制等边角钢		a* 类	a* 类
焊接，翼缘为焰切边 / 焊接（圆形）		b 类	b 类
轧制（十字形等）		b 类	b 类
轧制，焊接（板件宽厚比>20） / 轧制或焊接		b 类	b 类
焊接	轧制截面和翼缘为焰切边的焊接截面	b 类	b 类
格构式	焊接，板件边缘焰切	b 类	b 类

续表

截面形式			对 x 轴	对 y 轴
焊接，翼缘为轧制或剪切边			b 类	c 类
焊接，板件边缘轧制或剪切		轧制，焊接（板件宽厚比≤20）	c 类	c 类

注：1. a* 类含义为 Q235 钢取 b 类，Q345、Q390、Q420 和 Q460 钢取 a 类；b* 类含义为 Q235 钢取 c 类，Q345、Q390、Q420 和 Q460 钢取 b 类。
2. 无对称轴且剪心和形心不重合的截面，其截面分类可按有对称轴的类似截面确定，如不等边角钢采用等边角钢的类别；当无类似截面时，可取 c 类。

表 4.5 轴心受压构件的截面分类（板厚 $t \geqslant 40$ mm）

截面形式		对 x 轴	对 y 轴
轧制工字形或 H 形截面	$t < 80$ mm	b 类	c 类
	$t \geqslant 80$ mm	c 类	d 类
焊接工字形截面	翼缘为焰切边	b 类	b 类
	翼缘为轧制或剪切边	c 类	d 类
焊接箱形截面	板件宽厚比>20	b 类	b 类
	板件宽厚比≤20	c 类	c 类

一般的截面情况属于 b 类。轧制圆管以及轧制普通工字钢绕 z 轴失稳时其残余应力影响较小，故属 a 类。格构式构件绕虚轴的稳定计算，由于此时不宜采用塑性深入截面的最大强度准则，参考《冷弯薄壁型钢结构技术规范》（GB 50018—2002），采用边缘屈服准则确定的 φ 值与曲线 b 接近，故取用曲线 b。当槽形截面用于格构式柱的分肢时，由于分肢的扭转变形受到缀件的牵制，在计算分肢绕其自身对称轴的稳定时，可用曲线 b。翼缘为轧制或剪切边的焊接工字形截面，绕弱轴失稳时边缘为残余压应力，使承载能力降低，故将其归入曲线 c。另外，国内外针对高强度钢轴心受压构件的稳定研究表

明：热轧型钢的残余应力峰值和钢材强度无关，它的不利影响随钢材强度的提高而减弱。因此，对屈服强度达到和超过 355N/mm², $b/h>0.8$ 的 H 型钢和等边角钢，系数 φ 可比 Q235 钢提高一类采用。

板件厚度大于 40mm 的轧制工字形截面和焊接实腹截面，残余应力不但沿板件宽度方向变化，在厚度方向的变化也比较显著。另外，厚板质量较差也会对稳定性带来不利影响。故应按表 4.5 进行分类。

（2）轴心受压构件的整体稳定计算。

轴心受压构件所受应力应不大于整体稳定的临界应力，考虑抗力分项系数 γ_R 后为：

$$\sigma = \frac{N}{A} \leqslant \frac{\sigma_{cr}}{\gamma_R} = \frac{\sigma_{cr}}{f_y} \cdot \frac{f_y}{\gamma_R} = \varphi f$$

《钢结构设计标准》（GB 50017—2017）对轴心受压构件的整体稳定计算采用下列形式：

$$\frac{N}{\varphi A f} \leqslant 1.0 \tag{4.7}$$

式中，$\varphi = \sigma_{cr}/f_y$，为轴心受压构件的整体稳定系数。

整体稳定系数 φ 值应根据表 4.4、表 4.5 的截面分类和构件的长细比，从附录 4 中附表 4.1～附表 4.4 内查出。稳定系数 φ 值可以拟合成柏利式（4.8）的形式来表达，即：

$$\varphi = \frac{\sigma_{cr}}{f_y} = \frac{1}{2}\left\{\left[1+(1+\varepsilon_0)\frac{\sigma_E}{f_y}\right] - \sqrt{\left[1+(1+\varepsilon_0)\frac{\sigma_E}{f_y}\right]^2 - 4\frac{\sigma_E}{f_y}}\right\} \tag{4.8}$$

此时 φ 值不再以截面的边缘屈服为准则，而是先按最大强度准则确定出杆的极限承载力后再反算出 ε_0 值。因此，式中的 ε_0 值实质为考虑初弯曲、残余应力等综合影响的等效初弯曲率。对于《钢结构设计标准》（GB 50017—2017）中采用的 4 条柱子曲线，ε_0 的取值为：

a 类截面：$\varepsilon_0 = 0.152\bar{\lambda} - 0.014$。

b 类截面：$\varepsilon_0 = 0.300\bar{\lambda} - 0.035$。

c 类截面：$\varepsilon_0 = 0.595\bar{\lambda} - 0.094$（$\bar{\lambda} \leqslant 1.05$ 时）。

$\varepsilon_0 = 0.302\bar{\lambda} - 0.216$（$\bar{\lambda} > 1.05$ 时）。

d 类截面：$\varepsilon_0 = 0.915\bar{\lambda} - 0.132$（$\bar{\lambda} \leqslant 1.05$ 时）。

$\varepsilon_0 = 0.432\bar{\lambda} - 0.375$（$\bar{\lambda} > 1.05$ 时）。

式中，$\bar{\lambda} = \frac{\lambda}{\pi}\sqrt{\frac{f_y}{E}}$，为无量纲长细比。

上述 ε_0 值只适用于当 $\bar{\lambda} > 0.215$（相当于 $\lambda > 20\varepsilon_k$，$\varepsilon_k = \sqrt{235/f_y}$）时，将以上 ε_0 值代入式（4.8）中。

4.3.1.3 杆端约束对轴压构件整体稳定性的影响

在实际结构中两端铰接的压杆很少。当压杆与其他构件相连接而端部受到约束时，可以根据杆端的约束条件用等效的计算长度 l_0 来代替杆的几何长度 l，即取 $l_0 = \mu l$，从而把它简化为两端铰接的杆。这里 μ 称为计算长度系数，相应的杆件临界力是

$N_{cr} = \pi^2 EI/(\mu l)^2$。表 4.6 列举了几种具有理想端部条件的压杆计算长度系数 μ。考虑到理想条件难以从构造上完全实现，表中还给出了用于实际设计的建议值。不过这些建议值比较粗糙。表中数值没有考虑端部铰接的杆经常因连接构造而存在的约束所带来的有利影响，而刚性的固定端，因实际上很难达到完全没有转动，所以 μ 值有所增大。

表 4.6 轴心压杆的计算长度系数 μ

图中虚线表示柱的屈曲形式						
μ 的理论值	0.50	0.70	1.0	1.0	2.0	2.0
μ 的建议值	0.65	0.80	1.0	1.2	2.1	2.0
端部条件符号	无转动，无侧移；自由转动，无侧移			无转动，自由侧移；自由转动，自由侧移		

4.3.2 局部稳定问题

轴压构件不仅有丧失整体稳定的可能性，而且也有丧失局部稳定的可能性。组成构件的板件，如工字形截面构件的翼缘和腹板，它们的厚度与板其他两个尺寸相比很小。在均匀压力的作用下，当压力达到某一数值时，板件不能继续维持平面平衡状态而产生凸曲现象，因为板件只是构件的一部分，所以把这种屈曲现象称为丧失局部稳定。图 4.13 所示为一工字形截面轴心受压构件发生局部失稳时的变形形态，图 4.13（a）和图 4.13（b）分别表示腹板和翼缘失稳时的情况。构件丧失局部稳定后还可能继续维持整体的平衡状态，但由于部分板件屈曲后退出工作，构件的有效截面减少，会加速构件整体失稳而丧失承载能力。

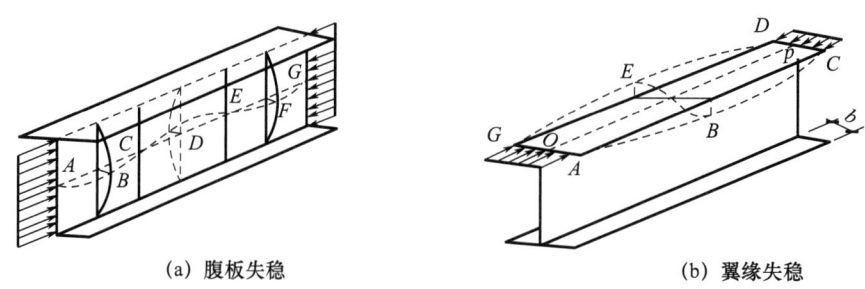

(a) 腹板失稳　　　　　　　　　　(b) 翼缘失稳

图 4.13 轴心受压构件的局部失稳

4.3.2.1 板件宽厚比限值

根据弹性稳定理论，板件在稳定状态所能承受的最大应力（临界应力）与板件的形状、尺寸、支承情况以及应力情况等有关。板件的临界应力可用下式表达：

$$\sigma_{cr} = \frac{\sqrt{\eta}\chi\beta\pi^2 E}{12(1-\nu^2)}\left(\frac{t}{b}\right)^2 \qquad (4.9)$$

$$\eta = E_t/E$$

式中　　χ——板边缘的弹性约束系数；

　　　　β——屈曲系数；

　　　　ν——钢材的泊松比；

　　　　E——钢材的弹性模量；

　　　　η——弹性模量折减系数；

　　　　E_t——钢材的剪切模量。

根据轴心受压构件局部稳定的试验资料，可取为：

$$\eta = 0.1013\lambda^2(1-0.0248\lambda^2 f_y/E) f_y/E \qquad (4.10)$$

局部稳定验算考虑等稳定性，保证板件的局部失稳临界应力[式（4.9）]不小于构件整体稳定的临界应力（φf_y），即：

$$\frac{\sqrt{\eta}\chi\beta\pi^2 E}{12(1-\nu^2)}\left(\frac{t}{b}\right)^2 \geqslant \varphi f_y \qquad (4.11)$$

式（4.11）中的整体稳定系数 φ 可用柏利公式（4.8）来表达。显然 φ 值与构件的长细比 λ 有关。由式（4.11）即可确定板件宽厚比的限值，下面以工字形截面的板件为例进行介绍。

（1）翼缘。

由于工字形截面的腹板一般较翼缘板薄，腹板对翼缘板几乎没有嵌固作用，因此翼缘可视为三边简支一边自由的均匀受压板，取屈曲系数 $\beta = 0.425$，弹性约束系数 $\chi = 1.0$，由式（4.11）可以得到翼缘板悬伸部分的宽厚比 b/t 与长细比 λ 的关系曲线，此曲线的关系式较为复杂，为了便于应用，采用下列简单的直线式表达：

$$\frac{b}{t_f} \leqslant (10+0.1\lambda)\varepsilon_k \qquad (4.12)$$

式中　b, t_f——翼缘板自由外伸宽度和厚度；

　　　λ——构件两方向长细比的较大值，当 $\lambda < 30$ 时，取 $\lambda = 30$；当 $\lambda > 100$ 时，取 $\lambda = 100$。

（2）腹板。

腹板可视为四边支承板，此时屈曲系数 $\beta = 4.0$。当腹板发生屈曲时，翼缘板作为腹板纵向边的支承，对腹板将起一定的弹性嵌固作用，这种嵌固作用可使腹板的临界应力提高，根据试验可取弹性约束系数 $\chi = 1.3$。仍由式（4.11）经简化后得到腹板高厚比 h_0/t_w 的简化表达式为：

$$\frac{h_0}{t_w} \leqslant (25+0.5\lambda)\varepsilon_k \qquad (4.13)$$

其他截面构件的板件宽厚比限值见表 4.7。对箱形截面中的板件（包括双层翼缘板的外层板），其宽厚比限值近似借用了箱形梁翼缘板的规定（参见第 5 章）；对圆管截面，是在材料为理想弹塑性体，轴向压应力达屈服强度的前提下导出的。

表 4.7 轴心受压构件板件宽厚比限值

截面及板件尺寸	宽厚比限值
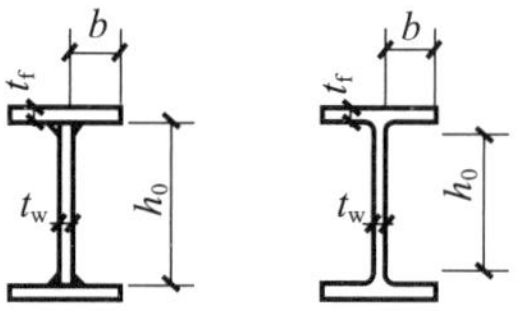 工字形截面（图示）	翼缘：$\dfrac{b}{t_f} \leqslant (10+0.1\lambda)\varepsilon_k$ 腹板：$\dfrac{h_0}{t_w} \leqslant (25+0.5\lambda)\varepsilon_k$
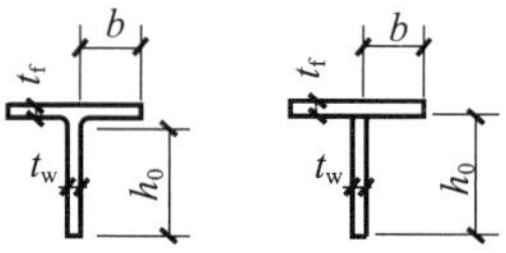 T 形截面（图示）	翼缘：$\dfrac{b}{t_f} \leqslant (10+0.1\lambda)\varepsilon_k$ 腹板： 热轧部分 T 型钢：$\dfrac{h_0}{t_w} \leqslant (15+0.2\lambda)\varepsilon_k$ 焊接 T 型钢：$\dfrac{h_w}{t_w} \leqslant (13+0.17\lambda)\varepsilon_k$
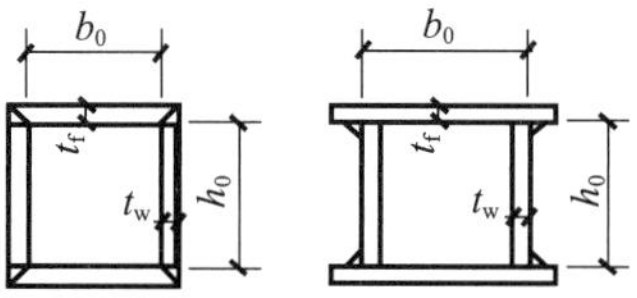 箱形截面（图示）	$\dfrac{h_0}{t_w}\left(\text{或}\dfrac{b_0}{t_f}\right) \leqslant 40\varepsilon_k$
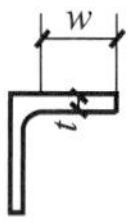 角钢（图示）	当 $\lambda \leqslant 80\varepsilon_k$ 时：$\dfrac{w}{t} \leqslant 15\varepsilon_k$ 当 $\lambda > 80\varepsilon_k$ 时：$\dfrac{w}{t} \leqslant 5\varepsilon_k + 0.125\lambda$
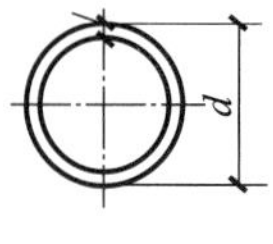 圆管截面（图示）	$\dfrac{d}{t} \leqslant 100\varepsilon_k^2$

式（4.12）和式（4.13）是按照构件的整体稳定承载力达到极限值时推导出来的，显然，当轴心受压构件的压力小于稳定承载力 $\varphi A f$ 时，根据式（4.11）所得出的板件宽厚比限值还可适当放宽，即可将表 4.7 中的板件宽厚比限值乘以放大系数 $\alpha = \sqrt{\varphi A f / N}$。以构件实际承受的轴向应力 N/A 代替式（4.11）等式的右端，即可得到此放大系数值。

4.3.2.2 设计时加强局部稳定的措施

以上是设计规范为保证轴心受压构件局部稳定对几种常用截面板件宽厚比的规定。设计时所选截面如不满足规定，一般应调整板件厚度或宽度使其满足要求。但对工形和箱形截面的腹板也可采用设置纵向加劲肋的方法予以加强，以缩减腹板计算高度，如图 4.14 所示。纵向加劲肋宜在腹板两侧成对配置，其一侧外伸宽度不应小于 $10t_w$，厚度不应小于 $0.75t_w$。纵向加劲肋通常在横向加劲肋间设置。

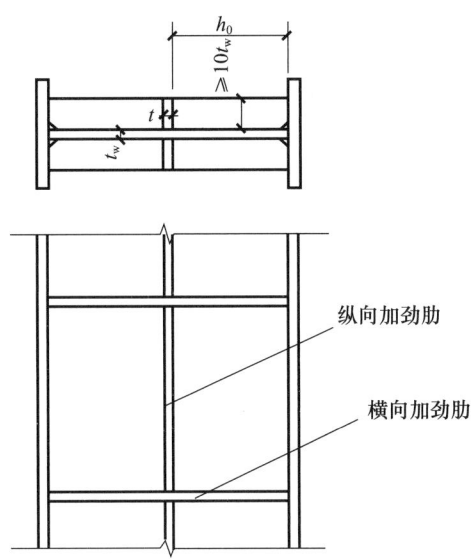

图 4.14 实腹式的腹板加劲肋

4.3.2.3 板件屈曲后强度的利用

限制板件宽厚比和设置纵向加劲肋是为了保证在构件丧失整体稳定之前板件不会出现局部屈曲。实际上,四边支承理想平板在屈曲后还有很大的承载能力,一般称为屈曲后强度。板件的屈曲后强度主要来自平板中面的横向张力,因而板件屈曲后还能继续承载,此时板内的纵向压力出现不均匀,图 4.15(a)所示为工字形截面腹板屈曲后的应力分布。

若近似以图 4.15(a)中虚线所示的应力图形来代替工字形截面腹板屈曲后纵向压应力的分布,即引入等效宽度和有效截面的概念。考虑腹板部分退出工作,实际腹板可由应力为 f_y、宽度为 ρh_0 的等效平板代替,等效平板的截面即有效截面。考虑板件屈曲后强度的利用,应先计算板件的有效截面,再分别按下式计算构件的强度和整体稳定。

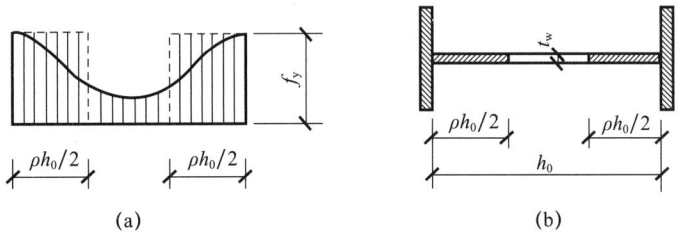

图 4.15 工字形截面腹板屈曲后的应力分布

强度计算:

$$\frac{N}{A_{ne}} \leqslant f \tag{4.14}$$

整体稳定计算:

$$\frac{N}{\varphi A_e f} \leqslant 1.0 \tag{4.15}$$

$$A_{\text{ne}} = \sum \rho_i A_{\text{ni}} \tag{4.16}$$

$$A_{\text{e}} = \sum \rho_i A_i \tag{4.17}$$

式中 A_{ne},A_{e}——有效净截面面积和有效毛截面面积;

A_{ni},A_i——各板件净截面面积和毛截面面积;

φ——整体稳定系数,可按毛截面计算;

ρ_i——各板件有效截面系数,按下列方法计算:

① 箱形截面的壁板、H 形或工字形截面的腹板。

当 $h_0/t_w \leqslant 42\varepsilon_k$ 时,

$$\rho = 1.0$$

当 $h_0/t_w > 42\varepsilon_k$ 时,

$$\rho = \frac{1}{\lambda_{n,p}}\left(1 - \frac{0.19}{\lambda_{n,p}}\right) \tag{4.18}$$

$$\lambda_{n,p} = \frac{h_0/t_w}{56.2\varepsilon_k} \tag{4.19}$$

当 $\lambda > 52\varepsilon_k$ 时,

$$\rho \geqslant (29\varepsilon_k + 0.25\lambda)t_w/h_0 \tag{4.20}$$

式中 h_0,t_w——壁板或腹板的净宽度和厚度。

② 单角钢。

当 $\frac{w}{t} > 15\varepsilon_k$ 时,

$$\rho = \frac{1}{\lambda_{n,p}}\left(1 - \frac{0.1}{\lambda_{n,p}}\right) \tag{4.21}$$

$$\lambda_{n,p} = \frac{w/t}{16.8\varepsilon_k} \tag{4.22}$$

当 $\lambda > 80\varepsilon_k$ 时,

$$\rho \geqslant (5\varepsilon_k + 0.13\lambda)t/w \tag{4.23}$$

式中 w,t——角钢的平板宽度和厚度,简要计算时可取 $w = b - 2t$,b 为角钢宽度。

4.4 实腹式轴心受压柱的设计

4.4.1 实腹柱的截面形式

实腹式轴心受压柱一般采用双轴对称截面,以避免弯扭失稳。常用截面形式有轧制普通工字钢、H 型钢、焊接工字形截面、型钢和钢板的组合截面、圆管和方管截面等,如图 4.16 所示。

选择轴心受压实腹柱的截面时,应考虑以下几个原则:

(1)面积的分布应尽量开展,以增加截面的惯性矩和回转半径,提高柱的整体稳定性和刚度;

(2)使两个主轴方向等稳定,即使 $\varphi_x = \varphi_y$,以达到经济效果;

(3)便于与其他构件进行连接;

(4) 尽可能构造简单，制造省工，取材方便。

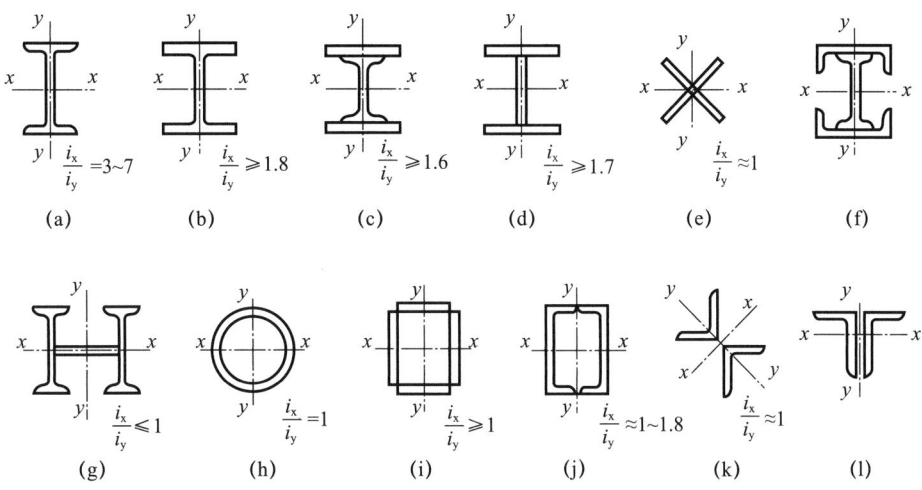

图 4.16　轴心受压实腹柱常用截面

选择截面的形式时不仅要考虑用料经济而且要尽可能使构造简便，制造省工和便于运输。为了用料经济，一般要选择壁薄而宽敞的截面。这样的截面有较大的回转半径，使构件具有较大的承载力。不仅如此，还要使构件在两个方向的稳定系数接近相同。当构件在两个方向的长细比相同时，虽然有可能在表 4.4 中属于不同的类别而使它们的稳定系数不一定相同，但其差别一般不大。所以，可用长细比 λ_x 和 λ_y 相等作为考虑等稳定的方法，这样选择截面形状时还要和构件的计算长度 l_{0x} 和 l_{0y} 联系起来。

单角钢截面适用于塔架、桅杆结构和起重机臂杆，轻便桁架也可用单角钢做成。双角钢便于在不同情况下组成接近于等稳定的压杆截面，常用于由节点板连接杆件的平面桁架。热轧普通工字钢虽然有制造省工的优点，但因为两个主轴方向的回转半径差别较大，而且腹板较厚，所以很不经济。因此，很少用于单根压杆。轧制 H 型钢的宽度与高度相同的对强轴的回转半径约为弱轴回转半径的两倍，对于在中点有侧向支撑的独立支柱最为适宜。焊接工字形截面可以利用自动焊做成一系列定型尺寸的截面，其腹板按局部稳定的要求可做得很薄以节省钢材，应用十分广泛。为使翼缘与腹板便于焊接，截面的高度和宽度做得大致相同。工字形截面的回转半径与截面轮廓尺寸的近似关系是 $i_x=0.43h$，$i_y=0.24b$。所以，只有两个主轴方向的计算长度相差一倍时，才有可能达到等稳定的要求。十字形截面在两个主轴方向的回转半径是相同的，对于重型中心受压柱，当两个方向的计算长度相同时，这种截面较为有利。方管或由钢板焊成的箱形截面，因其承载能力和刚度都较大，虽然和其他构件连接构造相对复杂些，但可用作轻型或高大的承重支柱。在轻型钢结构中，可以灵活地应用各种冷弯薄壁型钢截面组成的压杆，从而获得经济效果。冷弯薄壁方管是轻钢屋架中常用的一种截面形式。

4.4.2　截面设计

设计截面时，首先按上述原则选定合适的截面形式，再初步选择截面尺寸，然后进行强度、整体稳定、局部稳定、刚度等的验算。具体步骤如下：

（1）假定柱的长细比 λ，求出需要的截面面积 A。

根据以往的设计经验，对于荷载小于 1500kN，计算长度为 5～6m 的压杆，可假定 $\lambda=80\sim100$，荷载为 3000～3500kN 的压杆，可假定 $\lambda=60\sim70$。根据 λ、截面分类和钢种可查得稳定系数 φ，则需要的截面面积为：

$$A=\frac{N}{\varphi f}$$

（2）求两个主轴所需要的回转半径：

$$i_x=\frac{l_{0x}}{\lambda},\ i_y=\frac{l_{0y}}{\lambda}$$

（3）由已知截面面积 A，两个主轴的回转半径 i_x、i_y，优先选用轧制型钢，如普通工字钢、H 型钢等。当现有型钢规格不满足所需截面尺寸时，可以采用组合截面，这时需先初步定出截面的轮廓尺寸，一般根据回转半径确定所需截面的高度 h 和宽度 b：

$$h\approx\frac{i_x}{\alpha_1},\ b\approx\frac{i_y}{\alpha_2}$$

式中，α_1、α_2 为系数，表示 h、b 和回转半径 i_x、i_y 之间的近似数值关系，常用截面可从表 4.8 中查得。

例如由三块钢板组成的工字形截面，$\alpha_1=0.43$，$\alpha_2=0.24$。

表 4.8　各种截面回转半径的近似值

截面							
$i_x=\alpha_1 h$	$0.43h$	$0.38h$	$0.38h$	$0.40h$	$0.30h$	$0.28h$	$0.32h$
$i_y=\alpha_2 b$	$0.24b$	$0.44b$	$0.60b$	$0.40b$	$0.215b$	$0.24b$	$0.20b$

（4）由所需要的 A、h、b 等，再考虑构造要求、局部稳定以及钢材规格等，确定截面的初选尺寸。

（5）构件强度、稳定和刚度验算。

① 当截面有削弱时，需进行强度验算：

$$\sigma=\frac{N}{A_n}\leqslant 0.7f_u$$

式中，A_n 为构件的净截面面积。

② 整体稳定验算：

$$\frac{N}{\varphi A f}\leqslant 1.0$$

③ 局部稳定验算。

如上所述，轴心受压构件的局部稳定是以限制其组成板件的宽厚比来保证的。对于热轧型钢截面，由于其板件的宽厚比较小，一般能满足要求，可不验算。对于组合截面，则应根据表 4.7 的规定对板件的宽厚比进行验算。

④ 刚度验算。

轴心受压实腹柱的长细比应符合规范所规定的容许长细比要求。事实上，在进行整体稳定验算时，构件的长细比已预先求出，以确定整体稳定系数 φ，因而刚度验算可与整体稳定验算同时进行。

4.4.3 构造要求

轴心受压构件中，一般只是由于构件初弯曲、初偏心或偶然横向力作用才在截面中产生剪力。当轴心力达到极限承载力时，剪力最大，但数值不大。因此，焊接实腹式轴心受压构件中翼缘与腹板间的剪力很小，其连接焊缝一般按构造取 $h=4\sim8mm$。

当实腹柱的腹板高厚比 $h_0/t_w>80\varepsilon_k$ 时，为防止腹板在施工和运输过程中发生变形、提高柱的抗扭刚度，应设置横向加劲肋。横向加劲肋的间距不得大于 $3h_0$，其截面尺寸要求双侧加劲肋的外伸宽度 b_s 应不小于 $\frac{h_0}{30}+40mm$，厚度 t_s 应大于外伸宽度的 1/15。

4.5 格构式轴心受压柱的设计

4.5.1 格构柱的截面形式

轴心受压格构柱一般采用双轴对称截面，如用两根槽钢 [图 4.17（a）、4.17（b）] 或 H 型钢 [图 4.17（c）] 作为肢件，两肢间用缀条或缀板 [图 4.2（b）] 连成整体。在柱的横截面上穿过肢件腹板的轴叫实轴 [图 4.17（a）、4.17（b）、4.17（c）中的 y 轴]，穿过两肢之间缀材面的轴称为虚轴 [图 4.17（a）、4.17（b）、4.17（c）中的 x 轴]。格构柱调整两肢间的距离很方便，易于实现对两个主轴的等稳定性。用四根角钢组成的四肢柱 [图 4.17（d）]，适用于长度较大而受力不大的柱，四面皆以缀材相连，两个主轴 $x—x$ 和 $y—y$ 都为虚轴。三面用缀材相连的三肢柱 [图 4.17（e）]，一般用圆管作为肢件，其截面是几何不变的三角形，受力性能较好，两个主轴也都为虚轴。四肢柱和三肢柱的缀材一般采用缀条而不用缀板。缀条一般用单根角钢做成，而缀板通常用钢板做成。

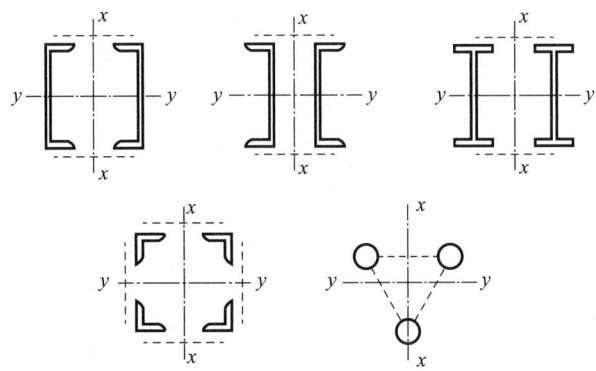

图 4.17 格构式构建的常用截面形式

格构式轴心受压构件的设计与实腹式轴心受压构件相似，应考虑强度、刚度（长细比）、整体稳定和局部稳定（分肢的稳定和板件的稳定）几个方面的要求，但每个方面的计算都有其特点。此外，格构式轴心受压构件的设计还包括缀件的设计。

4.5.2 格构柱绕虚轴的换算长细比

格构柱绕实轴的稳定计算与实腹式构件相同，但绕虚轴的整体稳定临界力比长细比相同的实腹式构件低。

轴心受压构件整体弯曲后，沿杆长方向各截面上将存在弯矩和剪力。对实腹式构件，剪力引起的附加变形很小，对临界力的影响只占 3/1000 左右。因此，在确定实腹式轴心受压构件整体稳定的临界力时，仅仅考虑了由弯矩作用所产生的变形，而忽略了剪力所产生的变形。对于格构式柱，当绕虚轴失稳时，情况有所不同，因肢件之间并不是连续的板，而只是每隔一定距离用缀条或缀板联系起来。柱的剪切变形较大，剪力造成的附加挠曲影响不能忽略。在格构式柱的设计中，对虚轴失稳的计算，常以加大长细比的方法来考虑剪切变形的影响，加大后的长细比称为换算长细比。

《钢结构设计标准》（GB 50017—2017）对缀条柱和缀板柱采用不同的换算长细比计算公式。

（1）双肢缀条柱。

根据弹性稳定理论，当考虑剪力的影响时，其临界力可表达为：

$$N_{cr} = \frac{\pi^2 EA}{\lambda_x^2} \cdot \frac{1}{1 + \frac{\pi^2 EA}{\lambda_x^2} \cdot \gamma} = \frac{\pi^2 EA}{\lambda_{0x}^2} \tag{4.24}$$

$$\lambda_{0x} = \sqrt{\lambda_x^2 + \pi^2 EA \gamma}$$

式中 λ_{0x}——格构柱绕虚轴临界力换算为实腹柱临界力的换算长细比；

γ——单位剪力作用下的轴线转角。

现取图 4.18（a）中的一段进行分析，以求出单位剪切角 γ。如图 4.18（b）所示，在单位剪力作用下一侧缀材所受剪力 $V_1 = 1/2$。设一个节间内两侧斜缀条的面积之和为 A_1，其内力 $N_d = 1/\sin\alpha$；斜缀条长 $l_d = l_1/\cos\alpha$，则斜缀条的轴向变形为：

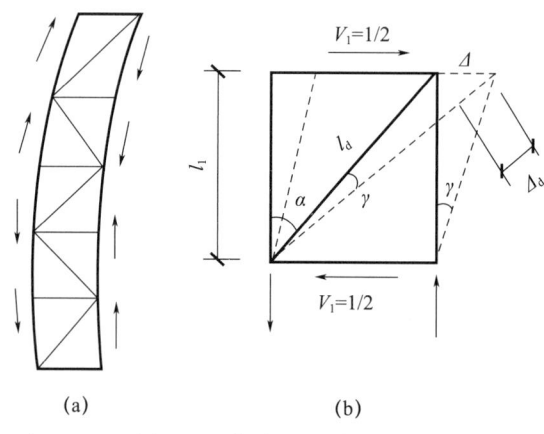

图 4.18 缀条柱的剪切变形

$$\Delta_d = \frac{N_d l_d}{EA_1} = \frac{l_1}{EA_1 \sin\alpha \cos\alpha}$$

假设变形和剪切角是有限的微小值，则由 Δ_d 引起的水平变位 Δ 为：

$$\Delta = \frac{\Delta_d}{\sin\alpha} = \frac{l_1}{EA_1 \sin^2\alpha\cos\alpha}$$

故剪切角 γ 为：

$$\gamma = \frac{\Delta}{l_1} = \frac{1}{EA_1 \sin^2\alpha\cos\alpha} \quad (4.25)$$

这里，α 为斜缀条与柱轴线间的夹角（°），代入式（4.24）中得：

$$\lambda_{0x} = \sqrt{\lambda_x^2 + \frac{\pi^2}{\sin^2\alpha\cos\alpha} \cdot \frac{A}{A_1}} \quad (4.26)$$

一般斜缀条与柱轴线间的夹角为40°~70°，在此范围内，$\pi^2/(\sin^2\alpha\cos\alpha)$ 的值变化不大（图4.19），我国标准加以简化取 $\pi^2/(\sin^2\alpha\cos\alpha)$ 为常数27，由此得双肢缀条柱的换算长细比为：

$$\lambda_{0x} = \sqrt{\lambda_x^2 + 27\frac{A}{A_1}} \quad (4.27)$$

式中 λ_x——整个柱对虚轴的长细比；

A——整个柱的毛截面面积，mm。

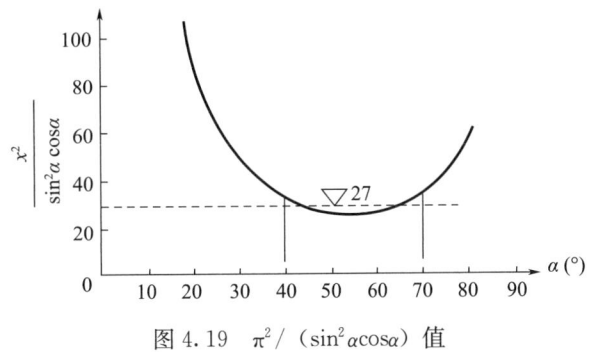

图4.19 $\pi^2/(\sin^2\alpha\cos\alpha)$ 值

需要注意的是，当斜缀条与柱轴线间的夹角不为40°~70°，尤其是小于40°时，$\pi^2/(\sin^2\alpha\cos\alpha)$ 值将比27大很多，式（4.27）是偏于不安全的，此时应按式（4.26）计算换算长细比 λ_{0x}。

（2）双肢缀板柱。

双肢缀板柱中缀板与肢件的连接可视为刚接，因而分肢和缀板组成一个多层框架，假定变形时反弯点在各节的中点 [图4.20（a）]。若只考虑分肢和缀板在横向剪力作用下的弯曲变形，取分离体如图4.20（b）所示，可得单位剪力作用下缀板弯曲变形引起的分肢变位 Δ_1 为：

$$\Delta_1 = \frac{l_1}{2}\theta_1 = \frac{l_1}{2} \cdot \frac{al_1}{12EI_b} = \frac{al_1^2}{24EI_b}$$

分肢本身弯曲变形时的变位 Δ_2 为：

$$\Delta_2 = \frac{l_1^3}{48EI_1}$$

由此得剪切角 γ：

$$\gamma = \frac{\Delta_1 + \Delta_2}{0.5l_1} = \frac{al_1}{12EI_b} + \frac{l_1^2}{24EI_1} = \frac{l_1^2}{24EI_1}\left(1 + 2\frac{I_1/l_1}{I_b/a}\right)$$

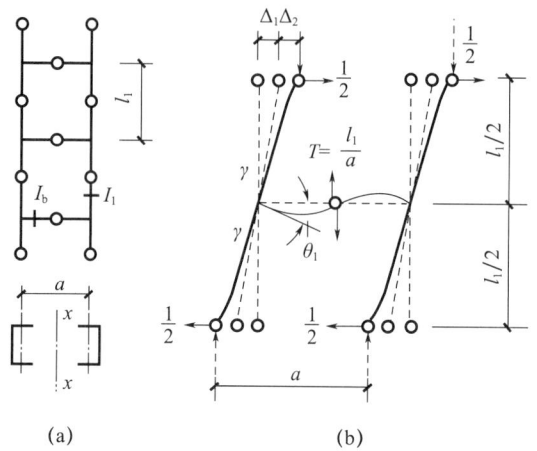

图 4.20 缀板柱的剪切变形

将此 γ 值代入式（4.24），并令 $K_1 = I_1/l_1$，$K_b = I_b/a$，得换算长细比 λ_{0x} 为：

$$\lambda_{0x} = \sqrt{\lambda_x^2 + \frac{\pi^2 A l_1^2}{24 I_1}\left(1 + 2\frac{K_1}{K_b}\right)}$$

假设分肢截面面积 $A_1 = 0.5A$，$A_1 l_1^2 / I_1 = \lambda_1^2$，则：

$$\lambda_{0x} = \sqrt{\lambda_x^2 + \frac{\pi^2}{12}\left(1 + 2\frac{K_1}{K_b}\right)\lambda_1^2} \tag{4.28}$$

式中 λ_1——分肢的长细比，i_1 为分肢弱轴的回转半径，l_{01} 为缀板间的净距离，$\lambda_1 = l_{01}/i_1$；

K_1——一个分肢的线刚度，l_1 为缀板中心距，I_1 为分肢绕弱轴的惯性矩，$K_1 = I_1/l_1$；

K_b——两侧缀板线刚度之和，I_b 为两侧缀板的惯性矩，a 为分肢轴线间距离，$K_b = I_b/a$。

根据《钢结构设计标准》（GB 50017—2017）的规定，缀板线刚度之和 K_b 应大于 6 倍的分肢线刚度，即 $K_b/K_1 \geq 6$。若取 $K_b/K_1 = 6$，则式（4.28）中的 $\frac{\pi^2}{12}\left(1 + 2\frac{K_1}{K_b}\right) \approx 1$。因此，标准规定双肢缀板柱的换算长细比采用：

$$\lambda_{0x} = \sqrt{\lambda_x^2 + \lambda_1^2} \tag{4.29}$$

若在某些特殊情况下无法满足 $K_b/K_1 \geq 6$ 的要求时，则换算长细比 λ_{0x} 应按式（4.29）计算。四肢柱和三肢柱的换算长细比，参见《钢结构设计标准》（GB 50017—2017）第 7.2.3 条。

4.5.3 缀材设计

（1）轴心受压格构柱的横向剪力。

格构柱绕虚轴失稳发生弯曲时，缀材要承受横向剪力的作用。因此，需要首先计算出横向剪力的数值，然后才能进行缀材的设计。

图 4.21（a）所示为一两端铰接轴心受压柱，绕虚轴弯曲时，假定最终的挠曲线为

正弦曲线，跨中最大挠度为 v_0，则沿杆长任一点的挠度为：

$$y = v_0 \sin \frac{\pi z}{l}$$

任一点的弯矩为：

$$M = Ny = Nv_0 \sin \frac{\pi z}{l}$$

任一点的剪力为：

$$V = \frac{dM}{dz} = N \frac{\pi v_0}{l} \cos \frac{\pi z}{l}$$

即剪力按余弦曲线分布［图 4.21（b）］，最大值在杆件的两端为：

$$V_{\max} = \frac{N\pi}{l} \cdot v_0 \tag{4.30}$$

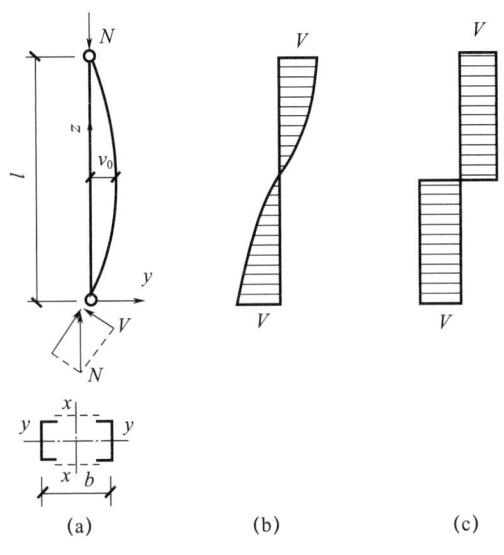

图 4.21 剪力计算图

跨度中点的挠度 v_0 可由边缘纤维屈服准则导出。当截面边缘最大应力达屈服强度时，有：

$$\frac{N}{A} + \frac{Nv_0}{I_x} \cdot \frac{b}{2} = f_y$$

即：

$$\frac{N}{Af_y}\left(1 + \frac{v_0}{i_x^2} \cdot \frac{b}{2}\right) = 1$$

令 $\dfrac{N}{Af_y} = \varphi$，并取 $b \approx i_x/0.44$（表 4.7），得：

$$v_0 = 0.88 i_x (1-\varphi) \frac{1}{\varphi} \tag{4.31}$$

将式（4.31）中的 v_0 值代入式（4.30）中得：

$$V_{\max} = \frac{0.88\pi (1-\varphi)}{\lambda_x} \cdot \frac{N}{\varphi} = \frac{1}{k} \cdot \frac{N}{\varphi}$$

式中，$k=\dfrac{\lambda_x}{0.88\pi(1-\varphi)}$。

经过对双肢格构式柱的计算分析，在常用的长细比范围内，k 值与长细比 λ_x 的关系不大，可取为常数，对 Q235 钢构件，取 $k=85$；对其他钢种的钢构件，取 $k=85\varepsilon_k$。

因此，轴心受压格构柱平行于缀材面的剪力为：

$$V_{\max}=\dfrac{N}{85\varphi\varepsilon_k}$$

式中 φ——按虚轴换算长细比确定的整体稳定系数。

令 $N=\varphi Af$，即得《钢结构设计标准》(GB 50017—2017) 规定的最大剪力的计算式：

$$V=\dfrac{Af}{85\varepsilon_k} \tag{4.32}$$

在设计中，将剪力 V 沿柱长度方向取为定值，相当于简化为图 4.21（c）所示的分布图形。

（2）缀条的设计。

缀条的布置一般采用单系缀条 [图 4.22（a）]，也可采用交叉缀条 [图 4.22（b）]。缀条可视为以柱肢为弦杆的平行弦桁架的腹杆，内力与桁架腹杆的计算方法相同。在横向剪力作用下，一个斜缀条的轴心力为：

$$N_1=\dfrac{V_1}{n\cos\theta} \tag{4.33}$$

式中 V_1——分配到一个缀材面上的剪力；

n——承受剪力 V_1 的斜缀条数，单系缀条时 $n=1$，交叉缀条时 $n=2$；

θ——缀条的倾角。

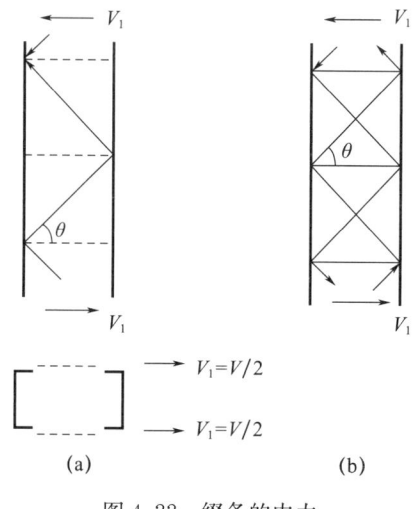

图 4.22 缀条的内力

由于剪力的方向不定，斜缀条可能受拉也可能受压，应按轴心压杆选择截面。

缀条一般采用单角钢，与柱单面连接，考虑到受力时的偏心和受压时的弯扭，当按轴心受力构件设计（不考虑扭转效应）时，应按钢材强度设计值乘以下列折减系数 η：

① 按轴心受力计算构件的强度和连接强度时，$\eta=0.85$。

② 按轴心受压计算构件的稳定性时。

等边角钢：

$\eta=0.6+0.0015\lambda$，但不大于 1.0；

短边相连的不等边角钢：

$\eta=0.5+0.0025\lambda$，但不大于 1.0；

长边相连的不等边角钢：

$\eta=0.70$。

λ 为缀条的长细比，对中间无联系的单角钢压杆，按最小回转半径计算，当 $\lambda<20$ 时，取 $\lambda=20$。交叉缀条体系的横缀条按受压力 $N=V_1$ 计算。为了减小分肢的计算长度，单系缀条也可加横缀条，其截面尺寸一般与斜缀条相同，也可按容许长细比（$[\lambda]=150$）确定。

(3) 缀板的设计。

缀板柱可视为一多层框架（肢件视为框架立柱，缀板视为横梁）。当它整体挠曲时，假定各层分肢中点和缀板中点为反弯点［图 4.23（a）］。从柱中取出如图 4.23（a）所示脱离体，可得缀板内力为：

剪力：

$$T=\frac{V_1 l_1}{a} \qquad (4.34)$$

弯矩（与肢件连接处）：

$$M=T \cdot \frac{a}{2}=\frac{V_1 l_1}{2} \qquad (4.35)$$

式中 l_1——缀板中心线间的距离；

a——肢件轴线间的距离。

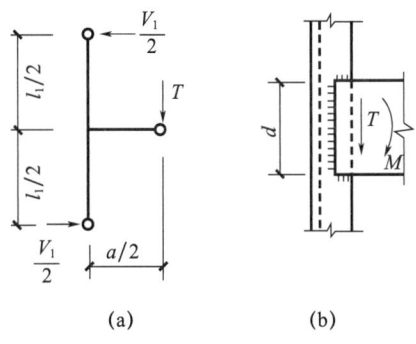

图 4.23 缀板计算简图

缀板与肢体间用角焊缝相连，角焊缝承受剪力和弯矩的共同作用。由于角焊缝的强度设计值小于钢材的强度设计值，只需用上述 M 和 T 验算缀板与肢件间的连接焊缝。

缀板应有一定的刚度。相关规范规定，同一截面处两侧缀板线刚度之和不得小于一个分肢线刚度的 6 倍。一般取宽度 $d \geqslant 2a/3$［图 4.23（b）］，厚度 $t \geqslant a/40$，并不小于 6mm。端缀板宜适当加宽，取 $d=a$。

4.5.4 格构柱的设计步骤

格构柱的设计需首先选择柱肢截面和缀材的形式，中小型柱可用缀板柱或缀条柱，大型柱宜用缀条柱。然后按下列步骤进行设计：

(1) 按对实轴（$y—y$ 轴）的整体稳定性选择柱的截面，方法与实腹柱的计算相同。

(2) 按对虚轴（$x—x$ 轴）的整体稳定性确定两分肢的距离。

为了获得等稳定性，应使两方向的长细比相等，即使 $\lambda_{0x} = \lambda_y$。

缀条柱（双肢）：

$$\lambda_{0x} = \sqrt{\lambda_x^2 + 27\frac{A}{A_1}} = \lambda_y$$

即：

$$\lambda_x = \sqrt{\lambda_y^2 - 27\frac{A}{A_1}} \tag{4.36}$$

缀板柱（双肢）：

$$\lambda_{0x} = \sqrt{\lambda_x^2 + \lambda_1^2} = \lambda_y$$

即：

$$\lambda_x = \sqrt{\lambda_y^2 - \lambda_1^2} \tag{4.37}$$

对缀条柱应预先确定斜缀条的截面 A_1；对缀板柱应先假定分肢长细比 λ_1。按式 (4.36) 或式 (4.37) 计算得出 λ_x 后，即可得到对虚轴的回转半径：

$$i_x = l_{0x}/\lambda_x$$

根据表 4.7，可得柱在缀材方向的宽度 $b \approx i_x/\alpha_1$，亦可由已知截面的几何量直接算出柱的宽度 b。

(3) 验算对虚轴的整体稳定性，不合适时应修改柱宽 b 再进行验算。

(4) 设计缀条或缀板（包括它们与分肢的连接）。

进行以上计算时应注意：

(1) 柱对实轴的长细比 λ_y 和对虚轴的换算长细比 λ_{0x} 均不得超过容许长细比 $[\lambda]$；

(2) 缀条柱的分肢长细比 $\lambda_1 = l_1/i_1$ 不得超过柱两方向长细比（对虚轴为换算长细比）较大值的 0.7 倍，否则分肢可能先于整体失稳；

(3) 缀板柱的分肢长细比 $\lambda_1 = l_1/i_1$ 不应大于 40，并不应大于柱较大长细比 λ_{max} 的 0.5 倍（当 $\lambda_{max} < 50$ 时，取 $\lambda_{max} = 50$），亦是为了保证分肢不先于整体构件失去承载能力。

4.5.5 柱的横隔

格构柱的横截面为中部空心的矩形，抗扭刚度较差。为了提高格构柱的抗扭刚度，保证柱子在运输和安装过程中的截面形状不变，应每隔一段距离设置横隔。另外，大型实腹柱（工字形或箱形）也应设置横隔（图 4.24）。横隔的间距不得大于柱子较大宽度的 9 倍或 8m，且每个运送单元的端部均应设置横隔。

当柱身某一处受较大水平集中力作用时，也应在该处设置横隔，以免柱肢局部受弯。横隔可用钢板 [图 4.24 (a)、图 4.24 (c)、图 4.24 (d)] 或交叉角钢 [图 4.24 (b)] 做成。工字形截面实腹柱的横隔只能用钢板，它与横向加劲肋的区别在于与翼缘同宽

[图 4.24 (c)], 而横向加劲肋则通常较窄。箱形截面实腹柱的横隔, 有一边或两边不能预先焊接, 可先焊两边或三边, 装配后再在柱壁钻孔用电渣焊焊接其他边 [图 4.24 (d)]。

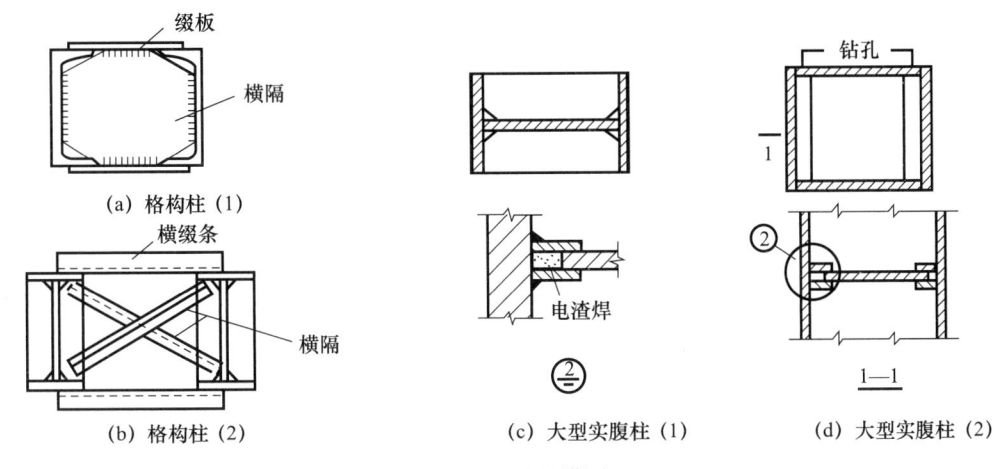

图 4.24 柱的横隔

4.6 柱头和柱脚

单个构件必须通过相互连接才能形成结构整体, 柱的顶部与梁 (或桁架) 连接的部分称为柱头, 其作用是将梁等上部结构的荷载传到柱身。梁与轴心受压柱的连接应为铰接, 否则产生柱端弯矩, 使柱成为压弯构件。轴心受压柱通过柱头直接承受上部结构传来的荷载, 同时通过柱脚将柱身的内力可靠地传给基础。最常见的上部结构是梁格系统。其连接方式按梁安放在柱头的位置不同, 可以分为将梁直接放在柱顶上的顶面连接和将梁连于柱侧面的侧面连接两类, 构造上各有其特点。连接构造设计的原则是: 传力明确、可靠、简捷, 便于制造和安装, 经济合理。

4.6.1 梁与柱的连接

梁与轴心受压柱的连接只能是铰接, 若为刚接, 则柱将承受较大弯矩成为受压受弯柱。梁与柱铰接时, 梁可支承在柱顶上 [图 4.25 (a)、图 4.25 (b)、图 4.25 (c)], 亦可连于柱的侧面 [图 4.25 (d)、图 4.25 (e)]。梁支于柱顶时, 梁的支座反力通过柱顶板传给柱身。顶板与柱用焊缝连接, 顶板厚度一般取 16~20mm。为了便于安装定位, 梁与顶板用普通螺栓连接。

(1) 梁端支承加劲肋采用与中间加劲肋相似的形式, 并对准柱的翼缘放置, 使梁的支座反力通过承压直接传给柱翼缘 [4.25 (a)]。这种连接形式构造简单, 施工方便, 适用于相邻梁的支座反力相等或差值较小的情况, 这是其优点。当支座反力不等且相差较大时, 柱将产生较大的偏心弯矩, 设计时应予考虑, 两相邻梁可在安装就位后用连接板和螺栓在靠近下翼缘处连接起来。对于格构柱 [图 4.25 (c)], 为了保证传力均匀并托住顶板, 应在两柱肢之间设置竖向隔板。

(2) 梁端支承加劲肋采用凸缘板形式，其底部刨平（或铣平），与柱顶板直接顶紧［图 4.25（b）］。这种连接，即使两相邻梁的支座反力不相等，对柱所引起的偏心也很小，柱仍接近轴心受压状态，是一种较好的轴心受压柱-梁连接形式。顶板厚度一般采用 16～25mm。当梁支座反力较大时在顶板下面对着梁端支座加劲肋位置，在柱腹板上焊一对加劲肋以加强腹板；加劲肋与顶板可以焊接，也可以刨平顶紧以便更好地将梁支座反力传至柱身。柱顶板平面尺寸一般向柱四周外伸 20～30mm，以便与柱焊接。为了便于制造和安装，两相邻梁相接处预留 10～20mm 间隙，待安装就位后，在靠近梁下翼缘处的梁支座加劲肋间填以钢板，并用螺栓相连。这样既可使梁相互连接，又可避免梁弯曲时由于弹性约束而产生支座弯矩。

在多层框架的中间梁柱中，横梁只能在柱侧相连。图 4.25（d）、图 4.25（e）所示是梁连接于柱侧面的铰接构造。梁的反力由梁端加劲肋传给支托，支托可采用 T 形［图 4.25（e）］，也可用厚钢板做成［图 4.25（d）］，支托与柱翼缘间用角焊缝相连。用厚钢板做支托的方案适用于承受较大的压力，但制作与安装的精度要求较高的情况。支托的端面必须刨平并与梁的端加劲肋顶紧以便直接传递压力。考虑到荷载偏心的不利影响，支托与柱的连接焊缝按梁支座反力的 1.25 倍计算。为方便安装，梁端与柱间应留空隙加填板并设置构造螺栓。当两侧梁的支座反力相差较大时，应考虑偏心，按压弯柱计算。

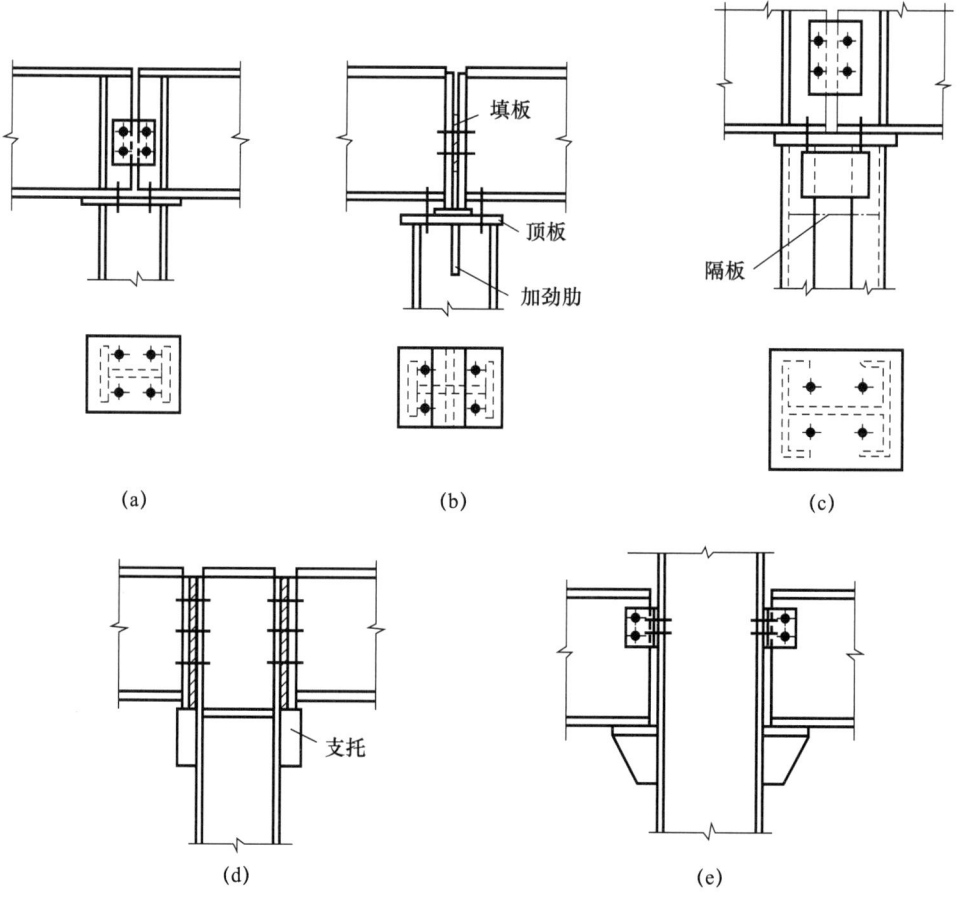

图 4.25 梁与柱的铰接连接

4.6.2 柱脚

柱下端与基础相连的部分称为柱脚。柱脚的作用是将柱身所受的力传递和分布到基础,并将柱固定于基础。基础一般由混凝土或钢筋混凝土做成,其强度远低于钢材。所以,必须将柱身的底端扩大以增加与基础接触的面积,使接触面上承压力小于或等于基础的抗压强度设计值。这就要求柱脚应有一定的宽度和长度,也应有一定的刚度和强度,使柱身压力比较均匀地传到基础。因此,柱脚构造比较复杂,用钢量较大,制造比较费工。设计柱脚时应做到传力明确、可靠、简捷、构造简单、节约材料、施工方便,并符合计算简图。

图 4.26 所示是几种常用的平板式铰接柱脚。由于基础混凝土强度远比钢材低,必须把柱的底部放大,以增加其与基础顶部的接触面积。图 4.26(a)所示是一种最简单的柱脚构造形式,在柱下端仅焊一块底板,柱中压力由焊缝传至底板,再传给基础。这种柱脚只能用于小型柱,如果用于大型柱,则底板会太厚。一般的铰接柱脚常采用图 4.26(b)、图 4.26(c)、图 4.26(d)所示的形式,在柱端部与底板之间增设一些中间传力零件,如靴梁、隔板和肋板等,以增加柱与底板的连接焊缝长度,并且将底板分隔成几个区格,使底板的弯矩减小,厚度减薄。图 4.26(b)中,靴梁焊于柱的两侧,在靴梁之间用隔板加强,以减小底板的弯矩,并提高靴梁的稳定性。图 4.26(c)所示是格构柱的柱脚构造。图 4.26(d)中,在靴梁外侧设置肋板,底板做成正方形或接近正方形。

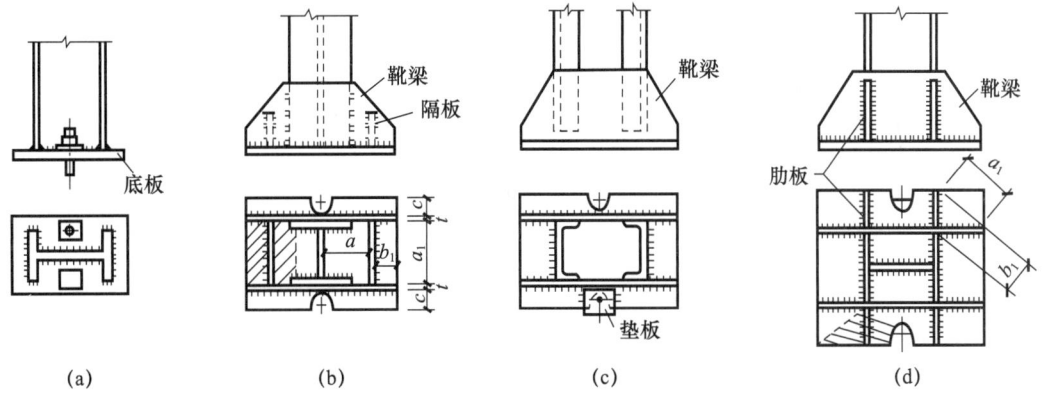

图 4.26 平板式铰接柱脚

布置柱脚中的连接焊缝时,应考虑施焊的方便与可能。例如,图 4.26(b)所示隔板的里侧,图 4.26(c)、图 4.26(d)中靴梁中央部分的里侧,都不宜布置焊缝。

柱脚是利用预埋在基础中的锚栓来固定位置的。铰接柱脚只沿着一条轴线设立两个连接于底板上的锚栓,如图 4.26 所示。底板的抗弯刚度较小,锚栓受拉时,底板会产生弯曲变形,阻止柱端转动的抗力不大,因而此种柱脚仍视为铰接。如果用完全符合力学图形的铰,将给安装工作带来很大困难,而且构造复杂,一般情况没有此种必要。

铰接柱脚不承受弯矩,只承受轴向压力和剪力。剪力通常由底板与基础表面的摩擦力传递。当此摩擦力不足以承受水平剪力时,应在柱脚底板下设置抗剪键(图 4.27),

抗剪键可用方钢、短T字钢或H型钢做成。

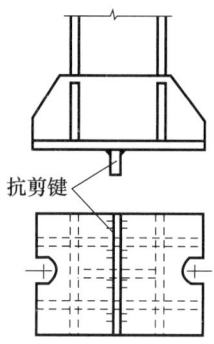

图 4.27 柱脚抗剪键

铰接柱脚通常仅按承受轴向压力计算，轴向压力 N 一部分由柱身传给靴梁、肋板等，再传给底板，最后传给基础；另一部分是经柱身与底板间的连接焊缝传给底板，再传给基础；然而在实际工程中，柱端难以做到齐平，而且为了便于控制柱长的准确性，柱端可能比靴梁缩进一些 [图 4.26 (c)]。

(1) 底板的计算。

① 底板的面积。

底板的平面尺寸决定于基础材料的抗压能力，基础对底板的压应力可近似认为是均匀分布的，这样所需要的底板净面积 A_n（底板宽乘以长，减去针检孔面积）应按下式确定：

$$A_n \geqslant \frac{N}{\beta_c f_c} \tag{4.38}$$

式中　f_c——基础混凝土的抗压强度设计值；

　　　β_c——基础混凝土局部承压时的强度提高系数。

f_c 和 β_c 均按国家标准《混凝土结构设计规范》(GB 50010—2010) 取值。

② 底板的厚度。

底板的厚度由板的抗弯强度决定。底板可视为一个支承在靴梁、隔板和柱端的平板，它承受基础传来的均匀反力。靴梁、肋板、隔板和柱的端面均可视为底板的支承边，并将底板分隔成不同的区格，其中有四边支承、三边支承、两相邻边支承和一边支承等区格。在均匀分布的基础反力作用下，各区格板单位宽度上的最大弯矩为：

a. 四边支承区格：

$$M = \alpha q a^2 \tag{4.39}$$

式中　q——作用于底板单位面积上的压应力，$q = N/A_n$；

　　　a——四边支承区格的短边长度；

　　　α——系数，根据长边 b 与短边 a 之比按表 4.9 取用。

表 4.9 α 值

b/a	1.0	1.1	1.2	1.3	1.4	1.5	1.6	1.7	1.8	1.9	2.0	3.0	≥4.0
α	0.048	0.055	0.063	0.069	0.075	0.081	0.086	0.091	0.095	0.099	0.101	0.119	0.125

注：b 为四边支承区格的长边。

b. 三边支承区格和两相邻边支承区格：
$$M=\beta q a_1^2 \tag{4.40}$$
式中　a_1——对三边支承区格为自由边长度，对两相邻边支承区格为对角线长度 [图 4.26（b）、图 4.26（d）]；

　　　β——系数，根据 b_1/a_1 值由表 4.10 查得，对三边支承区格，b_1 为垂直于自由边的宽度；对两相邻边支承区格，b_1 为内角顶点至对角线的垂直距离 [图 4.26（b）、图 4.26（d）]。

表 4.10　β 值

b_1/a_1	0.3	0.4	0.5	0.6	0.7	0.8	0.9	1.0	1.1	≥1.2
β	0.026	0.042	0.056	0.072	0.085	0.092	0.104	0.111	0.120	0.125

当三边支承区格的 $b_1/a_1<0.3$ 时，可按悬臂长度为 b_1 的悬臂板计算。

c. 边支承区格（悬臂板）。
$$M=\frac{1}{2}qc^2 \tag{4.41}$$
式中　c——悬臂长度。

这几部分板承受的弯矩一般不相同，取各区格板中的最大弯矩 M_{max} 来确定板的厚度 t：
$$t\geqslant\sqrt{\frac{6M_{max}}{f}} \tag{4.42}$$

设计时要注意到靴梁和隔板的布置，应尽可能使各区格板中的弯矩相差不要太大，以免所需的底板过厚。当各区格板中弯矩相差太大时，应调整底板尺寸或重新划分区格。底板的厚度通常为 20～40mm，最薄一般不得小于 14mm，以保证底板具有必要的刚度，从而满足基础反力是均匀分布的假设。

（2）靴梁的计算。

靴梁的高度由其与柱边连接所需要的焊缝长度决定，此连接焊缝承受柱身传来的压力 N。靴梁的厚度比柱翼缘厚度略小。

靴梁按支承于柱边的双悬臂梁计算，根据所承受的最大弯矩和最大剪力值，验算靴梁的抗弯和抗剪强度。

（3）隔板与肋板的计算。

为了支承底板，隔板应具有一定刚度，因此隔板的厚度不得小于其宽度 b 的 1/50，一般比靴梁略薄些，高度略小些。

隔板可视为支承于靴梁上的简支梁，荷载可按承受图 4.26（b）中阴影面积的底板反力计算，按此荷载所产生的内力验算隔板与靴梁的连接焊缝以及隔板本身的强度。注意隔板内侧的焊缝不易施焊，计算时不能考虑受力。

肋板按悬臂梁计算，承受的荷载为图 4.26（d）所示的阴影部分的底板反力。肋板与靴梁间的连接焊缝以及肋板本身的强度均应按其承受的弯矩和剪力来计算。

习题

4.1　工程中的实际轴心压杆通常有哪些初始缺陷？它们对压杆的承载力有哪些影响？

4.2　钢结构设计规范制定的轴心受压构件的稳定系数 φ 考虑了哪些因素？同一截

面关于两个主轴的截面类别是否一定相同，为什么？

4.3 板件的容许宽厚比是根据什么原则确定的？受压板件的承载力与哪些因素有关？翼缘和腹板的局部稳定计算为什么要采用不同的宽厚比限值公式？

4.4 压杆的强度与整体稳定的区别有哪些？

4.5 提高轴心受压构件的强度能提高其稳定承载力吗？为什么？

知识拓展

5 受弯构件

5.1 概　　述

只承受弯矩或受弯矩与剪力共同作用的构件称为受弯构件或梁构件。在实际工程中以受弯剪为主，若还作用有较小的轴力或扭矩，则仍可视为受弯构件。梁是组成钢结构的基本构件之一，应用广泛，其截面形式有实腹式和格构式两大类。钢梁主要用作楼盖梁、工作平台梁、墙梁、檩条、吊车梁、水工闸门、钢桥以及海上采油平台中的主、次梁等。

钢梁按制作方法分为型钢梁［图 5.1（a）～（d），（j）～（m）］以及组合梁［图 5.1（e）～（i），（n）］两类，其中 x 主轴称为强轴（因 $I_x > I_y$），另一主轴 y 称为弱轴。型钢梁虽受轧钢条件限制，腹板较厚，材料未能充分利用，但由于制造省工，成本较低，当型钢梁能满足强度和刚度要求时，应优先采用。型钢梁又可分为热轧型钢梁和冷弯薄壁型钢梁两种。热轧型钢梁常采用工字钢、H 型钢和槽钢。H 型钢的截面分布最合理，翼缘内外边缘平行，与其他构件连接方便，应予以优先采用。槽钢截面是单轴对称，使荷载常常不通过截面的弯曲中心，受弯的同时会产生约束扭转，以致影响梁的承载能力，故常用于在构造上能保证截面不发生显著扭曲且跨度很小的次梁或屋盖檩条。

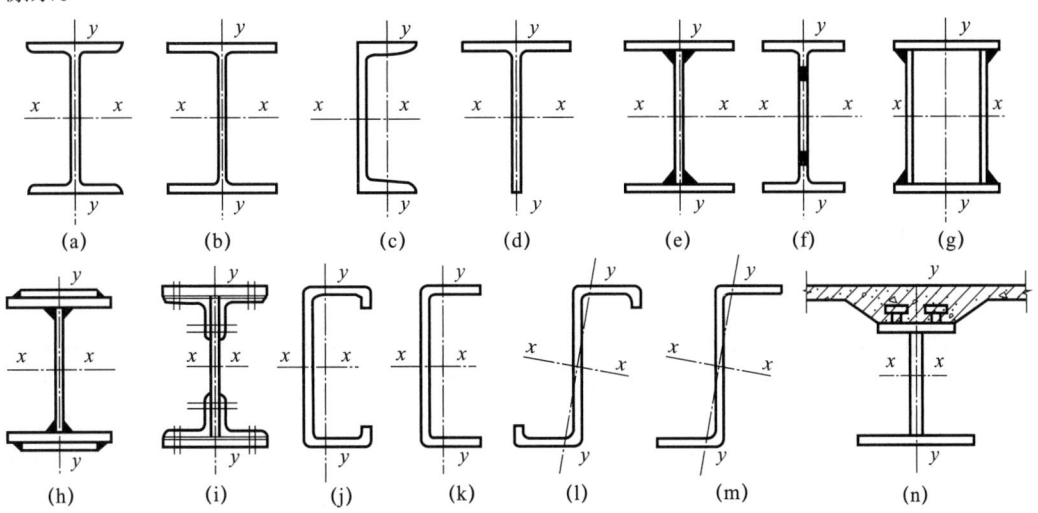

图 5.1　梁的常见截面形式

对受荷较小、跨度不大的梁常采用冷弯薄壁型钢梁［图 5.1（j）～（m）］，可有效节省钢材，但对防腐要求高（例如屋面檩条和墙梁）。当荷载较大或跨度较大时，受规格限制，型钢梁常不能满足承载能力或刚度的要求，或最大限度地节省钢材，可考虑采用组合梁。组合梁可制成对称工字形、不对称工字形或双腹式箱形截面等，其中以焊接工字形截面最为常用。当荷载很大而高度受到限制或需要较高的截面抗扭刚度时，可采用箱形截面，如钢箱梁桥梁等。

工字梁受弯时翼缘应力大、腹板应力小，为充分利用钢材的强度，可对焊接梁的翼缘采用强度较高的低合金钢，而腹板则采用强度较低的钢材，即所谓异种钢梁。

根据支撑情况的不同，钢梁可分为简支梁、连续梁、悬臂梁和外伸梁。

单向弯曲梁是在荷载作用下只在一个主轴平面内受弯，如图 5.2（a）所示的工字梁，在荷载作用下绕 x 主轴产生弯矩 M，使梁沿 y-y 平面内弯曲。双向弯曲梁是在两个主平面内受弯的梁，如图 5.2（b）所示。

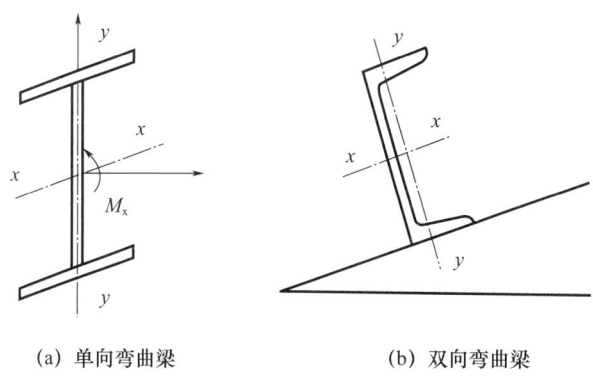

(a) 单向弯曲梁　　　　　　　　(b) 双向弯曲梁

图 5.2　单向和双向弯曲梁

5.2　梁的强度和刚度

同其他构件一样，钢梁的设计必须同时考虑承载能力极限状态和正常使用极限状态。承载能力极限状态在钢梁的设计中包括强度、整体稳定和局部稳定三个方面。强度一般包括弯曲正应力、剪应力、折算应力和局部承压应力计算。正常使用极限状态在钢梁的设计中主要考虑梁的刚度。

5.2.1　梁的抗弯强度

钢梁受弯时的应力-应变曲线与单向拉伸时的相似，也存在屈服点和屈服平台，可视为理想的弹塑性体。当弯矩由零逐渐加大时，截面中的应变始终符合平截面假定［图 5.3（a）］，截面正应力的发展过程分为三个阶段。

（1）弹性阶段［图 5.3（b）］：当作用于梁上的弯矩较小时，梁全截面处于弹性阶段，应力与应变成正比，截面上的应力分布为直线。随着弯矩的增大，正应力按比例增加。当梁截面边缘纤维的最大正应力达到屈服点 f_y 时，表示弹性阶段结束，相应的弯矩称为弹性极限弯矩 M_e（或屈服弯矩），其值为：

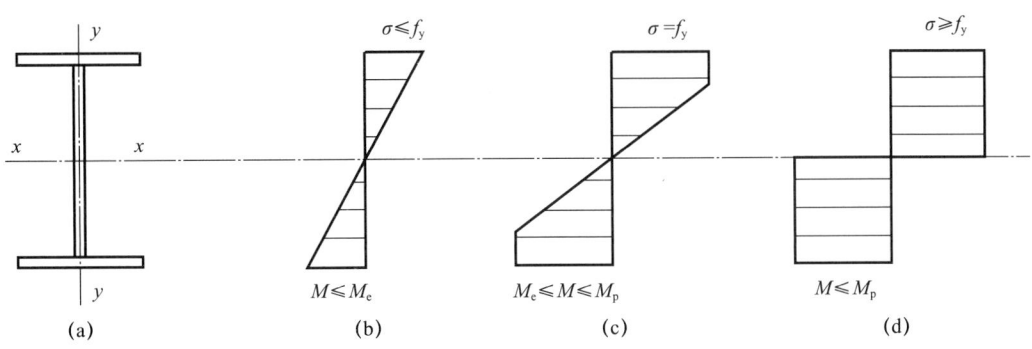

图 5.3 梁的弯曲正应力分布

$$M_e = W_n f_y \tag{5.1}$$

式中 W_n——梁净截面（弹性）抵抗矩。

（2）弹塑性阶段[图 5.3（c）]：弯矩继续增大，梁截面边缘应力保持 f_y 不变，而截面的上、下边，凡是应变值达到和超过 E 的部分，其应力都相应达到 f_y，形成两端塑性区、中间弹性区。

（3）塑性阶段[图 5.3（d）]：弯矩进一步增大，梁截面的塑性区不断向内发展，弹性核心不断变小。当弹性核心几乎完全消失时，整个截面进入塑性区，弯矩不再增加，而塑性变形急剧增大，梁在弯矩作用方向绕该截面中和轴自由转动，形成一个塑性铰，承载能力达到极限，此时的弯矩称为塑性弯矩 M_p（或极限弯矩），其值为

$$M_p = f_y(S_{1n} + S_{2n}) = f_y W_{pn} \tag{5.2}$$

式中 S_{1n}——中和轴以上净截面对中和轴的面积矩；
S_{2n}——中和轴以下净截面对中和轴的面积矩；
W_{pn}——梁净截面塑性抵抗矩，$W_{pn} = S_{1n} + S_{2n}$。

塑性抵抗矩与弹性抵抗矩之比为：

$$\gamma_F = \frac{W_{pn}}{W_n} = \frac{W_{pn} f_y}{W_n f_y} = \frac{M_p}{M_e} \tag{5.3}$$

γ_F 值只取决于截面的几何形状而与材料的性质无关，称为截面形状系数。对于矩形截面，$\gamma_F = 1.5$，圆截面 $\gamma_F = 1.7$，圆管截面 $\gamma_F = 1.27$。工字形截面绕强轴的塑性发展系数，取决于翼缘与腹板截面积之比以及翼缘厚度与梁高之比，在通常尺寸比例下，γ_F 为 1.10~1.17。

实际上，钢梁能否采用塑性设计尚应考虑下列因素的影响：

（1）变形的影响。塑性变形引起梁的挠度增大，可能会影响梁的正常使用。

（2）剪应力的影响。钢梁截面的同一点上存在弯应力 σ 与剪应力 τ 共同作用时，应以折算应力 σ_{eq} 是否等于屈服强度 f_y，来判别钢材是否达到塑性状态。显然，当最大弯矩所在的截面上同时有剪应力作用时，会提早出现塑性铰。因此，若采用塑性设计，宜对剪应力做适当限制。

（3）局部稳定的影响。超静定梁在形成塑性铰和内力重分布过程中，要求在塑性铰转动时能保证受压翼缘和腹板不会局部失稳。

（4）脆断或疲劳的影响。钢梁在动力荷载或连续重复荷载作用下，可能发生突然性

的脆断，它与静力荷载作用下发生缓慢的塑性破坏完全不同。因此，对于直接承受动力荷载或连续重复荷载的钢梁，也不能采用塑性设计。

（5）钢材本身有较好的塑性，根据屈强比和伸长率等指标。

显然，在梁的抗弯强度计算时，按弹性设计偏于保守，考虑截面塑性发展比不考虑要节省钢材。但梁的截面应力发展到塑性时，可能使梁的挠度过大，受压翼缘过早失去局部稳定。因此，钢结构设计规范只是有限制地利用塑性。一般的静定梁可考虑部分发展塑性变形来计算梁的弯曲刚度，截面上的塑性发展区在梁高的 $1/8\sim 1/4$ 范围内，一般取 $h/8$。根据《钢结构设计标准》（GB 50017—2017），截面塑性发展系数按下列规定取值：

对工字形和箱形截面，当截面板件宽厚比等级为 S4 或 S5 级时，截面塑性发展系数应取为 1.0；当截面板件宽厚比等级为 S1 级、S2 级及 S3 级时，工字形截面的 $\gamma_x=1.05$，$\gamma_y=1.2$，箱形截面的 $\gamma_x=\gamma_y=1.05$；

对需要计算疲劳的梁，宜取 $\gamma_x=\gamma_y=1.0$。

这样，梁的抗弯强度按下列规定计算：

单向弯曲时：

$$\sigma=\frac{M_x}{\gamma_x W_{nx}}\leqslant f \tag{5.4}$$

双向弯曲时：

$$\sigma=\frac{M_x}{\gamma_x W_{nx}}+\frac{M_y}{\gamma_y W_{ny}}\leqslant f \tag{5.5}$$

式中 M_x、M_y——计算截面处绕 x 轴和 y 轴的弯矩设计值（对工字形截面，x 轴为强轴，y 轴为弱轴）；

W_{nx}、W_{ny}——对 x 轴和 y 轴的净截面抵抗矩；

f——钢材的抗弯强度设计值，N/mm^2；

γ_x、γ_y——塑性截面发展系数。

当梁的抗弯强度不够时，增大梁截面的任一尺寸均可，但以梁的高度最为显著。

5.2.2 梁的抗剪强度

一般情况下，梁承受弯矩和剪力的共同作用。在主平面内受弯的实腹式构件，其受剪强度应按下式计算：

$$\tau=\frac{VS_1}{It_w}\leqslant f_v \tag{5.6}$$

式中 V——计算截面沿腹板平面作用的剪力，N；

S_1——计算剪应力处以上（或以下）毛截面对中和轴的面积矩，mm^3；

I——构件的毛截面惯性矩，mm^4；

t_w——构件的腹板厚度，mm；

f_v——钢材的抗剪强度设计值，N/mm^2。

当梁的抗剪强度不足时，应采取措施增大腹板的面积，但腹板高度一般由梁的刚度条件和构造要求确定，故设计时常采用加大腹板厚度的方法来增大梁的抗剪强度。

5.2.3 梁的局部承压强度

当梁的上翼缘受有沿腹板平面作用的固定集中荷载（包括支座反力）且该荷载处又未设置支承加劲肋 [图 5.4 (a)]，或受有移动的集中荷载 [如吊车的轮压，见图 5.4 (b)] 时，应验算腹板计算高度边缘的局部承压强度。腹板计算高度边缘的局部压应力的实际分布如图 5.4 (c) 中的曲线所示，在计算中假定压力 F 均匀分布在腹板计算高度边缘的 l_z 范围内，于是梁的局部压应力 σ_c 可按下式计算：

$$\sigma_c = \frac{\psi_1 F}{t_w l_z} \leqslant f \tag{5.7}$$

式中 F——集中荷载，对动力荷载应考虑动力系数；

ψ_1——集中荷载增大系数，对重级工作制吊车梁，$\psi_1 = 1.35$；对其他梁 $\psi_1 = 1.0$；

f——钢材的抗压强度设计值；

l_z——集中荷载在腹板计算高度上边缘的假定分布长度，按下式计算：

$$l_z = 3.25 \sqrt[3]{(I_R + I_f)/t_w}$$

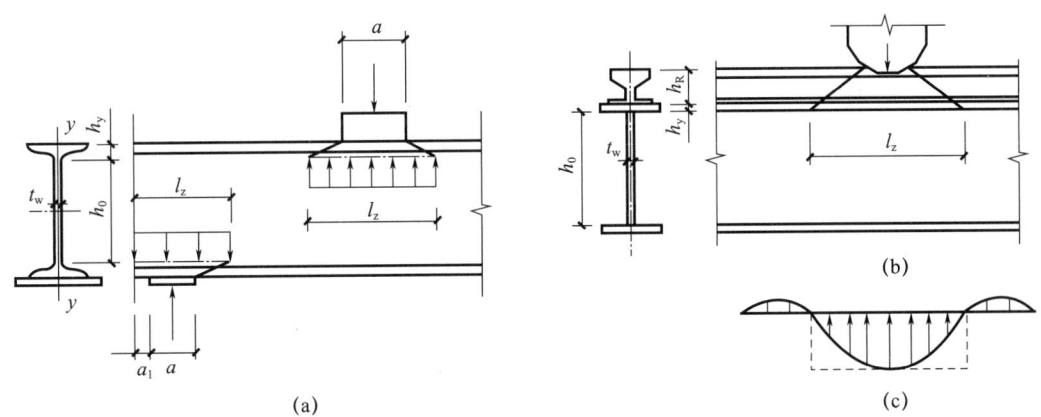

图 5.4 梁的局部压应力

也可采用简化式计算：

$$l_z = a + 5h_y + 2h_R$$

式中 I_R——轨道绕自身形心轴的惯性矩，mm^4；

I_f——梁上翼缘绕翼缘中面的惯性矩，mm^4；

a——集中荷载沿梁跨度方向的支承长度，mm，对次梁为次梁宽，对吊车梁可取 50mm；

h_y——自梁顶面至腹板计算高度上边缘的距离，mm；

h_R——轨道的高度，mm，梁顶无轨道时 $h_R = 0$。

当验算不满足时，对固定集中荷载处（包括支座处）应设置支承加劲肋，并对支承加劲肋进行计算；对移动集中荷载，则应加大腹板厚度。对于翼缘上作用有均布荷载的梁，因腹板上边缘局部压应力不大，不需要进行局部压应力的验算。

5.2.4 梁在复杂应力作用下的强度计算

在梁（主要是组合梁）的腹板计算高度边缘处，当同时有较大的正应力、剪应力和局部压应力，或同时有较大的正应力和剪应力（如连续梁中部支座处或梁的翼缘截面改变处等）时，应按下式验算该处的折算应力：

$$\sqrt{\sigma^2+\sigma_c^2-\sigma\sigma_c+3\tau^2} \leqslant \beta_1 f \tag{5.8}$$

式中 β_1——计算折算应力的强度设计值增大系数（考虑到折算应力的部位只是梁的局部区域）。当 σ 与 σ_c 异号时，取 $\beta_1=1.2$；当 σ 与 σ_c 同号或 $\sigma_c=0$ 时，取 $\beta_1=1.1$；这是由于异号应力场有利于塑性发展，从而提高材料的设计强度；

σ、τ、σ_c——分别为腹板计算高度边缘同一点上的正应力、剪应力和局部压应力。σ、σ_c 以拉应力为正值，压应力为负值；τ 和 σ_c 应按式（5.6）和式（5.7）计算，σ 应按下式计算：

$$\sigma=\frac{M}{I_n}y_1 \tag{5.9}$$

式中 I_n——梁净截面惯性矩，mm^4；

y_1——所计算点至梁中和轴的距离，mm。

5.2.5 梁的刚度

刚度就是抵抗变形的能力，梁的刚度用荷载作用下的挠度大小来衡量。梁的刚度不足，就不能保证正常使用。如楼盖梁的挠度超过正常使用的某一限值时，一方面给人们一种不舒服和不安全的感觉，另一方面可能使其上部的楼面及下部的抹灰开裂，影响结构的使用功能；吊车梁挠度过大，会加剧吊车运行时的冲击和振动，甚至使吊车运行困难等。因此，应按下式验算梁的刚度：

$$v \leqslant [v] \tag{5.10}$$

式中 v——由荷载标准值（不考虑荷载分项系数和动力系数）产生的最大挠度；

$[v]$——梁的容许挠度。

梁的挠度可按材料力学和结构力学的方法计算。受多个集中荷载的梁（如吊车梁、楼盖主梁等），其挠度的精确计算较为复杂，但与最大弯矩相同的均布荷载作用下的挠度接近。于是，对等截面简支梁可采用下列近似公式验算梁的挠度：

$$\frac{v}{l}=\frac{5}{384}\cdot\frac{q_k l^3}{EI_x}=\frac{5}{48}\cdot\frac{q_k l^2 \cdot l}{8EI_x}\approx\frac{M_k l}{10EI_x}\leqslant\frac{[v]}{l}$$

式中 q_k——均布线荷载标准值；

M_k——荷载标准值产生的最大弯矩；

I——跨中毛截面惯性矩，mm^4；

l——梁的长度，mm；

E——梁截面弹性模量。

计算梁的挠度 v 值时，取用的荷载标准值应与附表 2.1 规定的挠度容许值 $[v]$ 相对应。例如，对吊车梁，挠度 v 应按自重和起重量最大的一台吊车计算；对楼盖或工作平台梁，应分别验算全部荷载产生的挠度和仅有可变荷载产生的挠度。

5.3 梁的整体稳定

5.3.1 梁的整体失稳现象

为了提高梁的抗弯刚度，节省钢材，钢梁截面一般设计成高而窄的形式，这样导致其侧向抗弯刚度、抗扭刚度较小。如果梁的侧向支撑较弱（比如仅在支座处有侧向支撑），梁的弯曲就会随荷载大小变化而呈现两种截然不同的平衡状态。

如图 5.5 所示的工字形截面梁，荷载作用在其最大刚度平面内。当截面弯矩 M_x 较小时，梁处于稳定的弯曲平衡状态。虽然外界各种因素会使梁产生微小的侧向弯曲和扭转变形，但外界影响消失后，梁仍能恢复到原来的弯曲平衡状态。然而，当截面弯矩增大到某一数值 M_{cr} 后，梁在向下弯曲的同时，将突然发生侧向弯曲和扭转变形，即使外界影响消失后，梁也不能恢复到原来的弯曲平衡状态。这时梁处于极其短暂的中性平衡状态，并将迅速转变为不稳定平衡，最终因侧向弯曲和扭转急剧增大而破坏，这种现象称为梁的侧向弯扭屈曲或整体失稳。梁维持其稳定状态所能承担的最大荷载或最大弯矩，称为临界荷载或临界弯矩。

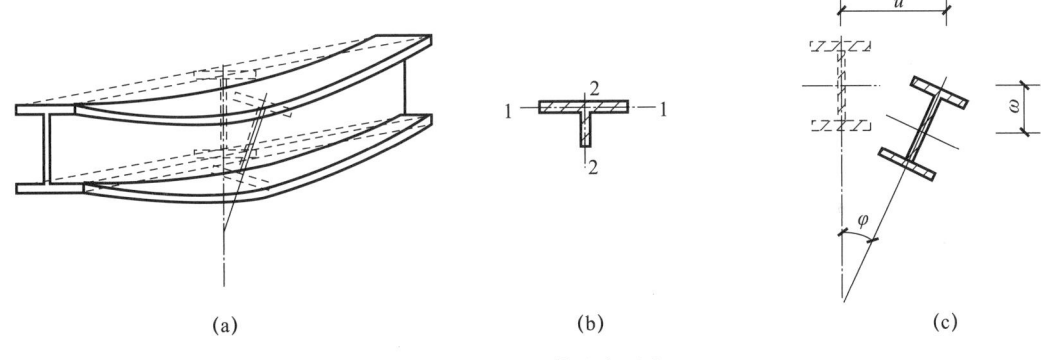

图 5.5 梁的整体稳定形态

梁之所以会出现侧扭屈曲，是因为：把受弯构件的受压翼缘和部分与其相连的受压腹板视为一根轴心压杆 [图 5.5（b）]，随着压力的增加，达到一定的程度，此压杆将不能保持原来的位置而发生屈曲。但是，受压翼缘和部分腹板又与轴心压杆不完全相同，它们与受拉翼缘和受拉腹板是直接相连的。当其发生屈曲时就只能是出平面的侧向屈曲，加上受拉部分对其侧向弯曲的牵制，带动整个梁的截面一起发生侧弯和扭转，因而受弯构件的整体失稳必然是侧向弯扭屈曲 [图 5.5（c）]。

从以上失稳机理来看，梁的整体失稳是弯曲压应力引起的，而且梁丧失整体稳定时的承载力往往低于其抗弯强度确定的承载力，因此对于侧向没有足够的支撑或侧向刚度较小的梁，其承载力将由整体稳定所控制。

5.3.2 梁的扭转

由于受弯构件在其弯矩作用平面外失去稳定时，构件同时发生侧向弯曲和扭转变形，在研究梁整体稳定承载力之前，有必要对梁的扭转做简单介绍。

构件发生扭转变形的原因，除受弯构件整体失稳外，当作用在构件上的横向荷载不通过截面剪切中心时，构件在受弯的同时也将产生扭转变形。梁或杆件的扭转有自由扭转和约束扭转两种形式，取决于支撑条件和荷载情况等。

（1）自由扭转。

自由扭转是指杆件在扭矩作用下产生扭转变形时，截面不受任何约束，能够自由产生翘曲变形的扭转。所谓翘曲变形，是指杆件在扭矩作用下截面上各点沿杆轴方向相对于形心轴产生的位移。自由扭转有以下特点：

① 沿杆件全长扭矩相等，并在各截面内引起相同的扭转剪应力分布。

② 扭转时各截面有相同的翘曲，各纵向纤维无伸长或缩短变形；在扭转作用下截面上只产生剪应力，无轴向正应力。

③ 纵向纤维保持直线，沿杆件全长各截面将有完全相同的翘曲情况，如图5.6所示。

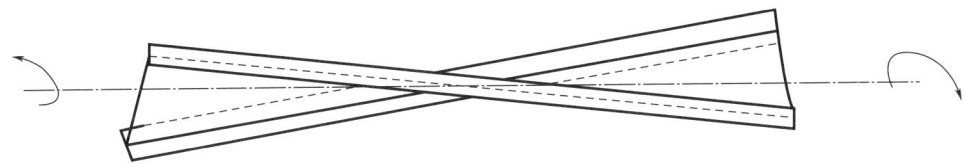

图 5.6 非圆形截面自由扭转

圆杆受扭矩 M_k 时，各截面仍保持为平面，仅产生剪应力：

$$\tau = \frac{M_k \rho_2}{I_\rho} \tag{5.11}$$

式中　I_ρ——圆截面的极惯性矩，mm^4；

　　　ρ_2——剪应力云计算点到截面圆心的距离，mm。

非圆截面杆件受扭时，如图5.6所示，原来为平面的横截面不再保持平面，产生翘曲变形。但各截面的翘曲变形是相同的，纵向纤维保持直线且长度保持不变。

开口薄壁构件自由扭转时，截面上剪应力在板厚范围内形成一个封闭的剪力流，如图5.7所示。其方向与板厚中心线平行，大小沿板厚方向呈线性变化，在构件中心线为零，构件边缘最大，此时扭矩与单位扭转角的关系为：

$$M_k = GI_t \varphi'_1 = GI_t \frac{d\varphi_1}{dz} \tag{5.12}$$

式中　G——材料的剪切模量；

　　　M_k——截面上的扭矩；

　　　$d\varphi_1/dz$——单位长度的扭转角；

　　　φ_1——截面的扭转角；

　　　I_t——截面的扭转惯性矩。

对于长度为 b，宽度为 t 的狭长矩形截面，如图5.8所示，扭转惯性矩可近似取为：

$$I_t = \frac{1}{3}bt^3 \tag{5.13}$$

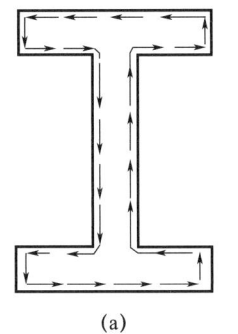 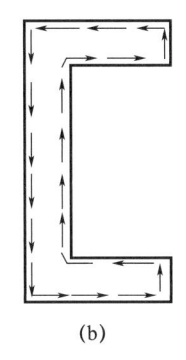 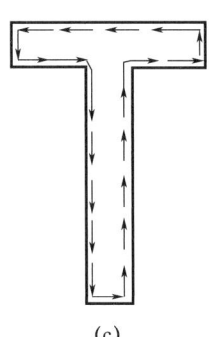 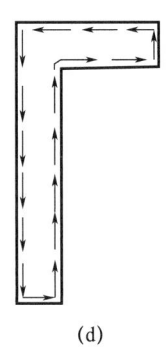

图 5.7 开口截面构件自由扭转时的剪力流

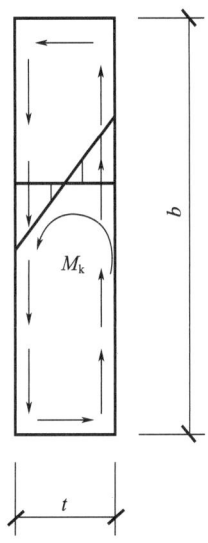

图 5.8 矩形截面扭转剪应力

钢结构构件常采用开口薄壁横截面杆,如工字形、槽形、T 形等横截面,它们可视为由若干狭长矩形截面组成,横截面扭转常数可近似取组成该截面的各部分平面的扭转常数之和。对于热轧型钢截面,由于其交接处有凸出部分截面,扭转常数有所提高,扭转惯性矩可按下式进行修正:

$$I_t = \frac{\eta}{3}\sum_{i=1}^{n} b_i t_i^3 \tag{5.14}$$

式中 b_i、t_i——第 i 块截面的长度和宽度;

n——组成截面的总数;

η——修正系数,工字钢 $\eta=1.25$,T 型钢 $\eta=1.15$,槽钢 $\eta=1.12$,角钢 $\eta=1.0$,多块构件组成的焊接组合截面 $\eta=1.0$。

构件的最大剪应力:

$$\tau_{max} = \frac{M_k t}{I_t} \tag{5.15}$$

式中,t 取诸构件中宽度最大者。

薄板组成的闭口截面自由扭转时（图5.9），截面上剪应力的分布与开口截面完全不同，构件内的剪应力沿壁厚方向均匀分布，即横截面在一微元的 τt 为常数，方向为切线方向，则截面总扭转力矩 M_k 和任意点的剪应力 τ 有平衡关系：

$$M_k = \int \rho \tau t \, ds = \tau t \int \rho \, ds$$

$$\tau = \frac{M_k}{2At} \tag{5.16}$$

式中　ρ——截面形心至微元 ds 中心线的切线方向的垂直距离；

$\int \rho ds$——沿闭合曲线积分，为构件中心线所围成面积 A 的 2 倍；

　　A——闭口截面构件中心线所围的面积。

由此可见，闭口截面比开口截面的抗扭能力大得多，故工程上，桥梁常采用箱形截面。

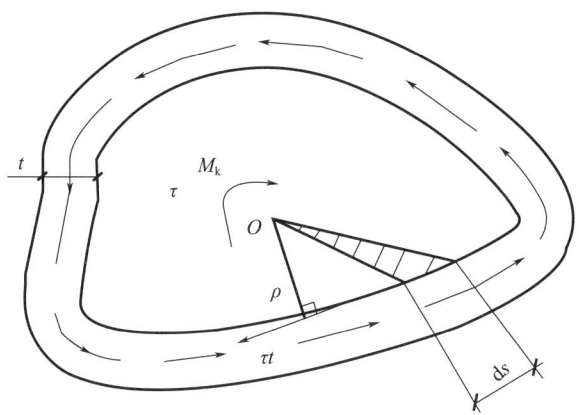

图 5.9　闭口截面的自由扭转

（2）约束扭转。

构件受扭转作用时，截面上各点纤维在纵向不能自由伸缩，即翘曲变形受到约束，这种扭转称为约束扭转或弯曲扭转。翘曲受到约束的原因如下：

① 杆端支撑条件可能限制端部截面使其不能自由翘曲[图5.10（a）]。

② 杆件沿全长的扭矩有变化，各不同扭转段互相牵制[图5.10（c）]。约束扭转的特点：各截面有不同的翘曲，纵向纤维有伸长，也有缩短，构件同时产生弯曲变形，截面上将产生纵向正应力，称为翘曲正应力，同时还必然产生与翘曲正应力保持平衡的翘曲剪应力。

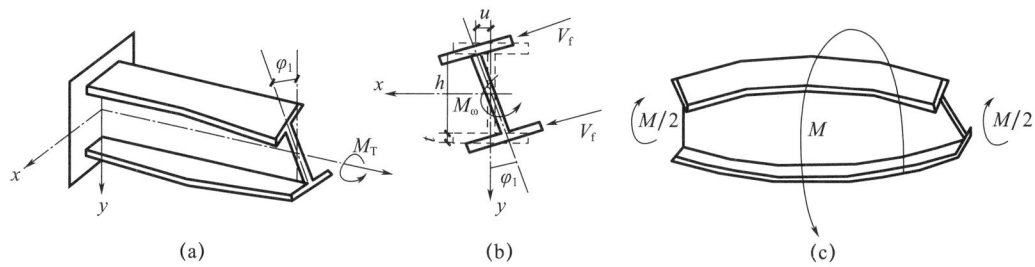

图 5.10　工字形截面梁的约束扭转

如图 5.11 所示，工字形截面上、下翼缘产生了方向相反的侧向弯曲，由于侧向弯曲，在上、下翼缘处将产生弯矩 M_f，从而产生纵向翘曲正应力，并伴随产生翘曲剪应力，翘曲剪应力绕剪心形成翘曲扭矩 M_ω。以双轴对称工字形截面悬臂构件为例，推导翘曲扭矩 M_ω，如图 5.10（b）所示。

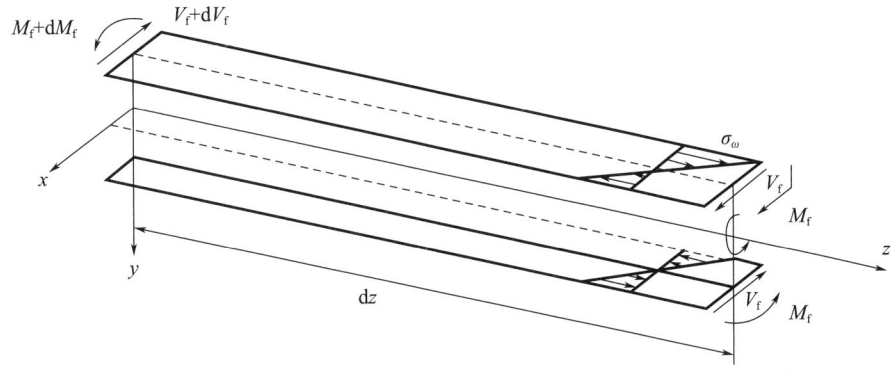

图 5.11　悬臂工字梁的约束上翼缘内力分析

在扭矩 M 作用下，离固定端为 z 的截面上产生扭转角 φ_1，由刚性周边假设（在扭转前后截面的形状与垂直于构件轴线的截面投影的形状是相同的），上翼缘在 x 方向的位移：

$$u = \frac{h}{2}\varphi_1 \tag{5.17}$$

曲率为：

$$\frac{d^2 u}{dz^2} = \frac{h}{2}\varphi_1''$$

将一个翼缘作为独立单元来考虑，如图 5.11 所示，根据弯矩与曲率的关系有：

$$M_f = -EI_1 \frac{d^2 u}{dz^2} = -\frac{h}{2}EI_1 \varphi_1'' \tag{5.18}$$

式中　M_f——上翼缘的弯矩；
　　　I_1——单个翼缘板对 y 轴的惯性矩，mm^4，$I_1 = I_y/2$。

再由图 5.11 所示的内力关系可知，上翼缘的水平剪力：

$$V_f = \frac{dM_f}{dz} = -\frac{h}{2}EI_1 \varphi_1''' \tag{5.19}$$

上、下翼缘的弯矩等值，从而两翼缘的剪力也等值反向，剪力的合力为零，但对剪力中心形成扭矩 M_ω：

$$M_\omega = V_f h = -\frac{h^2}{2}EI_1 \varphi_1''' = -EI_\omega \varphi_1''' \tag{5.20}$$

式中　I_ω——翘曲常数或扇形惯性矩，mm^4，双轴对称工字形截面的 $I_\omega = \frac{h^2}{2}I_1 = \frac{h^2}{4}I_y$。

构件受约束扭转时，外扭矩 M 将由截面上的自由扭转扭矩 M_k 和翘曲扭矩 M_ω 共同平衡，即：

$$M = M_k + M_\omega \tag{5.21}$$

将式（5.12）和式（5.20）代入式（5.21），可得开口薄壁杆件约束扭转的平衡微分方程：

$$M = GI_t \varphi_1' - EI_\omega \varphi_1''' \tag{5.22}$$

式中 GI_t、EI_ω——截面的扭转刚度和翘曲刚度。

在外扭矩作用下的约束扭转，构件截面中将产生三种应力：

① 由翘曲约束产生的翘曲正应力 σ_ω；
② 由自由扭转扭矩 M_k 产生的剪应力 τ_k；
③ 由翘曲扭矩 M_ω 产生的翘曲剪应力 τ_ω。

对工字形截面，约束扭转的剪应力如图 5.12 所示。

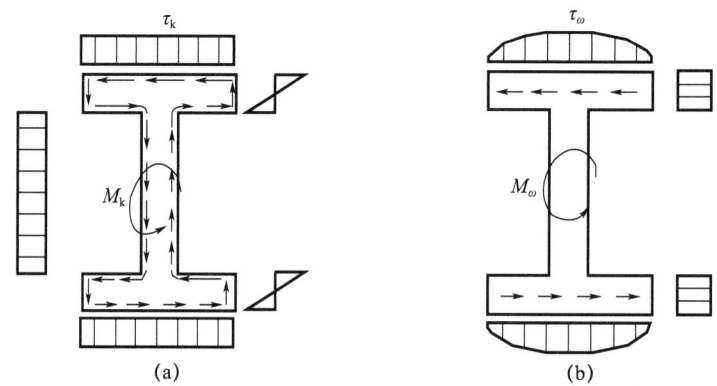

图 5.12 工字形截面约束扭转剪应力分布

对双轴对称工字形截面，其翘曲正应力 σ_ω 按下式计算：

$$\sigma_\omega = \frac{M_f x}{I_1} = \frac{1}{2} E h \varphi_1'' x \tag{5.23}$$

其翘曲剪应力：

$$\tau_\omega = \frac{V_1 S_2}{I_1 t} = \frac{E h \varphi_1''' S_2}{2t} \tag{5.24}$$

式中 S_2——翼缘计算剪应力处以左（或以右）对 y 轴的面积矩。

5.3.3 梁在弹性阶段的临界弯矩

以双轴对称工字形截面简支梁为例，推导梁在弹性阶段的临界弯矩。根据弹性稳定理论，在梁临界失稳的位置上建立平衡微分方程，得到双轴对称工字形等截面简支梁的临界弯矩：

$$M_{cr} = \frac{\pi^2 EI_y}{l^2} \sqrt{\frac{I_\omega}{I_y}\left(1 + \frac{GI_t l^2}{\pi^2 EI_\omega}\right)} \tag{5.25}$$

式中 EI_y、GI_t、EI_ω——截面侧向抗弯刚度、自由扭转刚度和翘曲刚度；
  l——梁受压翼缘的自由长度，等于梁的跨度或侧向支承点的间距。

对式（5.25）进行整理后可表示为：

$$M_{cr} = \frac{\pi}{l} \sqrt{EI_y GI_t} \sqrt{1 + \frac{\pi^2}{l^2} \frac{EI_\omega}{GI_t}}$$

令 $\psi_2 = \dfrac{E}{l^2 GI_t} I_\omega = \dfrac{E}{l^2 GI_t} \left(\dfrac{I_y h^2}{4}\right) = \left(\dfrac{h}{2l}\right)^2 \dfrac{EI_y}{GI_t}$,$k_1 = \pi\sqrt{1+\pi^2 \psi_2}$,

则式（5.25）可表示为：

$$M_{cr} = \dfrac{k_1}{l}\sqrt{EI_y GI_t} \tag{5.26}$$

式中 k_1——梁整体稳定屈曲系数，与作用于梁上的荷载类型有关，不同荷载类型 k_1 值列于表 5.1。

表 5.1 双轴对称工字形截面简支梁的整体稳定屈曲系数 k_1 值

荷载作用位置	荷载类型		
	两端弯矩 M	均布荷载 q	均布荷载 q（悬臂）
截面形心	$\pi\sqrt{1+\pi^2\psi_2}$	$1.13\pi\sqrt{1+10\psi_2}$	$1.35\pi\sqrt{1+10.2\psi_2}$
上、下翼缘		$1.13\pi(\sqrt{1+11.9\psi_2}+1.44\sqrt{\psi_2})$	$1.13\pi(\sqrt{1+12.9\psi_2}+1.74\sqrt{\psi_2})$

5.3.4 影响梁整体稳定的主要因素

（1）梁的截面形式。

从式（5.26）可知，截面的侧向抗弯刚度 EI_y、抗扭刚度 GI_t 越大，则临界弯矩 M_{cr} 越大。对于同一种截面形式（图 5.13），加强受压翼缘比加强受拉翼缘有利：加强受压翼缘时截面的剪心位于截面形心之上，减小了截面上荷载作用点至剪心距离即扭矩的力臂，从而减小了扭矩，提高了构件的整体稳定承载力。

（2）受压翼缘的自由长度 l。

由于梁的整体失稳变形包括侧向弯曲和扭转，沿梁的长度方向设置一定数量的侧向支撑就可以有效提高梁的整体稳定性。侧向支撑点的位置对提高梁的整体稳定性也有很大影响。若只在梁的剪心 S_1 处设置支撑，则只能阻止梁在 S_1 点发生侧向移动，而不能有效阻止截面扭转，效果不理想。因为梁整体失稳的起因在于受压翼缘的侧向变形，故在梁的受压翼缘设置支撑，减小受压翼缘的自由长度 l（常记为 l_1），阻止该翼缘侧移，扭转也就不会发生。

（3）梁的支承情况。

两端支承条件不同，其抵抗弯扭屈曲的能力也不同，约束程度越强则抵抗弯扭屈曲能力越强，故其整体稳定承载力按固端梁→简支梁→悬臂梁依次减小。

（4）荷载的作用位置。

对于横向荷载作用在受压翼缘的情况［图 5.14（a）］，当梁发生扭转时，荷载会使扭转加剧，降低梁的临界荷载；反之，如果作用于梁的受拉翼缘［图 5.14（b）］，当梁发生扭转时，荷载会减缓扭转效应，从而提高梁的整体稳定性。

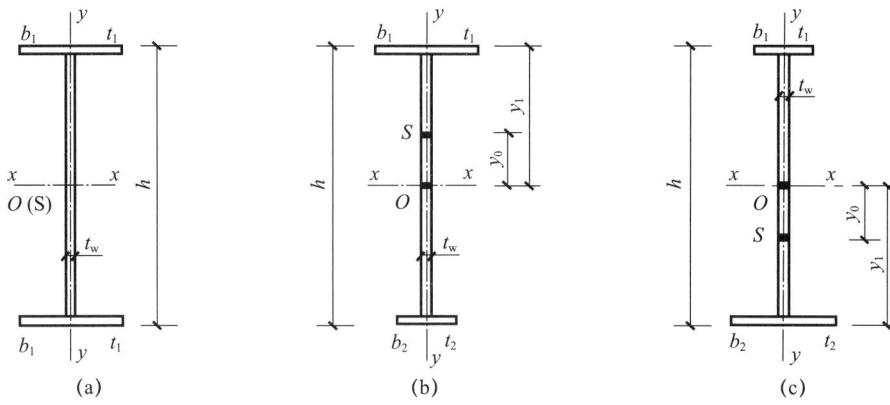

图 5.13 梁的截面形式对梁稳定的影响

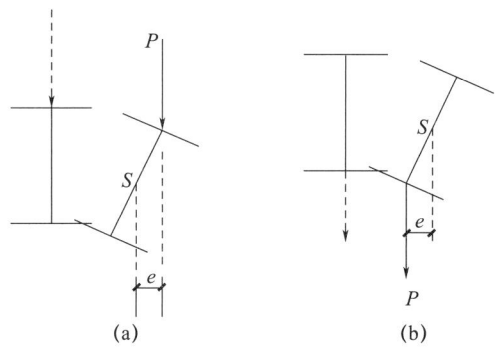

图 5.14 荷载位置对梁整体稳定的影响

（5）荷载类型。

由于引起梁整体失稳的原因是梁在弯矩作用下产生了压应力，梁的侧向变形总是在压应力最大处开始，其他压应力小的截面将对压应力最大的截面的侧向变形产生约束，因此纯弯曲对梁的整体稳定最不利，均布荷载次之，对跨中集中荷载较为有利。若沿梁跨分布有多个集中荷载，其影响将大于跨中仅作用一个集中荷载而接近于均布荷载的情况。

5.3.5 整体稳定的验算方法

（1）不需要验算梁整体稳定的情况。

当钢梁符合下列情况之一时可不验算其整体稳定性：

① 有铺板（各种钢筋混凝土板和钢板）密铺在梁的受压翼缘上并与其牢固相连，能阻止梁受压翼缘的侧向位移。

② 对箱形截面简支梁，其截面尺寸（图 5.15）满足 $h/b_0 \leqslant 6$，且 $l_1/b_0 \leqslant 95(235/f_y)$ 时（箱形截面的此条件很容易满足）。

（2）梁的整体稳定计算公式。

当不满足上述条件时，需进行整体稳定性计算。

① 对最大刚度主平面内受弯的构件，其整体稳定性应按下式计算：

$$\sigma = \frac{M_x}{W_x} \leqslant \frac{\sigma_{cr}}{\gamma_R} = \frac{\sigma_{cr}}{f_y} \frac{f_y}{\gamma_R} = \varphi_b f \tag{5.27}$$

即：

$$\frac{M_x}{\varphi_b W_x f} \leqslant 1 \tag{5.28}$$

式中 M_x——绕强轴作用的最大弯矩；

W_x——按受压纤维确定的梁毛截面模量；

φ_b——梁的整体稳定性系数，$\varphi_b = \sigma_{cr}/f_y$，按附表 3.2 确定。

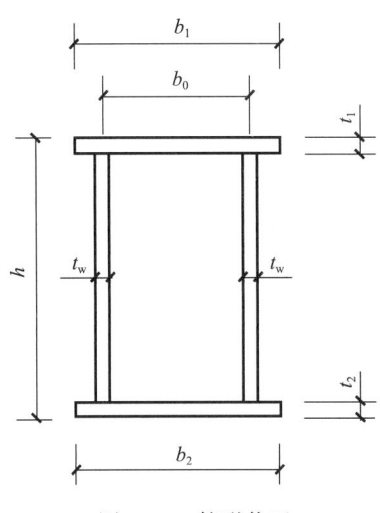

图 5.15 箱形截面

② 对两个主平面受弯的 H 型钢截面或工字形截面构件，其稳定性应按下式计算：

$$\frac{M_x}{\varphi_b W_x f} + \frac{M_y}{\gamma_y W_y f} \leqslant 1 \tag{5.29}$$

式中 W_x、W_y——按受压纤维确定的对 x 轴和对 y 轴的梁毛截面模量；

M_y——绕弱轴（y 轴）作用的弯矩；

φ_b——绕强轴弯曲所确定的梁整体稳定系数。

式（5.29）是一个经验公式，式中 γ_y 是绕弱轴的截面塑性发展系数，它并不意味着绕弱轴弯曲容许出现塑性，而是用来适当降低式中第二项的影响。

当梁的整体稳定性计算不满足要求时，可采取增加侧向支撑或加大梁的尺寸（增加梁的受压翼缘宽度最有效）等办法予以解决。无论梁是否需要计算整体稳定性，在梁端必须采用构造措施（在力学意义上称为"夹支"，图 5.16）提高抗扭刚度，以防止端部截面扭转。

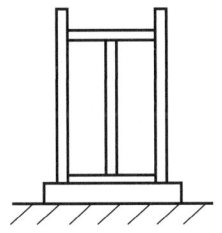 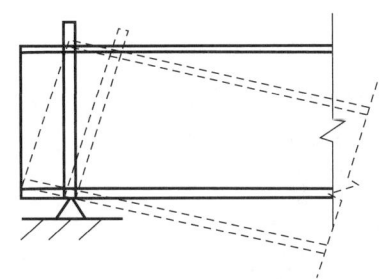

图 5.16 夹支的梁支座

(3) 梁的整体稳定系数。

现以双轴对称工字形等截面简支梁受纯弯曲为例，说明梁的整体稳定系数 φ_b 基本公式的来源。由式（5.25）可得临界应力：

$$\sigma_{cr}=\frac{M_{cr}}{W_x}=\frac{\pi^2 EI_y}{l_1^2 W_x}\sqrt{\frac{I_\omega}{I_y}\left(1+\frac{GI_t l^2}{\pi^2 EI_\omega}\right)}$$

而 $I_\omega=I_y h^2/4$，$I_t\approx At_1^2/3$，$I_y=Ai_y^2$，$\lambda_y=l_1/i_y$，$E=2.06\times 10^5\text{N/mm}^2$，$E/G=2.6$，Q235 钢的 $f_y=235\text{N/mm}^2$，由上式求得：

$$\varphi_b=\frac{\sigma_{cr}}{f_y}=\frac{4320}{\lambda_y^2}\frac{Ah}{W_x}\sqrt{1+\left(\frac{\lambda_y t_1}{4.4h}\right)^2} \tag{5.30}$$

$$\varphi_b=\frac{\sigma_{cr}}{f_y}=\beta_b\frac{4320}{\lambda_y^2}\frac{Ah}{W_x}\left[\sqrt{1+\left(\frac{\lambda_y t_1}{4.4h}\right)^2}+\eta_b\right]\frac{235}{f_y} \tag{5.31}$$

式中 β_b——等效临界弯矩系数，按附表 3.1 采用；

λ_y——梁在侧向支撑点间对截面弱轴 y 的长细比，$\lambda_y=l_1/i_y$，其中 l_1 为梁的受压翼缘侧向支撑点间的距离，i_y 为梁毛截面对 y 轴的回转半径；

A——梁的毛截面面积，mm^2；

h，t_1——梁截面的全高和受压翼缘厚度，mm；

η_b——截面不对称影响系数。

① 对双轴对称工字形截面［附图 3.1（a）(d)］：$\eta_b=0$。

② 对单轴对称工字形截面：加强受压翼缘 $\eta_b=0.8(2\alpha_b-1)$；加强受拉翼缘 $\eta_b=2\alpha_b-1$。$\alpha_b=I_1/(I_1+I_2)$，其中 I_1 和 I_2 分别为受压翼缘和受拉翼缘对 y 轴的惯性矩。

③ 对轧制普通工字钢简支梁，其 φ_b 值可查附表 3.2。轧制槽钢简支梁、双轴对称工字形等截面（含 H 型钢）悬臂梁的 φ_b 可根据附表 3.3 给出的 β_b 值按式（5.31）进行计算。

上述 φ_b 的计算是基于梁的弹性稳定理论，即要求梁整体失稳前，梁一直处于弹性阶段，因此采用了弹性阶段的参数，如弹性模量 E 和剪切模量 G，只有当临界应力 σ_{cr} 不超过比例极限时才适用。当算出或查得 $\varphi_b>0.6$ 时，相应的临界应力超过了比例极限，构件已发生了较大的塑性变形，这时应以非弹性阶段的临界应力 σ'_{cr} 来代替弹性阶段的 σ_{cr}。因此规定，当按式（5.31）计算得 $\varphi_b>0.6$ 时，应对 φ_b 按公式（5.32）进行修正，用 φ'_b 代替 φ_b，即：

$$\varphi'_b=1.07-\frac{0.282}{\varphi_b}\leqslant 1.0 \tag{5.32}$$

【例 5.1】 一简支梁为焊接工字形截面，跨度中点及两端都设有侧向支撑，可变荷载标准值及梁截面尺寸如图 5.17 所示，荷载作用于梁的上翼缘。设梁的自重为 1.1kN/m，材料为 Q235B，试计算此梁的整体稳定性。

【解】 梁受压翼缘自由长度 $l_1=5\text{m}$，梁高 $h=1020\text{mm}$，$l_1/b_1=500/25=20>16$，故需计算梁的整体稳定性。

梁截面几何特征：

$A=110\text{cm}^2$，$I_x=1.775\times 10^5\text{cm}^4$，$I_y=2604.2\text{cm}^4$，$W_x=I_x/(h/2)=3481\text{cm}^3$

梁的最大弯矩设计值：

$$M_{\max}=\frac{1}{8}(1.3\times1.1)\times10^2+1.5\times80\times2.5+1.5\times\frac{1}{2}\times100\times5=692.9\text{ (kN·m)}$$

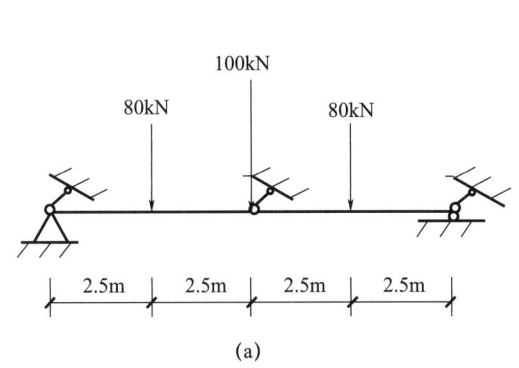
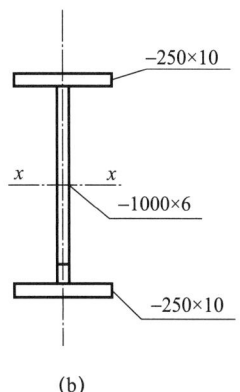

图 5.17 焊接工字简支梁

查表得 $\beta_b=1.15$，而 $i_y=\sqrt{I_y/A}=\sqrt{2604.2/110}=4.87$（cm），$\lambda_y=\frac{500}{4.87}=102.7$，$\eta=0$（对称截面）；

因此有：

$$\varphi_b=1.15\times\frac{4320}{102.7^2}\times\frac{110\times102}{3481}\times\left[\sqrt{1+\left(\frac{102.7\times1}{4.4\times102}\right)^2}+0\right]=1.56>0.6$$

因此有：

$$\varphi'_b=1.07-\frac{0.282}{\varphi_b}=0.890$$

$$\frac{M_x}{\varphi'_b W_x f}=\frac{646.5\times10^6}{0.890\times3481\times10^3\times215}=0.97<1$$

所以，梁的整体稳定性可以保证。

5.4 梁的局部稳定和加劲肋的设计

组合梁一般由翼缘和腹板等板件连接组成，在进行梁截面设计时，为了节省材料，同时为提高梁的刚度、强度及整体稳定承载能力，应遵循宽肢薄壁的设计原则。但是如果板件过于宽薄，受压翼缘或腹板会在梁发生强度破坏或丧失整体稳定之前，由于板中压应力或剪应力达到某一数值后，腹板或受压翼缘有可能偏离其原来的平面位置而发生明显的波形凸曲（图 5.18），这种现象称为梁局部失稳。

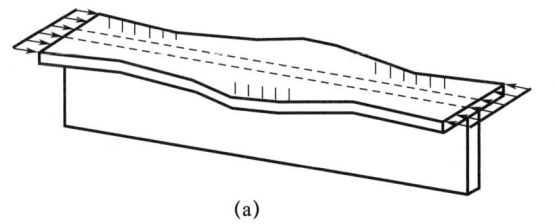
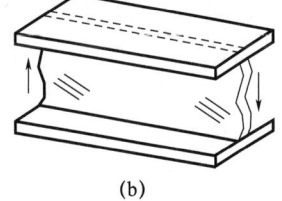

图 5.18 梁局部失稳

当梁发生局部失稳时,虽然梁不会立即丧失承载能力,屈曲后仍有一定承载能力,但板件局部屈曲部分会退出工作,截面的弯曲中心偏离荷载的作用平面,使梁的刚度减小,强度和整体稳定性降低,以致梁中的失稳板件出现明显变形,不利于继续使用,梁也有可能发生扭转而提前丧失整体稳定。因此,梁的翼缘和腹板不能过于宽薄,否则须采取适当措施防止局部失稳。

热轧型钢梁由于其翼缘和腹板宽厚比较小,都能满足局部稳定要求,不需要验算。对冷弯薄壁型钢梁的受压或受弯构件,宽厚比不超过规定的限值时,认为板件全部有效;当超过此限值时,则只考虑一部分宽度有效,按《冷弯薄壁型钢结构技术规范》(GB 50018—2002)规定计算。

5.4.1 受压翼缘的局部稳定

梁的受压翼缘板主要受均布压应力作用,为了充分发挥材料强度,翼缘的合理设计是采用一定厚度的钢板,让其临界应力 σ_{cr} 不低于钢材的屈服点 f_y,从而使翼缘不丧失稳定。一般采用限制宽厚比的方法来保证梁受压翼缘板的稳定性。

根据弹性稳定理论,单向均匀受压薄板的弹塑性阶段临界应力按下式计算:

$$\sigma_{cr}=\beta\chi\frac{\pi^2 E}{12(1-v^2)}\left(\frac{t}{b}\right)^2 \tag{5.33}$$

式中 E、v ——钢材的弹性模量与泊松比;

$\quad\quad t$、b ——翼缘板的厚度和外伸宽度,mm;

$\quad\quad \beta$ ——简支板的弹性屈曲系数,与荷载分布情况和支承边数有关,受弯构件的受压翼缘板可视为三边简支、一边自由的均匀受压板,因此 $\beta=0.425$;

$\quad\quad \chi$ ——板边缘的弹性约束系数,对简支边取 $\chi=1.0$。

为满足局部失稳不先于受压边缘最大应力屈服的条件,令式(5.33)的 $\sigma_{cr} \geqslant f_y$,

$$\sigma_{cr}=0.425\times1.0\times\frac{\pi^2\times206\times10^3}{12\times(1-0.3^2)}\left(\frac{t}{b}\right)^2 \geqslant f_y$$

得:

$$b/t \leqslant 18.6\varepsilon_k \tag{5.34}$$

对不需要验算疲劳的梁,考虑梁塑性深入程度不同的影响,S1级、S2级、S3级、S4级、S5级分类的受压翼缘界限宽厚比分别是式(5.34)右端18.6的0.5、0.6、0.7、0.8和1.1倍,取整数后,可按要求采用。

截面宽厚比等级S1级或S2级为塑性截面,由于民用建筑在抗震性能化设计时,框架梁往往设计为塑性耗能区,要求在设防烈度的地震作用下形成塑性铰,所以设计标准对宽厚比限制更严格。

截面宽厚比等级S3级为弹塑性截面,当考虑截面部分发生塑性变形时,截面上形成塑性区和弹性区,翼缘板整个厚度上的应力均可达到屈服点 f_y,但在与压应力相垂直的方向仍然是弹性,这种情况属正交异型板,其临界应力的精确计算较为复杂,一般可用 $\sqrt{\eta}E$ 代替弹性模量 E 来考虑这种影响(系数 $\eta \leqslant 1$,为切线模量 E_t 与弹性模量 E 之比)。若取 $\eta=0.25$,则

$$\sigma_{cr}=0.425\times1.0\times\frac{\pi^2\times\sqrt{0.25}\times206\times10^3}{12\times(1-0.3^2)}\left(\frac{t}{b}\right)^2\geqslant f_y$$

得：
$$b/t\leqslant 13\varepsilon_k \tag{5.35}$$

截面宽厚比等级 S4 级为弹性截面，但考虑残余应力的影响，翼缘板部分区域纵向应力已超过有效比例极限进入了弹塑性阶段，如取 $\eta=0.5$，再令式（5.33）的 $\sigma_{cr}\geqslant f_y$（满足局部失稳不先于受压边缘最大应力屈服的条件），则：

$$\sigma_{cr}=0.425\times1.0\times\frac{\pi^2\times\sqrt{0.5}\times206\times10^3}{12\times(1-0.3^2)}\left(\frac{t}{b}\right)^2\geqslant f_y$$

得：
$$b/t\leqslant 15\varepsilon_k \tag{5.36}$$

截面宽厚比等级 S5 级称为薄壁截面，带有自由边的板件，局部屈曲后可能带来截面刚度中心的变化，从而改变构件的受力，所以即使 S5 级可采用有效截面法计算承载力，设计标准仍然对板件宽厚比给予限制。

对箱形截面梁，受压翼缘板在两腹板间的部分（图 5.19）可视为四边简支纵向均匀受压板，屈曲系数 $\beta=4$，取弹性约束系数 $\chi=1$，按式（5.33），令 $\sigma_{cr}\geqslant f_y$，板件宽厚比：

$$b_0/t\leqslant 40\varepsilon_k \tag{5.37}$$

式中 b_0、t——受压翼缘板在两腹板之间的宽度和厚度，mm。

同理，S1 级、S2 级、S3 级和 S4 级分类的界限宽厚比分别为 b_0/t 的 0.5、0.6、0.7、0.8 倍，适当调整成整数，可按要求采用。对 S5 级，因为两纵向边支承的翼缘可以考虑屈曲后强度，所以对板件宽厚比不再做额外限制。

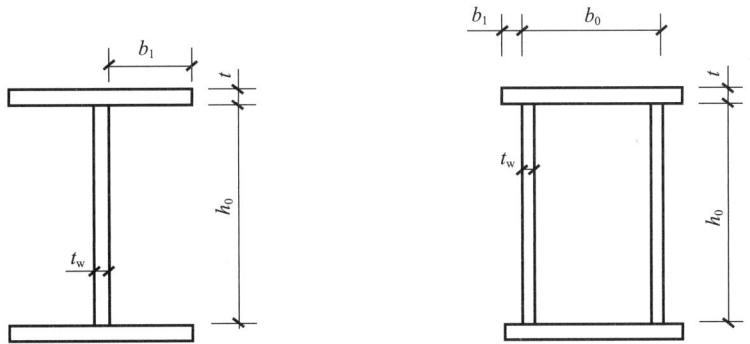

图 5.19 梁的受压翼缘板

5.4.2 腹板的局部稳定

组合梁腹板的局部稳定有两种设计方法。对于承受静力荷载或间接承受动力荷载的组合梁，宜考虑腹板屈曲后强度，即允许腹板在梁整体失稳之前屈曲，按第 5.5 节的规定布置加劲肋并计算其抗弯和抗剪承载力。对于直接承受动力荷载的吊车梁及类似构件，或设计中不考虑屈曲后强度的组合梁，其腹板的稳定性及加劲肋设置与计算如本节所述。

为了提高板件的稳定性，可减小板件的宽厚比或减小板件的长宽比。由于梁腹板主要承受剪力，按受力要求，腹板厚度一般较小，而腹板高度较大。通过增加板厚来满足局部稳定是很不经济的，因此通常设置加劲肋，以改变板件的区格划分。加劲肋有横向、纵向、短加劲肋及支撑加劲肋等设置，设计时按不同情况选择合理的布置形式。

(1) 当 $h_0/t_w > 80\varepsilon_k$ 时，应配置横向加劲肋；对有局部压应力（$\sigma_c \neq 0$）的梁，宜按构造配置横向加劲肋，当局部压应力较小时，可不配置横向加劲肋 [图 5.20 (a)]。

(2) 当 $h_0/t_w > 170\varepsilon_k$ 且受压翼缘扭转受到约束、$h_0/t_w > 150\varepsilon_k$（受压翼缘扭转未受到约束）或按计算需要时，应在弯矩较大区格的受压区增加纵向加劲肋配置。局部压应力很大的梁，必要时尚宜在受压区配置短加劲肋；对单轴对称梁，当确定是否要配置纵向加劲肋时，h_0 应取腹板受压区高度 h_c 的 2 倍。

(3) h_0/t_w 不宜超过 $250\varepsilon_k$。

(4) 不考虑腹板屈曲后强度，当 $h_0/t_w > 80\varepsilon_k$ 时，宜配置横向加劲肋。

(5) 梁的支座处和上翼缘受有较大固定集中荷载处宜设置支撑加劲肋。

为避免焊接后的不对称残余变形并减少制造工作量，焊接吊车梁宜尽量避免设置纵向加劲肋，尤其是短加劲肋。

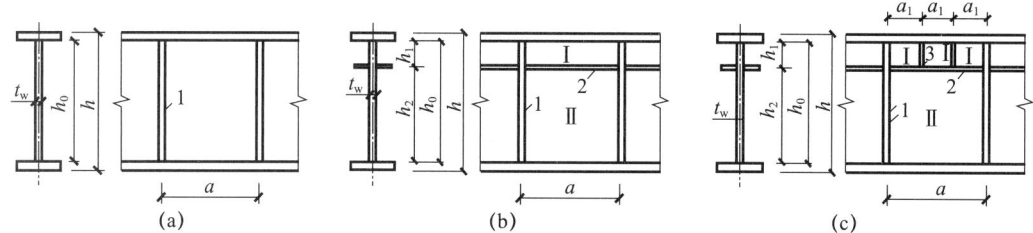

图 5.20 腹板加劲肋的布置

1—横向加劲肋；2—纵向加劲肋；3—短加劲肋

(1) 仅用横向加劲肋加强的腹板。

仅配置横向加劲肋的腹板，其各区格的局部稳定应按下列公式计算：

$$\left(\frac{\sigma}{\sigma_{cr}}\right)^2 + \left(\frac{\tau}{\tau_{cr}}\right)^2 + \frac{\sigma_c}{\sigma_{c,cr}} \leqslant 1 \tag{5.38}$$

$$\tau = \frac{V}{h_w t_w} \tag{5.39}$$

式中　　σ——腹板区格内由平均弯矩产生的腹板计算高度边缘的弯曲压应力；

τ——腹板区格内由平均剪力产生的腹板平均剪应力；

σ_c——腹板计算高度边缘的局部压应力；

σ_{cr}、τ_{cr}、$\sigma_{c,cr}$——各种应力单独作用下的临界应力。

① σ_{cr} 应按下列公式计算：

当 $\lambda_b \leqslant 0.85$ 时，

$$\sigma_{cr} = f \tag{5.40}$$

当 $0.85 < \lambda_b \leqslant 1.25$ 时，

$$\sigma_{cr} = [1 - 0.75(\lambda_b - 0.85)]f \tag{5.41}$$

当 $\lambda_b > 1.25$ 时，

$$\sigma_{cr} = 1.1f/\lambda_b^2 \tag{5.42}$$

当梁受压翼缘扭转受到约束时，

$$\lambda_b = \frac{2h_c/t_w}{177\varepsilon_k} \tag{5.43}$$

当梁受压翼缘扭转未受到约束时，

$$\lambda_b = \frac{2h_c/t_w}{138\varepsilon_k} \tag{5.44}$$

② τ_{cr} 应按下列公式计算：

当 $\lambda_s \leqslant 0.8$ 时（塑性阶段），

$$\tau_{cr} = f_v \tag{5.45}$$

当 $0.8 < \lambda_s \leqslant 1.2$ 时（弹塑性阶段），

$$\tau_{cr} = [1 - 0.59(\lambda_s - 0.8)] f_v \tag{5.46}$$

当 $\lambda_s > 1.2$ 时（弹性阶段），

$$\tau_{cr} = 1.1 f_v / \lambda_s^2 \tag{5.47}$$

当 $a/h_0 \leqslant 1$ 时，

$$\lambda_s = \frac{h_0/t_w}{37\eta\sqrt{4+5.34(h_0/a)^2}} \cdot \frac{1}{\varepsilon_k} \tag{5.48}$$

当 $a/h_0 > 1$ 时，

$$\lambda_s = \frac{h_0/t_w}{37\eta\sqrt{5.34+4(h_0/a)^2}} \cdot \frac{1}{\varepsilon_k} \tag{5.49}$$

式中的 η，简支梁取 1.11，框架梁梁端最大应力区取 1。

③ $\sigma_{c,cr}$ 应按下列公式计算：

当 $\lambda_c \leqslant 0.9$ 时，

$$\sigma_{c,cr} = f \tag{5.50}$$

当 $0.9 < \lambda_c \leqslant 1.2$ 时，

$$\sigma_{cr} = [1 - 0.79(\lambda_c - 0.9)] f \tag{5.51}$$

当 $\lambda_c > 1.2$ 时，

$$\sigma_{c,cr} = 1.1 f / \lambda_c^2 \tag{5.52}$$

当 $0.5 \leqslant a/h_0 \leqslant 1.5$ 时，

$$\lambda_c = \frac{h_0/t_w}{28\sqrt{10.9+13.4(1.83-a/h_0)^3}} \cdot \frac{1}{\varepsilon_k} \tag{5.53}$$

当 $1.5 < a/h_0 \leqslant 2.0$ 时，

$$\lambda_c = \frac{h_0/t_w}{28\sqrt{18.9-5a/h_0}} \cdot \frac{1}{\varepsilon_k} \tag{5.54}$$

式中 λ_b、λ_s、λ_c——梁腹板受弯、受剪、受局部压力计算时的正则化宽厚比。

(2) 同时用横向加劲肋和纵向加劲肋加强的腹板。

纵向加劲肋将腹板分隔成区格Ⅰ和Ⅱ，应分别计算这两个区格的局部稳定性（图 5.20），受压翼缘与纵向加劲肋之间的区格Ⅰ按下式计算其局部稳定性：

$$\frac{\sigma}{\sigma_{cr1}} + \left(\frac{\sigma_c}{\sigma_{c,cr1}}\right)^2 + \left(\frac{\tau}{\tau_{cr1}}\right)^2 \leqslant 1 \tag{5.55}$$

式中的 σ_{cr1}、$\sigma_{c,cr1}$、τ_{cr1} 分别按下列方法计算：

① σ_{cr1} 按式（5.40）～式（5.42）计算，但式中的 λ_b 改用 λ_{b1} 代替。

当梁受压翼缘扭转受到约束时，

$$\lambda_{n,b1}=\frac{h_1/t_w}{75\varepsilon_k} \tag{5.56}$$

式中 h_1 为纵向加劲肋至腹板计算高度受压边缘的距离，mm。

当梁受压翼缘扭转未受到约束时，

$$\lambda_{n,b1}=\frac{h_1/t_w}{64\varepsilon_k} \tag{5.57}$$

② τ_{cr1} 按式（5.45）～式（5.49）计算，但将式中的 h_0 改为 h_1。
③ $\sigma_{c,cr1}$ 按式（5.40）～式（5.42）计算，但式中的 λ_b 改用 λ_{c1} 代替。

当梁受压翼缘扭转受到约束时，

$$\lambda_{c1}=\frac{h_1/t_w}{56\varepsilon_k} \tag{5.58}$$

当梁受压翼缘扭转未受到约束时，

$$\lambda_{c1}=\frac{h_1/t_w}{40\varepsilon_k} \tag{5.59}$$

受拉翼缘与纵向加劲肋之间的区格Ⅱ的局部稳定性按下式计算：

$$\left(\frac{\sigma_2}{\sigma_{cr2}}\right)^2+\left(\frac{\tau}{\tau_{cr2}}\right)^2+\frac{\sigma_{c2}}{\sigma_{c,cr2}}\leqslant 1 \tag{5.60}$$

式中 σ_2——区格内由平均弯矩产生的腹板在纵向加劲肋处的弯曲压应力；
σ_{c2}——腹板在纵向加劲肋处的横向压应力。

σ_{cr2}、τ_{cr2}、$\sigma_{c,cr2}$ 分别按下列方法计算。
① σ_{cr2} 按式（5.40）～式（5.42）计算，但式中的 λ_b 改用 λ_{b2} 代替。

$$\lambda_{b2}=\frac{h_2/t_w}{194\varepsilon_k} \tag{5.61}$$

② τ_{cr2} 按式（5.45）～式（5.49）计算，但式中的 h_0 改为 h_2（$h_2=h_0-h_1$）。
③ $\sigma_{c,cr2}$ 按式（5.50）～式（5.54）计算，但式中的 h_0 改为 h_2，当 $a/h_2>2$ 时，取 $a/h_2=2$。

在受压翼缘与纵向加劲肋之间设有短加劲肋的区格，其局部稳定性的计算步骤及计算参数与前述计算类似，具体内容可参阅《钢结构设计标准》（GB 50017—2017），这里不再赘述。

5.4.3 加劲肋的构造和截面尺寸

焊接梁的加劲肋一般用钢板制作，并在腹板两侧成对布置，对非吊车梁的中间加劲肋，为了节约钢材和减小制造工作量，也可单侧布置。

横向加劲肋的间距 a 不得小于 $0.5h_0$，也不得大于 $2h_0$（对 $\sigma_0=0$ 的梁，当 $h_0/t_w\leqslant 100$ 时，可采用 $2.5h_0$）。

加劲肋有足够的刚度才能作为腹板的可靠支承，所以对加劲肋的截面尺寸和截面惯性矩应有一定要求。

双侧布置的钢板横向加劲肋的外伸宽度 b_s（mm）应满足下式的要求：

$$b_s\geqslant\frac{h_0}{30}+40 \tag{5.62}$$

单侧布置时,外伸宽度应比上式增大 20%。

加劲肋的厚度不应小于外伸宽度的 1/15,即:

$$t_s \geqslant b_s/15 \tag{5.63}$$

当腹板同时用横向加劲肋和纵向加劲肋加强时,应在其相交处切断纵向加劲肋,使横向加劲肋保持连续。横向加劲肋的断面尺寸除应符合上述规定外,其截面惯性矩还应满足下式要求:

$$I_z \geqslant 3h_0 t_w^3 \tag{5.64}$$

纵向加劲肋的截面惯性矩(对 y—y 轴)应满足下列要求:

当 $a/h_0 \leqslant 0.85$ 时,

$$I_y \geqslant 1.5 h_0 t_w^3 \tag{5.65}$$

当 $a/h_0 > 0.85$ 时,

$$I_y \geqslant \left(2.5 - 0.45 \frac{a}{h_0}\right) \left(\frac{a}{h_0}\right)^2 h_0 t_w^3 \tag{5.66}$$

计算加劲肋截面惯性矩的 z 轴和 y 轴的定义为:加劲肋两侧成对配置时,取腹板中心线为轴线进行计算;加劲肋单侧配置时,取与加劲肋相连的腹板边缘为轴线进行计算。

为了避免焊缝交叉,以及减小焊接应力,在加劲肋端部应切角,切去宽约 $b_s/3$ ($\leqslant 40\text{mm}$)、高约 $b_s/2$ ($\leqslant 60\text{mm}$)的斜角(图 5.21)。对直接承受动力荷载的梁(如吊车梁),中间横向加劲肋下端一般在距受拉翼缘 50~100mm 处断开,以改善梁的抗疲劳性能。

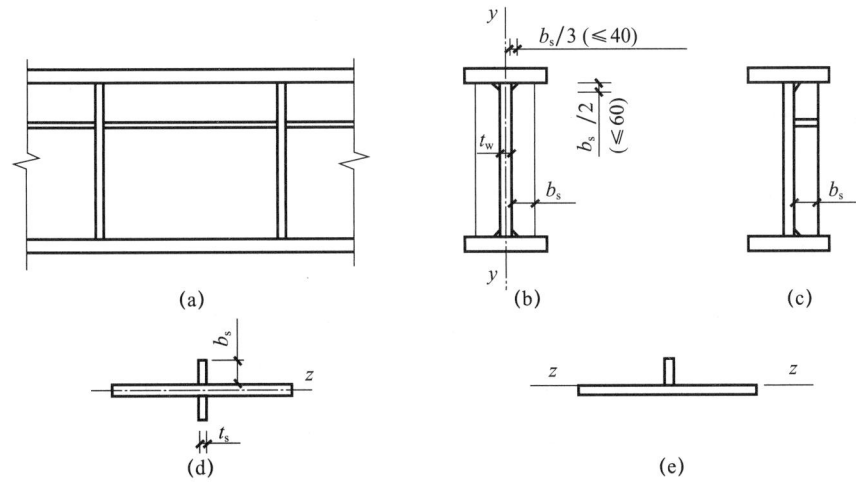

图 5.21 腹板加劲肋的构造

5.4.4 支承加劲肋的计算

支承加劲肋指承受固定集中荷载或者支座反力的横向加劲肋。此种加劲肋应在腹板两侧成对设置,并应进行整体稳定和端面承压计算,其截面往往比中间横向加劲肋大。

(1)按轴心压杆计算支承加劲肋在腹板平面外的稳定性。此压杆的截面包括加劲

肋以及每侧各 $15t_w$ 范围内的腹板面积[（图 5.22）中阴影部分]，其计算长度近似取为 h_0。

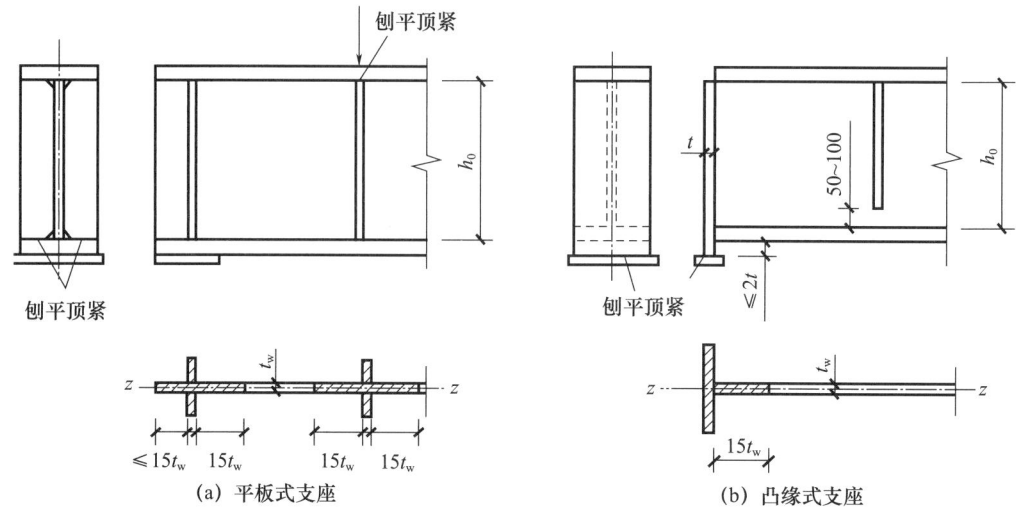

图 5.22 支承加劲肋的构造

（2）支承加劲肋一般刨平抵紧于梁的翼缘[图 5.22（a）]或柱顶[图 5.22（b）]，其端面承压强度按下式计算：

$$\sigma_{ce} = \frac{F}{A_{ce}} \leqslant f_{ce} \tag{5.67}$$

式中 F——集中荷载或支座反力；

A_{ce}——端面承压面积；

f_{ce}——钢材端面承压强度设计值。

凸缘支座[图 5.22（b）]的伸出长度不应大于其厚度的 2 倍。

（3）支承加劲肋与腹板的连接焊缝，应按承受全部集中力或支反力进行计算。计算时假定应力沿焊缝长度方向均匀分布。

5.5　考虑腹板屈曲后强度的设计

梁腹板受压屈曲后和受剪屈曲后仍存在继续承载的能力称为屈曲后强度。承受静力荷载和间接承受动力荷载的组合梁，其腹板宜考虑屈曲后强度，则可仅在支座处和固定集中荷载处设置支承加劲肋，或还有中间横向加劲肋，其高厚比可达 250～300 而不必设置纵向加劲肋。考虑反复屈曲可能导致腹板边缘出现疲劳裂缝，且相关研究不够，对直接承受动力荷载的梁暂不考虑屈曲后强度。进行塑性设计时，由于局部失稳会使构件塑性不能充分发展，也不得利用屈曲后强度。

考虑梁腹板屈曲后强度的理论分析和计算方法较多，目前各国规范大多采用半张力场理论。其基本假定：①腹板剪切屈曲后将因薄膜应力而形成拉力场，腹板中的剪力，一部分由小挠度理论计算出的抗剪力承担，另一部分由斜张力场作用（薄膜效应）承担；②翼缘的弯曲刚度小，不能承担腹板斜张力场产生的垂直分力。

根据上述假定，腹板屈曲后的实腹梁可视为桁架，如图 5.23 所示，梁翼缘相当于弦杆，横向加劲肋相当于竖杆，而腹板张力场相当于桁架的斜拉杆。

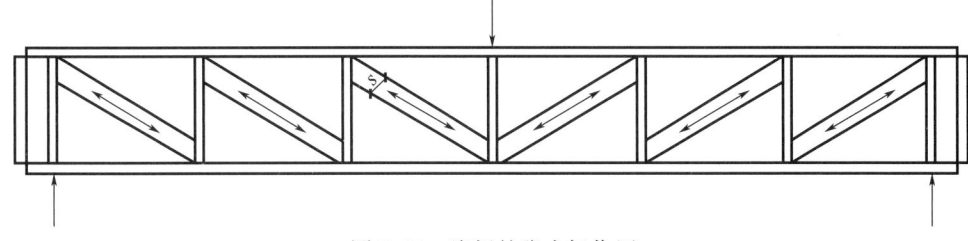

图 5.23 腹板的张力场作用

5.5.1 组合梁腹板屈曲后的抗剪承载力

根据基本假定①，腹板屈曲后的抗剪承载力设计值 V_u 为屈曲剪力 V_{cr} 与张力场剪力 V_t 之和，即：

$$V_u = V_{cr} + V_t \tag{5.68}$$

屈曲剪力设计值 $V_{cr} = h_w t_w \tau_{cr}$，其中 h_w、t_w 为腹板的高度和厚度；τ_{cr} 为由式 (5.45)～式 (5.47) 确定的临界剪应力。再由假定②可认为张力场剪力是通过宽度为 s 的带形张力场以拉应力为 σ_t 的效应传到加劲肋上的。这些拉应力对屈曲后腹板的弯曲变形起到牵制作用，从而提高了腹板承载能力。

根据理论和试验研究，腹板屈曲后的抗剪承载力设计值：

当 $\lambda_s \leqslant 0.8$ 时，

$$V_u = h_w t_w f_v \tag{5.69}$$

当 $0.8 < \lambda_s \leqslant 1.2$ 时，

$$V_u = h_w t_w f_v [1 - 0.5(\lambda_s - 0.8)] \tag{5.70}$$

当 $\lambda_s > 1.2$ 时，

$$V_u = h_w t_w f_v / \lambda_s^{1.2} \tag{5.71}$$

式中 λ_s ——腹板受剪计算时的通用高厚比，按式 (5.43)、式 (5.44) 计算，当组合梁仅配置支座加劲肋时，取 $h_0/a = 0$。

5.5.2 组合梁腹板屈曲后的抗弯承载力

腹板屈曲后考虑张力场的作用，抗剪强度有所提高，但由于弯矩作用下腹板受压区屈曲，梁的抗弯承载力有所下降，不过下降很少。我国规范采用了近似计算公式来计算梁的抗弯承载力。

采用有效截面的概念，如图 5.24 所示，腹板的受压区屈曲后弯矩还可继续增大，但受压区的应力分布不再是线性，其边缘应力达到 f_y 时即认为达到承载力的极限。此时梁的中和轴略有下降，腹板受拉区全部有效；受压区引入有效高度的概念，假定有效高度为 ρh_c，等分在 h_c 的两端，中部则扣去 $(1-\rho)h_c$ 的高度。现假定腹板受拉区与受压区同样扣去此高度 [图 5.24 (d)]，这样中和轴可不变动，计算较为方便。

腹板的有效截面如图 5.24 (d) 所示，梁截面惯性矩（忽略孔洞绕自身轴的惯性矩）：

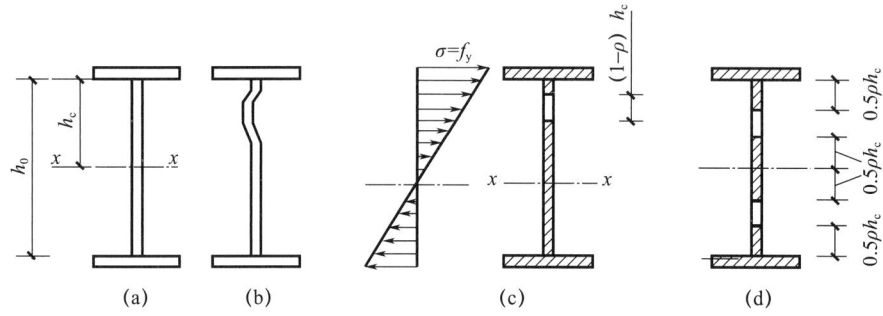

图 5.24 屈曲后梁腹板的有效高度

$$I_{xe}=I_x-2(1-\rho)h_ct_w\left(\frac{h_c}{2}\right)^2=I_x-\frac{1}{2}(1-\rho)h_c^3t_w \quad (5.72)$$

式中 I_x——按梁截面全部有效计算的绕 x 轴惯性矩，mm^4；

h_c——按梁截面全部有效计算的腹板受压区高度，mm。

梁截面抵抗矩折减系数：

$$\alpha_e=\frac{W_{xe}}{W_x}=\frac{I_{xe}}{I_x}=1-\frac{(1-\rho)h_c^3t_w}{2I_x} \quad (5.73)$$

上式中的腹板受压区有效高度系数 ρ，与计算局部稳定中临界应力 σ_{cr} 一样，以通用高厚比 $\lambda_b=\sqrt{f_y/\sigma_{cr}}$ 作为参数，由式（5.48）和式（5.49）计算，也分为三个阶段，分界点也与计算 σ_{cr} 相同，即：

当 $\lambda_b \leqslant 0.85$ 时：

$$\rho=1 \quad (5.74)$$

当 $0.85<\lambda_b\leqslant1.25$ 时：

$$\rho=1-0.82(\lambda_b-0.85) \quad (5.75)$$

当 $\lambda_b>1.25$ 时：

$$\rho=(1-0.2/\lambda_b)/\lambda_b \quad (5.76)$$

当截面有效高度计算系数 $\rho=1$ 时，表示全截面有效，截面抗弯承载力没有降低。任何情况下，以上公式中的 W_x、I_x 以及 h_c 均按截面全部有效计算。

梁抗弯承载力设计值按下式计算：

$$M_{eu}=\gamma_x\alpha_eW_xf \quad (5.77)$$

5.5.3 组合梁考虑腹板屈曲后的计算

在横向加劲肋之间的腹板各区段，通常承受弯矩和剪力的共同作用，腹板弯剪联合作用下的屈曲后强度，分析起来比较复杂。为简化计算，《钢结构设计标准》（GB 50017—2017）采用弯矩 M 和剪力 V 无量纲化的相关关系曲线，如图 5.25 所示。

规范采用的弯矩 M 和剪力 V 的计算式：

当 $M/M_f\leqslant1.0$ 时：

$$V\leqslant V_u \quad (5.78)$$

当 $V/V_u\leqslant0.5$ 时：

$$M\leqslant M_{eu} \quad (5.79)$$

其他情况：
$$\left(\frac{V}{0.5V_u}-1\right)^2+\frac{M-M_f}{M_{eu}-M_f}\leqslant 1 \tag{5.80}$$

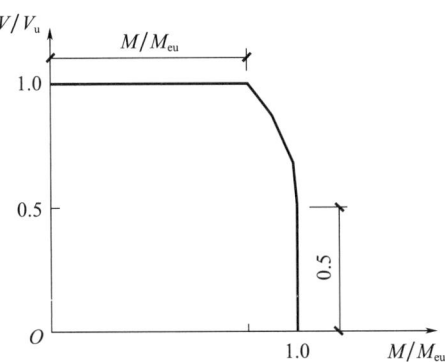

图 5.25 腹板屈曲后剪力与弯矩相关曲线

式中 M、V——所计算区格内同一截面处梁的弯矩和剪力设计值，此式是梁的强度计算公式，不能像 5.4.2 节计算腹板稳定那样取为区格内弯矩平均值和剪力平均值。当 $V<0.5V_u$ 时，取 $V=0.5V_u$；当 $M<M_f$ 时，取 $M=M_f$。

M_{eu}、V_u——梁抗弯和抗剪承载力设计值，分别按式（5.77）和式（5.69）～式（5.71）计算。

M_f——梁两翼缘所承担的弯矩设计值：对双轴对称截面梁，$M_f=A_f h_f f$（A_f 为一个翼缘截面面积，h_f 为上、下翼缘轴线间距离）。对单轴对称截面梁按下式计算：

$$M_f=\left(A_{f1}\frac{h_5^2}{h_6}+A_{f2}h_6\right)f$$

式中 A_{f1}、h_5——较大翼缘的截面面积及其形心至梁中和轴的距离，mm；

A_{f2}、h_6——较小翼缘的截面面积及其形心至梁中和轴的距离，mm。

5.5.4 考虑腹板屈曲后强度的梁的加劲肋设计

利用腹板屈曲后强度，即使腹板的高厚比 h_0/t_w 很大，一般也不再考虑设置纵向加劲肋。而且只要腹板的抗剪承载力不低于梁的实际最大剪力，就可只设置支承加劲肋，而不设中间横向加劲肋。

(1) 横向加劲肋不允许单侧布置，其截面尺寸应满足式（5.62）和式（5.63）的构造要求。

(2) 考虑腹板屈曲后强度的中间横向加劲肋，受到斜向张力场的竖向分力的作用，钢结构设计规范考虑张力场张力的水平分力的影响，将中间横向加劲肋所受轴心压力加大后，此竖向分力 N_s 可用下式来表达：

$$N_s=V_u-h_w t_w \tau_{cr} \tag{5.81}$$

式（5.81）中，V_u 按式（5.69）～式（5.71）计算；τ_{cr} 按式（5.45）～式（5.47）计算。

若中间横向加劲肋还承受集中荷载 F,则应按 $N=N_s+F$ 计算其在腹板平面外的稳定。

(3) 当 $\lambda_s>0.8$ 时,梁支座加劲肋(相当于位于梁端部的横向支承加劲肋)除承受梁支座反力 R 外,还承受张力场斜拉力的水平分力 H 作用,因此应按压弯构件计算其强度和在腹板平面外的稳定,H 按下式计算:

$$H=(V_u-h_w t_w \tau_{cr})\sqrt{1+(a/h_0)^2} \quad (5.82)$$

H 的作用点可取距上翼缘 $h_0/4$ 处,如图 5.26(a)所示。为了增大抗弯能力,还应将梁端部延长,并设置封头板。此时,对梁支座加劲肋[图 5.26(b)]的计算可采用下列方法之一:

① 将封头板与支座加劲肋之间视为竖向压弯构件,简支于梁上、下翼缘,计算其强度和在腹板平面外的稳定;

② 将支座加劲肋按承受支座反力 R 的轴心压杆进行计算,封头板截面积则不小于 $3h_0 H/(16ef)$,式中 e 为支座加劲肋与封头板的距离,f 为钢材强度设计值。

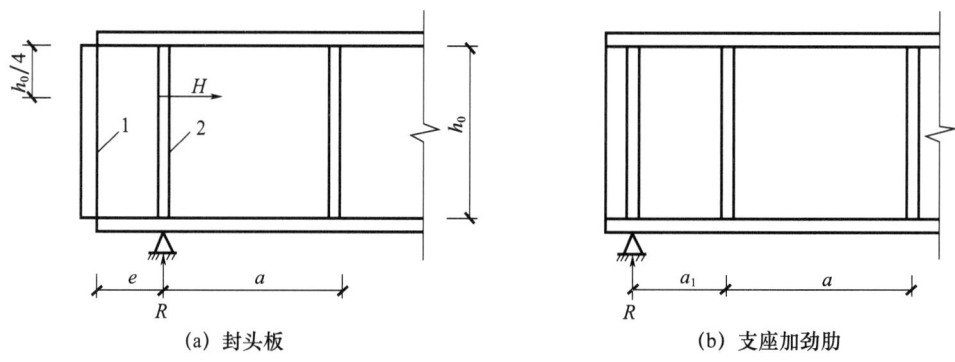

图 5.26 梁端构造
1—封头板;2—支座加劲肋

5.6 型钢梁截面设计

梁截面设计通常是先初选截面,然后进行截面验算。若不满足要求,则重选型钢,直至满足要求为止。根据其受力情况分为单向弯曲梁和双向弯曲梁。首先计算梁所承受的弯矩,选择弯矩最不利截面,估算所需要的梁截面抵抗矩。对于单向弯曲梁,最不利截面在最大弯矩处。

单向弯曲梁的整体稳定从构造上有保证时:

$$W_{nx} \geqslant \frac{M_{max}}{\gamma_x f} \quad (5.83)$$

单向弯曲梁的整体稳定从构造上不能保证时:

$$W_x \geqslant \frac{M_{max}}{\varphi_b f} \quad (5.84)$$

式(5.84)中,φ_b 可根据情况初步估计。

对于双向弯曲梁,设计时应尽可能从构造上保证整体稳定,以便按抗弯强度条件式（5.85）选择型钢截面，否则要按式（5.86）试算：

$$W_{nx} = \frac{1}{\gamma_x f}\left(M_x + \frac{\gamma_x W_{nx}}{\gamma_y W_{ny}} M_y\right) = \frac{M_x + \alpha M_y}{\gamma_x f} \quad (5.85)$$

$$\frac{M_x}{\varphi_b W_x} + \frac{M_y}{\gamma_y W_y} \leqslant f \quad (5.86)$$

为了满足经济合理的要求，设计时应避开在弯矩最不利截面上开螺栓孔，以免削弱截面。这样梁净截面抵抗矩等于截面抵抗矩，即 $W_{nx} = W_x$，按计算出的截面抵抗矩在型钢表中选择适当的截面，然后再验算弯曲正应力、局部压应力、刚度及整体稳定性。对于型钢梁，由于腹板较厚，可不验算剪应力、折算应力和局部稳定。

【**例 5.2**】某工作平台的梁格布置如图 5.27 所示，平台上无动力荷载，平台上永久荷载标准值为 3.0kN/m^2，可变荷载标准值为 5.0kN/m^2，钢材为 Q235 钢，次梁简支于主梁，假定平台板为刚性铺板并可保证次梁的整体稳定，试选择中间次梁截面。

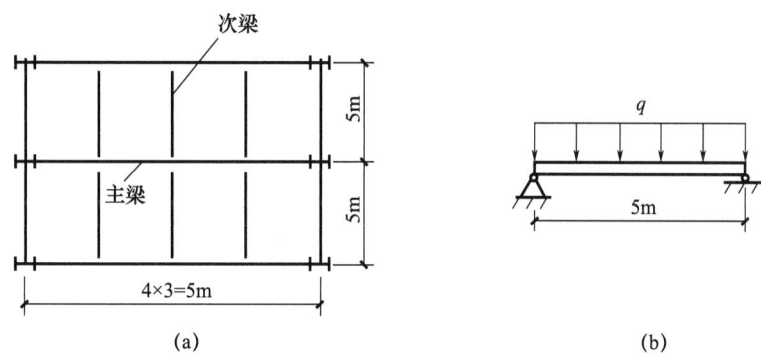

图 5.27 工作平台的梁格布置

【**解**】次梁上作用的荷载标准值为：

$$q_k = (3000 + 5000) \times 3 = 24 \times 10^3 \text{ (kN/m}^2\text{)}$$

次梁上作用的荷载设计值为：

$$q = (1.3 \times 3000 + 1.5 \times 5000) \times 3 = 34.2 \times 10^3 \text{ (kN/m}^2\text{)}$$

支座处最大反力：

$$V_{max} = \frac{1}{2}ql = \frac{1}{2} \times 34.2 \times 5 = 85.5 \text{ (kN)}$$

跨中最大弯矩为：

$$M_{max} = \frac{1}{8}ql^2 = \frac{1}{8} \times 34.2 \times 5^2 = 106.88 \text{ (kN·m)}$$

采用轧制 H 型钢，$\gamma_x = 1.05$

需要的截面抵抗矩为：

$$W_x = \frac{M_{max}}{\gamma_x f} = \frac{106.88 \times 10^6}{1.05 \times 215} = 473 \times 10^3 \text{ (mm}^3\text{)}$$

由型钢表，初选 HN300×150×6.5×9，查得其几何特征为：
$A = 47.53\text{cm}^2$，自重 $G = 37.3 \times 9.8\text{N/m} = 365\text{N/m}$，$W_x = 490\text{cm}^3$，$I_x = 7350\text{cm}^4$。
梁自重产生的弯矩为：

$$M_g = \frac{1}{8} \times 365 \times 1.3 \times 5^2 = 1.483 \text{ (kN·m)}$$

总弯矩为:
$$M = 1.483 + 106.88 = 108.363 \text{ (kN·m)}$$

弯曲正应力为:
$$\sigma = \frac{M_x}{\gamma_x W_{nx}} = \frac{108.363 \times 10^6}{1.05 \times 490 \times 10^3} = 210.6 \text{ (N/mm}^2) < f = 215 \text{ (N/mm}^2)$$

$S_1 = 150 \times 9 \times (150 - 9/2) + (150 - 9) \times 6.5 \times (150 - 9)/2 = 261 \times 10^3 \text{ (mm}^3)$

最大剪应力为:
$$\tau = \frac{VS_1}{It_w} = \frac{(85.5 + 1.3 \times 0.365 \times 5/2) \times 10^3 \times 261 \times 10^3}{7350 \times 10^4 \times 6.5} = 47 \text{ (N/mm}^2)$$

可见型钢由于腹板较厚,剪力一般不起控制作用,可不验算。

刚度验算:

考虑自重后荷载标准值为:
$$q_k = 34.2 \times 10^3 + 365 = 34.565 \times 10^3 \text{ (N/mm)}$$

挠度为:
$$v = \frac{5q_k l^4}{384 E I_x} = 18.6 \text{ mm} = \frac{l}{269} < \frac{l}{250}$$

5.7 组合梁截面设计

5.7.1 试选截面

选择组合梁(图 5.28)的截面时首先要初步估算,试选梁的截面高度、腹板厚度和翼缘尺寸。下面介绍焊接组合梁试选截面的方法。

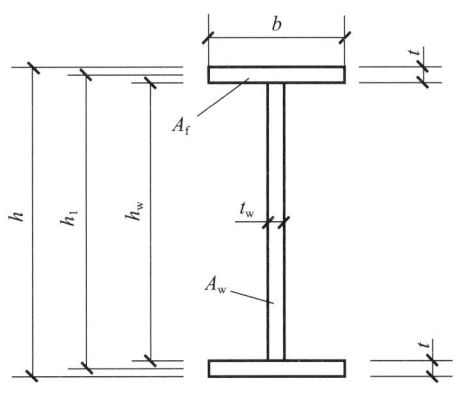

图 5.28 组合梁截面尺寸

(1) 梁的截面高度。

确定梁的截面高度应考虑建筑高度、梁的刚度和经济条件。

建筑高度是指梁的底面到铺板顶面之间的高度,它往往由生产工艺和使用要求决定。梁的建筑高度要求决定了梁的最大高度 $h_{\max}$。

刚度条件决定了梁的最小高度 $h_{\min}$。刚度条件是指要求梁在全部荷载标准值作用下的挠度 $v \leqslant [v]$。现以均布荷载作用下的简支梁为例，推导其最小高度 $h_{\min}$，即：

$$\frac{v}{l}=\frac{5}{384}\frac{q_k l^3}{EI_x}=\frac{5l}{48EI_x}\cdot\frac{ql^2}{1.3\times 8}=\frac{5Ml}{48EI_x\times 1.3}\leqslant\frac{[v]}{l}$$

对于双轴对称截面，有 $\sigma=\dfrac{Mh}{2I_x}$，

代入上式，得：

$$\frac{v}{l}=\frac{10\sigma l}{48EI_x\times 1.3}=\frac{5\sigma l}{1.3\times 24Eh}\leqslant\frac{[v]}{l}$$

当梁的强度充分被发挥利用时，$\sigma=f$，f 为钢材的强度设计值，由此得：

$$h_{\min}=\frac{5fl}{31.2E}\cdot\frac{l}{[v]} \tag{5.87}$$

从用料最省角度出发，可以定出梁的经济高度。梁的经济高度，其确切含义是满足一切条件（强度、刚度、整体稳定和局部稳定）的梁用钢量最少的高度。设计时可参照下列经济高度的经验公式初选截面高度：

$$h_s=7\sqrt[3]{W_x}-300\text{mm} \tag{5.88}$$

式中 W_x——梁所需要的截面抵抗矩，以 mm^3 计。

根据上述三个条件，实际所取用的梁高 h 应满足，且 $h=h_s$。当梁的截面高度 h 确定后，梁的腹板高度 h_w 可取稍小于梁高 h 的数值，并尽可能考虑钢板的规格尺寸，将其取为 50mm 的整数倍。

(2) 腹板厚度。

腹板厚度应满足抗剪强度的要求。初选截面时，可近似地假定最大剪应力为腹板平均剪应力的 1.2 倍，则腹板的抗剪强度计算公式简化为：

$$\tau_{\max}\approx 1.2\frac{V_{\max}}{h_w t_w}\leqslant f_v \tag{5.89}$$

于是：

$$t_w\geqslant 1.2\frac{V_{\max}}{h_w f_v} \tag{5.90}$$

由式（5.90）确定的 t_w 值往往偏小，考虑局部稳定和构造等因素，腹板厚度一般采用下列经验公式进行估算：

$$t_w=\frac{\sqrt{h_w}}{3.5} \tag{5.91}$$

式（5.91）中，t_w 和 h_w 的单位均为 mm。实际采用的腹板厚度应考虑钢板的现有规格，一般为 2mm 的倍数。对于非吊车梁，腹板厚度取值宜比式（5.91）的计算值略小；对考虑腹板屈曲后强度的梁，腹板厚度可更小，但不得小于 6mm，也不宜使高厚比超过 $250\sqrt{235/f_y}$。

(3) 翼缘尺寸。

由图 5.28 可写出梁的截面抵抗矩为：

$$W_x=\frac{2I_x}{h}=\frac{1}{6}t_w\frac{h_w^3}{h}+bt\frac{h_1^2}{h} \tag{5.92}$$

近似取 $h_w = h_q = h$，则有：

$$A_f = bt = \frac{W_x}{h_w} - \frac{t_w h_w}{6} \quad (5.93)$$

根据所需要的截面抵抗矩 W_x 和选定的腹板尺寸，由式（5.93）可求得所需要的一个翼缘板的面积 A_f，此时含有两个参数，即翼缘板宽度 b 和厚度 t。通常需考虑下列因素来选择 b 和 t：

① 翼缘板宽度 $b = (1/5 \sim 1/3)h$，宽度太小不容易保证梁的整体稳定；宽度太大使翼缘中正应力分布不均匀。

② 考虑翼缘板的局部稳定，要求翼缘宽度与厚度之比，按弹性设计，$\gamma_x = 1.0$ 或按弹塑性设计，$\gamma_x = 1.05$。

③ 对于吊车梁，$b \geq 300\text{mm}$，以便安装轨道。

一般翼缘板宽度 b 取 10mm 的倍数，厚度 t 取 2mm 的倍数。

5.7.2 截面验算

根据试选的截面尺寸，计算出截面的各项几何特征，如惯性矩、截面模量等，然后进行验算。梁的截面验算包括强度、刚度、整体稳定和局部稳定几个方面。其中，腹板的局部稳定通常通过配置加劲肋来保证，验算时应考虑梁自重所产生的内力。

5.8 梁的拼接连接

5.8.1 梁的拼接

梁的拼接有工厂拼接和工地拼接两种。工厂拼接是由于钢材尺寸的限制，必须将钢材接长或拼大，这种拼接常在工厂中进行。由于运输或安装条件的限制，梁必须分段运输，然后在工地拼装连接，称为工地拼接。

型钢梁的拼接，其翼缘可采用对接直焊缝或拼接板，腹板可采用拼接板，拼接板均可采用焊接或螺栓连接。拼接位置宜放在弯矩较小处。

焊接组合梁的工厂拼接，翼缘和腹板的拼接位置最好错开并采用对接直焊缝（图 5.29），腹板的拼接焊缝与横向加劲肋之间至少应相距 $10t_w$。对接焊缝施焊时宜加引弧板，并采用 1 级或 2 级焊缝，这样焊缝可与钢材等强。但采用 3 级焊缝时，焊缝抗拉强度低于钢材的强度，需进行焊缝强度验算。若焊缝强度不足，则可采用斜焊缝，但斜焊缝连接不经济，对于较宽的腹板不宜采用，可将拼接位置调整到弯矩较小处。

梁的工地拼接应使翼缘和腹板在同一截面或接近于同一截面处断开，以便分段运输。为了便于焊接，将上、下翼缘板均切割成向上的 V 形坡口，以便俯焊，同时为了减小焊接残余应力，将翼缘板在靠近拼接截面处的焊缝预留出约 500mm 的长度不在工厂焊接，而在工地按图 5.30 所示序号施焊。为了避免焊缝过分密集，可将上、下翼缘板和腹板的拼接位置略微错开。

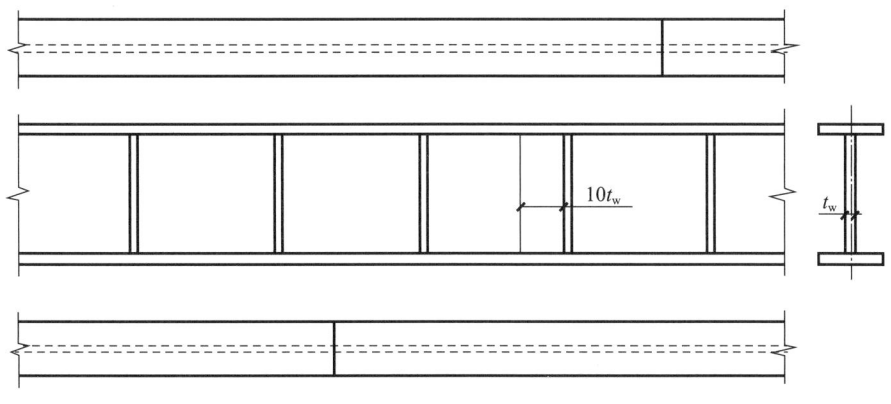

图 5.29 组合梁的工厂拼接

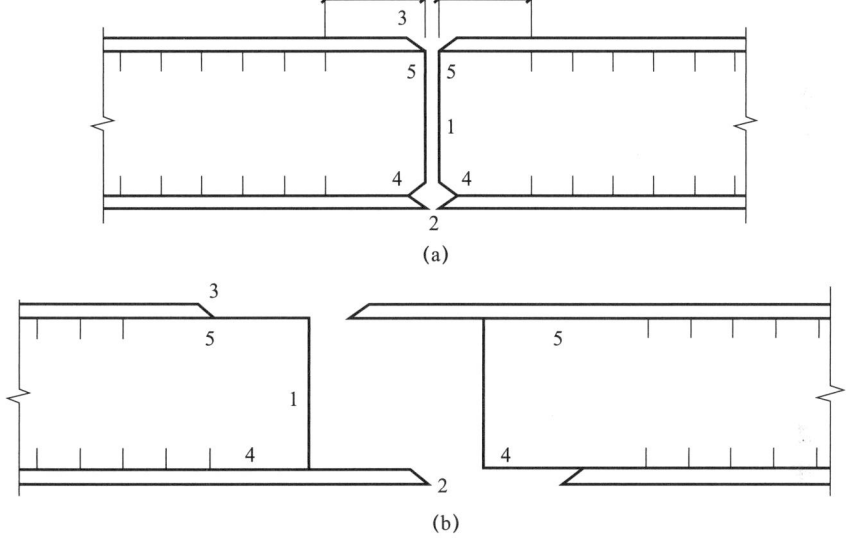

图 5.30 工地拼接

对于重要的或受动力荷载作用的大型组合梁,由于现场焊接质量难以保证,工地拼接时,宜采用高强度螺栓连接(图 5.31)。

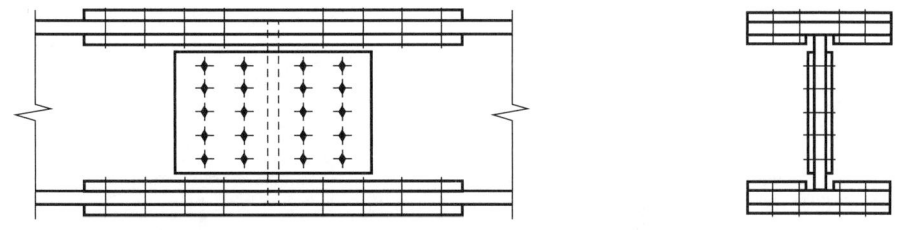

图 5.31 采用高强螺栓连接的工地拼接

对用拼接板的接头,应按下列规定的内力进行计算,翼缘拼接板及其连接所承受的轴向力 N_4 为翼缘板的最大承载力:

$$N_4 = A_{fn} f \tag{5.94}$$

式中 A_{fn}——被拼接的翼缘板净截面面积，mm²。

腹板拼接板及其连接，主要承受梁截面上的全部剪力 V，以及按刚度分配到腹板上的弯矩 $M_w = M \cdot I_w / I$，式中 I_w 为腹板的毛截面惯性矩，I 为梁的毛截面惯性矩。

5.8.2 梁的连接

根据次梁与主梁相对位置不同，梁的连接分为叠接和平接两种。

叠接（图 5.32）是将次梁直接搁在主梁上面，用螺栓或焊缝连接，构造简单，但占有较大的建筑空间，使用受到限制。在次梁的支承处，主梁应设置支承加劲肋。图 5.32（a）所示是次梁为简支梁时与主梁连接的构造，而图 5.32（b）所示是次梁为连续梁时与主梁连接的构造。

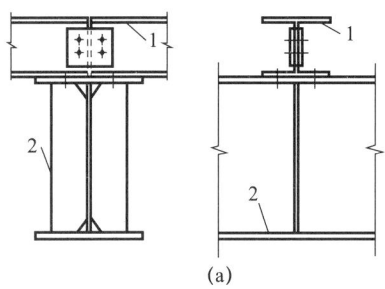
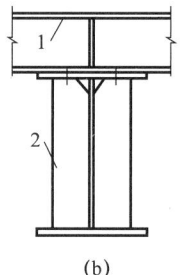

图 5.32 次梁与主梁的叠接
1—次梁；2—主梁

平接是使次梁顶面与主梁相平或略高、略低于主梁顶面，从侧面与主梁的加劲肋或在腹板上专设的短角钢或支托相连接。平接虽构造复杂，但可降低结构高度，故在实际工程中应用较广泛。

次梁与主梁从传力效果上分为铰接和刚接两种。若次梁为简支梁，则其连接为铰接（图 5.33）；若次梁为连续梁，则其连接为刚接（图 5.34）。

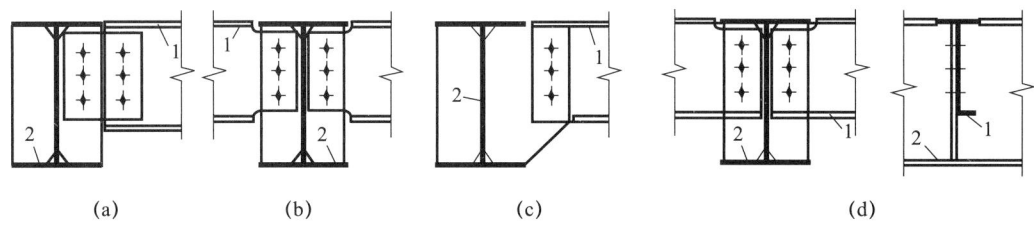

图 5.33 次梁与主梁的铰接

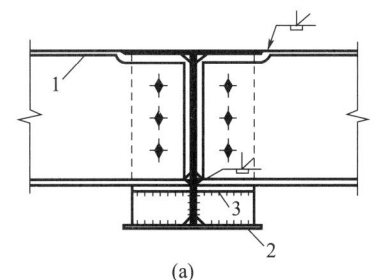
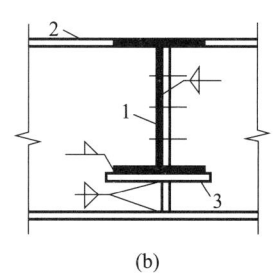

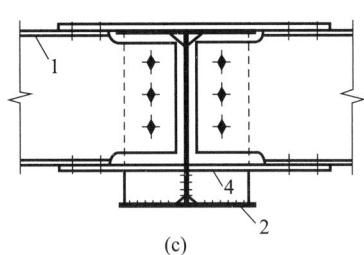
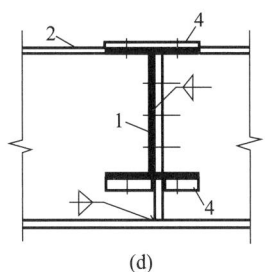

图 5.34 次梁与主梁的刚接

铰接连接需要的焊缝或螺栓数量应按次梁的反力计算,考虑到连接并非理想铰接,会有一定的弯矩作用,故计算时宜将次梁反力增加 20%～30%。

习题

5.1 梁的自由扭转与约束扭转各有何特点?
5.2 什么是受弯构件的整体失稳、局部失稳?
5.3 影响梁整体稳定的因素有哪些?提高梁整体稳定的措施有哪些?
5.4 如何保证工字形梁腹板和翼缘的局部稳定?
5.5 如图 5.35 所示的简支梁,中间和两端均设有侧向支撑,材料为 Q235-F 钢。设梁的自重为 1.1kN/m(分项系数为 1.3),在集中荷载 $F=120$kN 作用下(分项系数为 1.5),该梁能否保证其稳定性?

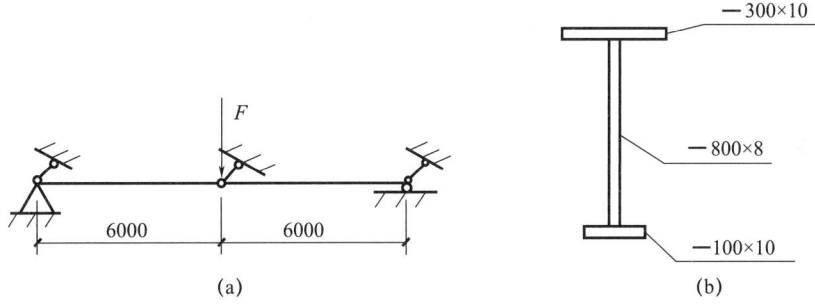

图 5.35 两端均设有侧向支承的简支梁

5.6 某焊接工字形简支梁,荷载及截面情况如图 5.36 所示。其荷载分项系数为 1.5,材料为 Q235-F 钢,$F=250$kN,集中力位置处设置侧向支撑并设支承加劲肋。试验算其强度、整体稳定是否满足要求。

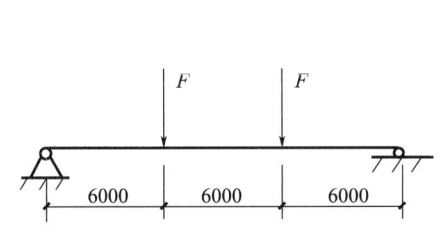
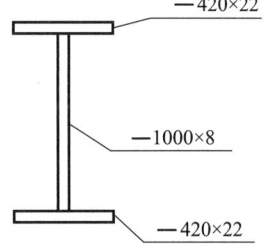

图 5.36 焊接工字形简支梁

5.7 某平台钢梁，平面外与楼板可靠连接，梁立面如图 5.37（a）所示，截面如图 5.37（b）所示，采用 Q235B 钢，作用于梁上的均布荷载（包括自重）设计值为 $q=200\text{kN/m}$。

（1）按考虑腹板屈曲后强度计算，能否不设横向加劲肋？

（2）如不考虑腹板屈曲后强度，仅配置横向加劲肋能否满足要求？若不行，请重新设计。

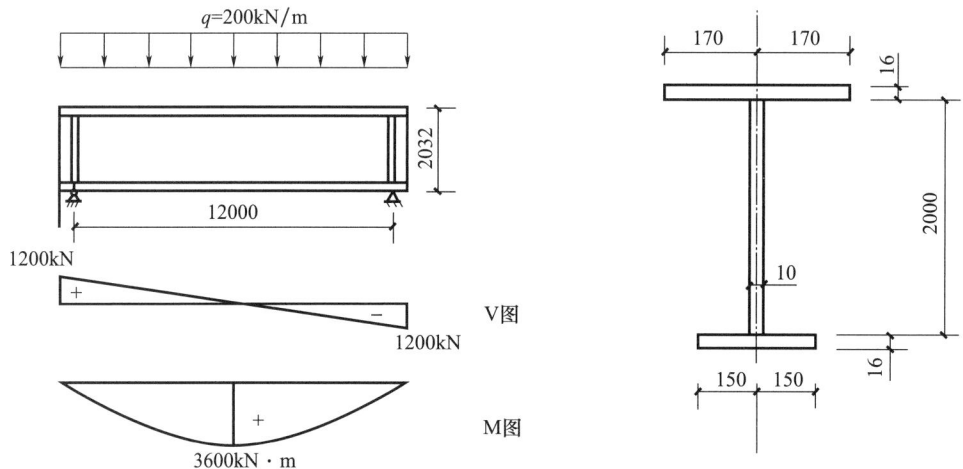

图 5.37 平台钢梁平面外与楼板可靠连接梁立面

5.8 条件同例 5.2，但平台板不能保证次梁的整体稳定，请重新选择型钢，并与例 5.2 比较。

知识拓展

6 拉弯和压弯构件

6.1 拉弯和压弯构件的应用和截面形式

6.1.1 拉弯和压弯构件的类型

拉弯构件和压弯构件广泛应用于各类工程结构中，比单纯的受弯构件和轴心受力构件更为复杂。建筑框架中的钢柱大多是典型的压弯构件；高层建筑受大水平力作用时，结构的倾覆力矩会在柱中产生拉力，使柱成为拉弯构件。钢桁架中的弦杆和腹杆若比较粗短，加上端部有很强的转动约束时，也是拉弯或压弯构件。

如图 6.1、图 6.2 所示，弯矩可能受轴向力的偏心作用、端弯矩作用或横向荷载三种因素影响。同时承受沿杆轴方向轴心拉力和绕截面形心主轴的弯矩作用的构件称为拉弯构件。如果只有绕截面一个形心主轴的弯矩，则称为单向拉弯构件；若绕两个形心主轴都有弯矩，则称为双向拉弯构件。

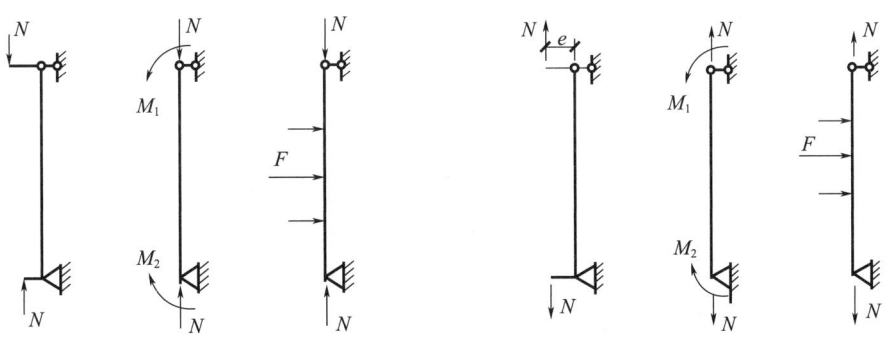

图 6.1 压弯构件　　　　　　图 6.2 拉弯构件

同时承受沿杆轴方向轴心压力和绕截面形心主轴的弯矩作用的构件称为压弯构件。与拉弯构件相似，如果只有绕截面一个形心主轴的弯矩，则称为单向压弯构件；若绕两个形心主轴都有弯矩，则称为双向压弯构件。

6.1.2 拉弯和压弯构件的截面形式

拉弯和压弯构件的截面形式可分为实腹式和格构式两种，通常采用双轴对称截面或单轴对称截面。常用的截面形式有型钢 [图 6.3 (a)(b)]、钢板焊接组合截面 [图 6.3

(c)(g)]或型钢与型钢、型钢与钢板的组合截面等实腹式截面[图6.3(d)(e)(f)(h)(i)];以几何特征分,可以有开口截面,也可以有闭口截面[图6.3(g)～(j)],有双轴对称也有单轴对称截面;除了实腹式截面[图6.3(a)～(j)]外,为了提高截面的抗弯刚度,还常常采用格构式截面[图6.3(k)～(o)]。此外,构件截面沿轴线可以变化,例如,工业建筑中的阶形柱[图6.4(a)]、楔形柱[图6.4(b)]等。截面形式的选择,取决于构件的用途、荷载、制作、施工、用钢量等诸多因素。不同的截面形式,在计算方法上会有若干差别。

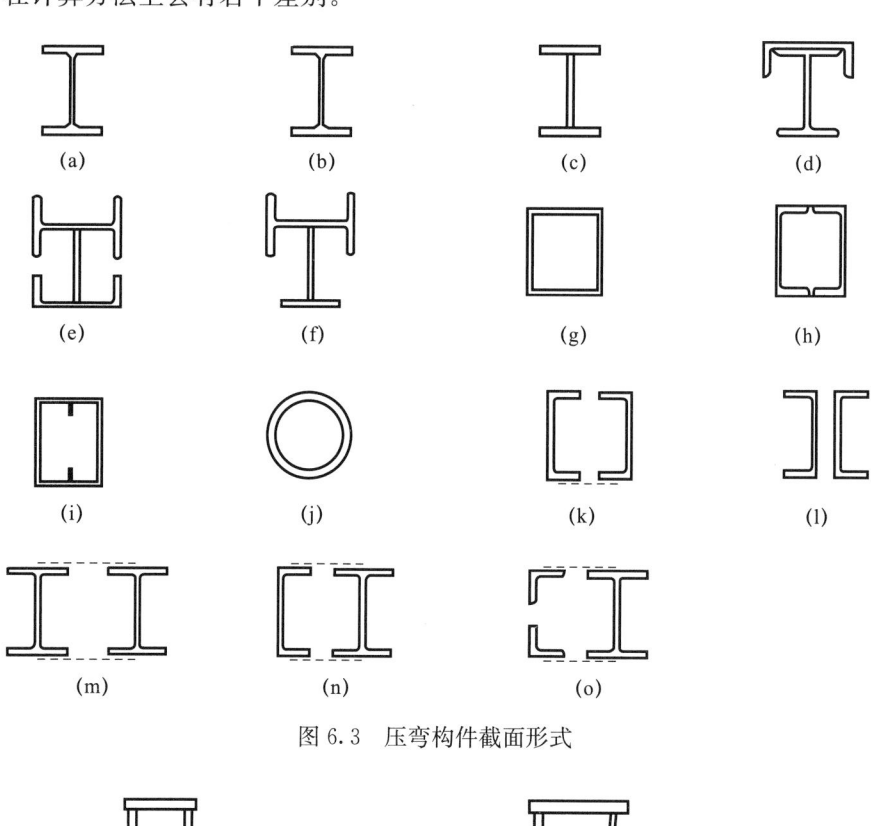

图6.3 压弯构件截面形式

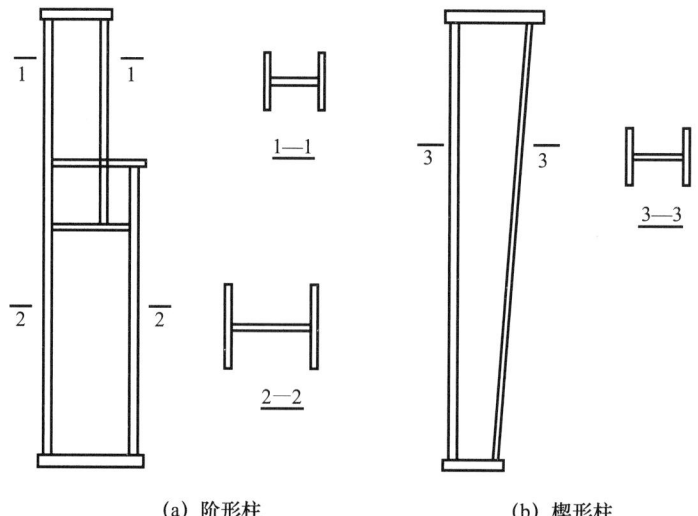

图6.4 截面沿构件轴线变化的压弯构件

6.2 拉弯和压弯构件的破坏形式和设计要点

6.2.1 拉弯和压弯构件的破坏形式

拉弯和压弯构件是受弯构件和轴心受力构件的组合，在轴力、弯矩作用下构件截面上应力的发展与受弯构件截面有相似之处。单向压弯构件截面应力发展情况如图6.5所示。

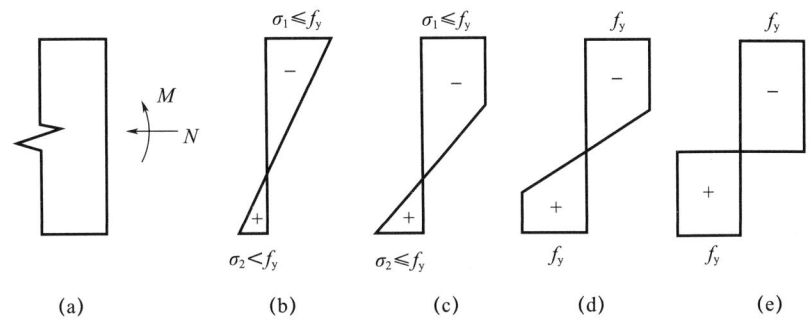

图 6.5 单向压弯构件截面的应力发展

拉弯和压弯构件的破坏形式有强度破坏、整体失稳破坏和局部失稳破坏等。

强度破坏指截面的一部分或全部应力都达到甚至超过钢材屈服点的状况。内力最大的截面、等截面构件中因孔洞等原因局部削弱较多的截面、变截面构件中内力相对大而截面相对小的截面可能首先达到这一状况。

压弯构件可能发生整体失稳破坏。单向压弯构件的整体失稳分为弯矩作用平面内和弯矩作用平面外两种情况。

弯矩作用平面内失稳的情况。假设构件的轴压力作用点与截面某一主轴有一偏心，称为偏心受压构件。随着轴压力的增大，构件各截面弯矩增大。如果有足够的约束防止弯矩作用平面外的侧移和变形，平面内跨中最大横向位移与构件压力的关系如图6.6中曲线所示，压弯构件在弯矩作用平面内不存在分肢现象，这与理想轴心压杆不同。工程设计中进行结构分析时，一般采用小位移假定，只考虑内外力在结构初始位置的平衡，当然也不考虑初始几何缺陷等的影响，即采用一阶弹性分析；而压弯构件平面内失稳则与轴力引起的"二阶效应"有关，即需考虑轴压力对杆轴水平变位 δ 所产生附加弯矩的影响，通常将其称为 $P\text{-}\delta$ 效应。二阶效应是一种非线性效应。如果按一阶弹性分析得到的横向变位为 δ_0，则轴压力在其上引起的弯矩 $N\delta_0$ 一定又造成横向变位增量 δ_1。因此轴压力与变位的关系呈现非线性。随着构件截面边缘开始进入塑性之后，截面内弹性区不断缩小，截面上拉应力合力与压应力合力间的力臂在缩短，内弯矩的增量在减小，而外弯矩增量却随轴压力增大而非线性增长，使轴压力与变位间呈现出更明显的非线性。当截面上代表抗力的轴力和内弯矩不能满足这一平衡时，构件就达到了稳定极限状态，也即图6.6中曲线的极值点 D。压弯构件在到达极值点之后，不能负担更大的轴压力，这类失稳被称为极值失稳。曲线在极值点之后的部分称为下降段或负刚度段。需要注意的是，在曲线的极值点，构件的最大内力截面不一定到达全塑性状态［图 6.5（e）］，而这种全塑性状态可能发生在轴压承载力下降段的某点 D' 处（图 6.6）。

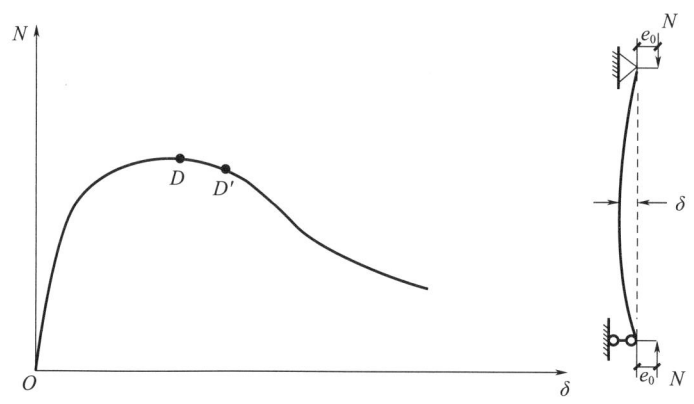

图 6.6 单向压弯构件平面内失稳的轴力——位移曲线

弯矩平面外失稳的情况。在一个主轴平面内弯曲的构件，在压力和弯矩作用下，发生弯曲平面外的侧移与扭转，称为压弯构件平面外的整体失稳，又称弯扭失稳。假如构件各截面的几何与物理中心是理想直线，弯矩也只是作用在一个平面内，则这种失稳具有屈曲失稳的特点。

对轴力很小而弯矩作用很大的拉弯构件，也有发生整体失稳的可能性。

局部失稳破坏。局部失稳一般发生在构件的受压翼缘和腹板，或受较大剪力作用的板件。其产生原因与轴心受压或受弯构件局部失稳相同。

6.2.2 拉弯和压弯构件的设计要点

拉弯和压弯构件的设计内容包括承载能力极限状态和正常使用极限状态的设计。

压弯构件承载能力极限状态的计算包括强度、整体稳定性和局部稳定性计算。其中，整体稳定性计算包括弯矩作用平面内稳定和弯矩作用平面外稳定的计算；此外，实腹式构件还必须保证组成板件的局部稳定，格构式构件还必须保证单肢稳定。

拉弯构件承载能力极限状态的计算通常仅需要计算其强度，但是当构件以受弯为主，轴力较小，或有其他需要时，需按受弯构件进行整体稳定性和局部稳定性计算，计算拉弯或压弯构件的挠度或变形，使其不超过容许值。

在满足正常使用极限状态方面，通过限制构件长细比来保证构件的刚度要求，拉弯和压弯构件的容许长细比与轴心受力构件相同。

6.3 拉弯和压弯构件的强度和刚度

6.3.1 截面强度计算准则

拉弯和压弯构件截面正应力分别由轴力和弯矩引起。弹性阶段，正应力在截面上线性分布。随着塑性的发展，截面上受拉和受压区的应力分别趋近钢材的屈服点。下面以双轴对称工字形截面压弯构件为例,构件在轴心压力 N 和绕主轴 x 轴弯矩 M_x 的共同作用下,其截面应力的发展过程如图 6.7 所示。

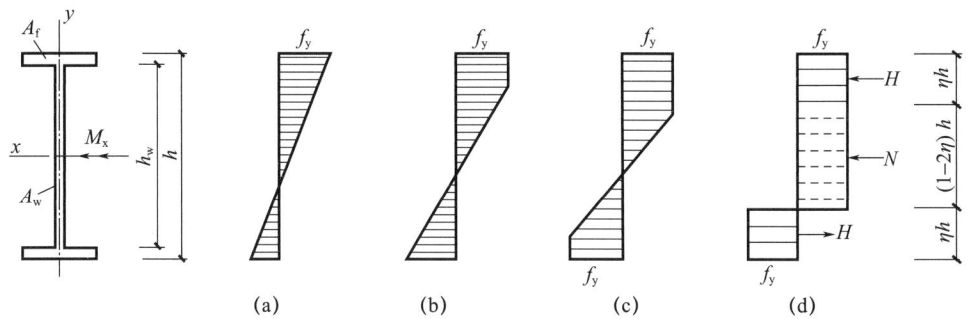

图 6.7　双轴对称工字形截面压弯构件截面应力发展过程

假设 N 不变而 M_x 逐渐加大,截面上应力发展可分为四个阶段:

(1) 当 M_x 不大时,截面处于弹性工作状态,截面边缘纤维最大应力 $\sigma_{\max}=\dfrac{N}{A_n}\pm\dfrac{M_x}{W_n}<f_y$,随着弯矩的不断增加并持续到 $\sigma_{\max}=f_y$,截面边缘纤维达到屈服 [图 6.7(a)];

(2) 当 M_x 继续增加,最大应力一侧的塑性区将向截面内部发展,截面受压区进入塑性状态 [图 6.7(b)];

(3) M_x 继续增大使截面另一侧边缘纤维也达到屈服,并向截面内部发展塑性,截面受拉区也进入塑性状态 [图 6.7(c)],此时截面为弹塑性工作状态;

(4) 当塑性区深入全截面时,形成塑性铰 [图 6.7(d)],此时构件达到强度承载能力极限状态。

拉弯和压弯构件截面正应力的发展规律与受弯构件截面相似,计算拉弯和压弯构件的强度时,根据截面上应力发展的不同程度,可取以下三种不同的强度计算准则。

(1) 上边缘纤维屈服准则:将构件截面边缘纤维屈服的弹性受力阶段极限状态作为强度计算的承载能力极限状态。按此准则,构件始终处于弹性阶段。《钢结构设计标准》(GB 50017—2017) 对需要计算疲劳的构件和部分格构式构件的强度计算采用了这一准则,《冷弯薄壁型钢结构技术规范》(GB 50018—2002) 也采用了这一准则。

(2) 全截面屈服准则:将构件截面塑性受力阶段极限状态作为强度计算的承载能力极限状态。这一准则以构件最大受力截面形成塑性铰为强度极限。

(3) 部分发展塑性准则:将构件截面部分塑性发展作为强度计算的承载能力极限状态,塑性区发展的深度根据具体情况确定。此时,构件处于弹塑性阶段。为了避免构件形成塑性铰时产生过大的非弹性变形,《钢结构设计标准》(GB 50017—2017) 规定一般构件以这一准则作为强度极限。

拉弯构件和压弯构件的不同受力特点在于除承受弯矩作用外,前者受轴向拉力作用而后者受轴向压力作用。假如构件不发生整体失稳和局部失稳,则拉弯和压弯构件的截面承载极限状态可视为一致。

以下以拉弯构件为例推导强度公式。压弯构件截面强度计算与拉弯构件强度计算方法相同,只需用轴压力或轴压力设计值代替相关公式中的轴拉力或轴拉力设计值即可。

6.3.2 单向拉弯构件的截面强度

6.3.2.1 按边缘屈服准则计算时的强度

构件截面在轴心拉力 N 和绕一个主轴 x 轴的弯矩 M_x 作用下，截面边缘处的最大应力达到屈服点时（图 6.8），其强度计算公式为：

$$\sigma = \frac{N}{A} + \frac{M_x}{W_x} \leqslant f_y \tag{6.1}$$

式中 N、M_x——截面上的轴力和弯矩；

   A——截面面积，mm^2；

   W_x——绕截面主轴 x 轴的截面模量。

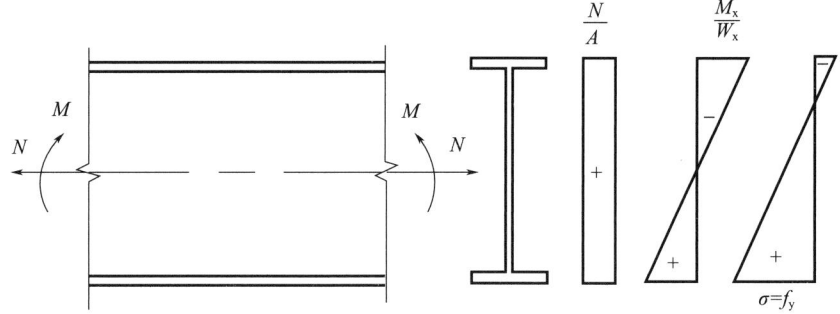

图 6.8 单向拉弯构件应力分布

设计时应考虑截面削弱和最大应力应低于强度设计值 f_d，则上式可写成：

$$\sigma = \frac{N}{A_n} + \frac{M_x}{W_{nx}} \leqslant f_d \tag{6.2}$$

式中 A_n——净截面面积，mm^2；

   W_{nx}——绕截面主轴 x 轴的净截面模量。

6.3.2.2 按全截面屈服准则计算时的强度

全截面进入塑性时，截面上应力分布不仅与轴力 N 的大小有关，也和构件截面组成方式有关。例如，双轴对称工字形截面拉弯构件绕强轴 x 轴受弯时，如中和轴位于腹板内，全截面达到塑性时的应力分布如图 6.9（a）所示，腹板受压屈服区的高度为 ch_0，相应受拉区高度为 $(1-c)h_0$。

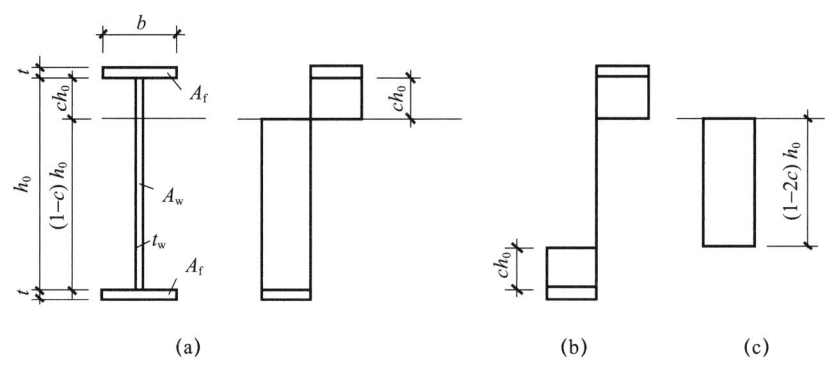

图 6.9 单向拉弯构件全截面屈服时的应力分布

将应力图分解为与 M_x [图 6.9（b）] 和 N [图 6.9（c）] 相平衡的两部分，由平衡条件得：

$$N = f_y (1-2c) A_w \tag{6.3a}$$

$$M_x = f_y [(h_0+t) A_f + c(1-c) h_0 A_w] \tag{6.3b}$$

式中 A_w——腹板面积，mm^2，$A_w = h_0 t_w$；
A_f——翼缘面积，mm^2，$A_f = bt$。

从以上两式消去 c，得：

$$M_x = f_y \left[(h_0+t) A_f + \frac{1}{4} A_w h_0 \left(1 - \frac{N^2}{A_w^2 f_y^2}\right) \right] \tag{6.3c}$$

令 $p = \dfrac{A_f}{A_w}$，$\xi = 1+2p$，可得 $A = \xi A_w$。

截面完全达到受拉屈服时，

$$N_p = A f_y \tag{6.3d}$$

截面完全受弯而屈服时，

$$M_{px} = \left[A_f (h_0+t) + \frac{1}{4} A_w h_0 \right] f_y = \frac{N_p}{\xi} \left[p(h_0+t) + \frac{h_0}{4} \right] = W_{px} f_y \tag{6.3e}$$

将以上关系式代入式（6.3c）得

$$\frac{M_x}{M_{px}} + \frac{\xi^2 h_0}{4p(h_0+t) + h_0} \left(\frac{N}{N_p}\right)^2 = 1 \tag{6.3f}$$

若设 $\alpha = \dfrac{A_w}{2A_f}$，$\beta = \dfrac{t}{h_0}$，则式（6.3f）可写为：

$$\frac{M_x}{M_{px}} + \frac{(1+\alpha)^2}{\alpha [2(1+\beta) + \alpha]} \left(\frac{N}{N_p}\right)^2 = 1 \tag{6.4a}$$

若中和轴在翼缘内，依同理可得：

$$\frac{N}{N_p} + \frac{2+\alpha+\beta}{\alpha [2(1+\alpha) + (1+2\beta)]} \left(\frac{M_x}{M_{px}}\right) = 1 \tag{6.4b}$$

当绕弱轴弯曲时，中和轴在腹板内，其表达式为：

$$\frac{\alpha(1+\alpha^2)}{1+2\alpha^2 \beta} \left(\frac{N}{N_p}\right)^2 + \frac{M_y}{M_{py}} = 1 \tag{6.4c}$$

中和轴在翼缘内，其表达式为：

$$\frac{1}{1-\alpha}\left(\frac{N}{N_p}\right)^2 - \frac{2\alpha}{1-\alpha}\frac{N}{N_p} + \frac{1+2\alpha^2 \beta}{1-\alpha^2}\frac{M_y}{M_{py}} = 1 \tag{6.4d}$$

式（6.4）是拉弯构件全截面塑性条件下的轴力——弯矩相关曲线。从式（6.4）可以看出，双轴对称工字形截面拉弯构件的轴力、弯矩和腹板与翼缘面积比 α、翼缘高度与腹板高度比 β 有关。

在图 6.10 绘出通常比例尺寸情况下，工字形截面轴力 N 和绕强轴弯矩 M_x 的相关曲线的范围，从图中可以看出，曲线均呈凸形，对于绕弱轴弯曲的情况和其他形式截面一样。

在设计时为了简化，可以偏安全地采用直线关系式（图 6.10 中虚线），其表达式（不区分 x 轴或 y 轴）为：

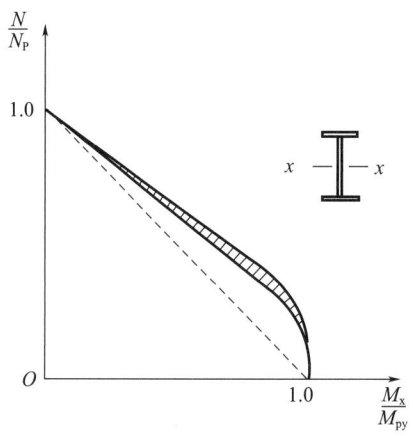

图6.10 拉弯构件截面极限强度相关曲线

$$\frac{N}{N_p}+\frac{M}{M_p}=1 \tag{6.5a}$$

$$\frac{N}{Af_y}+\frac{M}{W_p f_y}=1 \tag{6.5b}$$

式中 W_p——截面塑性模量。

设计时考虑截面削弱和强度设计值 f_d，则式（6.5）可写成：

$$\frac{N}{A_n}+\frac{M}{W_{np}}=f_d \tag{6.6}$$

式中 A_n——截面净截面面积，mm^2；

W_{np}——净截面塑性模量，mm^2。

6.3.2.3 按部分发展塑性准则计算时的强度

构件在轴力和弯矩作用下一部分截面进入塑性，另一部分截面还处于弹性阶段时，其应力分布如图6.11所示。

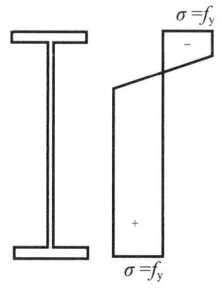

图6.11 单向拉弯构件截面弹塑性应力分布

式（6.1）和式（6.5）都是直线关系，两式差别在左端第二项，式（6.1）采用弹性截面模量 W，应力处于弹性阶段；式（6.5）采用塑性截面模量 W_p，应力处于全截面进入塑性阶段。应力处于弹塑性时，也可采用直线关系式，即：

$$\frac{N}{Af_y}\pm\frac{M_x}{\gamma W_x f_y}=1 \tag{6.7}$$

设计时考虑截面削弱和采用强度设计值 f_d，则式（6.7）可写成：

$$\frac{N}{A_n} \pm \frac{M_x}{\gamma W_{nx}} \leqslant f_d \tag{6.8}$$

式中 γ——截面塑性发展系数，$\gamma W_{nx} < W_{npx}$。

图 6.12 表示式（6.1）、式（6.4）、式（6.5）和式（6.7）的曲线，从中可以看出拉弯构件不同计算公式之间的关系。

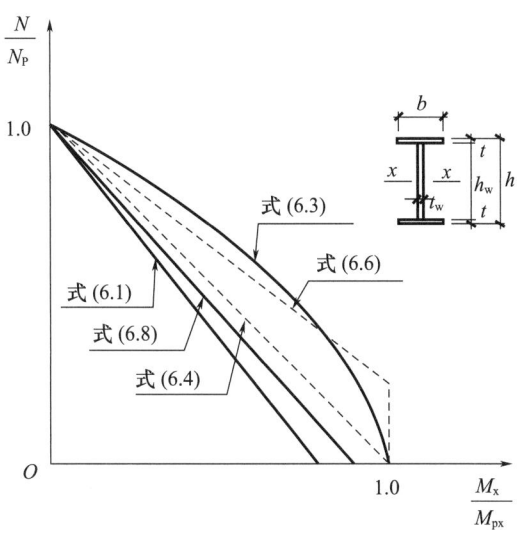

图 6.12 工字形截面 N-M_x 曲线

6.3.3 双向拉弯构件的截面强度

若采用边缘屈服准则，则：

$$\frac{N}{A} + \frac{M_x}{W_x} + \frac{M_y}{W_y} \leqslant f_y \tag{6.9}$$

或用直线相关公式表示其对应的极限状态，即：

$$\frac{N}{N_p} + \frac{M_x}{M_{ex}} + \frac{M_y}{M_{ey}} = 1 \tag{6.10}$$

若采用全截面屈服准则，全截面进入塑性时的极限状态方程一般为 $\frac{N}{N_p}$、$\frac{M_x}{M_{px}}$、$\frac{M_y}{M_{py}}$ 的曲面方程，与平面拉弯问题相似，可以用平面公式近似地表示极限状态方程，即：

$$\frac{N}{N_p} + \frac{M_x}{M_{px}} + \frac{M_y}{M_{py}} = 1 \tag{6.11}$$

若采用部分发展塑性准则，则其极限方程为：

$$\frac{N}{N_p} + \frac{M_x}{\gamma_x M_{ex}} + \frac{M_y}{\gamma_y M_{ey}} = 1 \tag{6.12}$$

对图 6.3 所示各种截面，除圆管［图 6.3（j）］外，式（6.9）～式（6.12）都是适用的。但对圆管截面，双向拉弯时的边缘屈服准则对应的极限状态方程为：

$$\frac{N}{N_p} + \frac{\sqrt{M_x^2 + M_y^2}}{M_e} = 1 \tag{6.13}$$

同样可以类推出相应全截面塑性和部分发展塑性时圆管截面的极限状态方程。

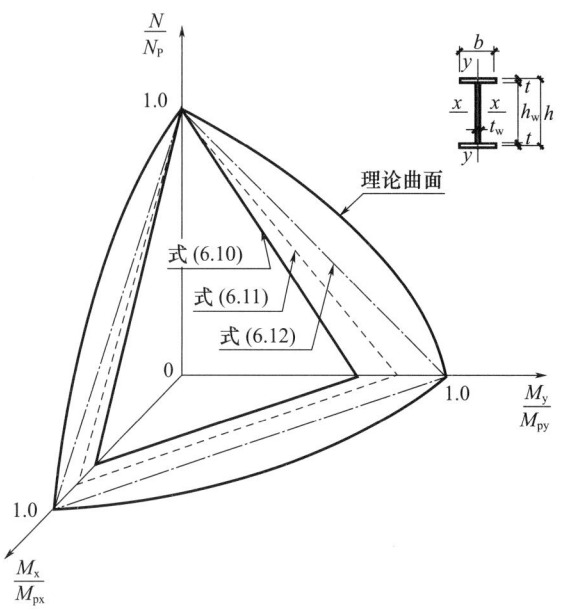

图 6.13 双向拉弯构件极限强度相关曲面

双向拉弯截面的强度相关公式的图形如图 6.13 所示。从图 6.13 可以看出，截面强度极限状态是在内力空间的一个曲面，这个曲面具有外凸的性质。在结构弹塑性分析中，有一种方法是把应力空间屈服函数的概念拓展到内力空间上，从而使塑性力学的基本概念可以用到这一范围。

拉弯构件除轴力、弯矩以外，往往还有剪力的存在，有时还起扭矩作用。当用边缘屈服准则进行强度设计时，可以不考虑这些内力分量的影响；由材料力学中的强度理论可知，截面上的剪应力与应力屈服面是相关的，因此当以全截面塑性状态为准则时，事实上存在剪力的影响。

对工程构件的研究表明，当构件长度大于截面高度 6 倍左右时，剪力对截面强度的影响较小，因此在工程设计中，通常采用简化的仅考虑轴力和弯矩因素的相关公式。

考虑截面削弱和采用强度设计值 f_d，则式（6.9）、式（6.11）和式（6.12）可表示为：

$$\frac{N}{A_n} \pm \frac{M_x}{W_{nx}} \pm \frac{M_y}{W_{ny}} \leqslant f_d \tag{6.14}$$

$$\frac{N}{A_n} \pm \frac{M_x}{W_{npx}} \pm \frac{M_y}{W_{npy}} \leqslant f_d \tag{6.15}$$

$$\frac{N}{A_n} \pm \frac{M_x}{\gamma_x W_{nx}} \pm \frac{M_y}{\gamma_y W_{ny}} \leqslant f_d \tag{6.16}$$

对圆管截面拉弯和压弯构件，《钢结构设计标准》（GB 50017—2017）采用的计算公式形式如下：

$$\frac{N}{A_n} + \frac{\sqrt{M_x^2 + M_y^2}}{\gamma_m W_n} \leqslant f_d \tag{6.17}$$

式中 γ_m——圆管截面塑性发展系数,对实腹圆形取 1.2,当圆管截面板件宽厚比等级不满足 S3 级要求时,取 1.0,满足 S3 级要求时取 1.15。

6.3.4 拉弯和压弯构件的刚度

与轴心受力构件相同,工程设计上,作为单个构件,拉弯和压弯构件的刚度控制也是采用容许长细比作为刚度控制条件,《钢结构设计标准》(GB 50017—2017)规定拉弯和压弯构件的容许长细比取轴心受拉或轴心受压构件的容许长细比值,即:

$$\lambda \leqslant [\lambda] \tag{6.18}$$

式中 λ——拉弯和压弯构件绕对应主轴的长细比;

$[\lambda]$——轴心受拉或轴心受压构件的容许长细比。

【例 6.1】 试验算图 6.14 所示拉弯构件的强度和刚度。均布荷载设计值 $q=8\text{kN}$,轴心拉力设计值 $N=600\text{kN}$。钢材为 Q235B,截面为普通工字钢 I25a。

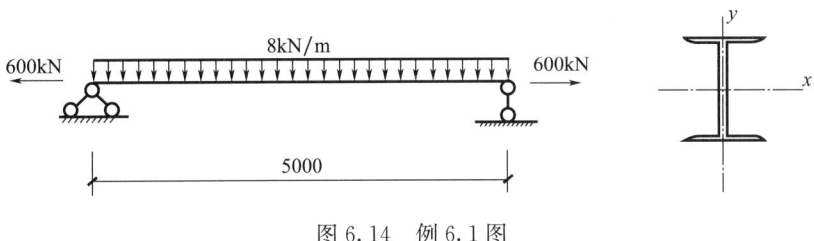

图 6.14 例 6.1 图

【解】 工字钢 I25a 的截面几何特性和质量:

$A=48.5\text{cm}^2$,$g=0.38\text{kN/m}$,$W_x=401\text{cm}^3$,$i_x=10.2\text{cm}$,$i_y=2.40\text{cm}$。

构件截面的最大弯矩为:

$$M_x = \frac{1}{8}(8+0.38\times1.3)\times5^2 = 26.5 \text{ (kN·m)}$$

验算强度:

$$\frac{N}{A_n} + \frac{M_x}{\gamma_x W_{nx}} = \frac{600\times10^3}{4850} + \frac{26.5\times10^6}{1.05\times4.01\times10^5} = 186.6 \text{ (N/mm}^2) < f = 215\text{N/mm}^2$$

验算长细比:

$$\lambda_x = \frac{5000}{102} = 49.0 < [\lambda] = 350$$

$$\lambda_y = \frac{5000}{24.0} = 208.3 < [\lambda] = 350$$

满足要求。

6.4 实腹式压弯构件的整体稳定

压弯构件的承载力通常由稳定承载力确定。当弯矩绕一个主轴平面作用时(如工字形截面的强轴),压弯构件可能在弯矩作用平面内弯曲失稳 [图 6.15 (a)],也可能在弯矩作用平面外弯扭失稳 [图 6.15 (b)]。

对实腹式双轴对称截面,弯矩一般绕强轴(x 轴)作用,对单轴对称截面,弯矩作用在对称轴平面内。当弯矩作用在刚度最大平面内,即弯矩位于腹板平面内时,构件绕强轴 x 弯曲,当荷载增大到某一数值时,挠度迅速增大,构件破坏,此时挠曲方向始终在弯矩作用平面内,称为平面内失稳。

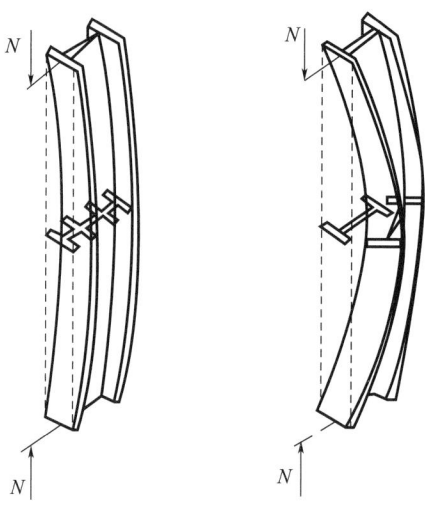

(a) 弯矩作用平面内弯曲失稳　　(b) 弯矩作用平面外弯扭失稳

图 6.15　单向弯曲实腹式压弯构件的失稳形式

若构件的侧向刚度较小,且侧向又无足够支撑,构件在平面失稳之前会突然产生侧向弯矩(绕 y 轴方向的弯矩)同时伴随着扭转而丧失整体稳定,此时挠曲方向偏离了弯矩作用平面,称为平面外失稳。

因此,实腹式压弯构件要分别计算弯矩作用平面内和弯矩作用平面外的稳定性。

6.4.1　实腹式单向压弯构件在弯矩作用平面内的稳定计算

实腹式压弯构件在弯矩作用平面外的抗扭刚度较大,或截面抗扭刚度较大,或有足够的侧向支撑可以阻止弯矩作用平面外的弯扭变形时,将发生弯矩作用平面内的弯曲失稳破坏。

图 6.16 (a) 所示为一承受等端弯矩 M 及轴心压力 N 作用的实腹式压弯杆件。它在荷载作用一开始就会产生挠度(沿弯矩作用方向),而挠度又会引起附加弯矩(二阶弯矩)。其总弯矩为 $M+Ny$。用二阶弹性分析方法可列出该杆平衡微分方程如下:

$$EI\frac{d^2y}{dx^2}+Ny+M=0 \tag{6.19}$$

假定杆件的挠度曲线为正弦曲线的半波,即:

$$y=v_m\sin\frac{\pi x}{l} \tag{6.20}$$

将式 (6.20) 代入式 (6.19) 求解 y,并取 $x=l/2$,可得杆件中点挠度 v_m 为:

$$v_m=\frac{M}{N_{cr}\left(1-\dfrac{N}{N_{cr}}\right)} \tag{6.21}$$

计入二阶弯矩后，杆件中点截面处的最大弯矩为：

$$M_{\max}=M+Nv_{\mathrm{m}}=\frac{M}{1-\dfrac{N}{N_{\mathrm{cr}}}} \tag{6.22}$$

式中，$N_{\mathrm{cr}}=\dfrac{\pi^2 EI}{l^2}$ 为欧拉临界力。

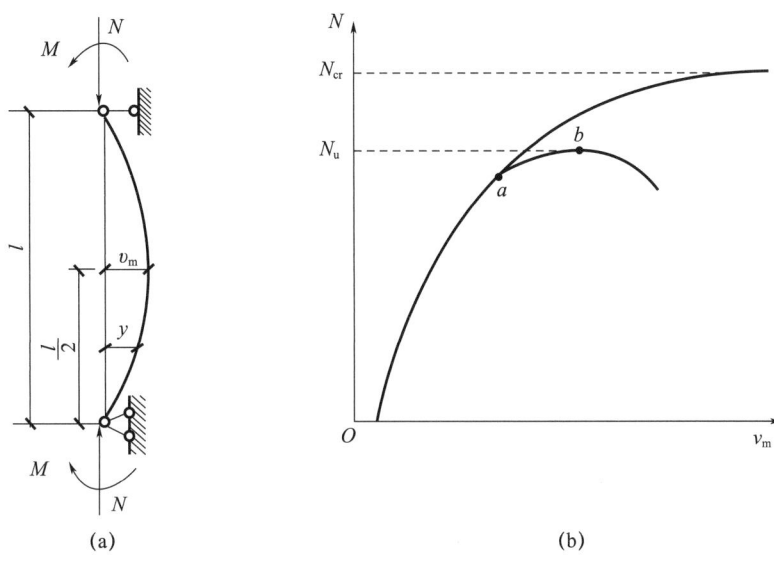

图 6.16 压弯杆件的 $N\text{-}v_{\mathrm{m}}$ 曲线

该杆 $N\text{-}v_{\mathrm{m}}$ 曲线示意图如图 6.16（b）所示，假定杆端弯矩保持不变，由于附加弯矩的影响，曲线从加载开始即呈非线性关系。如果全部曲线按式（6.21）计算（按无限弹性体计算），则当 N 趋近欧拉临界力 N_{cr} 时，挠度 v_{m} 将达到无穷大，此时杆件丧失承载力而被破坏。如果考虑材料弹塑性，当荷载增大到使杆件弯曲凹侧边缘应力达到屈服点时［图 6.16（b）曲线上的 a 点］，杆件进入弹塑性工作状态，随着 N 继续增大，曲线将呈现上升段（为稳定平衡状态）和下降段（为不稳定平衡状态），其中上升段上升趋势较弹性段缓慢，曲线的最高点 b（为临界平衡状态）处的荷载 N_{u} 为压弯杆件的极限荷载。

图 6.16（b）中曲线 a 点以前的线段为弹性阶段，该段可按式（6.21）计算，但超过 a 点以后的上升段以及下降段，要按二阶弹塑性分析方法计算，且不能直接导出计算公式，只能针对具体实例用计算机算出数值结果。杆件达到临界平衡状态点 b 时，截面上的应力分布可能因截面形式或弯矩、轴力不同，有的受压区进入塑性，有的受拉区进入塑性，也有的受压区和受拉区同时进入塑性。

压弯构件在弯矩作用平面内失稳时，对于具有不同截面形状及荷载组合的构件，其中部截面塑性区分布可分为三种情况。第一，对于双轴对称截面，当压力较小、弯矩较大时，可能同时在截面两侧有塑性发展；第二，当压力较大、弯矩较小时，可能只在受压较大一侧有塑性发展；第三，对于单轴对称截面，弯矩作用在对称轴平面内且使较大翼缘受压时，除上述两种塑性区分布情况外，还可能只在受拉一侧有塑性发展，这三种情况分别如图 6.17（a）（b）(c) 所示。

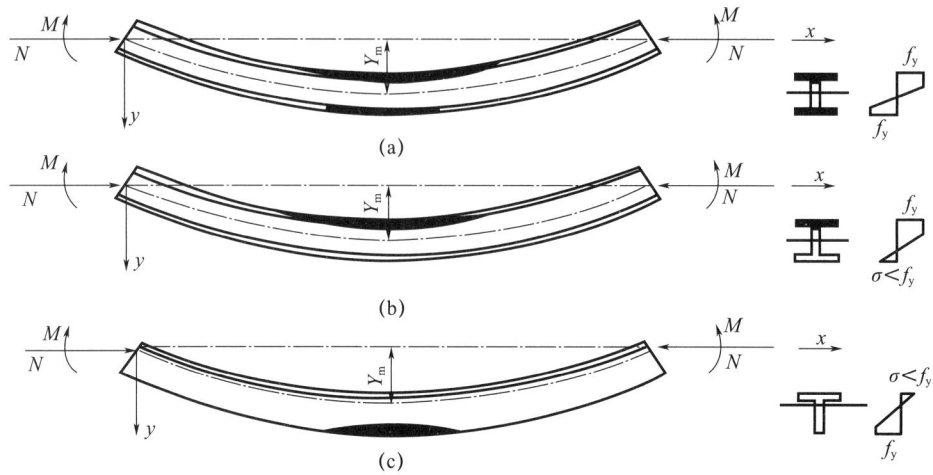

图 6.17 压弯构件平面内失稳时的塑性区

确定压弯构件弯矩作用平面内稳定承载能力的方法很多，可分为两类，一类是边缘屈服准则的计算方法，另一类是极限承载能力准则计算方法。

（1）边缘屈服准则。

该准则是以构件截面边缘纤维最大应力开始屈服的荷载作为压弯构件的稳定承载能力。

现采用两端铰接均匀受弯的等截面压弯构件来分析其平面内稳定承载能力。在轴心力 N 和弯矩 M 的共同作用下，构件中点的挠度为 v_m，在离端部 z 处的挠度为 y，此时力的平衡方程为：

$$EI\frac{d^2y}{dx^2}+Ny+M=0 \tag{6.23}$$

构件中点最大挠度为：

$$v_m=\frac{M}{N}\left(\sec\frac{kl}{2}-1\right) \tag{6.24}$$

最大弯矩为：

$$M_{max}=M+Nv_m=\frac{M}{1-N/N_{Ex}} \tag{6.25}$$

由于一般情况下 N/N_{Ex} 都比较小，可以用近似公式代替理论公式来计算附加弯矩与实际弯矩共同作用引起的最大弯矩。

考虑到构件的初偏心、初弯矩和残余应力等初始缺陷对压弯构件的影响，利用等效偏心距 e_0 来综合代表，则构件中央最大弯矩为：

$$M_{max}=\frac{M+Ne_0}{1-N/N_{Ex}} \tag{6.26}$$

压弯构件在弹性阶段，受力最不利截面边缘纤维开始屈服时，压弯构件稳定承载力的表达式为：

$$\frac{N}{A}+\frac{M_x+Ne_0}{W_{1x}(1-N/N_{Ex})}=f_y \tag{6.27}$$

式中　N——作用于构件的轴心压力；
　　　M_x——作用于构件的弯矩；
　　　A——构件的毛截面面积；
　　　W_{1x}——构件的截面受压较大边缘的毛截面抵抗矩；
　　　e_0——综合代表构件初始缺陷的等效偏心距。

由式（6.27）可得到等效偏心距表达式：

$$e_0 = \frac{W_{1x}}{\varphi_x A}(1-\varphi_x)\left(1-\frac{\varphi_x f_y A}{N_{Ex}}\right) \tag{6.28}$$

式中　φ_x——在弯矩作用平面内，不计弯矩作用的轴心受压构件的稳定系数。

再将式（6.28）代入式（6.27）整理后可以得到：

$$\frac{N}{\varphi_x A} + \frac{M_x}{W_{1x}\left(1-\frac{\varphi_x N}{N_{Ex}}\right)} = f_y \tag{6.29}$$

以上 N 与 M_x 的相关公式是从两端铰接均匀受弯的压弯构件的弹性理论推得，当压弯构件两端偏心弯矩不等时，引入等效弯矩系数 β_{mx}，将其他约束及荷载情况的弯矩分布形式转化成均匀受弯来看待，则对式（6.29）做如下调整：

$$\frac{N}{\varphi_x A} + \frac{\beta_{mx} M_x}{W_{1x}\left(1-\frac{\varphi_x N}{N_{Ex}}\right)} = f_y \tag{6.30}$$

式（6.30）为压弯构件按边缘屈服准则得出的相关公式。由上述分析可知，边缘强度计算准则实际上是用强度计算代替稳定计算，并且只适用于弹性范围。对于由宽厚比相当大的板件组成的截面，例如冷弯薄壁型钢构件，在全截面发展塑性的可能性较小，一般以边缘屈服准则作为构件稳定承载力的设计准则。《钢结构设计标准》（GB 50017—2017）对格构式构件绕虚轴弯曲的稳定计算就采用了这一准则。

（2）极限承载能力准则。

实腹式单向压弯构件截面边缘纤维屈服后，仍可以继续承受荷载。在这个过程中，构件截面会随着荷载的增加而出现部分屈服，进入弹塑性阶段，如图 6.17（a）(b)（c）所示塑性区分布情况按压弯构件 N-v_m 曲线极值来确定弯矩作用平面内稳定承载能力 N_u，称为极限承载能力准则。若要真实反映构件的实际受力情况，则宜采用这一准则。

压弯构件平面内稳定的极限承载能力一般由以下方式确定：第一，根据大量试验数据，用统计的办法确定；第二，根据力学模型，采用数值分析方法确定，并用必要的试验数据予以验证。

前一种方法客观、直接，其结果可以包含材料、制作、加载、约束等各方面的复杂情况，但是成本较大，难以准确区分不同因素的影响，事实上也不可能对工程构件在各种条件下的极限承载力都通过试验来确定。另外，由于构件进入弹塑性之后，截面刚度沿轴线发生了变化，除少数情况外，难以得到弹性范围内简洁明了的解析解，因而按极限承载能力准则求 N_u，最常用的是数值解法。通过采用半解析半数值方法或数值方法去求取极限承载能力。数值分析的方法可以弥补前述试验方法的不足，但数值方法必须经过必要的试验验证。

我国《钢结构设计标准》（GB 50017—2017）采用数值分析方法对 11 种截面近 200

条压弯构件做了大量计算，形成了承载力曲线，得到了不同截面及其对应轴的各种不同的相关曲线轴。图 6.18 所示是火焰切割边的焊接工字形截面压弯构件在两端相等弯矩作用下的相关曲线，计算结果与理论值吻合程度较高。

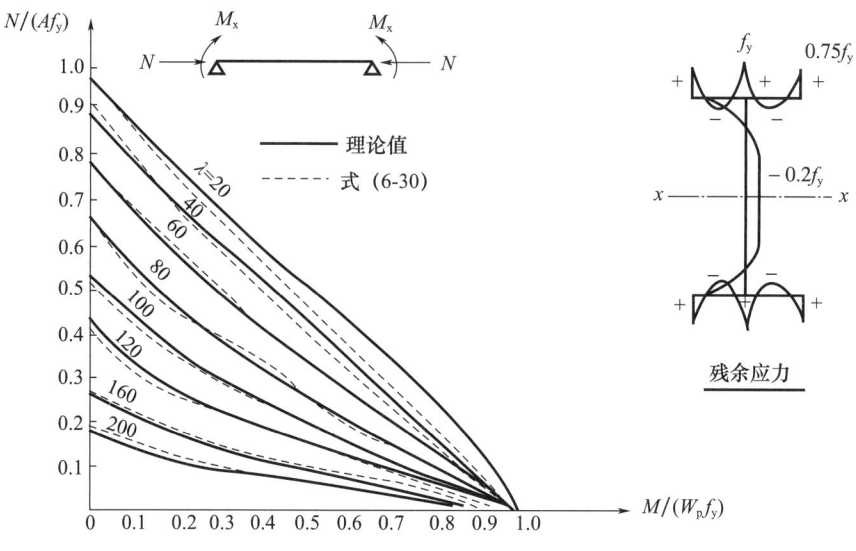

图 6.18 焊接工字形截面压弯构件的相关曲线

(3)《钢结构设计标准》(GB 50017—2017) 的计算式

经与 165 条曲线数值计算结果的仔细比较，并进行可靠度分析后，发现若采用 $\varphi_x=0.8$，式 (6.29) 与数值计算结果有最高的契合度。

对于实腹式单向压弯构件，考虑塑性变形的发展，按边缘屈服准则可得：

$$\frac{N}{\varphi_x A}+\frac{M_x}{\gamma_x W_{1x}\left(1-\dfrac{\varphi_x N}{N_{Ex}}\right)}=\frac{N}{\varphi_x A}+\frac{M_x}{W_{px}\left(1-\dfrac{\varphi_x N}{N_{Ex}}\right)}=f_y \qquad (6.31)$$

式 (6.30) 考虑了压弯构件二阶效应和构件缺陷的影响，式 (6.31) 考虑了塑性变形的发展。《钢结构设计标准》(GB 50017—2017) 将两公式进行结合，取等效弯矩 $\beta_{mx} M_x$，考虑截面部分塑性发展，引入抗力分项系数 γ_x，即 $W_{px}=\gamma_x W_{1x}$，将该式第二项分母中的 φ_x 改为常数 0.8，即得到实腹式压弯构件弯矩作用平面的稳定计算公式，是一种半经验半理论公式。

《钢结构设计标准》(GB 50017—2017) 规定：

除圆管截面外，弯矩作用在对称轴平面内的实腹式压弯构件，弯矩作用平面内稳定性应按式 (6.32) 计算：

$$\frac{N}{\varphi_x A f}+\frac{\beta_{mx} M_x}{\gamma_x W_{1x}\left(1-0.8\dfrac{N}{N'_{Ex}}\right)f}\leqslant 1.0 \qquad (6.32)$$

式中 N——所计算构件范围内轴心压力设计值，N；

N'_{Ex}——参数，$N'_{Ex}=\dfrac{\pi^2 EA}{1.1\lambda_x^2}$，N；

φ_x——弯矩作用平面内轴心受压构件稳定系数；

M_x——所计算构件段范围内的最大弯矩设计值，N·m；

W_{1x}——在弯矩作用平面内对受压最大纤维的毛截面模量，mm^3；

γ_x——截面塑性发展系数，按《钢结构设计标准》(GB 50017—2017) 第 6.1.2 条规定取值；

β_{mx}——等效弯矩系数，按下列情况取值：

① 对无侧移框架柱和两端支承的构件。

a. 无横向荷载作用时，β_{mx} 应按下式计算：

$$\beta_{mx}=0.6+0.4\frac{M_2}{M_1} \tag{6.33}$$

式（6.33）中，M_1 和 M_2 为端弯矩，构件无反弯点时取同号，有反弯点时取异号，$|M_1|\geqslant|M_2|$。

b. 无端弯矩但有横向荷载作用时，β_{mx} 应按下式计算：

跨中单个集中荷载：

$$\beta_{mx}=1-0.36\frac{N}{N_{cr}} \tag{6.34}$$

全跨均布荷载：

$$\beta_{mx}=1-0.18\frac{N}{N_{cr}} \tag{6.35}$$

式中 N_{cr}——弹性临界力，N，$N_{cr}=\dfrac{\pi^2 EI}{(\mu l)^2}$；

μ——构件的计算长度系数。

c. 有端弯矩和横向荷载同时作用时，《钢结构设计标准》(GB 50017—2017) 中式 (6.32) 中的 $\beta_{mx}M_x$ 应按下式计算：

$$\beta_{mx}M_x=\beta_{mqx}M_{qx}+\beta_{m1x}M_1 \tag{6.36}$$

式中 M_{qx}——横向均布荷载产生的弯矩最大值，N·m；

M_1——跨中单个横向集中荷载产生的弯矩，N·m；

β_{mqx}——按式 (6.35) 计算；

β_{m1x}——按式 (6.33) 计算。

② 有侧移框架柱和悬臂构件。

a. 除 b 项规定之外的框架柱，$\beta_m=1-0.36\dfrac{N}{N_{cr}}$。

b. 有横向荷载的柱脚铰接的单层框架柱和多层框架的底层柱，$\beta_m=1.0$。

c. 自由端作用有弯矩的悬臂柱，$\beta_m=1-0.36\dfrac{(1-m)N}{N_{cr}}$。

式中，m 为自由端弯矩与固定端弯矩之比，当弯矩图无反弯点时取正号，有反弯点时取负号。

当框架内力采用二阶弹性分析时，柱弯矩由无侧移弯矩和放大的侧移弯矩组成，此时可对两部分弯矩分别乘以无侧移柱和有侧移柱的等效弯矩系数。

单轴对称的压弯构件计算规定：对于截面单轴对称的压弯构件，弯矩作用在对称轴平面内且使较大翼缘受压时，截面塑性区除了存在前述受压区屈服和受压、受拉区同时屈服两种情况外,还可能在受拉区首先出现屈服而导致构件失去承载能力,如图6.17(c)所示,因此除了按式(6.32)计算外,还应按下式计算:

$$\left| \frac{N}{Af} - \frac{\beta_{mx}M_x}{\gamma_x W_{2x}\left(1-1.25\dfrac{N}{N'_{Ex}}\right)f} \right| \leqslant 1.0 \tag{6.37}$$

式中　W_{2x}——无翼缘端的毛截面模量,mm³;
　　　γ_x——与W_{2x}相应的截面塑性发展系数。

6.4.2　实腹式单向压弯构件在弯矩作用平面外的稳定计算

当实腹式压弯构件在弯矩作用平面外的抗弯刚度较小,或截面抗扭刚度较小,或侧向支承不足以阻止弯矩作用平面外的弯矩变形时,将发生弯矩作用平面外的弯扭失稳破坏。弯矩作用平面外的弯扭失稳实际上是四种变形的叠加,即失稳前的轴压变形、弯矩作用平面内的弯曲变形、失稳时的侧向弯曲和扭转变形。

以两端铰接的双轴对称工字形截面压弯构件弯扭失稳为例,如图6.19所示,不考虑初始缺陷的影响,按照弹性稳定理论分析,可以得到构件在发生弯扭失稳时的M-N相关方程:

$$\left(1-\frac{N}{N_{Ey}}\right)\left(1-\frac{N}{N_x}\right)-\left(\frac{M_x}{M_{crx}}\right)^2=0 \tag{6.38}$$

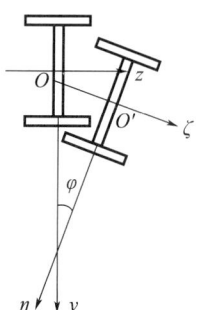

图6.19　压弯构件在弯矩作用平面外弹性弯扭失稳

实际结构构件的情况远非上述假定那样简单理想。如果截面只有一个对称轴,扭转中心与截面形心不重合,平衡方程及其解的形式都会发生改变。此外,当构件比较粗短时,可能发生弹塑性失稳;当构件有初始几何缺陷时,平面外稳定承载力也将成为极值型的问题;当构件截面单轴对称而弯曲平面不在对称轴平面内,或者截面无对称轴时,构件在截面两主轴方向的弯曲失稳和纵轴的扭转失稳将耦联在一起。在这些情况下,通常采用数值解法或试验方法来确定构件的失稳临界力。

以N_z/N_{Ey}的不同比值代入式(6.38),式(6.34)可绘成图6.20所示N/N_{Ey}和M_x/M_{crx}之间的相关曲线。如图6.20所示,构件的抗扭性能和抗侧向弯曲性能越强,N_z/N_{Ey}值越大,曲线越外凸。根据钢结构构件的常用截面形式分析,绝大多数情况下N_z/N_{Ey}都大于1.0,若偏安全地取$N_z/N_{Ey}=1.0$,式(6.38)可近似采用直线方程式(6.39)作为构件平面外稳定与否的判别式。

$$\frac{N}{N_{Ey}}+\frac{M_x}{M_{crx}}=1.0 \tag{6.39}$$

式（6.39）是由双轴对称工字形截面压弯构件的弹性屈曲公式近似推导得到的。经分析该式对弹塑性屈曲以及单轴对称截面构件也适用。

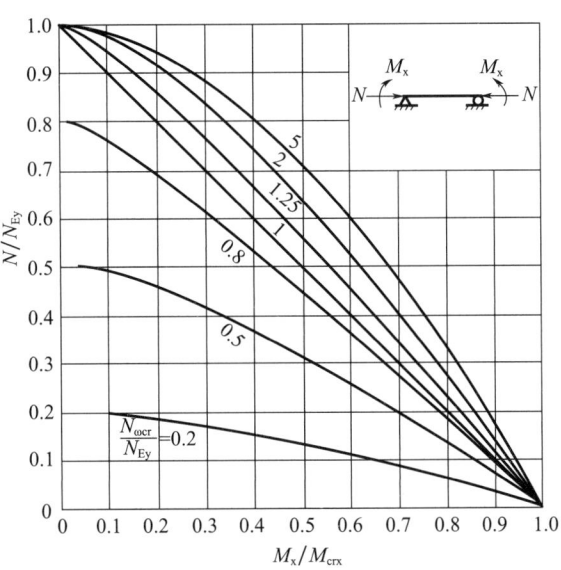

图 6.20 单向压弯构件平面外失稳的相关曲线

将实际工程中计算表达式 $\varphi_y N_p$ 和 $\varphi_b M_{ex}$ 分别替换 N_{Ey} 和 M_{crx}，并引入考虑弯矩非均匀分布时的弯矩等效系数 β_{tx}，得到：

$$\frac{N}{\varphi_y A f_y}+\frac{\beta_{tx} M_x}{\varphi_b W_{1x} f_y}=1.0 \tag{6.40}$$

在工程设计中，考虑荷载分项系数用强度设计值 f 代替屈服强度 f_y，并考虑到闭口截面的情况，引入系数 η，则上式写成设计式的形式后即得到《钢结构设计标准》（GB 50017—2017）关于实腹式压弯构件在弯矩作用平面外稳定计算公式。

除圆管截面外，弯矩作用在对称轴平面内的实腹式压弯构件，弯矩作用平面外稳定性应按式（6.41）计算：

$$\frac{N}{\varphi_y A f}+\eta\frac{\beta_{tx} M_x}{\varphi_b W_{1x} f}\leqslant 1.0 \tag{6.41}$$

式中 M_x——所计算构件段范围内最大弯矩设计值，N·m；

φ_y——弯矩作用平面外的轴心受压构件稳定系数；

φ_b——均匀弯曲的受弯构件整体稳定系数，按《钢结构设计标准》（GB 50017—2017）附录 C 计算，其中对工字形和 T 形截面的非悬臂构件，可按标准附录 C 第 C.0.5 条的规定确定；对闭口截面 $\varphi_b=1.0$；

η——截面影响系数，闭口截面 $\eta=0.7$，其他截面 $\eta=1.0$；

β_{tx}——计算平面外稳定时的等效弯矩系数，按下列规定采用：

(1) 弯矩作用平面外有支撑的构件，应根据两相邻支撑间的构件段内荷载和内力情况确定。

① 无横向荷载作用时：$\beta_{tx}=0.65+0.35\dfrac{M_2}{M_1}$

② 端弯矩和横向荷载同时作用时：使构件产生同向曲率时，$\beta_{tx}=1.0$；使构件产生反向曲率时，$\beta_{tx}=0.85$。

③ 构件段内无端弯矩但有横向荷载作用时，$\beta_{tx}=1.0$。

(2) 弯矩作用平面外为悬臂构件，$\beta_{tx}=1.0$。

6.4.3 实腹式双向压弯构件的稳定计算

弯矩作用在两个主轴平面内的构件为双向压弯构件 [图 6.21 (a)]。双向压弯构件整体失稳时不仅绕两个主轴弯曲，还伴随着扭转变形 [图 6.21 (b) ~ (e)]，从图 6.21 (b) ~ (e) 中可以看出，双向压弯构件可分解为轴心受压、绕 x 轴弯曲、绕 y 轴弯曲及弯扭双力矩四种情况的组合。其稳定承载力与 N、M_x、M_y 三者的比例有关，无法给出解析解，只能采用数值解。对于实腹式构件可给出实用计算公式。因为双向压弯构件当两方向弯矩很小时，接近非理想压杆受压力时的情况，当某一方向的弯矩很小时，应接近平面压弯问题。

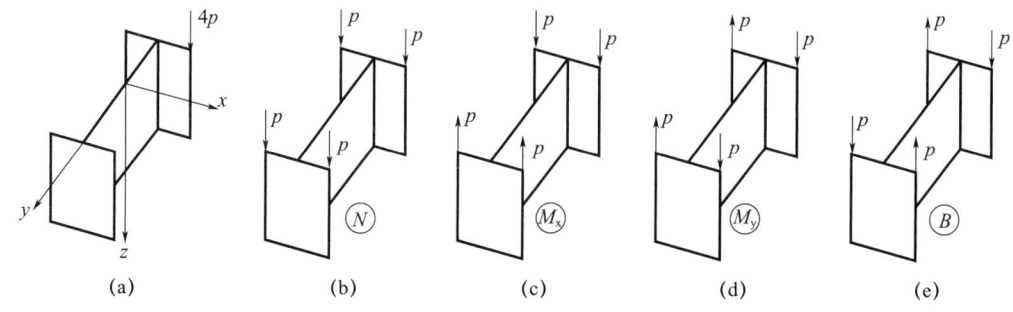

图 6.21 双向压弯构件

为了简化设计，与轴心受压构件和单向压弯构件计算相衔接，《钢结构设计标准》(GB 50017—2017) 提出了常用的双轴对称截面的计算方法，并采用偏安全的线性相关公式进行计算。

双轴对称实腹式工字形截面和箱形截面的压弯构件，其稳定性应按下列公式计算：

$$\frac{N}{\varphi_x A f} + \frac{\beta_{mx} M_x}{\gamma_x W_x \left(1-0.8\dfrac{N}{N'_{Ex}}\right)} + \eta \frac{\beta_{ty} M_y}{\varphi_{by} W_y f} \leqslant 1.0 \quad (6.42)$$

$$\frac{N}{\varphi_x A f} + \frac{\beta_{my} M_y}{\gamma_y W_y \left(1-0.8\dfrac{N}{N'_{Ey}}\right)} + \eta \frac{\beta_{tx} M_{yx}}{\varphi_{bx} W_x f} \leqslant 1.0 \quad (6.43)$$

式中 φ_x、φ_y ——对强轴 x—x 和弱轴 y—y 的轴心受压构件稳定系数；

φ_{bx}、φ_{by} ——均匀弯曲受弯构件的整体稳定性系数，应按《钢结构设计标准》(GB 50017—2017) 附录 C 计算，其中工字形截面的非悬臂构件的 φ_{bx} 可按附录 C 第 C.0.5 条的规定确定，φ_{by} 可取 1.0；对闭合截面 $\varphi_{bx}=\varphi_{by}=1.0$；

M_x、M_y ——所算构件段范围内对强轴和弱轴的最大弯矩设计值，kN·m；

N'_{Ex}、N'_{Ey} ——参数，$N'_{Ex}=\pi^2 EA/(1.1\lambda_x^2)$，$N'_{Ey}=\pi^2 EA/(1.1\lambda_y^2)$；

W_x、W_y ——对强轴和弱轴的毛截面模量，mm^3；

β_{mx}、β_{my} ——等效弯矩系数，按前述弯矩作用平面内稳定计算的有关规定采用；

β_{tx}、β_{ty}——等效弯矩系数,按前述弯矩作用平面外稳定计算的有关规定采用。

圆管截面双向压弯构件:

当弯矩作用在两个主平面内时,沿构件长度分布的弯矩主矢量通常不在一个方向上,适用于开口截面构件或箱形截面构件的线性叠加式(6.42)、式(6.43)在许多情况下有较大误差,并可能偏不安全。通过对双向压弯圆管截面构件在不同端弯矩比值下整体稳定的理论分析,回归得到适用于圆管截面的双向弯曲实腹式压弯构件整体稳定计算式(6.44),该公式适用于柱段中没有很大横向力或集中弯矩的情况:

$$\frac{N}{\varphi Af} + \frac{\beta M}{\gamma_m W \left(1 - 0.8 \frac{N}{N'_{Ex}}\right) f} \leqslant 1.0 \quad (6.44)$$

$$M = \max\left(\sqrt{M_{xA}^2 + M_{yA}^2},\ \sqrt{M_{xB}^2 + M_{yB}^2}\right) \quad (6.45)$$

$$\beta = \beta_x \beta_y \quad (6.46)$$

$$\beta_x = 1 - 0.35\sqrt{\frac{N}{N_E}} + 0.35\sqrt{\frac{N}{N_E}} \cdot \frac{M_{2x}}{M_{1x}} \quad (6.47)$$

$$\beta_y = 1 - 0.35\sqrt{\frac{N}{N_E}} + 0.35\sqrt{\frac{N}{N_E}} \cdot \frac{M_{2y}}{M_{1y}} \quad (6.48)$$

式中 φ——轴心受压构件的整体稳定系数,按构件最大长细比取值;

      M——计算双向压弯圆管构件整体稳定时采用的弯矩值,kN·m;

M_{xA}、M_{yA}、M_{xB}、M_{yB}——构件 A 端和 B 端关于 x、y 轴的弯矩,kN·m;

      β——计算双向压弯圆管截面构件整体稳定时采用的等效弯矩系数;当结构按平面分析或圆管柱仅为平面压弯时,按 $\beta = \beta_x$ 设定等效弯矩系数,这里的 x 方向为弯曲轴方向;

M_{1x}、M_{2x}、M_{1y}、M_{2y}——x 轴、y 轴端弯矩,kN·m,构件无反弯点时取同号,构件有反弯点时取异号,$|M_{1x}| \geqslant |M_{2x}|$,$|M_{1y}| \geqslant |M_{2y}|$;

      N_E——根据构件最大长细比计算的欧拉临界力,$N_E = \dfrac{\pi^2 EA}{\lambda^2}$。

【例 6.2】某压弯构件的截面尺寸、受力和侧向支承情况如图 6.22 所示,钢材为 Q235B,$f = 215\text{N/mm}^2$,翼缘为焰切边,构件承受静力荷载的设计值分别为轴心压力 $N = 800\text{kN}$,水平力 $H = 100\text{kN}$。试验算其整体稳定是否满足要求。

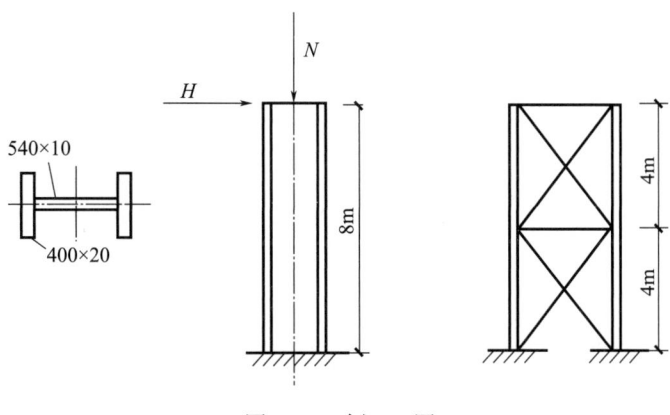

图 6.22 例 6.2 图

【解】 构件内力：

$M_x = Hl = 100 \times 8 \text{kN} \cdot \text{m} = 800 \text{kN} \cdot \text{m}$, $N = 800 \text{kN}$

构件截面几何特征：

$l_{0x} = 16\text{m}$, $l_{0y} = 4\text{m}$, $A = 40 \times 2 \times 2 + 54 \times 1 = 214$ （cm²）

$I_x = \dfrac{1}{12} \times (40 \times 58^3 - 39 \times 54^3) = 138615$ （cm⁴）

$W_{1x} = \dfrac{2I_x}{h} = \dfrac{2 \times 138615}{58} = 4779.8$ （cm³）

$i_x = \sqrt{\dfrac{I_x}{A}} = \sqrt{\dfrac{138615}{214}} = 25.5$ （cm）

$\lambda_x = \dfrac{l_{0x}}{i_x} = \dfrac{1600}{25.5} = 62.7$

$I_y = \dfrac{1}{12} \times (2 \times 40^3 \times 2 + 54 \times 1^3) = 21338$ （cm⁴）

$i_y = \sqrt{\dfrac{I_y}{A}} = \sqrt{\dfrac{21338}{214}} = 10.0$ （cm）, $\lambda_y = \dfrac{l_{0y}}{i_y} = \dfrac{400}{10.0} = 40$

查轴心受压构件 b 类截面稳定系数表：$\lambda_x = 62.7$, $\varphi_x = 0.793$, $\varphi_y = 0.899$

$N'_{Ex} = \dfrac{\pi^2 EA}{1.1 \lambda_x^2} = \dfrac{\pi^2 \times 206 \times 10^3 \times 21400}{1.1 \times 62.7^2} = 10051.1 \times 10^3$ （N） $= 10051.1 \text{kN}$

$N_{cr} = \dfrac{\pi^2 EI}{(\mu l)^2} = \dfrac{\pi^2 \times 206 \times 10^3 \times 138615 \times 10^4}{16000^2} = 10997.57 \text{kN}$

等效弯矩系数：

$\beta_{mx} = 1 - 0.36 \dfrac{N}{N_{cr}} = 1 - 0.36 \times \dfrac{800}{10997.57} = 0.974$

截面塑性发展系数：

$\gamma_x = 1.05$

平面内稳定验算：

$\dfrac{N}{\varphi_x A f} + \dfrac{\beta_{mx} M_x}{\gamma_x W_{1x} (1 - 0.8 N/N'_{Ex}) f}$

$= \dfrac{800 \times 10^3}{0.793 \times 21400 \times 215} + \dfrac{0.974 \times 800 \times 10^6}{1.05 \times 4779.8 \times 10^3 \times \left(1 - 0.8 \times \dfrac{800}{8}\right) \times 215}$

$= 0.219 + 0.771 = 0.99 < 1.0$

弯矩在平面内的稳定性满足要求。

工字形双轴对称受弯构件整体稳定系数 $\lambda_y < 120$ 可按下面公式近似计算 φ_b：

$\varphi_b = 1.07 - \dfrac{\lambda_y^2}{44000 \varepsilon_k^2} = 1.07 - \dfrac{40^2}{44000} = 1.03$, 取 $\varphi_b = 1.0$

截面影响系数 $\eta = 1.0$

弯矩等效系数：

$\beta_{1x} = 0.65 + 0.35 \dfrac{M_2}{M_1} = 0.65 + 0.35 \times \dfrac{400}{800} = 0.825$

平面外稳定验算：

$$\frac{N}{\varphi_x A f}+\eta\frac{\beta_a M_x}{\varphi_d W_{1a} f}=\frac{800\times 10^3}{0.899\times 21400\times 215}+1.0\times\frac{0.825\times 800\times 10^6}{1.0\times 4779.8\times 10^3\times 215}=0.835<1.0$$

平面外稳定满足要求。

6.5 实腹式压弯构件的局部稳定

6.5.1 压弯构件板件的局部屈曲临界应力

除了圆管截面以外，实腹式构件板件局部稳定都表现为受压翼缘和受有压应力作用的腹板的稳定。即使是以剪应力为主的板件，由于主应力中有压应力，其局部失稳也是在压应力作用下产生的。受压翼缘的屈曲应力可按两对边均匀受压的板件考虑，腹板的屈曲应力按两对边不均匀受压与剪力共同作用的板件考虑。

和受弯构件、轴心受压构件一样，压弯构件腹板的应力分布是不均匀的，如图6.23所示的四边简支、二对边受非均匀分布压力，同时四边受剪应力作用的板，其弹性屈曲临界应力为：

$$\sigma_{cr}=k_e\frac{\pi^2 E}{12(1-v^2)}\left(\frac{t_w}{h_0}\right)^2 \tag{6.49}$$

式中 k_e——板的弹性屈曲系数。

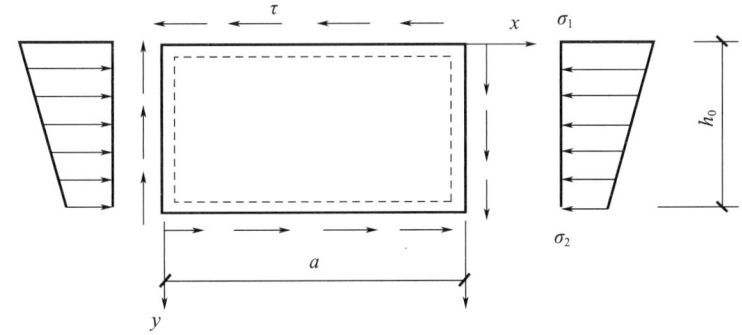

图 6.23 压弯构件腹板弹性状态受力情况

考虑到压弯构件工作时，腹板都不同程度地发展了塑性，基于塑性屈曲理论用塑性屈曲系数 k_p 代替 k_e，可得：

$$\sigma_{cr}=k_p\frac{\pi^2 E}{12(1-v^2)}\left(\frac{t_w}{h_0}\right)^2 \tag{6.50}$$

6.5.2 工字形截面和箱形截面压弯构件的局部稳定

不允许板件发生局部失稳的准则是令局部屈曲临界应力大于钢材屈服强度或大于构件的整体稳定临界应力。按照 $\sigma_{cr}\geqslant f_y$ 的原则，可得出保证压弯构件局部稳定所需的板件宽厚比的限制条件。压弯构件的腹板高厚比、翼缘宽厚比应符合表6.1规定的压弯构件S4级截面要求。

表 6.1 压弯构件截面板件宽厚比等级的限值

构件	截面板件宽厚比等级		S1 级	S2 级	S3 级	S4 级	S5 级
压弯构件（框架柱）	H 形截面	翼缘 b/t	$9\varepsilon_k$	$11\varepsilon_k$	$13\varepsilon_k$	$15\varepsilon_k$	$20\varepsilon_k$
		腹板 h_0/t_w	$(33+13\alpha_0^{1.3})\varepsilon_k$	$(38+13\alpha_0^{1.39})\varepsilon_k$	$(40+18\alpha_0^{1.5})\varepsilon_k$	$(45+25\alpha_0^{1.66})\varepsilon_k$	$250\varepsilon_k$
	箱形截面	壁板（腹板）间翼缘 b_0/t	$30\varepsilon_k$	$35\varepsilon_k$	$40\varepsilon_k$	$35\varepsilon_k$	—
	圆钢管截面	径厚比 D/t	$50\varepsilon_k^2$	$70\varepsilon_k^2$	$90\varepsilon_k^2$	$100\varepsilon_k^2$	—

我国《钢结构设计标准》(GB 50017—2017) 按此准则，对压弯构件翼缘宽厚比的限制如下：

对外伸翼缘板，当构件按弹性设计时，采用：

$$\frac{b}{t} \leqslant 15\varepsilon_k \tag{6.51a}$$

当截面设计时考虑限塑性发展时，采用：

$$\frac{b}{t} \leqslant 13\varepsilon_k \tag{6.51b}$$

对两边支承翼缘板，其考虑方法与梁的翼缘相同，采用：

$$\frac{b_0}{t} \leqslant 45\varepsilon_k \tag{6.51c}$$

式（6.51）中的 b、b_0、t 等的含义如图 6.24 所示。

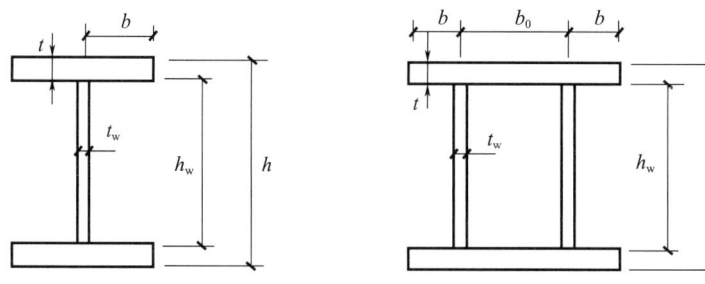

图 6.24 宽厚比限制中的截面尺寸示意

当截面设计时考虑有限塑性发展，则应不超过 S3 级的要求。

腹板的宽厚比限值，按不同的截面形式予以分别规定。

(1) 工字形截面。

压弯构件腹板的局部失稳，是在不均匀压力和剪力的共同作用下发生的，可以引入应力梯度 α_0 和与剪力有关的系数 β_0 来表述两者的影响：

$$\alpha_0 = \frac{\sigma_{max} - \sigma_{min}}{\sigma_{max}} \tag{6.52}$$

$$\beta_0 = \frac{\tau}{\sigma_{max}} \tag{6.53}$$

式中 σ_{max}——腹板计算高度边缘的最大压应力；

σ_{min}——腹板计算高度另一边缘相应的应力，压应力为正，拉应力为负。

根据设计资料分析，β_0 值一般可取 0.2～0.3。在这一给定的剪应力范围内，可以计算出临界应力与 h_w/t_w 的关系；此外还需考虑腹板在弹塑性状态下局部失稳的影响，而腹板的弹塑性发展深度与构件的长细比是有关的。《钢结构设计标准》(GB 50017—2017) 要求采用边缘屈服准则时腹板的宽厚比应满足：

$$\frac{h_w}{t_w} \leq (45 + 25\alpha_0^{1.66}) \varepsilon_k \tag{6.54}$$

如考虑截面塑性发展，当 $0 \leq \alpha_0 \leq 1.6$ 时，

$$\frac{h_w}{t_w} \leq (16\alpha_0 + 0.5\lambda + 25) \varepsilon_k \tag{6.55a}$$

当 $1.6 \leq \alpha_0 \leq 2$ 时，

$$\frac{h_w}{t_w} \leq (48\alpha_0 + 0.5\lambda - 26.2) \sqrt{\frac{235}{f_y}} \tag{6.55b}$$

式中 λ——构件在弯矩作用平面内的长细比，当 $\lambda < 30$ 时，取 $\lambda = 30$；当 $\lambda > 100$ 时，取 $\lambda = 100$。

(2) 箱形截面。

当采用边缘屈服准则时，箱形截面腹板的 h_w/t_w 不应大于 S4 级的要求；当考虑截面塑性发展时，不应大于 S3 级的要求。

因为公式要求板件的局部屈曲临界应力高于材料的屈服强度，如果由实际荷载引起的应力较小，使用式 (6.51) 将有很大的富余。此时，可以将式 (6.51) 用下式代替：

$$\frac{b}{t} \leq 15\sqrt{\frac{235}{\sigma}} \tag{6.56a}$$

$$\frac{b_0}{t} \leq 45\sqrt{\frac{235}{\sigma}} \tag{6.56b}$$

式中 σ——受压翼缘上的最大应力。

式 (6.56) 的含义是板件局部屈曲临界应力应大于实际应力。使用式 (6.56)，可以使截面设计时材料布置得更加舒展，提高截面弱轴方向的回转半径。

(3) 圆钢管截面。

圆钢管截面构件不出现局部失稳时，要求钢管的径厚比应满足：

$$\frac{D}{t} \leq 100\sqrt{\frac{235}{\sigma}} \tag{6.57}$$

6.5.3 工字形截面和箱形截面压弯构件腹板屈曲后强度

对工字形和箱形截面压弯构件，当考虑腹板屈曲后强度时，应按有效截面代替实际截面计算构件的承载力。

(1) 有效截面计算。

① 工字形截面腹板受压区的有效宽度应取为：

$$h_e = \rho h_c \tag{6.58}$$

当 $\lambda_{n,p} \leq 0.75$ 时，

$$\rho = 1.0 \tag{6.59}$$

当 $\lambda_{n,p} > 0.75$ 时，

$$\rho = \frac{1}{\lambda_{n,p}} \left(1 - \frac{0.19}{\lambda_{n,p}}\right) \quad (6.60)$$

$$\lambda_{n,p} = \frac{h_w/t_w}{28.1\sqrt{k_\sigma}} \cdot \frac{1}{\varepsilon_k} \quad (6.61)$$

$$k_\sigma = \frac{16}{2 - \alpha_0 + \sqrt{(2-\alpha_0)^2 + 0.112\alpha_0^2}} \quad (6.62)$$

式中 h_c、h_e——腹板受压区宽度和有效宽度，mm，当腹板全部受压时，$h_c = h_w$；

ρ——有效宽度系数；

α_0——应力梯度，$\alpha_0 = \dfrac{\sigma_{max} - \sigma_{min}}{\sigma_{max}}$（式中，$\sigma_{max}$ 为腹板计算高度边缘的最大压应力；σ_{min} 为腹板计算高度另一边缘相应的应力，压应力为正，拉应力为负）；

$\lambda_{n,p}$——构件在弯矩作用平面内的长细比，当 $\lambda < 30$ 时，取 $\lambda = 30$；当 $\lambda > 100$ 时，取 $\lambda = 100$。

② 工字形截面腹板有效宽度的分布。

当截面全部受压，即 $\alpha_0 \leqslant 1$ 时 [图 6.25（a）]：

$$h_{e1} = 2h_e/(4+\alpha_0) \quad (6.63)$$

$$h_{e2} = h_e - h_{e1} \quad (6.64)$$

当截面部分受拉，即 $\alpha_0 > 1$ 时 [图 6.25（b）]：

$$h_{e1} = 0.4h_e \quad (6.65)$$

$$h_{e2} = 0.6h_e \quad (6.66)$$

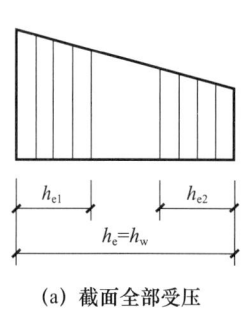
(a) 截面全部受压

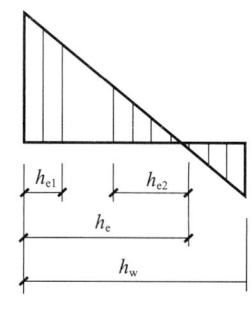
(b) 截面部分受拉

图 6.25 腹板有效宽度的分布

③ 箱形截面压弯构件翼缘宽厚比超限时也应按式（6.58）计算其有效宽度，计算时取 $k_\sigma = 4.0$。有效宽度在两侧均等分布。

（2）考虑腹板屈曲后强度的构件承载力计算。

考虑腹板屈曲后强度，应按有效截面进行压弯构件的强度和整体稳定计算。

强度计算：

$$\frac{N}{A_{ne}} + \frac{M_x + Ne}{\gamma_x W_{nex}} \leqslant f \quad (6.67)$$

弯矩作用平面内整体稳定计算：

$$\frac{N}{\varphi_x A_e f} + \frac{\beta_{mx} M_x + Ne}{\gamma_x W_{e1x}\left(1-0.8\dfrac{N}{N'_{Ex}}\right)f} \leqslant 1.0 \tag{6.68}$$

弯矩作用平面外整体稳定计算：

$$\frac{N}{\varphi_y A_e f} + \frac{\beta_{tx} M_x + Ne}{\varphi_b W_{e1x} f} \leqslant 1.0 \tag{6.69}$$

式中 A_{ne}、A_e——有效净截面面积和有效毛截面面积，mm；

W_{nex}——有效截面的净截面模量，mm³；

W_{e1x}——有效截面对较大受压纤维的毛截面模量，mm³；

e——有效截面形心至原截面形心的距离，mm。

需要注意的是，当弯矩相对较大，即以弯矩效应为主时，强度计算与稳定计算采用的截面位置可能不一样。例如，最大弯矩若出现在构件端部截面，强度验算应该针对该最不利截面；但由于构件的稳定性取决于沿整个长度方向的荷载作用，且各个截面的有效面积不相同，若稳定计算也取此截面，则将低估构件的承载力。但由于目前对此的研究尚不充分，没有适当计算方法之前可偏安全地取弯矩最大处的有效截面特性。

计算构件在平面外的稳定性时，可取计算段中间 1/3 范围内弯矩最大截面的有效截面特性。

6.6 压弯构件和框架柱的计算长度

单根受压构件的计算长度可根据构件端部的约束条件按弹性稳定理论确定。对于端部约束条件比较简单的单根压弯构件，利用计算长度系数可直接得到计算长度。但对于框架柱、框架平面内的计算长度，需通过对框架的整体稳定分析得到，框架平面外的计算长度，则需根据支承点的布置情况确定。

6.6.1 框架柱在框架平面内的计算长度

在进行框架的整体稳定性分析时，一般取平面框架作为计算模型，不考虑空间作用。框架柱在框架平面内的失稳，分为有侧移失稳和无侧移失稳两种形式。无侧移失稳的框架，其承载能力比具有相同尺寸和连接条件的有侧移框架失稳的承载能力大很多。

通常根据弹性稳定理论确定框架的计算长度，并对单层单跨对称框架等截面柱做以下近似假定：

(1) 框架只承受作用于节点的竖向荷载，忽略横梁荷载和水平荷载产生梁端弯矩的影响；

(2) 所有框架柱同时丧失稳定；

(3) 材料是弹性的，变形在弹性小变形范围内；

(4) 失稳时无侧移框架横梁两端转角大小相等，方向相反；有侧移框架横梁两端转角大小相等，方向相同，如图 6.26 所示；

(5) 当多层多跨框架的框架柱失稳时，相交于同一节点的横梁对柱子所提供的约束弯矩按上下两柱的线刚度之比分配给柱子。

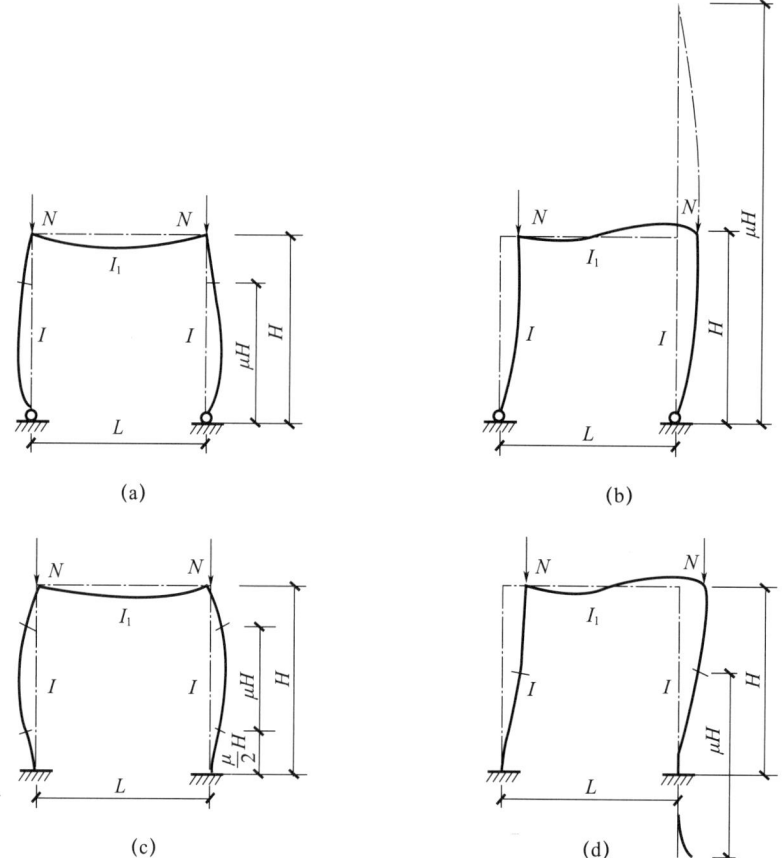

图 6.26 单层单跨框架变截面柱失稳形式及计算长度

等截面柱在框架平面内的计算长度等于该层柱的高度乘以计算长度系数 μ_0。

经分析得到框架柱的计算长度为：

$$H_0 = \mu H \tag{6.70}$$

式中 H——框架几何长度，mm；

μ——计算长度系数。

当采用二阶弹性分析方法计算内力且在每层柱顶附加考虑假想水平力 H_{ni} 时，框架柱的计算长度系数 $\mu=1.0$。当采用一阶弹性分析方法计算内力时，框架柱的计算长度系数应按照下列规定确定：

（1）无支撑框架。

① 框架柱的计算长度系数 μ 按《钢结构设计标准》（GB 50017—2017）附录 E 表 E.0.2（或本书附表 5.1）有侧移框架柱的计算长度系数确定，也可按下式计算：

$$\mu = \sqrt{\frac{7.5 K_1 K_2 + 4(K_1 + K_2) + 1.52}{7.5 K_1 K_2 + K_1 + K_2}} \tag{6.71}$$

式中 K_1、K_2——相交于柱上端、柱下端的横梁线刚度之和与柱线刚度之和的比值。

K_1、K_2 的修正见《钢结构设计标准》（GB 50017—2017）附录 E 表 E.0.2（或本书附表 5.1）。

② 设有摇摆柱时,摇摆柱本身的计算长度系数取 1.0,框架柱的计算长度系数应乘以放大系数 η,应按下式计算:

$$\eta=\sqrt{1+\frac{\sum(N_1/h_1)}{\sum(N_f/h_f)}} \tag{6.72}$$

式中 $\sum(N_f/h_f)$——本层各框架柱轴心压力设计值与柱子高度比值之和;

$\sum(N_1/h_1)$——本层各摇摆柱轴心压力设计值与柱子高度比值之和。

③ 当有侧移框架同层各柱的 N/I 不相同时,柱计算长度系数宜按下式计算:

$$\mu_i=\sqrt{\frac{N_{Ei}}{N_i}\frac{1.2}{K}\sum\frac{N_i}{h_i}} \tag{6.73}$$

$$N_{Ei}=\pi^2 EI_i/h_i^2 \tag{6.74}$$

当框架附有摇摆柱时,框架柱的计算长度系数由下式确定:

$$\mu_i=\sqrt{\frac{N_{Ei}}{N_i}\frac{1.2\sum\left(\frac{N_i}{h_i}\right)+\sum\left(\frac{P_j}{h_j}\right)}{K}} \tag{6.75}$$

式中 N_i——第 i 根柱轴心压力设计值;

N_{Ei}——第 i 根柱的欧拉临界力;

h_i——第 i 根柱高度;

K——框架层侧移刚度,即产生层间单位侧移所需的力;

P_j——第 j 根摇摆柱轴心压力设计值;

h_j——第 j 根摇摆柱的高度。

当根据式(6.73)或式(6.75)计算而得的 μ_i 小于 1.0 时,取 1.0。

(2) 有支撑框架。

当支撑结构(支撑桁架、剪力墙等)满足式(6.76)要求时,为强支撑框架,框架柱的计算长度系数 μ 按《钢结构设计标准》(GB 50017—2017)附录 E(本书附表 5.1)无侧移框架柱的计算长度系数 μ 确定,也可按式(6.77)计算:

$$S_b \geq 4.4\left[\left(1+\frac{100}{f_y}\right)\sum N_{bi}-\sum N_{0i}\right] \tag{6.76}$$

$$\mu=\sqrt{\frac{(1+0.41K_1)(1+0.41K_2)}{(1+0.82K_1)(1+0.82K_2)}} \tag{6.77}$$

式中 $\sum N_{bi}$、$\sum N_{0i}$——第 i 层层间所有框架柱用无侧移框架和有侧移框架柱计算长度系数算得的轴压稳定承载力之和;

K_1、K_2——相交于柱上端、柱下端的横梁线刚度之和与柱线刚度之和的比值[K_1、K_2 的修正见《钢结构设计标准》(GB 50017—2017)附录 E(本书附表 5.1)注];

S_b——支撑系统的层侧移刚度。

6.6.2 框架柱在框架平面外的计算长度

框架柱在框架平面外的计算长度取决于支承构件的布置。柱在框架平面外有支承点时,其计算长度等于支承点之间的距离,无支承点时,柱在平面外的计算长度为该柱全长。如单层厂房框架柱，柱下端的支承点常常是基础的表面和吊车梁的下翼缘处，柱上端的支承点是吊车梁上翼缘制动梁和屋架弦纵向支撑或者托的弦杆，因此可取各支承点间的实际长度H_1和H_2，即$\mu=1.0$。

【例6.3】图6.27所示为一有侧移多层框架，图中圆圈内数字为横梁或柱的线刚度值，试确定各柱在框架平面内的计算长度系数。

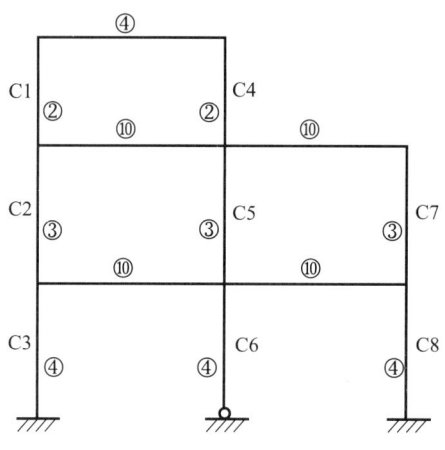

图6.27 例6.3图

【解】先按式（6.33）计算K_1、K_2，然后按《钢结构设计标准》（GB 50017—2017）附录E表E.0.2（或本书附表5.1），查出μ值：

柱C1：$K_1=\dfrac{4}{2}=2$，$K_2=\dfrac{10}{2+3}=2$，$\mu=1.16$；

柱C2：$K_1=\dfrac{10}{2+3}=2$，$K_2=\dfrac{10}{3+4}=1.43$，$\mu=1.21$；

柱C3：$K_1=\dfrac{10}{3+4}=1.43$，$K_2=10$，$\mu=1.14$；

柱C4：$K_1=\dfrac{4}{2}=2$，$K_2=\dfrac{10+10}{2+3}=4$，$\mu=1.12$；

柱C5：$K_1=\dfrac{10+10}{2+3}=4$，$K_2=\dfrac{10+10}{3+4}=2.86$，$\mu=1.10$；

柱C6：$K_1=\dfrac{10+10}{3+4}=2.86$，$K_2=0$，$\mu=2.12$；

柱C7：$K_1=\dfrac{10}{3}=3.33$，$K_2=\dfrac{10}{3+4}=1.43$，$\mu=1.18$；

柱C8：$K_1=\dfrac{10}{3+4}=1.43$，$K_2=10$，$\mu=1.14$。

6.7 实腹式压弯构件设计

6.7.1 截面设计原则

对于实腹式压弯构件，其截面形式的选择要考虑受力大小、使用要求和构造要求等因素。截面选择可以参考以下原则进行：

当弯矩较小时，其截面形式与一般的轴心受压构件相同，可采用对称截面；当弯矩较大时，宜采用在弯矩作用平面内截面高度较大的双轴对称截面，或采用截面一侧翼缘加大的单轴对称截面。弯矩作用平面内构件的截面高度可试取 $h \approx (1/20 \sim 1/15) l_{0x}$；弯矩作用平面内的计算长度越大，$h/l_{0x}$ 的值越小；弯矩 M_x 越大，h/l_{0x} 的值越大。

在满足局部稳定、使用要求和构造要求时，应遵照等稳定性（弯矩作用平面内和弯矩作用平面外整体稳定性尽量接近）、宽肢薄壁、加工方便的原则，尽量做大截面轮廓尺寸，控制板件厚度，以获得较大的惯性矩和回转半径，充分发挥钢材的性能，从而节省钢材。

上述原则只是指导性建议，由于压弯构件的验算式中涉及的未知因素较多，根据估算初选出的截面尺寸不一定合适，因而初选的截面尺寸往往需要进行多次调整，直到满足计算要求为止。

6.7.2 截面设计步骤

截面设计步骤如下：

(1) 确定弯矩、轴心压力、剪力等压弯构件的内力设计值。

(2) 选择截面的形式。

根据弯矩和轴力的大小和方向决定截面形式。当弯矩较小或弯矩可能反向作用时，截面形式与轴心受压构件相同。一般采用双轴对称截面；当只有一个方向弯矩较大时，宜采用单轴对称截面，并使较大截面翼缘位于受压区。所选的截面形式力求制造简单，连接方便。

(3) 确定钢材及其强度设计值。

(4) 计算弯矩作用平面内和平面外的计算长度 l_{0x}、l_{0y}。

(5) 初选截面尺寸。

根据经验和已有的资料，在满足构造要求的前提下，依照弯矩作用平面内和平面外的稳定性近于相等，构件截面宽阔，壁薄但不会发生局部失稳等原则初步选定截面尺寸。

(6) 强度验算。

弯矩作用在主平面内的压弯构件，其强度应按式（6.8）、式（6.16）进行验算。

当截面无削弱，N、M_x、M_y 的取值与整体稳定性验算时的取值相同且等效弯矩系数为 1.0 时，不必进行强度验算。

(7) 整体稳定性验算。

实腹式压弯构件弯矩作用平面内的稳定性计算采用式（6.32）。

对于 T 形、双角钢 T 形等单轴对称截面压弯构件，当弯矩作用于对称轴平面且使较大翼缘受压时，还应按式（6.37）进行计算。

弯矩作用平面外的整体稳定性用式（6.41）验算。

(8) 局部稳定性验算。

组合截面压弯构件翼缘和腹板的宽（高）厚比应满足 6.5 节中的要求。

(9) 刚度验算。

压弯构件的长细比应不超过其容许长细比限值。

6.7.3 构造要求

实腹式压弯构件的构造要求与实腹式轴心受压构件相似。压弯构件的翼缘宽厚比必须满足局部稳定的要求,否则翼缘屈曲必然导致构件整体失稳。当腹板屈曲时,由于存在屈曲后强度,构件不会立即失稳只会使其承载力有所降低。工字形截面和箱形截面由于高度较大,为了保证腹板的局部稳定而需要采用较厚的板时,显得不经济。因此,设计中常常采用较薄的腹板,当腹板的高厚比不满足式(6.67)和式(6.68)的要求时,可考虑腹板中间部分由于失稳而退出工作,计算时取腹板有效截面面积计算承载力(计算构件的稳定系数时仍用全截面)。也可在腹板两侧成对设置纵向加劲肋,此时腹板的受压较大翼缘与纵向加劲肋之间的高厚比应满足式(6.67)和式(6.68)的要求。纵向加劲肋一侧外伸宽度不应小于腹板厚度的10倍,厚度不应小于腹板厚度的0.75倍。如设有纵向加劲肋,也应设置横向加劲肋,保持截面形状不变,提高构件的抗扭刚度。

当腹板的 $h_0/t_w > 80$ 时,为防止腹板在施工和运输中发生变形,应设置间距不大于 $3h_0$ 的横向加劲肋,同时也应设置纵向加劲肋。

实腹式柱在受有较大水平力处和运输单元的端部应设有横隔,构件较长时应设置中间横隔。压弯构件应设置侧向支撑:当截面高度较小时,可在腹板处加横肋或横隔连接支撑;当截面高度较大或受力较大时,应在两个翼缘平面内同时设置支撑。

【例6.4】图6.28所示为一双轴对称工字形截面压弯构件,跨中集中横向荷载设计值 $F=150$ kN,轴心压力设计值 $N=1200$ kN。构件在弯矩作用平面内计算长度为12m,弯矩作用平面外方向有侧向支撑,其间距为4m。构件截面尺寸如图6.28中所示,截面无削弱,翼缘板为火焰切割边,钢材为Q235。构件容许长细比 $[\lambda]=150$。试对该构件截面进行验算。

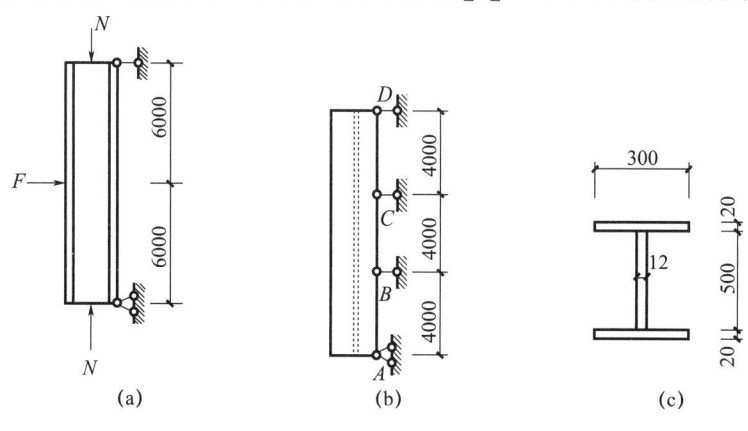

图6.28 例6.4图

【解】(1) 截面几何特征计算。

$A = 30 \times 2 \times 2 + 50 \times 1.2 = 180$ (cm²)

$I_x = \dfrac{1.2}{12} \times 50^3 + 30 \times 2 \times \left(\dfrac{50+2}{2}\right)^2 \times 2 = 93620$ (cm⁴)

$I_y = \dfrac{2}{12} \times 30^3 \times 2 = 9000$ (cm⁴)

$i_x = \sqrt{\dfrac{I_x}{A}} = \sqrt{\dfrac{93620}{180}} = 22.8$ (cm), $i_y = \sqrt{\dfrac{I_y}{A}} = \sqrt{\dfrac{9000}{180}} = 7.07$ (cm)

$$W_{1x} = \frac{2I_x}{h} = \frac{2 \times 93620}{54} = 3467.4 \text{ (cm}^3)$$

$$\lambda_x = \frac{l_{0x}}{i_x} = \frac{1200}{22.8} = 52.6, \quad \lambda_y = \frac{l_{0y}}{i_y} = \frac{400}{7.07} = 56.6$$

查轴心受压构件 b 类截面稳定系数表：$\varphi_x = 0.844$，$\varphi_y = 0.825$。

（2）弯矩作用平面内整体稳定性验算（取 AD 段验算）。

$$M_x = \frac{F}{4}l = \frac{150}{4} \times 12 = 450 \text{ (kN·m)}$$

$$N'_{Ex} = \frac{\pi^2 EA}{1.1\lambda_x^2} = \frac{\pi^2 \times 2.06 \times 10^5 \times 180 \times 10^2}{1.1 \times 52.6^2} = 12024.7 \text{ (kN)}$$

$$N_{cr} = \frac{\pi^2 EA}{\lambda_x^2} = \frac{\pi^2 \times 2.06 \times 10^5 \times 180 \times 10^2}{52.6^2} = 13227.2 \text{ (kN)}$$

$$\frac{N}{N'_{Ex}} = \frac{1200}{12024.7} = 0.0998$$

$$\beta_{mx} = 1 - 0.36 N/N_{cr} = 1 - 0.36 \times 1200/13227.2 = 0.967$$

$$\frac{N}{\varphi_x A f} + \frac{\beta_{mx} M_x}{\gamma_{1x} W_{1x} f \left(1 - 0.8 \dfrac{N}{N'_{Ex}}\right)}$$

$$= \frac{1200 \times 10^3}{0.844 \times 180 \times 10^2} + \frac{0.967 \times 450 \times 10^6}{1.05 \times 3467.4 \times 10^3 \times 215 \times (1 - 0.8 \times 0.0998)}$$

$$= 0.971 \leqslant 1$$

平面内整体稳定满足要求。

（3）弯矩作用平面外整体稳定性验算（取跨中 BC 段验算）。

$$\varphi_b = 1.07 - \frac{\lambda_y^2}{44000 \varepsilon_k^2} = 1.07 - \frac{56.6^2}{44000 \times 1} = 0.997$$

$$\eta = 1.0$$

$$\frac{N}{\varphi_x A f} + \eta \frac{\beta_{bx} M_x}{\varphi_b W_{1x} f} = \frac{1200 \times 10^3}{0.825 \times 180 \times 10^6 \times 215} + 1.0 \times \frac{1.0 \times 450 \times 10^5}{0.943 \times 3467.4 \times 10^3 \times 215}$$

$$= 0.981 < 1$$

平面外整体稳定满足要求。

（4）局部稳定验算。

翼缘：

$$\frac{b_1}{t} = \frac{300 - 12}{2 \times 20} = 7.2 < 13 \varepsilon_k = 13$$

腹板：

$$\sigma_{max} = \frac{N}{A} + \frac{M}{W_{1x}} = \frac{1200 \times 10^3}{180 \times 10^2} + \frac{450 \times 10^6}{3467 \times 4 \times 10^6} = 196.4 \text{ (N/mm}^2)$$

$$\sigma_{min} = \frac{N}{A} - \frac{M}{W_{2x}} = \frac{1200 \times 10^3}{180 \times 10^2} - \frac{450 \times 10^6}{3467.4 \times 10^3} = -63.1 \text{ (N/mm}^2)$$

$$\frac{\sigma_{max} - \sigma_{min}}{\sigma_{max}} = \frac{196.4 + 63.1}{196.4} = 1.32$$

$$\frac{h_0}{t_w} = \frac{500}{12} = 41.7 < (16\alpha_0 + 0.5\lambda + 25) = 16 \times 1.32 + 0.5 \times 52.6 + 25 = 72.42$$

局部稳定满足要求。

(5) 刚度验算

$\lambda_{max} = \max(\lambda_x, \lambda_y) = 56.6 < [\lambda] = 150$

刚度验算满足要求。

因构件截面无削弱,强度验算弯矩与稳定验算弯矩相同,无须进行强度验算。上述各项验算表明,该构件截面满足要求。

6.8 格构式压弯构件

6.8.1 格构式压弯构件的应用与截面形式

对厂房的框架柱和高大的独立支柱等比较高大的压弯构件,为了提高截面的抗弯刚度,常常采用格构式截面,可以节约材料。因为格构式截面的材料集中在远离形心的分肢,截面惯性矩增大,截面的抗弯刚度和稳定性得以提高。

格构式构件有双肢、三肢或四肢等形式,但在以单向压弯为主的情况下,通常采用双肢的形式。常用的格构式压弯构件截面形式如图 6.29 所示。根据作用于构件的弯矩和压力以及使用要求,压弯构件可设计成双轴对称或单轴对称的截面,当构件中弯矩不大,或可能出现正负号弯矩,但两者绝对值相差不多时,可用双轴对称的截面形式 [图 6.29 (a) (c) (d)];如果弯矩较大且弯矩符号不变,或正负号弯矩的绝对值相差较大时,常用单轴对称截面,并把较大的肢件放在较大弯矩产生压应力的一侧 [图 6.29 (b) (e)]。[图 6.29 (a) (b)] 所示为弯矩绕实轴作用,[图 6.29 (c) (d) (e)] 所示为弯矩绕虚轴作用。

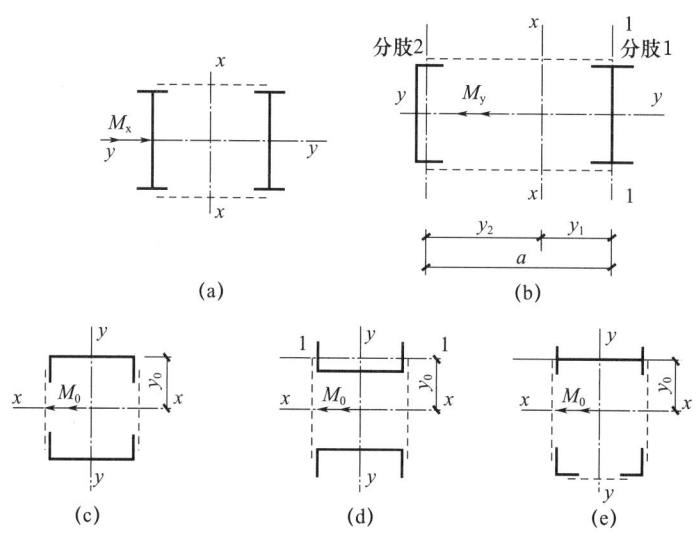

图 6.29 格构式压弯构件常用截面形式

由于格构式压弯构件截面的高度较大、受较大的剪力作用,且构件肢件间距较大,多采用缀条连接。缀条一般采用单角钢,其要求同格构式轴心受压构件。

6.8.2 格构式压弯构件的整体稳定

6.8.2.1 弯矩绕虚轴作用的稳定计算

(1) 弯矩作用平面内整体稳定计算。

当弯矩作用在与缀件面平行的平面内 [图 6.29 (c)]，构件绕虚轴弯曲失稳时，由于截面中部空心，不能考虑塑性深入发展，故采用以式 (6.30) 截面边缘纤维开始屈服作为设计准则。

《钢结构设计标准》(GB 50017—2017) 根据式 (6.30) 规定按下式计算：

$$\frac{N}{\varphi_x A}+\frac{\beta_{mx}M_x}{W_{1x}\left(1-\dfrac{N}{N'_{Ex}}\right)} \leqslant f \tag{6.78}$$

式中 W_{1x}——抗弯截面系数，$W_{1x}=I_x/y_0$（I_x 为 x 轴（虚轴）的毛截面惯性矩；y_0 为由 x 轴到压力较大分肢的轴线距离或者到压力较大分肢腹板边缘的距离，mm，取两者中较大者）；

φ_x——轴心受压构件绕 x 轴整体稳定系数，由虚轴换算长细比 λ_{0x} 确定；

N'_{Ex}——欧拉临界力除以抗力分项系数，由虚轴换算长细比 λ_{0x} 确定；

β_{mx}——同实腹式压弯构件。

(2) 弯矩作用平面外的稳定计算。

弯矩绕虚轴作用的格构式压弯构件，在弯矩作用平面外的整体稳定一般由分肢的稳定计算予以保证，不必再计算整个构件在平面外的整体稳定性。这是因为格构式压弯构件两个分肢之间只靠缀件联系，而缀件只在平面内对两个分肢起联系作用，即当一个分肢倾向于在缀件平面内发生弯曲位移时，另一个分肢将通过缀件对其起牵制和支承作用；但缀件在其平面外的刚度很弱，当一个分肢倾向于向缀件平面外弯曲或屈曲侧移时，另一个分肢只能通过缀件对其给予很弱的牵制（而实腹式构件则能通过通长整体联系并有一定侧向刚度的腹板给予较大牵制，从而构件侧向屈曲时表现为发生整体弯扭变形）。因此，当弯矩绕格构式压弯构件的虚轴作用时，要保证构件在弯矩作用平面外（垂直于缀件平面）的整体稳定，主要是要求两个分肢在弯矩作用平面外的稳定都得到保证，亦可用验算每个分肢的稳定来代替验算整个构件在弯矩作用平面外的整体稳定。

(3) 分肢的稳定性。

当弯矩绕虚轴作用时，可将整个构件视为平行弦桁架，将构件的两个分肢视为弦杆，将压力和弯矩分配到分肢，按图 6.30 所示的计算简图确定分肢轴心压力为：

分肢 1：

$$N_1=N\frac{y_2}{a}+\frac{M}{a} \tag{6.79}$$

分肢 2：

$$N_2=N-N_1 \tag{6.80}$$

缀条式压弯构件的分肢按轴心受压构件计算，分肢的计算长度在缀件平面内取缀条体系的节间长度，在缀件平面外则取构件侧向支承点之间的距离。

计算缀板式压弯构件的分肢稳定时，除轴心压力外，还应计入由剪力引起的局部弯矩，其剪力取构件荷载引起的实际剪力和计算剪力 $T=V_1l_1/a$ 两者中的较大值，因此它的分肢稳定按实腹式压弯构件进行验算。

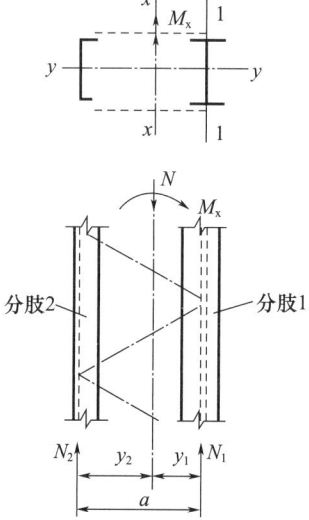

图 6.30 分肢计算简图

6.8.2.2 弯矩绕实轴作用的稳定计算

（1）弯矩作用平面内整体稳定计算。

对如图 6.29（a）所示的弯矩绕实轴作用的格构式压弯构件，在弯矩作用平面内的整体稳定与实腹柱相同，同样采用式（6.32）计算。但是式中的 x 轴是指格构式截面的实轴，即式中 x 轴为图 6.29（a）中的 y 轴。

（2）弯矩作用平面外的整体稳定计算。

在弯矩作用平面外的稳定性仍可采用式（6.41）计算，但式中 φ_y 应按虚轴换算长细比 λ_{0x}，查表确定，λ_{0x} 的计算与格构式轴心受压构件相同。此外，式中取 $\varphi_b=1.0$。

（3）分肢的稳定性。

对于弯矩绕实轴作用的双分肢格构式压弯构件，分肢稳定按实腹式压弯构件计算，内力按以下原则分配（图 6.31）：轴心压力 N 在两分肢间的分配与分肢轴线至虚轴 x 轴的距离成反比；弯矩 M 在两分肢间的分配与分肢对实轴 y 轴的惯性矩成正比、与分肢轴线面至虚轴 x 轴的距离成反比。

分肢 1：

轴心力：

$$N_1 = N\frac{y_2}{a} + \frac{M}{a} \tag{6.81}$$

弯矩：

$$M = \frac{I_1/y_1}{I_1/y_1 + I_2/y_2} M_y \tag{6.82}$$

分肢 2：

轴心力：

$$N_2 = N - N_i \tag{6.83}$$

弯矩：

$$M_{y2} = M_y - M_{y1} \tag{6.84}$$

式中 I_1、I_2——分肢 1 和分肢 2 对 y 轴的惯性矩，mm^4。

上式适用于当 M_y 作用在构件主平面时的情形，当 M_y 不是作用在构件主平面而是作用在一个分肢的轴线平面（图 6.31 中所示的分肢 1 的 1—1 轴线平面）时，则 M_y 视为全部由该分肢承受。

6.8.2.3 双向受弯的格构式压弯构件稳定计算

当弯矩作用在两个柱平面内（图 6.32）的双肢格构式压弯构件时，其稳定性按下列规定计算。

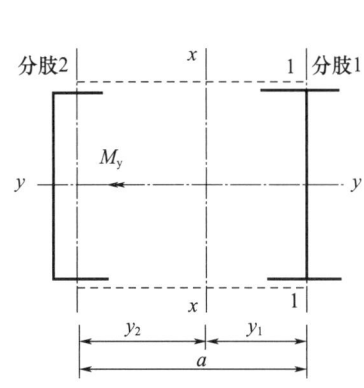

图 6.31 弯矩绕实轴作用时分肢内力计算

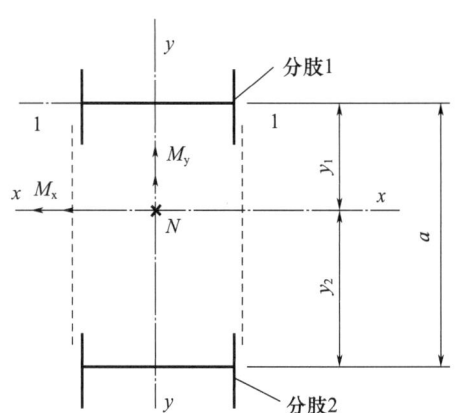

图 6.32 双向受弯的格构柱

(1) 整体稳定计算。

《钢结构设计标准》（GB 50017—2017）规定，采用截面边缘纤维开始屈服作为设计准则。绕虚轴作用格构式压弯构件平面内的稳定性按式（6.85）计算：

$$\frac{N}{\varphi_x A} + \frac{\beta_{mx} M_x}{\gamma_x W_{1x}\left(1 - \dfrac{N}{N'_{Ex}}\right)} + \frac{\beta_{ty} M_y}{W_{1y}} \leqslant f \tag{6.85}$$

式中 W_{1x}——绕 x 轴（虚轴）的毛截面模量，$W_{1x} = I_x/y_0$；I_x 为绕 x 轴（虚轴）的毛截面惯性矩；y_0 为由 x 轴到压力较大分肢的轴线距离或者到压力较大分肢腹板边缘的距离，取二者中较大者；

φ_x、N'_{Ex}——由虚轴换算长细比 λ_{0x} 确定；

β_{mx}——同实腹式压弯构件。

(2) 分肢的稳定性。

平面内的双肢为格构式压弯构件，分肢按实腹式压弯构件计算其稳定性，在 N 和 M_x 共同作用下，将分肢作为桁架弦杆计算其轴心力，M_y 按式（6.86）和式（6.87）分配给两分肢（图 6.32），然后按《钢结构设计标准》（GB 50017—2017）第 8.2.1 条的规定计算分肢稳定性。

分肢 1：

$$M_{y1} = \frac{I_1/y_1}{I_1/y_1 + I_2/y_2} M_y \tag{6.86}$$

分肢2：
$$M_{y2}=\frac{I_2/y_2}{I_1/y_1+I_2/y_2}M_y \quad (6.87)$$

式中 I_1、I_2——分肢1、分肢2对y轴的惯性矩，mm^4；

y_1、y_2——M_y作用的主轴平面至分肢1、分肢2的轴线距离，mm。

对缀板式压弯构件还应考虑由剪力作用引起的局部弯矩，其分肢的稳定性按双向压弯构件验算。

6.8.3 格构式压弯构件的强度与刚度计算

6.8.3.1 格构式压弯构件的强度计算

格构式压弯构件的强度按式（6.8）和式（6.16）计算。

要注意的是当弯矩绕虚轴（x轴）作用时，不考虑塑性变形在截面上发展，取$\gamma_x=1.0$。

6.8.3.2 格构式压弯构件的刚度计算

长细比验算：
$$\lambda_{0x} \leqslant [\lambda] \quad (6.88)$$
$$\lambda_y \leqslant [\lambda] \quad (6.89)$$

式中 λ_{0x}——对虚轴的换算长细比。

6.8.4 缀材计算和构造要求

格构式压弯构件的缀材计算与格构式轴心受压构件的缀材计算相同，但剪力应取按构件荷载引起的实际剪力和按式 $V=\frac{Af}{85}\sqrt{\frac{f_y}{235}}$ 算得的剪力两者中较大者。

格构式压弯构件的构造要求与格构式轴心构件相同。

【**例 6.5**】试计算图 6.33 所示单层厂房下柱截面，属有侧移框架。框架平面内的计算长度 $l_{0x}=24m$，框架平面外的计算长度 $l_{0y}=12m$。组合内力设计值为：$N=4500kN$，$M_x=\pm4200kN \cdot m$，$V=\pm220kN$。钢材为 Q235、火焰切割边。

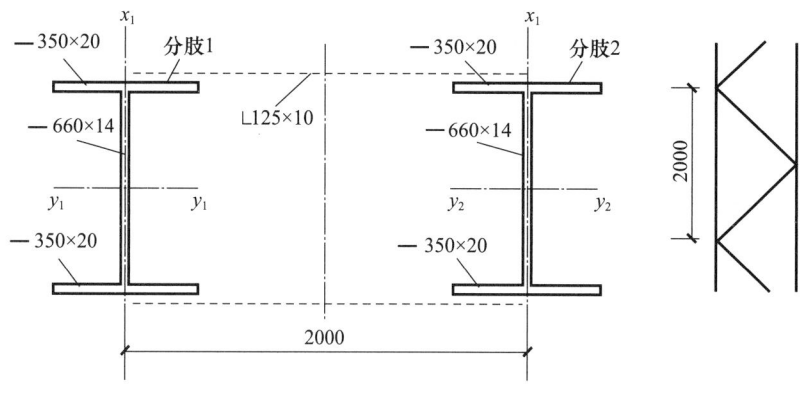

图 6.33 例 6.5 图（mm）

【**解**】（1）截面几何特性：

$$A = 2 \times (2 \times 35 \times 2 + 66 \times 1.4) = 464.8 \text{ (cm}^2\text{)}$$

$$I_x = 4 \times \left(\frac{2 \times 35^3}{1+12} + 35 \times 2 \times 100^2\right) + 2 \times 66 \times 1.4 \times 100^2 = 467000 \text{ (cm}^4\text{)}$$

$$I_y = 4 \times 35 \times 2 \times 34^2 + 2 \times \frac{1.4 \times 66^3}{12} = 390800 \text{ (cm}^4\text{)}$$

$$i_x = \sqrt{\frac{I_x}{A}} = \sqrt{\frac{4677000}{464.8}} = 100.3 \text{ (cm)}$$

$$i_y = \sqrt{\frac{I_y}{A}} = \sqrt{\frac{390800}{464.8}} = 29.0 \text{ (cm)}$$

$$W_x = \frac{I_x}{y_{max}} = \frac{467000}{117.5} = 39800 \text{ (cm}^3\text{)}$$

缀条：

$$A_1 = 2 \times 24.37 = 48.74 \text{ (cm}^2\text{)}, \quad i_{y_0} = 2.48 \text{ (cm)}。$$

分肢：

$$A_1' = \frac{A}{2} = \frac{464.8}{2} = 232.4 \text{ (cm}^2\text{)}$$

$$I_{x1} = 2 \times \frac{2 \times 35^3}{12} = 14290 \text{ (cm}^4\text{)}$$

$$I_{y1} = \frac{I_y}{2} = \frac{290800}{2} = 195400 \text{ (cm}^4\text{)}$$

$$i_{x1} = \sqrt{\frac{I_{x1}}{A_1'}} = \sqrt{\frac{14290}{232.4}} = 7.84 \text{ (cm)}$$

$$i_{y1} = \sqrt{\frac{I_{y1}}{A_1'}} = \sqrt{\frac{195400}{232.4}} = 29.0 \text{ (cm)}$$

(2) 截面验算。

① 强度：

$$\frac{N}{A} + \frac{M_x}{W_{nx}} = \frac{4500 \times 10^3}{464.8 \times 10^2} + \frac{4200 \times 10^6}{39800 \times 10^3} = 202.05 \text{ (N/mm}^2\text{)} < f = 205 \text{ (N/mm}^2\text{)}$$

满足要求。

② 弯矩作用平面内的整体稳定验算：

$$\lambda_x = \frac{l_{0x}}{i_x} = \frac{2400}{100.3} = 23.93$$

换算长细比：

$$\lambda_{0x} = \sqrt{\lambda_x^2 + 27 \frac{A}{A_1}} = \sqrt{23.93^2 + 27 \times \frac{464.8}{48.74}} = 28.81 < [\lambda] = 150$$

刚度满足要求。

按 b 类截面查附表得 $\varphi_x = 0.940$。

$$N'_{Ex} = \frac{\pi^2 EA}{1.1 \lambda_{0x}^2} = \frac{\pi^2 \times 206 \times 10^3 \times 464.8 \times 10^2}{1.1 \times 28.81^2} = 103398 \text{ (kN)}$$

$$W_{1x} = \frac{I_x}{y_0} = \frac{467700}{100} = 46770 \text{ (cm}^3\text{)}$$

由于是有侧移的框架柱，则：

$$N_{cr}=\frac{\pi^2 EI}{(\mu l)^2}=\frac{\pi^2\times 2.06\times 10^5\times 467000\times 10^4}{24000^2}=1.65\times 10^5\ (\text{kN})$$

$$\beta_{mx}=1-0.36\frac{N}{N_{cr}}=1-0.36\times\frac{4500\times 10^3}{1.65\times 10^8}=0.990$$

$$\frac{N}{\varphi_x Af}+\frac{\beta_{mx}M_x}{W_{1x}\left(1-\varphi_x\dfrac{N}{N'_{Ex}}\right)f}$$

$$=\frac{4500\times 10^3}{0.940\times 464.8\times 10^2\times 205}+\frac{0.990\times 4200\times 10^6}{46770\times 10^3\times\left(1-0.94\times\dfrac{4500\times 10^3}{103998\times 10^3}\right)\times 205}$$

$$=0.955<1$$

满足要求。

③ 单肢稳定验算。

$$N_1=\frac{N}{2}+\frac{M}{b_1}=\frac{4500}{2}+\frac{4200}{2}=4350\ (\text{kN})$$

$$\lambda_{x1}=\frac{l_{01}}{i_{x1}}=\frac{300}{7.84}=38.3<[\lambda]=150$$

刚度满足要求。

$$\lambda_{y1}=\frac{l_{0y}}{i_{y1}}=\frac{1200}{29}=41.38<[\lambda]=150$$

刚度满足要求。

由 $\lambda_{max}=\lambda_{y1}=41.38$，查附表得 $\varphi_{min}=0.880$。

$$\frac{N_1}{\varphi_{min}A'_1}=\frac{4350\times 10^2}{0.880\times 232.4\times 10^2}=212.7\ (\text{N/mm}^2)>f=205\ (\text{N/mm}^2)$$

未超过5%，近似满足要求。

④ 分肢的局部稳定验算。

翼缘：

由于：

$$\frac{h_w}{t_w}=\frac{660}{14}=47.1\approx 45\sqrt{\frac{235}{f_y}}=45$$

未超过5%，近似满足要求。

⑤ 缀条稳定验算。

计算剪力：

$$V=\frac{Af}{85}=\frac{464.8\times 10^2\times 215}{85}=117570\ (\text{N})=117.57\ (\text{kN})\leqslant 220\ (\text{kN})$$

故采用 $V=220\text{kN}$ 计算。

斜缀条内力：

$$N_1=\frac{V_1}{\sin a}=\frac{220}{2\sin 53°}=137.7\ (\text{kN})$$

$$\lambda=\frac{l_0}{i_{y0}}=\frac{200}{\sin 53°\times 2.48}=100.8<[\lambda]=150$$

刚度满足要求。

对单角钢缀条，由于 $80<\lambda=100.8\leqslant160$，$\lambda_x=52+\lambda=52+100.8=152.8$。
查表得 $\varphi=0.298$。

$$\frac{N_1}{\varphi A}=\frac{137.7\times10^3}{0.298\times24.37\times10^2}=189.6\ (\text{N/mm}^2)<f=215\ (\text{N/mm}^2)。$$

满足要求。

习题

6.1 拉弯和压弯构件强度计算公式与其强度极限状态是否一致？

6.2 为什么直接承受动力荷载的实腹式拉弯和压弯构件不考虑塑性开展，承受静力荷载的同一类构件却考虑塑性开展？格构式构件考虑塑性开展吗？

6.3 压弯构件的腹板局部稳定设计原则是什么？

6.4 简述压弯构件失稳的形式及计算的方法。

6.5 简述压弯构件中等效弯矩系数 β_{mx} 的意义。

6.6 桁架平面内和平面外的计算长度根据什么原则确定？

6.7 影响等截面框架柱计算长度的主要因素有哪些？

6.8 什么是框架的有侧移失稳和无侧移失稳？

6.9 框架柱的计算长度系数由弹性稳定理论得出，它是否同样适用于进入弹塑性范围工作的框架柱？为什么？

6.10 一压弯构件的受力支承及截面如图 6.34 所示。焊接组合截面的钢板为焰切边。设材料为 Q235，钢板强度设计值为 215N/mm²，计算其截面强度和弯矩作用平面内的稳定性。

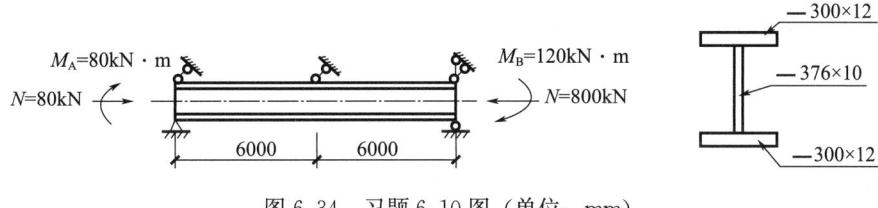

图 6.34 习题 6.10 图（单位：mm）

6.11 某压弯缀条式格构构件，截面如图 6.35 所示，构件平面内外计算长度 $l_{0x}=29.3$m，$l_{0y}=18.2$m。已知轴压力（含自重）$N=2500$kN，问可以承受的最大偏心弯矩 M_x 为多少？设钢材牌号为 Q235，N 与 M_x 均为设计值，钢材强度设计值取 205N/mm²。

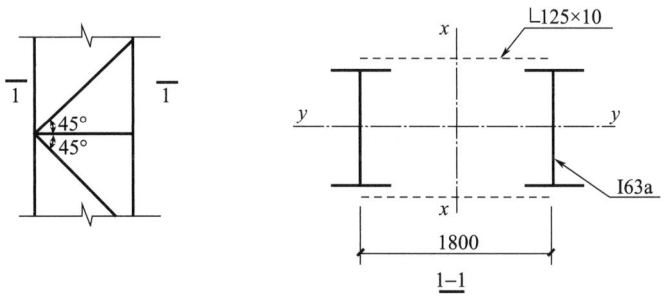

图 6.35 习题 6.11 图（单位：mm）

6.12 图 6.36 所示悬臂柱，承受偏心距为 25cm 的设计压力为 2000kN。在弯矩作用平面外有支撑体系对柱上端形成支点［图 6.36（b）］，要求选定热轧 H 型钢或焊接工字形截面，材料为 Q235C 钢（注：当选用焊接工字形截面时，可试用翼缘 2-400×20，焰切边。腹板-460×12）。

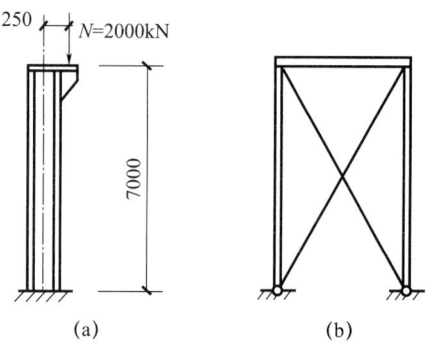

图 6.36 习题 6.12 图（单位：mm）

6.13 习题 6.12 中，如果弯矩作用平面外的支撑改为如图 6.37 所示，所选截面需要如何调整才能适应？调整后柱截面面积可以减小多少？

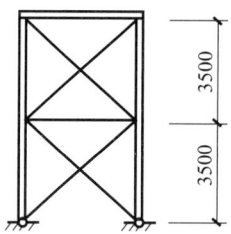

图 6.37 习题 6.13 图（单位：mm）

6.14 图 6.38 中的天窗架侧柱 AB，承受轴心压力的设计值为 85.8kN，风荷载设计值为 $w=\pm2.87$kN/m（正号为压力，负号为吸力），计算长度 $l_{0x}=l=3.5$m，$l_{0y}=3.0$m。选用双角钢截面 2∠110×7、材料为 Q235 钢。试验算其承载力。

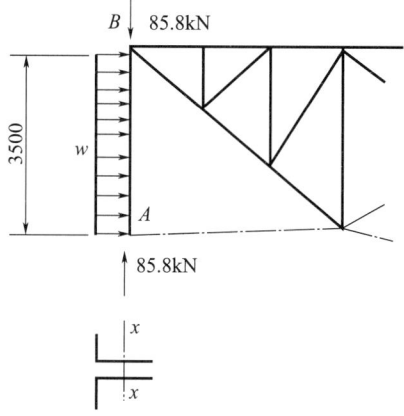

图 6.38 习题 6.14 图（单位：mm）

知识拓展

附录

附录1 钢材和连接的强度指标

1.1 钢材的设计用强度指标

钢材的设计用强度指标,应根据钢材牌号、厚度或直径按附表1.1采用。

附表1.1 钢材的设计用强度指标（N/mm²）

钢材牌号		钢材厚度或直径（mm）	强度设计值			屈服强度, f_y	抗拉强度, f_u
			抗拉、抗压、抗弯, f	抗剪, f_v	端面承压（刨平顶紧）, f_{ce}		
碳素结构钢	Q235	≤16	215	125	320	235	370
		>16, ≤40	205	120		225	
		>40, ≤100	200	115		215	
低合金高强度结构钢	Q355	≤16	305	175	400	355	470
		>16, ≤40	295	170		345	
		>40, ≤63	290	165		335	
		>63, ≤80	280	160		325	
		>80, ≤100	270	155		315	
	Q390	≤16	345	200	415	390	490
		>16, ≤40	330	190		370	
		>40, ≤63	310	180		350	
		>63, ≤100	295	170		330	
	Q420	≤16	375	215	440	420	520
		>16, ≤40	355	205		400	
		>40, ≤63	320	185		380	
		>63, ≤100	305	175		360	
	Q460	≤16	410	235	470	460	550
		>16, ≤40	390	225		440	
		>40, ≤63	355	205		420	
		>63, ≤100	340	195		400	

注：1. 表中直径指实心棒材直径，厚度指计算点的钢材或钢管壁厚度，对轴心受拉和轴心受压构件指截面中较厚板件的厚度。
2. 冷弯型材和冷弯钢管，其强度设计值应按现行有关国家标准的规定采用。

1.2 建筑结构用钢板的设计强度指标

建筑结构用钢板的设计强度指标可根据钢材牌号、厚度或直径按附表1.2采用。

附表1.2 建筑结构用钢板的设计用强度指标（N/mm²）

建筑结构用钢板	钢材厚度或直径（mm）	强度设计值			屈服强度, f_y	抗拉强度, f_u
		抗拉、抗压、抗弯, f	抗剪, f_v	端面承压（刨平顶紧）, f_{ce}		
Q355GJ	>16, ≤50	325	190	415	345	490
	>50, ≤100	300	175		335	

1.3 结构用无缝钢管的强度指标

结构用无缝钢管的强度指标应按附表1.3采用。

附表1.3 结构设计用无缝钢管的强度指标（N/mm²）

钢管钢材牌号	壁厚（mm）	强度设计值			屈服强度, f_y	抗拉强度, f_u
		抗拉、抗压和抗弯, f	抗剪, f_v	端面承压（刨平顶紧）, f_{ce}		
Q235	≤16	215	125	320	235	375
	>16, ≤30	205	120		225	
	>30	195	115		215	
Q355	≤16	305	175	400	345	470
	>16, ≤30	290	170		325	
	>30	260	150		295	
Q390	≤16	345	200	415	390	490
	>16, ≤30	330	190		370	
	>30	310	180		350	
Q420	≤16	375	220	445	420	520
	>16, ≤30	355	205		400	
	>30	340	195		380	
Q460	≤16	410	240	470	460	550
	>16, ≤30	390	225		440	
	>30	355	205		420	

1.4 铸钢件的强度设计值

铸钢件的强度设计值应按附表1.4采用。

附表1.4 铸钢件的强度设计值（N/mm²）

类别	钢号	铸件厚度（mm）	抗拉、抗压和抗弯, f	抗剪, f_v	端面承压（刨平顶紧）, f_{ce}
非焊接结构用铸钢件	ZG230-450	≤100	180	105	290
	ZG270-500		210	120	325
	ZG310-570		240	140	370
焊接结构用铸钢件	ZG230-450H	≤100	180	105	290
	ZG270-480H		210	120	310
	ZG300-500H		235	135	325
	ZG340-550H		265	150	355

注：表中强度设计值仅适用于本表规定的厚度。

1.5 焊缝的强度指标

焊缝的强度指标应按附表1.5采用并应符合下列规定：

（1）手工焊用焊条、自动焊和半自动焊所采用的焊丝和焊剂，应保证其熔敷金属的力学性能不低于母材的性能。

（2）焊缝质量等级应符合现行国家标准《钢结构焊接规范》（GB 50661）的规定，其检验方法应符合现行国家标准《钢结构工程施工质量验收标准》（GB 50205）的规定。其中，厚度小于6mm钢材的对接焊缝，不应采用超声波探伤确定焊缝质量等级。

（3）对接焊缝在受压区的抗弯强度设计值取 f_c^w，在受拉区的抗弯强度设计值取 f_t^w。

（4）计算下列情况的连接时，附表1.5规定的强度设计值应乘以相应的折减系数；几种情况同时存在时，其折减系数应连乘。

① 施工条件较差的高空安装焊缝乘以系数0.9；
② 进行无垫板的单面施焊对接焊缝的连接计算应乘折减系数0.85。

附表1.5 焊缝的强度指标（N/mm²）

焊接方法和焊条型号	构件钢材		对接焊缝强度设计值				角焊缝强度设计值	对接焊缝抗拉强度 f_u^w	角焊缝抗拉、抗压和抗剪强度 f_u^f
	牌号	厚度或直径（mm）	抗压 f_c^w	焊缝质量为下列等级时，抗拉 f_t^w		抗剪 f_v^w	抗拉、抗压和抗剪 f_f^w		
				一级、二级	三级				
自动焊、半自动焊和E43型焊条手工焊	Q235	≤16	215	215	185	125	160	415	240
		>16，≤40	205	205	175	120			
		>40，≤100	200	200	170	115			
自动焊、半自动焊和E50、E55型焊条手工焊	Q355	≤16	305	305	260	175	200	480（E50）540（E55）	280（E50）315（E55）
		>16，≤40	295	295	250	170			
		>40，≤63	290	290	245	165			
		>63，≤80	280	280	240	160			
		>80，≤100	270	270	230	155			
	Q390	≤16	345	345	295	200	200（E50）220（E55）		
		>16，≤40	330	330	280	190			
		>40，≤63	310	310	265	180			
		>63，≤100	295	295	250	170			
自动焊、半自动焊和E55、E60型焊条手工焊	Q420	≤16	375	375	320	215	220（E55）240（E60）	540（E55）590（E60）	315（E55）340（E60）
		>16，≤40	355	355	300	205			
		>40，≤63	320	320	270	185			
		>63，≤100	305	305	260	175			
	Q460	≤16	410	410	350	235	220（E55）240（E60）	540（E55）590（E60）	315（E55）340（E60）
		>16，≤40	390	390	330	225			
		>40，≤63	355	355	300	205			
		>63，≤100	340	340	290	195			

续表

焊接方法和焊条型号	构件钢材		对接焊缝强度设计值				角焊缝强度设计值	对接焊缝抗拉强度,f_u^w	角焊缝抗拉、抗压和抗剪强度,f_u^f
	牌号	厚度或直径(mm)	抗压,f_c^w	焊缝质量为下列等级时,抗拉,f_t^w		抗剪,f_v^w	抗拉、抗压和抗剪,f_f^w		
				一级、二级	三级				
自动焊、半自动焊和 E50、E55 型焊条手工焊	Q355GJ	>16, ≤35	310	310	265	180	200	480 (E50) 540 (E55)	280 (E50) 315 (E55)
		>35, ≤50	290	290	245	170			
		>50, ≤100	285	285	240	165			

注：表中厚度指计算点的钢材厚度，对轴心受拉和轴心受压构件指截面中较厚板件的厚度。

1.6 螺栓连接的强度指标

螺栓连接的强度指标应按附表 1.6 采用。

附表 1.6 螺栓连接的强度指标（N/mm²）

螺栓的性能等级、锚栓和构件钢材的牌号		强度设计值								高强度螺栓的抗拉强度,f_u^b
		普通螺栓					锚栓	承压型连接或网架用高强度螺栓		
		C 级螺栓			A 级、B 级螺栓						
		抗拉,f_t^b	抗剪,f_v^b	承压,f_c^b	抗拉,f_t^b	抗剪,f_v^b	承压,f_c^b	抗拉,f_t^a	抗拉,f_t^b	抗剪,f_v^b	承压,f_c^b	
普通螺栓	4.6 级、4.8 级	170	140	—	—	—	—	—	—	—	—	
	5.6 级	—	—	—	210	190	—	—	—	—	—	
	8.8 级	—	—	—	400	320	—	—	—	—	—	
锚栓	Q235	—	—	—	—	—	—	140	—	—	—	
	Q355	—	—	—	—	—	—	180	—	—	—	
	Q390	—	—	—	—	—	—	185	—	—	—	
承压型连接高强度螺栓	8.8 级	—	—	—	—	—	—	—	400	250	—	830
	10.9 级	—	—	—	—	—	—	—	500	310	—	1040
螺栓球节点用高强度螺栓	9.8 级	—	—	—	—	—	—	—	385	—	—	
	10.9 级	—	—	—	—	—	—	—	430	—	—	
构件钢材牌号	Q235	—	—	305	—	—	405	—	—	—	470	
	Q355	—	—	385	—	—	510	—	—	—	590	
	Q390	—	—	400	—	—	530	—	—	—	615	
	Q420	—	—	425	—	—	560	—	—	—	655	
	Q460	—	—	450	—	—	595	—	—	—	695	
	Q355GJ	—	—	400	—	—	530	—	—	—	615	

注：1. A 级螺栓用于 $d \leq 24mm$ 和 $L \leq 10d$ 或 $L \leq 150mm$（按较小值）的螺栓；B 级螺栓用于 $d > 24mm$ 和 $L > 10d$ 或 $L > 150mm$（按较小值）的螺栓；d 为公称直径，L 为螺栓公称长度。

2. A、B 级螺栓孔的精度和孔壁表面粗糙度，C 级螺栓孔的允许偏差和孔壁表面粗糙度，均应符合现行国家标准《钢结构工程施工质量验收标准》（GB 50205）的要求。

3. 用于螺栓球节点网架的高强度螺栓，M12～M36 为 10.9 级，M39～M64 为 9.8 级。

1.7 铆钉连接的强度设计值

铆钉连接的强度设计值应按附表 1.7 采用,并应按下列规定乘以相应的折减系数。

当下列几种情况同时存在时,其折减系数应连乘。

1) 施工条件较差的铆钉连接乘以系数 0.9;
2) 沉头和半沉头铆钉连接乘以系数 0.8。

附表 1.7 铆钉连接的强度设计值 (N/mm²)

铆钉钢号和构件钢材牌号		抗拉(钉头拉脱),f_t^r	抗剪,f_v^r		承压,f_c^r	
			Ⅰ类孔	Ⅱ类孔	Ⅰ类孔	Ⅱ类孔
铆钉	BL2 或 BL3	120	185	155	—	—
构件钢材牌号	Q235	—	—	—	450	365
	Q355	—	—	—	565	460
	Q390	—	—	—	590	480

注:1. 属于下列情况者为Ⅰ类孔:
 1)在装配好的构件上按设计孔径钻成的孔;
 2)在单个零件和构件上按设计孔径分别用钻模钻成的孔;
 3)在单个零件上先钻成或冲成较小的孔径,然后在装配好的构件上再扩钻至设计孔径的孔。
 2. 在单个零件上一次冲成或不用钻模钻成设计孔径的孔属于Ⅱ类孔。

附录 2 结构或构件的变形容许值

2.1 受弯构件的挠度容许值

吊车梁、楼盖梁、屋盖梁、工作平台梁以及墙架构件的挠度不宜超过附表 2.1 所列的容许值。当墙面采用延性材料或结构采用柔性连接时,墙架构件的支柱水平位移容许值可采用 $l/300$,抗风桁架(作为连续支柱的支承时)水平位移容许值可采用 $l/800$。

附表 2.1 受弯构件的挠度容许值

项次	构件类别	挠度容许值	
		$[v_T]$	$[v_Q]$
1	吊车梁和吊车桁架(按自重和起重量最大的一台吊车计算挠度): (1)手动起重机和单梁起重机(含悬挂起重机); (2)轻级工作制桥式起重机; (3)中级工作制桥式起重机; (4)重级工作制桥式起重机	$l/500$ $l/750$ $l/900$ $l/1000$	—
2	手动或电动葫芦的轨道梁	$l/400$	
3	有重轨(质量大于或等于 38kg/m)轨道的工作平台梁 有轻轨(质量小于或等于 24kg/m)轨道的工作平台梁	$l/600$ $l/400$	

续表

项次	构件类别	挠度容许值 $[v_T]$	挠度容许值 $[v_Q]$
4	楼（屋）盖梁或桁架、工作平台梁（第3项除外）和平台板： （1）主梁或桁架（包括设有悬挂起重设备的梁和桁架）； （2）仅支承压型金属板屋面和冷弯型钢檩条； （3）除支承压型金属板屋面和冷弯型钢檩条外，尚有吊顶； （4）抹灰顶棚的次梁； （5）除（1）～（4）款外的其他梁（包括楼梯梁）； （6）屋盖檩条； ①支承压型金属板屋面者； ②支承其他屋面材料者； ③有吊顶； （7）平台板	$l/400$ $l/180$ $l/240$ $l/250$ $l/150$ $l/200$ $l/240$ $l/150$ $l/240$ $l/150$	$l/500$ — — $l/350$ $l/300$ — — — — —
5	墙架构件（风荷载不考虑阵风系数）： （1）支柱（水平方向）； （2）抗风桁架（作为连续支柱的支承时，水平位移）； （3）砌体墙的横梁（水平方向）； （4）支承压型金属板的横梁（水平方向）； （5）支承其他墙面材料的横梁（水平方向）； （6）带有玻璃窗的横梁（竖直和水平方向）	— — — — — $l/200$	$l/400$ $l/1000$ $l/300$ $l/100$ $l/200$ $l/200$

注：1. l 为受弯构件的跨度（对悬臂梁和伸臂梁为悬臂长度的2倍）。
2. $[v_T]$ 为永久和可变荷载标准值产生的挠度（如有起拱应减去拱度）的容许值，$[v_Q]$ 为可变荷载标准值产生的挠度的容许值。
3. 当吊车梁或吊车桁架跨度大于12m时，其挠度容许值 $[v_T]$ 应乘以系数0.9。

冶金厂房或类似车间中设有工作级别为A7、A8级起重机的车间，其跨间每侧吊车梁或吊车桁架的制动结构，由一台最大起重机横向水平荷载（按荷载规范取值）所产生的挠度不宜超过制动结构跨度的1/2200。

2.2 结构的位移容许值

1. 单层钢结构水平位移限值宜符合下列规定：

在风荷载标准值作用下，单层钢结构柱顶水平位移宜符合下列规定：

（1）单层钢结构柱顶水平位移不宜超过附表2.2的数值。

（2）无桥式起重机时，当围护结构采用砌体墙，柱顶水平位移不应大于 $H/240$，当围护结构采用轻型钢墙板且房屋高度不超过18m，柱顶水平位移可放宽至 $H/60$。

（3）有桥式起重机时，当房屋高度不超过18m，采用轻型屋盖，吊车起重量不大于20t工作级别为A1～A5且吊车由地面控制时，柱顶水平位移可放宽至 $H/180$。

附表2.2 风荷载作用下柱顶水平位移容许值

结构体系	吊车情况	柱顶水平位移 围护结构采用砌体墙
排架、框架	无桥式起重机	$H/150$
	有桥式起重机	$H/400$

注：H 为柱高度。

2. 在冶金厂房或类似车间中设有 A7、A8 级吊车的厂房柱和设有中级和重级工制吊车的露天栈桥柱,在吊车梁或吊车桁架的顶面标高处,由一台最大吊车水平荷载(按荷载规范取值)所产生的计算变形值,不宜超过附表 2.3 所列的容许值。

附表 2.3 吊车水平荷载作用下柱水平位移(计算值)容许值

项次	位移的种类	按平面结构图形计算	按空间结构图形计算
1	厂房柱的横向位移	$H_c/1250$	$H_c/2000$
2	露天栈桥柱的横向位移	$H_c/2500$	—
3	厂房和露天栈桥柱的纵向位移	$H_c/4000$	—

注:1. H_c 为基础顶面至吊车梁或吊车桁架的顶面的高度。
  2. 计算厂房或露天栈桥柱的纵向位移时,可假定吊车的纵向水平制动力分配在温度区段内所有的柱间支撑或纵向框架上。
  3. 在设有 A8 级吊车的厂房中,厂房柱的水平位移(计算值)容许值不宜大于表中数值的 90%。
  4. 在设有 A6 级吊车的厂房柱的纵向位移宜符合表中的要求。

3. 多层钢结构层间位移角限值宜符合下列规定:

1)在风荷载标准值作用下,有桥式起重机时,多层钢结构的弹性层间位移角不宜超过 1/400。

2)在风荷载标准值作用下,无桥式起重机时,多层钢结构的弹性层间位移角不宜超过附表 2.4 的数值。

附表 2.4 层间位移角容许值

结构体系			层间位移角
框架、框架-支撑			1/250
框-排架	侧向框-排架		1/250
	竖向框-排架	排架	1/150
		框架	1/250

注:1. 对室内装修要求较高的建筑,层间位移角宜适当减小;无墙壁的建筑,层间位移角可适当放宽。
  2. 当围护结构可适应较大变形时,层间位移角可适当放宽。
  3. 在多遇地震作用下多层钢结构的弹性层间位移角不宜超过 1/250。

4. 高层建筑钢结构在风荷载和多遇地震作用下弹性层间位移角不宜超过 1/250。

5. 大跨度钢结构位移限值宜符合下列规定:

1)在永久荷载与可变荷载的标准组合下,结构挠度宜符合下列规定:

(1)结构的最大挠度值不宜超过附表 2.5 中的容许挠度值。

(2)网架与桁架可预先起拱,起拱值可取不大于短向跨度的 1/300;当仅为改善外观条件时,结构挠度可取永久荷载与可变荷载标准值作用下的挠度计算值减去起拱值,但结构在可变荷载下的挠度不宜大于结构跨度的 1/400。

(3)对于设有悬挂起重设备的屋盖结构,其最大挠度值不宜大于结构跨度的 1/400,在可变荷载下的挠度不宜大于结构跨度的 1/500。

附表 2.5 非抗震组合时大跨度钢结构容许挠度值

结构类型		跨中区域	悬挑结构
受弯为主的结构	桁架、网架、斜拉结构、张弦结构等	$L/250$（屋盖） $L/300$（楼盖）	$L/125$（屋盖） $L/150$（楼盖）
受压为主的结构	双层网壳	$L/250$	$L/125$
	拱架、单层网壳	$L/400$	—
受拉为主的结构	单层单索屋盖	$L/200$	—
	单层索网、双层索系以及横向加劲索系的屋盖、索穹顶屋盖	$L/250$	—

注：1. 表中 L 为短向跨度或者悬挑跨度。
　　2. 索网结构的挠度为预应力之后的挠度。

2）在重力荷载代表值与多遇竖向地震作用标准值下的组合最大挠度值不宜超过附表 2.6 的限值。

附表 2.6 地震作用组合时大跨度钢结构容许挠度值

结构类型		跨中区域	悬挑结构
受弯为主的结构	桁架、网架、斜拉结构、张弦结构等	$L/250$（屋盖） $L/300$（楼盖）	$L/125$（屋盖） $L/150$（楼盖）
受压为主的结构	双层网壳、弦支穹顶	$L/300$	$L/150$
	拱架、单层网壳	$L/400$	—

注：表中 L 为短向跨度或者悬挑跨度。

附录 3　梁的整体稳定系数

3.1　等截面焊接工字形和轧制 H 型钢（附图 3.1）简支梁的整体稳定系数 φ_b 应按下列公式计算：

$$\varphi_b = \beta_b \frac{4320}{\lambda_y^2} \cdot \frac{Ah}{W_x}\left[\sqrt{1+\left(\frac{\lambda_y t_1}{4.4h}\right)^2} + \eta_b\right]\varepsilon_k \quad (\text{附 }3.1)$$

$$\lambda_y = \frac{l_1}{i_y} \quad (\text{附 }3.2)$$

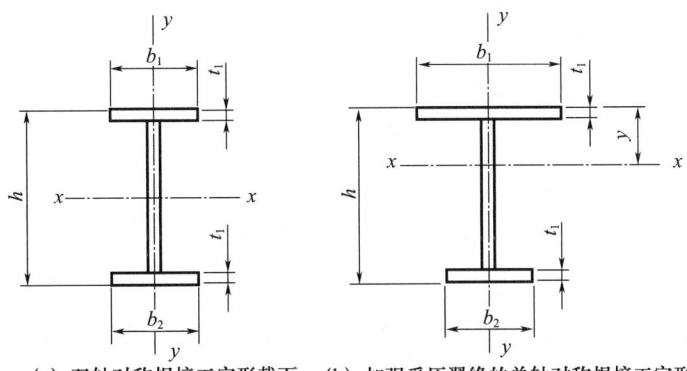

(a) 双轴对称焊接工字形截面　(b) 加强受压翼缘的单轴对称焊接工字形截面

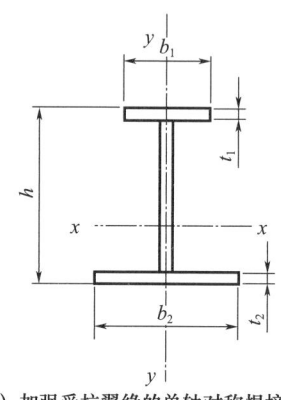
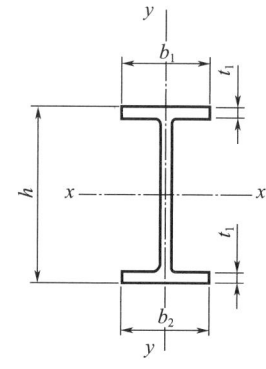

(c) 加强受拉翼缘的单轴对称焊接工字形截面　　(d) 轧制 H 型钢截面

附图 3.1　焊接工字形和轧制 H 型钢

截面不对称影响系数 η_b 应按下列公式计算：

对双轴对称截面 [附图 3.1 (a) (d)]：

$$\eta_b = 0 \qquad (附 3.3)$$

对单轴对称工字形截面 [附图 3.1 (b) (c)]：

加强受压翼缘

$$\eta_b = 0.8(2\alpha_b - 1) \qquad (附 3.4)$$

加强受拉翼缘

$$\eta_b = 2\alpha_b - 1 \qquad (附 3.5)$$

$$\alpha_b = \frac{I_1}{I_1 + I_2} \qquad (附 3.6)$$

当按公式（附 3.1）算得的 φ_b 值大于 0.6 时，应用下式计算的 φ_b' 代替 φ_b 值：

$$\varphi_b' = 1.07 - \frac{0.282}{\varphi_b} \leqslant 1.0 \qquad (附 3.7)$$

式中　β_b——梁整体稳定的等效弯矩系数，应按附表 3.1 采用；

　　　λ_y——梁在侧向支承点间对截面弱轴 y—y 的长细比；

　　　A——梁的毛截面面积；

　　　h、t_1——梁截面的全高和受压翼缘厚度，等截面铆接（或高强度螺栓连接）简支梁，其受压翼缘厚度包括翼缘角钢厚度在内；

　　　l_1——梁受压翼缘侧向支承点之间的距离；

　　　i_y——梁毛截面对 y 轴的回转半径；

　　　I_1、I_2——分别为受压翼缘和受拉翼缘对 y 轴的惯性矩。

附表 3.1　H 型钢和等截面工字形简支梁的系数 β_b

项次	侧向支承	荷载		$\xi \leqslant 2.0$	$\xi > 2.0$	适用范围
1	跨中无侧向支承	均布荷载作用在	上翼缘	$0.69 + 0.13\xi$	0.95	附图 3.1 (a) (b) (d) 的截面
2			下翼缘	$1.73 - 0.20\xi$	1.33	
3		集中荷载作用在	上翼缘	$0.73 + 0.18\xi$	1.09	
4			下翼缘	$2.23 - 0.28\xi$	1.67	

续表

项次	侧向支承	荷载		$\xi \leqslant 2.0$	$\xi > 2.0$	适用范围
5	跨度中点有一个侧向支承点	均布荷载作用在	上翼缘	1.15		
6			下翼缘	1.40		
7		集中荷载作用在截面高度的任意位置		1.75		
8	跨中有不少于两个等距离侧向支承点	任意荷载作用在	上翼缘	1.20		附图3.1中的所有截面
9			下翼缘	1.40		
10	梁端有弯矩,但跨中无荷载作用			$1.75 - 1.05\left(\dfrac{M_2}{M_1}\right) + 0.3\left(\dfrac{M_2}{M_1}\right)^2$ 但$\leqslant 2.3$		

注:1. ξ为参数,$\xi = \dfrac{l_1 t_1}{b_1 h}$,其中$b_1$为受压翼缘的宽度。
2. M_1和M_2为梁的端弯矩,使梁产生同向曲率时M_1和M_2取同号,产生反向曲率时取异号,$|M_1| \geqslant |M_2|$。
3. 表中项次3、4和7的集中荷载是指一个或少数几个集中荷载位于跨中央附近的情况,对其他情况的集中荷载,应按表中项次1、2、5、6内的数值采用。
4. 表中项次8、9的β_b,当集中荷载作用在侧向支承点处时,取$\beta_b = 1.20$。
5. 荷载作用在上翼缘是指荷载作用点在翼缘表面,方向指向截面形心;荷载作用在下翼缘是指荷载作用点在翼缘表面,方向背向截面形心。
6. 对$\alpha_b > 0.8$的加强受压翼缘工字形截面,下列情况的β_b值应乘以相应的系数:
   项次1:当$\xi \leqslant 1.0$时,乘以0.95;
   项次3:当$\xi \leqslant 0.5$时,乘以0.90;当$0.5 < \xi \leqslant 1.0$时,乘以0.95;

3.2 轧制普通工字形简支梁的整体稳定系数φ_b应按附表3.2采用,当所得的φ_b值大于0.6时,应按本标准式(附3.7)算得的代替值。

附表3.2 轧制普通工字钢简支梁的φ_b

项次	荷载情况		工字钢型号	自由长度l_1(m)								
				2	3	4	5	6	7	8	9	10
1	跨中无侧向支承点的梁	集中荷载作用于 上翼缘	10~20	2.00	1.30	0.99	0.80	0.68	0.58	0.53	0.48	0.43
			22~32	2.40	1.48	1.09	0.86	0.72	0.62	0.54	0.49	0.45
			36~63	2.80	1.60	1.07	0.83	0.68	0.56	0.50	0.45	0.40
2		集中荷载作用于 下翼缘	10~20	3.10	1.95	1.34	1.01	0.82	0.69	0.63	0.57	0.52
			22~40	5.50	2.80	1.84	1.37	1.07	0.86	0.73	0.64	0.56
			45~63	7.30	3.60	2.30	1.62	1.20	0.96	0.80	0.69	0.60
3		均布荷载作用于 上翼缘	10~20	1.70	1.12	0.84	0.68	0.57	0.50	0.45	0.41	0.37
			22~40	2.10	1.30	0.93	0.73	0.60	0.51	0.45	0.40	0.36
			45~63	2.60	1.45	0.97	0.73	0.59	0.50	0.44	0.38	0.35
4		均布荷载作用于 下翼缘	10~20	2.50	1.55	1.08	0.83	0.68	0.56	0.52	0.47	0.42
			22~40	4.00	2.20	1.45	1.10	0.85	0.70	0.60	0.52	0.46
			45~63	5.60	2.80	1.80	1.25	0.95	0.78	0.65	0.55	0.49
5	跨中有侧向支承点的梁(无论荷载作用点在截面高度上的位置)		10~20	2.20	1.39	1.01	0.79	—0.66	0.57	0.52	0.47	0.42
			22~40	3.00	1.80	1.24	0.96	0.76	0.65	0.56	0.49	0.43
			45~63	4.00	2.20	1.38	1.01	0.80	0.66	0.56	0.49	0.43

注:1. 同附表3.1的注3、5。
2. 表中的φ_b适用于Q235钢。对其他钢号,表中数值应乘以ε_k^2。

3.3 轧制槽钢简支梁的整体稳定系数，无论荷载的形式和荷载作用点在截面高度上的位置，均可按下式计算：

$$\varphi_b = \frac{570bt}{l_1 h} \cdot \varepsilon_k^2 \qquad (\text{附}3.8)$$

式中 h、b、t——分别为槽钢截面的高度、翼缘宽度和平均厚度，mm。

当按公式（附3.8）算得的 φ_b 值大于0.6时，应按本标准式（附3.7）算得相应的 φ'_b 代替 φ_b 值。

3.4 双轴对称工字形等截面悬臂梁的整体稳定系数，可按本标准式（附3.1）计算，但式中系数 β_b 应按附表3.3查得，当按本标准式（附3.2）计算长细比 λ_y 时，l_1 为悬臂梁的悬伸长度。当求得的 φ_b 值大于0.6时，应按本标准式（附3.7）算得的 φ'_b 代替 φ_b 值。

附表3.3 双轴对称工字形等截面悬臂梁的系数 β_b

项次	荷载形式		$0.60 \leqslant \xi \leqslant 1.24$	$1.24 < \xi \leqslant 1.96$	$1.96 < \xi \leqslant 3.10$
1	自由端一个集中荷载作用在	上翼缘	$0.21+0.67\xi$	$0.72+0.26\xi$	$1.17+0.03\xi$
2		下翼缘	$2.94-0.65\xi$	$2.64-0.40\xi$	$2.15-0.15\xi$
3	均布荷载作用在上翼缘		$0.62+0.82\xi$	$1.25+0.31\xi$	$1.66+0.10\xi$

注：1. 本表是按支承端为固定的情况确定的，当用于由邻跨延伸出来的伸臂梁时，应在构造上采取措施加强支承处的抗扭能力。
2. 表中 ξ 见附表3.1注1。

3.5 均匀弯曲的受弯构件，当 $\lambda_y \leqslant 120\varepsilon_k$ 时，其整体稳定系数 φ_b 可按下列近似公式计算：

1) 工字形截面：

双轴对称

$$\varphi_b = 1.07 - \frac{\lambda_y^2}{44000\varepsilon_k^2} \qquad (\text{附}3.9)$$

单轴对称

$$\varphi_b = 1.07 - \frac{W_x}{(2\alpha_b+0.1)Ah} \cdot \frac{\lambda_y^2}{14000\varepsilon_k^2} \qquad (\text{附}3.10)$$

2) 弯矩作用在对称轴平面，绕 x 轴的T形截面：

（1）弯矩使翼缘受压时：

双角钢T形截面

$$\varphi_b = 1 - 0.0017\lambda_y/\varepsilon_k \qquad (\text{附}3.11)$$

剖分T型钢和两板组合T形截面

$$\varphi_b = 1 - 0.0022\lambda_y/\varepsilon_k \qquad (\text{附}3.12)$$

（2）弯矩使翼缘受拉且腹板宽厚比不大于 $18\varepsilon_k$ 时：

$$\varphi_b = 1 - 0.0005\lambda_y/\varepsilon_k \qquad (\text{附}3.13)$$

当按公式（附3.9）和公式（附3.10）算得的 φ_b 值大于1.0时，取 $\varphi_b = 1.0$。

附录 4 轴心受压构件的稳定系数

4.1 a 类截面轴心受压构件的稳定系数应按附表 4.1 取值。

附表 4.1 a 类截面轴心受压构件的稳定系数 φ

λ/ε_k	0	1	2	3	4	5	6	7	8	9
0	1.000	1.000	1.000	1.000	0.999	0.999	0.998	0.998	0997	0.996
10	0.995	0.994	0.993	0.992	0.991	0989	0.988	0.986	0.985	0.983
20	0.981	0.979	0.977	0.976	0.974	0.972	0.970	0.968	0.966	0.964
30	0.963	0.961	0.959	0.957	0.954	0.952	0.950	0.948	0.946	0.944
40	0.941	0.939	0.937	0.934	0.932	0.929	0.927	0.924	0.921	0.918
50	0.916	0.913	0.910	0.907	0.903	0.900	0.897	0.893	0.890	0.886
60	0.883	0.879	0.875	0.871	0.867	0.862	0.858	0.854	0.849	0.844
70	0.839	0.834	0.829	0.824	0.818	0.813	0.807	0.801	0.795	0.789
80	0.783	0.776	0.770	0.763	0.756	0.749	0.742	0.735	0.728	0.721
90	0.713	0.706	0.698	0.691	0.683	0.676	0.668	0.660	0.653	0.645
100	0.637	0.630	0.622	0.614	0.607	0.599	0.592	0.584	0.577	0.569
110	0.562	0.555	0.548	0.541	0.534	0.527	0.520	0.513	0.507	0.500
120	0.494	0.487	0.481	0.475	0.469	0.463	0.457	0.451	0.445	0.439
130	0.434	0.428	0.423	0.417	0.412	0.407	0.402	0.397	0.392	0.387
140	0.382	0.378	0.373	0.368	0.364	0.360	0.355	0.351	0.347	0.343
150	0.339	0.335	0.331	0.327	0.323	0.319	0.316	0.312	0.308	0.305
160	0.302	0.298	0.295	0.292	0.288	0.285	0.282	0.279	0.276	0.273
170	0.270	0.267	0.264	0.261	0.259	0.256	0.253	0.250	0.248	0.245
180	0.243	0.240	0.238	0.235	0.233	0.231	0.228	0.226	0.224	0.222
190	0.219	0.217	0.215	0.213	0.211	0.209	0.207	0.205	0.203	0.201
200	0.199	0.197	0.196	0.194	0.192	0.190	0.188	0.187	0.185	0.183
210	0.182	0.180	0.178	0.177	0.175	0.174	0.172	0.171	0.169	0.168
220	0.166	0.165	0.163	0.162	0.161	0.159	0.158	0.157	0.155	0.154
230	0.153	0.151	0.150	0.149	0.148	0.147	0.145	0.144	0.143	0.142
240	0.141	0.140	0.139	0.137	0.136	0.135	0.134	0.133	0.132	0.131

注：表中值按第 4.5 条中的公式计算而得。

4.2 b 类截面轴心受压构件的稳定系数应按附表 4.2 取值。

附表 4.2　b 类截面轴心受压构件的稳定系数 φ

λ/ε_k	0	1	2	3	4	5	6	7	8	9
0	1.000	1.000	1.000	0.999	0.999	0.998	0.997	0.996	0.995	0.994
10	0.992	0.99	0.989	0.987	0.985	0.983	0.981	0.978	0.976	0.973
20	0.970	0.967	0.963	0.960	0.957	0.953	0.950	0.946	0.943	0.939
30	0.936	0.932	0.929	0.925	0.921	0.918	0.914	0.910	0.906	0.903
40	0.899	0.895	0.891	0.886	0.882	0.878	0.874	0.870	0.865	0.861
50	0.856	0.852	0.847	0.842	0.837	0.833	0.828	0.823	0.818	0.812
60	0.807	0.802	0.796	0.791	0.785	0.780	0.774	0.768	0.762	0.757
70	0.751	0.745	0.738	0.732	0.726	0.720	0.713	0.707	0.701	0.694
80	0.687	0.681	0.674	0.668	0.661	0.654	0.648	0.641	0.634	0.628
90	0.621	0.614	0.607	0.601	0.594	0.587	0.581	0.574	0.568	0.561
100	0.555	0.548	0542	0.535	0.529	0.523	0.517	0.511	0.504	0.498
110	0.492	0.487	0.481	0.475	0.469	0.464	0.458	0.453	0.447	0.442
120	0.436	0.431	0.426	0.421	0.416	0.411	0.406	0.401	0.396	0.392
130	0.387	0.383	0.378	0.374	0.369	0.365	0.361	0.357	0.352	0.348
140	0.344	0.340	0.337	0.333	0.329	0.325	0.322	0.318	0.314	0.311
150	0.308	0.304	0301	0.297	0.294	0.291	0.288	0.285	0.282	0.279
160	0.276	0.273	0.270	0.267	0.264	0.262	0.259	0.256	0.253	0.251
170	0.248	0.246	0243	0.241	0.238	0.236	0.234	0.231	0.229	0.227
180	0.225	0.222	0.220	0.218	0.216	0.214	0.212	0.210	0.208	0.206
190	0.204	0.202	0.200	0.198	0.196	0.195	0.193	0.191	0.189	0.188
200	0.186	0.184	0.183	0.181	0.179	0.178	0.176	0.175	0.173	0.172
210	0.170	0.169	0.167	0.166	0.164	0.163	0.162	0.160	0.159	0.158
220	0.156	0.155	0.154	0.152	0.151	0.150	0.149	0.147	0.146	0.145
230	0.144	0.143	0.142	0.141	0.139	0.138	0.137	0.136	0.135	0.134
240	0.133	0.132	0.131	0.130	0.129	0.128	0.127	0.126	0.125	0.124
250	0.123	—	—	—	—	—	—	—	—	—

注：表中值按第 4.5 条中的公式计算而得。

4.3　c 类截面轴心受压构件的稳定系数应按附表 4.3 取值。

附表 4.3　c 类截面轴心受压构件的稳定系数 φ

λ/ε_k	0	1	2	3	4	5	6	7	8	9
0	1.000	1.000	1.000	0.999	0.999	0.998	0.997	0.996	0.995	0.993
10	0.992	0.990	0.988	0.986	0.983	0.981	0.978	0.976	0.973	0.970
20	0.966	0.959	0.953	0.947	0.940	0.934	0.928	0.921	0.915	0.909
30	0.902	0.896	0.890	0.883	0.877	0.871	0.865	0.858	0.852	0.845
40	0.839	0.833	0.826	0.820	0.813	0.807	0.800	0.794	0.787	0.781

续表

λ/ε_k	0	1	2	3	4	5	6	7	8	9
50	0.774	0.768	0.761	0.755	0.748	0.742	0.735	0.728	0.722	0.715
60	0.709	0.702	0.695	0.689	0.682	0.675	0.669	0.662	0.656	0.649
70	0.642	0.636	0.629	0.623	0.616	0.610	0.603	0.597	0.591	0.584
80	0.578	0.572	0.565	0.559	0.553	0.547	0.541	0.535	0.529	0.523
90	0.517	0.511	0.505	0.499	0.494	0.488	0.483	0.477	0.471	0.467
100	0.462	0.458	0.453	0.449	0.445	0.440	0.436	0.432	0.427	0.423
110	0.419	0.415	0.411	0.407	0.402	0.398	0.394	0.390	0.386	0.383
120	0.379	0.375	0.371	0.367	0.363	0.360	0.356	0.352.	0.349	0.345
130	0.342	0.338	0.335	0.332	0.328	0.325	0.322	0.318	0.315	0.312
140	0.309	0.306	0.303	0.300	0.297	0.294	0.291	0.288	0.285	0.282
150	0.279	0.277	0.274	0.271	0.269	0.266	0.263	0.261	0.258	0.256
160	0.253	0.251	0.248	0.246	0.244	0.241	0.239	0.237	0.235	0.232
170	0.230	0.228	0.226	0.224	0.222	0.220	0.218	0.216	0.214	0.212
180	0.210	0.208	0.206	0.204	0.203	0.201	0.199	0.197	0.195	0.194
190	0.192	0.190	0.189	0.187	0.185	0.184	0.182	0.181	0.179	0.178
200	0.176	0.175	0.173	0.172	0.170	0.169	0.167	0.166	0.165	0.163
210	0.162	0.161	0.159	0.158	0.157	0.155	0.154	0.153	0.152	0.151
220	0.149	0.148	0.147	0.146	0.145	0.144	0.142	0.141	0.140	0.139
230	0.138	0.137	0.136	0.135	0.134	0.133	0.132	0.131	0.130	0.129
240	0.128	0.127	0.126	0.125	0.124	0.123	0.123	0.122	0.121	0.120
250	0.119	—	—	—	—	—	—	—	—	—

注：表中值按第4.5条中的公式计算而得。

4.4 d类截面轴心受压构件的稳定系数应按附表4.4取值。

附表4.4 d类截面轴心受压构件的稳定系数 φ

λ/ε_k	0	1	2	3	4	5	6	7	8	9
0	1.000	1.000	0.999	0.999	0.998	0.996	0.994	0.992	0.990	0.987
10	0.984	0.981	0.978	0.974	0.969	0.965	0.960	0.955	0.949	0.944
20	0.937	0.927	0.918	0.909	0.900	0.891	0.883	0.874	0.865	0.857
30	0.848	0.840	0.831	0.823	0.815	0.807	0.798	0.790	0.782	0.774
40	0.766	0.758	0.751	0.743	0.735	0.727	0.720	0.712	0.705	0.697
50	0.690	0.682	0.675	0.668	0.660	0.653	0.646	0.639	0.632	0.625
60	0.618	0.611	0.605	0.598	0.591	0.585	0.578	0.571	0.565	0.559
70	0.552	0.546	0.540	0.534	0.528	0.521	0.516	0.510	0.504	0.498
80	0.492	0.487	0.481	0.476	0.470	0.465	0.459	0.454	0.449	0.444

续表

λ/ε_k	0	1	2	3	4	5	6	7	8	9
90	0.439	0.434	0.429	0.424	0.419	0.414	0.409	0.405	0.401	0.397
100	0.393	0.390	0.386	0.383	0.380	0.376	0.373	0.369	0.366	0.363
110	0.359	0.356	0.353	0.350	0.346	0.343	0.340	0.337	0.334	0.331
120	0.328	0.325	0.322	0.319	0.316	0.313	0.310	0.307	0.304	0.301
130	0.298	0.296	0.293	0.290	0.288	0.285	0.282	0.280	0.277	0.275
140	0.272	0.270	0.267	0.265	0.262	0.260	0.257	0.255	0.253	0.250
150	0.248	0.246	0.244	0.242	0.239	0.237	0.235	0.233	0.231	0.229
160	0.227	0.225	0.223	0.221	0.219	0.217	0.215	0.213	0.211	0.210
170	0.208	0.206	0.204	0.202	0.201	0.199	0.197	0.196	0.194	0.192
180	0.191	0.189	0.187	0.186	0.184	0.183	0.181	0.180	0.178	0.177
190	0.175	0.174	0.173	0.171	0.170	0.168	0.167	0.166	0.164	0.163
200	0.162	—	—	—	—	—	—	—	—	—

注：表中值按第 4.5 条中的公式计算而得。

4.5 当构件的 λ/ε_k 超出附表 4.1 至附表 4.4 范围时，轴心受压构件的稳定系数应按下列公式计算：

当 $\lambda_n \leqslant 0.215$ 时：

$$\varphi = 1 - \alpha_1 \lambda_n^2$$

$$\lambda_n = \frac{\lambda}{\pi}\sqrt{f_y/E}$$

当 $\lambda_n \leqslant 0.215$ 时：

$$\varphi = \frac{1}{2\lambda_n^2}\left[(\alpha_2 + \alpha_3\lambda_n + \lambda_n^2) - \sqrt{(\alpha_2 + \alpha_3\lambda_n + \lambda_n^2)^2 - 4\lambda_n^2}\right]$$

式中，α_1、α_2、α_3 为系数，应根据 GB 50017—2017 表 7.2.1 的截面分类，按附表 4.5 采用。

附表 4.5　系数 α_1、α_2、α_3

截面类别		α_1	α_2	α_3
a 类		0.41	0.986	0.152
b 类		0.65	0.965	0.300
c 类	$\lambda_n \leqslant 1.05$	0.73	0.906	0.595
	$\lambda_n > 1.05$		1.216	0.302
d 类	$\lambda_n \leqslant 1.05$	1.35	0.868	0.915
	$\lambda_n > 1.05$		1.375	0.432

附录5 柱的计算长度系数

5.1 无侧移框架柱的计算长度系数 μ 应按附表5.1取值，同时符合下列规定：

1) 当横梁与柱铰接时，取横梁线刚度为零。

2) 对低层框架柱，当柱与基础铰接时，应取 $K_2=0$，当柱与基础刚接时，应取 $K_2=10$，平板支座可取 $K_2=0.1$。

3) 当与柱刚接的横梁所受轴心压力 N_b 较大时，横梁线刚度折减系数 α_N 应按下列公式计算：

横梁远端与柱刚接和横梁远端与柱铰接时：

$$\alpha_N = 1 - N_b/N_{Eb}$$

横梁远端嵌固时：

$$\alpha_N = 1 - N_b/(2N_{Eb})$$

$$N_{Eb} = \pi^2 EI_b/l^2$$

式中 I_b——横梁截面惯性矩，mm^4；

l——横梁长度，mm。

附表5.1 无侧移框架柱的计算长度系数 μ

K_2	K_1												
	0	0.05	0.1	0.2	0.3	0.4	0.5	1	2	3	4	5	≥10
0	1.000	0.990	0.981	0.964	0.949	0.935	0.922	0.875	0.820	0.791	0.773	0.760	0.732
0.05	0.990	0.981	0.971	0.955	0.940	0.926	0.914	0.867	0.814	0.784	0.766	0.754	0.726
0.1	0.981	0.971	0.962	0.946	0.931	0.918	0.906	0.860	0.807	0.778	0.760	0.748	0.721
0.2	0.964	0.955	0.946	0.930	0.916	0.903	0.891	0.846	0.795	0.767	0.749	0.737	0.711
0.3	0.949	0.940	0.931	0.916	0.902	0.889	0.878	0.834	0.784	0.756	0.739	0.728	0.701
0.4	0.935	0.926	0.918	0.903	0.889	0.877	0.866	0.823	0.774	0.747	0.730	0.719	0.693
0.5	0.922	0.914	0.906	0.891	0.878	0.866	0.855	0.813	0.765	0.738	0.721	0.710	0.685
1	0.875	0.867	0.860	0.846	0.834	0.823	0.813	0.774	0.729	0.704	0.688	0.677	0.654
2	0.820	0.814	0.807	0.795	0.784	0.774	0.765	0.729	0.686	0.663	0.648	0.638	0.615
3	0.791	0.784	0.778	0.767	0.756	0.747	0.738	0.704	0.663	0.640	0.625	0.616	0.593
4	0.773	0.766	0.760	0.749	0.739	0.730	0.721	0.688	0.648	0.625	0.611	0.601	0.580
5	0.760	0.754	0.748	0.737	0.728	0.719	0.710	0.677	0.638	0.616	0.601	0.592	0.570
≥10	0.732	0.726	0.721	0.711	0.701	0.693	0.685	0.654	0.615	0.593	0.580	0.570	0.549

注：1. 表中的计算长度系数 μ 值按下式算得：

$$\left[\left(\frac{\pi}{\mu}\right)^2 + 2(K_1+K_2) - 4K_1K_2\right]\frac{\pi}{\mu} \cdot \sin\frac{\pi}{\mu} - 2\left[(K_1+K_2)\left(\frac{\pi}{\mu}\right)^2 + 4K_1K_2\right]\cos\frac{\pi}{\mu} + 8K_1K_2 = 0$$

式中，K_1、K_2 分别为相交于柱上端、柱下端的横梁线刚度之和与柱线刚度之和的比值，当梁远端为铰接时，应将横梁线刚度乘以1.5，当横梁远端为嵌固时，则将横梁线刚度乘以2。

5.2 有侧移框架柱的计算长度系数 μ 应按附表 5.2 取值，同时符合下列规定：

1) 当横梁与柱铰接时，取横梁线刚度为零。

2) 对低层框架柱，当柱与基础铰接时，应取 $K_2=0$，当柱与基础刚接时，应取 $K_2=10$，平板支座可取 $K_2=0.1$。

3) 当与柱刚接的横梁所受轴心压力 N_b 较大时，横梁线刚度折减系数 α_N 应按下列公式计算：

横梁远端与柱刚接时：

$$\alpha_N = 1 - N_b/(4N_{Eb})$$

横梁远端与柱铰接时：

$$\alpha_N = 1 - N_b/N_{Eb}$$

横梁远端嵌固时：

$$\alpha_N = 1 - N_b/(2N_{Eb})$$

附表 5.2　有侧移框架柱的计算长度系数 μ

K_2	K_1												
	0	0.05	0.1	0.2	0.3	0.4	0.5	1	2	3	4	5	≥10
0	∞	6.02	4.45	3.42	3.01	2.78	2.64	2.33	2.17	2.11	2.08	2.07	2.03
0.05	6.02	4.16	3.47	2.86	2.58	2.42	2.31	2.07	1.94	1.90	1.87	1.86	1.83
0.1	4.46	3.47	3.01	2.56	2.33	2.20	2.11	1.90	1.79	1.75	1.73	1.72	1.70
0.2	3.42	2.86	2.56	2.23	2.05	1.94	1.87	1.70	1.60	1.57	1.55	1.54	1.52
0.3	3.01	2.58	2.33	2.05	1.90	1.80	1.74	1.58	1.49	1.46	1.45	1.44	1.42
0.4	2.78	2.42	2.20	1.94	1.80	1.71	1.65	1.50	1.42	1.39	1.37	1.37	1.35
0.5	2.54	2.31	2.11	1.87	1.74	1.65	1.59	1.45	1.37	1.34	1.32	1.32	1.30
1	2.33	2.07	1.90	1.70	1.58	1.50	1.45	1.32	1.24	1.21	1.20	1.19	1.17
2	2.17	1.94	1.79	1.60	1.49	1.42	1.37	1.24	1.16	1.14	1.12	1.12	1.10
3	2.11	1.90	1.75	1.57	1.46	1.39	1.34	1.21	1.14	1.11	1.10	1.09	1.07
4	2.08	1.87	1.73	1.55	1.45	1.37	1.32	1.20	1.12	1.10	1.08	1.08	1.06
5	2.07	1.86	1.72	1.54	1.44	1.37	1.32	1.19	1.12	1.09	1.08	1.07	1.05
≥10	2.03	1.83	1.70	1.52	1.42	1.35	1.30	1.17	1.10	1.07	1.06	1.05	1.03

注：表中的计算长度系数 μ 值按下式算得：

$$\left[36K_1K_2 - \left(\frac{\pi}{\mu}\right)^2\right]\sin\frac{\pi}{\mu} + 6(K_1+K_2)\frac{\pi}{\mu}\cdot\cos\frac{\pi}{\mu} = 0$$

式中，K_1、K_2 分别为相交于柱上端、柱下端的横梁线刚度之和与柱线刚度之和的比值。当横梁远端为铰接时，应将横梁线刚度乘以 0.5；当横梁远端为嵌固时，则应乘以 2/3。

5.3 柱上端为自由的单阶柱下段的计算长度系数 μ_2 应按附表 5.3 取值。

附表 5.3 柱上端为自由的单阶柱下段的计算长度系数 μ_2

η	K_1																		
	0.06	0.08	0.10	0.12	0.14	0.16	0.18	0.20	0.22	0.24	0.26	0.28	0.3	0.4	0.5	0.6	0.7	0.8
0.2	2.00	2.01	2.01	2.01	2.01	2.01	2.01	2.02	2.02	2.02	2.02	2.02	2.02	2.03	2.04	2.05	2.06	2.07
0.3	2.01	2.02	2.02	2.02	2.03	2.03	2.03	2.04	2.04	2.05	2.05	2.05	2.06	2.08	2.10	2.12	2.13	2.15
0.4	2.02	2.03	2.04	2.04	2.05	2.06	2.07	2.07	2.08	2.09	2.09	2.10	2.11	2.14	2.18	2.21	2.25	2.28
0.5	2.04	2.05	2.06	2.07	2.09	2.10	2.11	2.12	2.13	2.15	2.16	2.17	2.18	2.24	2.29	2.35	2.40	2.45
0.6	2.06	2.08	2.10	2.12	2.14	2.16	2.18	2.19	2.21	2.23	2.25	2.26	2.28	2.36	2.44	2.52	2.59	2.66
0.7	2.10	2.13	2.16	2.18	2.21	2.24	2.26	2.29	2.31	2.34	2.36	2.38	2.41	2.52	2.62	2.72	2.81	2.90
0.8	2.15	2.20	2.24	2.27	2.31	2.34	2.38	2.41	2.44	2.47	2.50	2.53	2.56	2.70	2.82	2.94	3.06	3.16
0.9	2.24	2.29	2.35	2.39	2.44	2.48	2.52	2.56	2.60	2.63	2.67	2.71	2.74	2.90	3.05	3.19	3.32	3.44
1.0	2.36	2.43	2.48	2.54	2.59	2.64	2.69	2.73	2.77	2.82	2.86	2.90	2.94	3.12	3.29	3.45	3.59	3.74
1.2	2.69	2.76	2.83	2.89	2.95	3.01	3.07	3.12	3.17	3.22	3.27	3.32	3.37	3.59	3.80	3.99	4.17	4.34
1.4	3.07	3.14	3.22	3.29	3.36	3.42	3.48	3.55	3.61	3.66	3.72	3.78	3.83	4.09	4.33	4.56	4.77	4.97
1.6	3.47	3.55	3.63	3.71	3.78	3.85	3.92	3.99	4.07	4.12	4.18	4.25	4.31	4.61	4.88	5.14	5.38	5.62
1.8	3.88	3.97	4.05	4.13	4.21	4.29	4.37	4.44	4.52	4.59	4.66	4.73	4.80	5.13	5.44	5.73	6.00	6.26
2.0	4.29	4.39	4.48	4.57	4.65	4.74	4.82	4.90	4.99	5.07	5.14	5.22	5.30	5.66	6.00	6.32	6.63	6.92
2.2	4.71	4.81	4.91	5.00	5.10	5.19	5.28	5.37	5.46	5.54	5.63	5.71	5.80	6.19	6.57	6.92	7.26	7.58
2.4	5.13	5.24	5.34	5.44	5.54	5.64	5.74	5.84	5.93	6.03	6.12	6.21	6.30	6.73	7.14	7.52	7.89	8.24
2.6	5.55	5.66	5.77	5.88	5.99	6.10	6.20	6.31	6.41	6.51	6.61	6.71	6.80	7.27	7.71	8.13	8.52	8.90
2.8	5.97	6.09	6.21	6.33	6.44	6.55	6.67	6.78	6.89	6.99	7.10	7.21	7.31	7.81	8.28	8.73	9.16	9.57
3.0	6.39	6.52	6.64	6.77	6.89	7.01	7.13	7.25	7.37	7.48	7.59	7.71	7.82	8.35	8.86	9.34	9.80	10.24

简图：

$K_1 = \dfrac{I_1}{I_2} \cdot \dfrac{H_2}{H_1}$

$\eta = \dfrac{H_1}{H_2} \sqrt{\dfrac{N_1}{N_2} \cdot \dfrac{I_2}{I_1}}$

N_1——上段柱的轴心力；
N_2——下段柱的轴心力

注：表中的计算长度系数 μ_2 值按下式计算得出：

$$\eta K_1 \cdot \tan\dfrac{\pi}{\mu_2} \cdot \tan\dfrac{\pi\eta}{\mu_2} - 1 = 0$$

5.4 柱上端可移动但不转动的单阶柱下段的计算长度系数 μ_2 应按附表 5.4 取值。

附表 5.4 柱上端可移动但不转动的单阶柱下段的计算长度系数 μ_2

η_1	K_1																	
	0.06	0.08	0.10	0.12	0.14	0.16	0.18	0.20	0.22	0.24	0.26	0.28	0.3	0.4	0.5	0.6	0.7	0.8
0.2	1.96	1.94	1.93	1.91	1.90	1.89	1.88	1.86	1.85	1.84	1.83	1.82	1.81	1.76	1.72	1.68	1.65	1.62
0.3	1.96	1.94	1.93	1.92	1.91	1.89	1.88	1.87	1.86	1.85	1.84	1.83	1.82	1.77	1.73	1.70	1.66	1.63
0.4	1.96	1.95	1.94	1.92	1.91	1.90	1.89	1.88	1.87	1.86	1.85	1.84	1.83	1.79	1.75	1.72	1.68	1.66
0.5	1.96	1.95	1.94	1.93	1.92	1.91	1.90	1.89	1.88	1.87	1.86	1.85	1.85	1.81	1.77	1.74	1.71	1.69
0.6	1.97	1.96	1.95	1.94	1.93	1.92	1.91	1.90	1.90	1.89	1.88	1.87	1.87	1.83	1.80	1.78	1.75	1.73
0.7	1.97	1.96	1.96	1.95	1.94	1.94	1.93	1.92	1.92	1.91	1.90	1.90	1.89	1.86	1.84	1.82	1.80	1.78
0.8	1.98	1.97	1.97	1.96	1.96	1.95	1.95	1.94	1.94	1.93	1.93	1.93	1.92	1.90	1.88	1.87	1.86	1.84
0.9	1.99	1.99	1.98	1.98	1.98	1.97	1.97	1.97	1.97	1.96	1.96	1.96	1.96	1.95	1.94	1.93	1.92	1.92
1.0	2.00	2.00	2.00	2.00	2.00	2.00	2.00	2.00	2.00	2.00	2.00	2.00	2.00	2.00	2.00	2.00	2.00	2.00
1.2	2.03	2.04	2.04	2.05	2.06	2.07	2.07	2.08	2.08	2.09	2.10	2.10	2.11	2.13	2.15	2.17	2.18	2.20
1.4	2.07	2.09	2.11	2.12	2.14	2.16	2.17	2.18	2.20	2.21	2.22	2.23	2.24	2.29	2.33	2.37	2.40	2.42
1.6	2.13	2.16	2.19	2.22	2.25	2.27	2.30	2.32	2.34	2.36	2.37	2.39	2.41	2.48	2.54	2.59	2.63	2.67
1.8	2.22	2.27	2.31	2.35	2.39	2.42	2.45	2.48	2.50	2.53	2.55	2.57	2.59	2.69	2.76	2.83	2.88	2.93
2.0	2.35	2.41	2.46	2.50	2.55	2.59	2.62	2.66	2.69	2.72	2.75	2.77	2.80	2.91	3.00	3.08	3.14	3.20
2.2	2.51	2.57	2.63	2.68	2.73	2.77	2.81	2.85	2.89	2.92	2.95	2.98	3.01	3.14	3.25	3.33	3.41	3.47
2.4	2.68	2.75	2.81	2.87	2.92	2.97	3.01	3.05	3.09	3.13	3.17	3.20	3.24	3.38	3.50	3.59	3.68	3.75
2.6	2.87	2.94	3.00	3.06	3.12	3.17	3.22	3.27	3.31	3.35	3.39	3.43	3.46	3.62	3.75	3.86	3.95	4.03
2.8	3.06	3.14	3.20	3.27	3.33	3.38	3.43	3.48	3.53	3.58	3.62	3.66	3.70	3.87	4.01	4.13	4.23	4.32
3.0	3.26	3.34	3.41	3.47	3.54	3.60	3.65	3.70	3.75	3.80	3.85	3.89	3.93	4.12	4.27	4.40	4.51	4.61

简图：

$K_1 = \dfrac{I_1}{I_2} \cdot \dfrac{H_2}{H_1}$

$\eta_1 = \dfrac{H_1}{H_2} \sqrt{\dfrac{N_1}{N_2} \cdot \dfrac{I_2}{I_1}}$

N_1——上段柱的轴心力；
N_2——下段柱的轴心力。

注：表中的计算长度系数 μ_2 值按下式计算得出：

$\operatorname{tg} \dfrac{\pi}{\mu_2} + \eta_1 K_1 \cdot \tan \dfrac{\pi}{\mu_2} = 0$

5.5 柱上端为自由的双阶柱下段的计算长度系数 μ_3 应按下列公式计算，也可按附表 5.5 取值。

附表 5.5 柱上端为自由的双阶柱下段柱的计算长度系数 μ_3

			K_1																				
			0.05										0.10										
		K_2	0.2	0.3	0.4	0.5	0.6	0.7	0.8	0.9	1.0	1.1	1.2	0.2	0.3	0.4	0.5	0.6	0.7	0.8	0.9	1.0	1.1	1.2
η_1	η_2																							
0.2	0.2		2.02	2.03	2.04	2.05	2.06	2.07	2.08	2.08	2.09	2.10	2.10	2.03	2.03	2.04	2.05	2.06	2.07	2.08	2.08	2.09	2.10	2.11
	0.4		2.08	2.11	2.15	2.19	2.22	2.25	2.29	2.32	2.35	2.39	2.42	2.09	2.12	2.16	2.19	2.23	2.26	2.29	2.33	2.36	2.39	2.42
	0.6		2.20	2.29	2.37	2.45	2.52	2.60	2.67	2.73	2.80	2.87	2.93	2.21	2.30	2.38	2.46	2.53	2.60	2.67	2.74	2.81	2.87	2.93
	0.8		2.42	2.57	2.71	2.83	2.95	3.06	3.17	3.27	3.37	3.47	3.56	2.44	2.58	2.71	2.84	2.96	3.07	3.17	3.28	3.37	3.47	3.56
	1.0		2.75	2.95	3.13	3.30	3.45	3.60	3.74	3.87	4.00	4.13	4.25	2.76	2.95	3.14	3.30	3.46	3.60	3.74	3.88	4.01	4.13	4.25
	1.2		3.13	3.38	3.60	3.80	4.00	4.18	4.35	4.51	4.67	4.82	4.97	3.15	3.39	3.61	3.81	4.00	4.18	4.35	4.52	4.68	4.83	4.98
0.4	0.2		2.04	2.05	2.06	2.06	2.07	2.08	2.09	2.09	2.10	2.11	2.12	2.07	2.07	2.08	2.08	2.09	2.10	2.11	2.12	2.12	2.13	2.14
	0.4		2.10	2.14	2.17	2.20	2.24	2.27	2.31	2.34	2.37	2.40	2.43	2.14	2.17	2.20	2.23	2.26	2.30	2.33	2.36	2.39	2.42	2.45
	0.6		2.24	2.32	2.40	2.47	2.54	2.62	2.68	2.75	2.82	2.88	2.94	2.28	2.36	2.43	2.50	2.57	2.64	2.71	2.77	2.84	2.90	2.96
	0.8		2.47	2.60	2.73	2.85	2.97	3.08	3.19	3.29	3.38	3.48	3.57	2.53	2.65	2.77	2.88	3.00	3.10	3.21	3.31	3.40	3.50	3.59
	1.0		2.79	2.98	3.15	3.32	3.47	3.62	3.75	3.89	4.02	4.14	4.26	2.85	3.02	3.19	3.34	3.49	3.64	3.77	3.91	4.03	4.16	4.28
	1.2		3.18	3.41	3.62	3.82	4.01	4.19	4.36	4.52	4.68	4.83	4.98	3.24	3.45	3.65	3.85	4.03	4.21	4.38	4.54	4.70	4.85	4.99
0.6	0.2		2.09	2.09	2.10	2.10	2.11	2.12	2.13	2.13	2.14	2.15	2.15	2.22	2.19	2.18	2.17	2.18	2.18	2.19	2.19	2.20	2.20	2.21
	0.4		2.17	2.19	2.22	2.25	2.28	2.31	2.34	2.38	2.41	2.44	2.47	2.31	2.30	2.31	2.33	2.35	2.38	2.41	2.44	2.47	2.49	2.52
	0.6		2.32	2.38	2.45	2.52	2.59	2.66	2.72	2.79	2.85	2.91	2.97	2.48	2.49	2.54	2.60	2.66	2.72	2.78	2.84	2.90	2.96	3.02
	0.8		2.56	2.67	2.79	2.90	3.01	3.11	3.22	3.32	3.41	3.50	3.60	2.72	2.78	2.87	2.97	3.07	3.17	3.27	3.36	3.46	3.55	3.54
	1.0		2.88	3.04	3.20	3.36	3.50	3.65	3.78	3.91	4.04	4.15	4.26	3.04	3.15	3.28	3.42	3.56	3.70	3.83	3.95	4.08	4.20	4.31
	1.2		3.26	3.46	3.66	3.86	4.04	4.22	4.38	4.55	4.70	4.85	5.00	3.40	3.56	3.74	3.91	4.09	4.26	4.42	4.58	4.73	4.88	5.03
0.8	0.2		2.29	2.24	2.22	2.21	2.21	2.22	2.22	2.22	2.23	2.23	2.24	2.63	2.49	2.43	2.40	2.38	2.37	2.37	2.36	2.36	2.37	2.37
	0.4		2.37	2.34	2.34	2.36	2.38	2.40	2.43	2.45	2.48	2.51	2.54	2.71	2.59	2.55	2.54	2.54	2.55	2.57	2.59	2.61	2.63	2.65
	0.6		2.52	2.52	2.56	2.61	2.67	2.73	2.79	2.85	2.91	2.96	3.02	2.86	2.76	2.76	2.78	2.82	2.86	2.91	2.96	3.01	3.07	3.12
	0.8		2.74	2.79	2.88	2.98	3.08	3.17	3.27	3.36	3.46	3.55	3.63	3.06	3.02	3.06	3.13	3.20	3.29	3.37	3.46	3.54	3.63	3.71
	1.0		3.04	3.15	3.28	3.42	3.56	3.69	3.82	3.95	4.07	4.19	4.31	3.33	3.35	3.44	3.55	3.67	3.79	3.90	4.03	4.15	4.26	4.37
	1.2		3.39	3.55	3.73	3.91	4.08	4.25	4.42	4.58	4.73	4.88	5.02	3.65	3.73	3.86	4.02	4.18	4.34	4.49	4.64	4.79	4.94	5.08

简图：

$K_1 = \dfrac{I_1}{I_3} \cdot \dfrac{H_3}{H_1}$

$K_2 = \dfrac{I_2}{I_3} \cdot \dfrac{H_3}{H_2}$

$\eta_1 = \dfrac{H_1}{H_3}\sqrt{\dfrac{N_1}{N_3} \cdot \dfrac{I_3}{I_1}}$

$\eta_2 = \dfrac{H_2}{H_3}\sqrt{\dfrac{N_2}{N_3} \cdot \dfrac{I_3}{I_2}}$

N_1——上段柱的轴心力；
N_2——中段柱的轴心力；
N_3——下段柱的轴心力

续表

η₁	η₂	K₁=0.05											K₁=0.10										
		K₂=0.2	0.3	0.4	0.5	0.6	0.7	0.8	0.9	1.0	1.1	1.2	0.2	0.3	0.4	0.5	0.6	0.7	0.8	0.9	1.0	1.1	1.2
1.0	0.2	2.69	2.57	2.51	2.48	2.46	2.45	2.45	2.44	2.44	2.44	2.44	3.18	2.95	2.84	2.77	2.73	2.70	2.68	2.67	2.66	2.65	2.65
1.0	0.4	2.75	2.64	2.60	2.59	2.59	2.59	2.60	2.62	2.63	2.65	2.67	3.24	3.03	2.93	2.88	2.85	2.84	2.84	2.84	2.85	2.86	2.87
1.0	0.6	2.86	2.78	2.77	2.79	2.83	2.87	2.91	2.96	3.01	3.06	3.10	3.36	3.16	3.09	3.07	3.08	3.09	3.12	3.15	3.19	3.23	3.27
1.0	0.8	3.04	3.01	3.05	3.11	3.19	3.27	3.35	3.44	3.52	3.61	3.69	3.52	3.37	3.34	3.36	3.41	3.45	3.53	3.60	3.67	3.75	3.82
1.0	1.0	3.29	3.32	3.41	3.52	3.64	3.76	3.89	4.01	4.13	4.24	4.35	3.74	3.64	3.67	3.74	3.83	3.93	4.03	4.14	4.25	4.35	4.46
1.0	1.2	3.60	3.69	3.83	3.99	4.15	4.31	4.47	4.62	4.77	4.92	5.06	4.00	3.97	4.05	4.17	4.31	4.45	4.59	4.73	4.87	5.01	5.14
1.2	0.2	3.16	3.00	2.92	2.87	2.84	2.81	2.80	2.79	2.78	2.77	2.77	3.77	3.47	3.32	3.23	3.17	3.12	3.09	3.07	3.05	3.04	3.03
1.2	0.4	3.21	3.05	2.98	2.94	2.92	2.90	2.90	2.90	2.90	2.91	2.92	3.82	3.53	3.39	3.31	3.26	3.22	3.20	3.19	3.19	3.19	3.19
1.2	0.6	3.30	3.16	3.10	3.08	3.08	3.10	3.12	3.15	3.18	3.22	3.26	3.91	3.64	3.51	3.45	3.42	3.42	3.42	3.43	3.45	3.48	3.50
1.2	0.8	3.43	3.32	3.30	3.33	3.37	3.43	3.49	3.56	3.63	3.71	3.78	4.04	3.80	3.71	3.68	3.69	3.72	3.76	3.81	3.86	3.92	3.98
1.2	1.0	3.62	3.57	3.60	3.68	3.77	3.87	3.98	4.09	4.20	4.31	4.42	4.21	4.02	3.97	3.99	4.05	4.12	4.20	4.29	4.39	4.48	4.58
1.2	1.2	3.88	3.88	3.98	4.11	4.25	4.39	4.54	4.68	4.83	4.97	5.10	4.43	4.30	4.31	4.38	4.48	4.60	4.72	4.85	4.98	5.11	5.24
1.4	0.2	3.66	3.46	3.36	3.29	3.25	3.23	3.20	3.19	3.18	3.17	3.16	4.37	4.01	3.82	3.71	3.63	3.58	3.54	3.51	3.49	3.47	3.45
1.4	0.4	3.70	3.50	3.40	3.35	3.31	3.29	3.27	3.26	3.26	3.26	3.26	4.41	4.06	3.88	3.77	3.70	3.66	3.63	3.60	3.59	3.58	3.57
1.4	0.6	3.77	3.58	3.49	3.45	3.43	3.42	3.42	3.43	3.45	3.47	3.49	4.48	4.15	3.98	3.89	3.83	3.80	3.79	3.78	3.79	3.80	3.81
1.4	0.8	3.87	3.70	3.64	3.63	3.64	3.67	3.70	3.75	3.81	3.86	3.92	4.59	4.28	4.13	4.07	4.04	4.04	4.06	4.08	4.12	4.16	4.21
1.4	1.0	4.02	3.89	3.87	3.90	3.96	4.04	4.12	4.22	4.31	4.41	4.51	4.74	4.45	4.35	4.32	4.34	4.38	4.43	4.50	4.58	4.66	4.74
1.4	1.2	4.23	4.15	4.19	4.27	4.39	4.51	4.64	4.77	4.91	5.04	5.17	4.92	4.69	4.63	4.65	4.72	4.80	4.90	5.10	5.13	5.24	5.36

简图：

$K_1 = \dfrac{I_1}{I_3} \cdot \dfrac{H_3}{H_1}$

$K_2 = \dfrac{I_2}{I_3} \cdot \dfrac{H_3}{H_2}$

$\eta_1 = \dfrac{H_1}{H_3}\sqrt{\dfrac{N_1}{N_3} \cdot \dfrac{I_3}{I_1}}$

$\eta_2 = \dfrac{H_2}{H_3}\sqrt{\dfrac{N_2}{N_3} \cdot \dfrac{I_3}{I_2}}$

N_1——上段柱的轴心力；
N_2——中段柱的轴心力；
N_3——下段柱的轴心力

续表

简图	η₁	η₂	K₁																					
			0.20											0.30										
			0.2	0.3	0.4	0.5	0.6	0.7	0.8	0.9	1.0	1.1	1.2	0.2	0.3	0.4	0.5	0.6	0.7	0.8	0.9	1.0	1.1	1.2
	0.2	0.2	2.04	2.04	2.05	2.06	2.07	2.08	2.08	2.09	2.10	2.11	2.12	2.05	2.05	2.06	2.07	2.08	2.09	2.09	2.10	2.11	2.12	2.13
		0.4	2.10	2.13	2.17	2.20	2.24	2.27	2.30	2.34	2.37	2.40	2.43	2.12	2.15	2.18	2.21	2.25	2.28	2.31	2.35	2.38	2.41	2.44
		0.6	2.23	2.31	2.39	2.47	2.54	2.61	2.68	2.75	2.82	2.88	2.94	2.25	2.33	2.41	2.48	2.56	2.63	2.69	2.76	2.83	2.89	2.95
		0.8	2.46	2.60	2.73	2.85	2.97	3.08	3.18	3.29	3.38	3.48	3.57	2.49	2.62	2.75	2.87	2.98	3.09	3.20	3.30	3.39	3.49	3.58
		1.0	2.79	2.98	3.15	3.32	3.47	3.61	3.75	3.89	4.02	4.14	4.26	2.82	3.00	3.17	3.33	3.48	3.63	3.76	3.90	4.02	4.15	4.27
		1.2	3.18	3.41	3.62	3.82	4.01	4.19	4.36	4.52	4.68	4.83	4.98	3.20	3.43	3.64	3.83	4.02	4.20	4.37	4.53	4.69	4.84	4.99
	0.4	0.2	2.15	2.13	2.13	2.14	2.14	2.15	2.15	2.16	2.17	2.17	2.18	2.26	2.21	2.20	2.19	2.19	2.20	2.20	2.21	2.21	2.22	2.23
		0.4	2.24	2.24	2.26	2.29	2.32	2.35	2.38	2.41	2.44	2.47	2.50	2.36	2.33	2.33	2.35	2.38	2.40	2.43	2.46	2.49	2.51	2.54
		0.6	2.40	2.44	2.50	2.56	2.63	2.69	2.76	2.82	2.88	2.94	3.00	2.54	2.54	2.58	2.63	2.69	2.75	2.81	2.87	2.93	2.99	3.04
		0.8	2.66	2.74	2.84	2.95	3.05	3.15	3.25	3.35	3.44	3.53	3.62	2.79	2.83	2.91	3.01	3.10	3.20	3.30	3.39	3.48	3.57	3.66
		1.0	2.98	3.12	3.25	3.40	3.54	3.68	3.81	3.94	4.07	4.19	4.30	3.11	3.20	3.32	3.46	3.59	3.72	3.85	3.98	4.10	4.22	4.33
		1.2	3.35	3.53	3.71	3.90	4.08	4.25	4.41	4.57	4.73	4.87	5.02	3.47	3.60	3.77	3.95	4.12	4.28	4.45	4.60	4.75	4.90	5.04
	0.6	0.2	2.57	2.42	2.37	2.34	2.33	2.32	2.32	2.32	2.32	2.32	2.33	2.93	2.68	2.57	2.52	2.49	2.47	2.46	2.45	2.45	2.45	2.45
		0.4	2.67	2.54	2.50	2.50	2.51	2.52	2.54	2.56	2.58	2.61	2.63	3.02	2.79	2.71	2.67	2.66	2.66	2.67	2.59	2.70	2.72	2.74
		0.6	2.83	2.74	2.73	2.76	2.80	2.85	2.90	2.95	3.01	3.06	3.12	3.17	2.98	2.93	2.93	2.95	2.98	3.02	3.07	3.11	3.16	3.21
		0.8	3.06	3.01	3.05	3.12	3.20	3.29	3.38	3.46	3.55	3.63	3.72	3.37	3.24	3.23	3.27	3.33	3.41	3.48	3.56	3.64	3.72	3.80
		1.0	3.34	3.35	3.44	3.56	3.68	3.80	3.92	4.04	4.15	4.27	4.38	3.63	3.56	3.60	3.69	3.79	3.90	4.01	4.12	4.23	4.34	4.45
		1.2	3.67	3.74	3.88	4.03	4.19	4.35	4.50	4.65	4.80	4.94	5.08	3.94	3.92	4.02	4.15	4.29	4.43	4.58	4.72	4.87	5.01	5.14
	0.8	0.2	3.25	2.96	2.82	2.74	2.69	2.66	2.64	2.62	2.61	2.61	2.60	3.78	3.38	3.18	3.06	2.98	2.93	2.89	2.86	2.84	2.83	2.82
		0.4	3.33	3.05	2.93	2.87	2.84	2.83	2.83	2.83	2.84	2.85	2.87	3.85	3.47	3.28	3.18	3.12	3.09	3.07	3.06	3.05	3.06	3.06
		0.6	3.45	3.21	3.12	3.10	3.10	3.12	3.14	3.18	3.22	3.26	3.30	3.96	3.61	3.45	3.39	3.36	3.35	3.35	3.38	3.41	3.44	3.47
		0.8	3.63	3.44	3.39	3.41	3.45	3.51	3.57	3.64	3.71	3.79	3.86	4.12	3.82	3.70	3.67	3.68	3.72	3.76	3.82	3.88	3.94	4.01
		1.0	3.86	3.73	3.73	3.80	3.88	3.98	4.08	4.18	4.29	4.39	4.50	4.32	4.07	4.01	4.03	4.08	4.16	4.24	4.33	4.43	4.52	4.62
		1.2	4.13	4.07	4.13	4.24	4.36	4.50	4.64	4.78	4.91	5.05	5.18	4.57	4.38	4.38	4.44	4.54	4.66	4.78	4.90	5.03	5.16	5.29

$$K_1 = \frac{I_1}{I_3} \cdot \frac{H_3}{H_1}$$

$$K_2 = \frac{I_2}{I_3} \cdot \frac{H_3}{H_2}$$

$$\eta_1 = \frac{H_1}{H_3}\sqrt{\frac{N_1}{N_3} \cdot \frac{I_3}{I_1}}$$

$$\eta_2 = \frac{H_2}{H_3}\sqrt{\frac{N_2}{N_3} \cdot \frac{I_3}{I_2}}$$

N_1——上段柱的轴心力；

N_2——中段柱的轴心力；

N_3——下段柱的轴心力

续表

简图	η_1	η_2	K_2	K_1 = 0.20											K_1 = 0.30										
				0.2	0.3	0.4	0.5	0.6	0.7	0.8	0.9	1.0	1.1	1.2	0.2	0.3	0.4	0.5	0.6	0.7	0.8	0.9	1.0	1.1	1.2
	1.0	1.2	0.2	4.00	3.60	3.39	3.26	3.18	3.13	3.08	3.05	3.03	3.01	3.00	4.68	4.15	3.86	3.69	3.57	3.49	3.43	3.38	3.35	3.32	3.30
			0.4	4.06	3.57	3.48	3.37	3.30	3.26	3.23	3.21	3.21	3.20	3.20	4.73	4.21	3.94	3.78	3.68	3.61	3.57	3.54	3.51	3.50	3.49
			0.6	4.15	3.79	3.63	3.54	3.50	3.48	3.49	3.50	3.51	3.54	3.57	4.82	4.33	4.08	3.95	3.87	3.83	3.80	3.80	3.80	3.81	3.83
			0.8	4.29	3.97	3.84	3.79	3.79	3.81	3.85	3.90	3.95	4.01	4.07	4.94	4.49	4.28	4.18	4.14	4.13	4.14	4.17	4.20	4.25	4.29
			1.0	4.48	4.21	4.13	4.13	4.17	4.23	4.31	4.39	4.48	4.57	4.66	5.10	4.70	4.53	4.48	4.48	4.51	4.56	4.62	4.70	4.77	4.85
			1.2	4.70	4.49	4.47	4.52	4.60	4.71	4.82	4.94	5.07	5.19	5.31	5.30	4.95	4.84	4.83	4.88	4.96	5.05	5.15	5.26	5.37	5.48
	1.2	1.2	0.2	4.76	4.26	4.00	3.83	3.72	3.65	3.59	3.54	3.51	3.48	3.46	5.58	4.93	4.57	4.35	4.20	4.10	4.01	3.95	3.90	3.86	3.83
			0.4	4.81	4.32	4.07	3.91	3.82	3.75	3.70	3.67	3.65	3.63	3.62	5.62	4.98	4.64	4.43	4.29	4.19	4.12	4.07	4.03	4.01	3.98
			0.6	4.89	4.43	4.19	4.05	3.98	3.93	3.91	3.89	3.89	3.90	3.91	5.70	5.08	4.75	4.56	4.44	4.37	4.32	4.29	4.27	4.26	4.26
			0.8	5.00	4.57	4.36	4.26	4.21	4.20	4.21	4.23	4.26	4.30	4.34	5.80	5.21	4.91	4.75	4.66	4.61	4.59	4.59	4.60	4.62	4.65
			1.0	5.15	4.76	4.59	4.53	4.53	4.55	4.60	4.66	4.73	4.80	4.88	5.93	5.38	5.12	5.00	4.95	4.94	4.95	4.99	5.03	5.09	5.15
			1.2	5.34	5.00	4.88	4.87	4.91	4.98	5.07	5.17	5.27	5.38	5.49	6.10	5.59	5.38	5.31	5.30	5.33	5.39	5.46	5.54	5.63	5.73
	1.4	1.2	0.2	5.53	4.94	4.62	4.42	4.29	4.19	4.12	4.06	4.02	3.98	3.95	6.49	5.72	5.30	5.03	4.85	4.72	4.62	4.54	4.48	4.43	4.38
			0.4	5.57	4.99	4.68	4.49	4.36	4.27	4.21	4.16	4.13	4.10	4.08	6.53	5.77	5.35	5.10	4.93	4.80	4.71	4.64	4.59	4.55	4.51
			0.6	5.64	5.07	4.78	4.60	4.49	4.42	4.38	4.35	4.33	4.32	4.32	6.59	5.85	5.45	5.21	5.05	4.95	4.87	4.82	4.78	4.76	4.74
			0.8	5.74	5.19	4.92	4.77	4.69	4.64	4.62	4.62	4.63	4.65	4.67	6.68	5.96	5.59	5.37	5.24	5.15	5.10	5.08	5.06	5.06	5.07
			1.0	5.86	5.35	5.12	5.00	4.95	4.94	4.96	4.99	5.03	5.09	5.15	6.79	6.10	5.76	5.58	5.48	5.43	5.41	5.41	5.44	5.47	5.51
			1.2	6.02	5.55	5.36	5.29	5.28	5.31	5.37	5.44	5.52	5.61	5.71	6.93	6.28	5.98	5.84	5.78	5.76	5.79	5.83	5.89	5.95	6.03

$K_1 = \dfrac{I_1}{I_3} \cdot \dfrac{H_3}{H_1}$

$K_2 = \dfrac{I_2}{I_3} \cdot \dfrac{H_3}{H_2}$

$\eta_1 = \dfrac{H_1}{H_3}\sqrt{\dfrac{N_1}{N_3} \cdot \dfrac{I_3}{I_1}}$

$\eta_2 = \dfrac{H_2}{H_3}\sqrt{\dfrac{N_2}{N_3} \cdot \dfrac{I_3}{I_2}}$

N_1——上段柱的轴心力；
N_2——中段柱的轴心力；
N_3——下段柱的轴心力。

注：表中的计算长度系数 μ_3 值按下式算得：

$$\dfrac{\eta_1 K_1}{\eta_2 K_2} \cdot \tan\dfrac{\pi \eta_1}{\mu_3} \cdot \tan\dfrac{\pi \eta_2}{\mu_3} + \eta_1 K_1 \cdot \tan\dfrac{\pi}{\mu_3} + \eta_2 K_2 \cdot \tan\dfrac{\pi \eta_2}{\mu_3} \cdot \tan\dfrac{\pi}{\mu_3} - 1 = 0$$

5.6 柱顶可移动但不转动的双阶柱下段柱的计算长度系数 μ_3 应按附表 5.6 取值。

附表 5.6 柱顶可移动但不转动的双阶柱下段的计算长度系数 μ_3

η_1	η_2		$K_2 \backslash K_1$	0.05											0.10									
				0.2	0.3	0.4	0.5	0.6	0.7	0.8	0.9	1.0	1.1	1.2	0.2	0.3	0.4	0.5	0.6	0.7	0.8	0.9	1.0	1.1	1.2
0.2	0.2		0.2	1.99	1.99	2.00	2.00	2.01	2.02	2.02	2.03	2.04	2.05	2.06	1.96	1.96	1.97	1.97	1.98	1.98	1.99	2.00	2.00	2.01	2.02
			0.4	2.03	2.06	2.09	2.12	2.16	2.19	2.22	2.25	2.29	2.32	2.35	2.00	2.02	2.05	2.08	2.11	2.14	2.17	2.20	2.23	2.26	2.29
			0.6	2.12	2.20	2.28	2.36	2.43	2.50	2.57	2.64	2.71	2.77	2.83	2.07	2.14	2.22	2.29	2.36	2.43	2.50	2.56	2.63	2.69	2.75
			0.8	2.28	2.43	2.57	2.70	2.82	2.94	3.04	3.15	3.25	3.34	3.43	2.20	2.35	2.48	2.61	2.73	2.84	2.94	3.05	3.14	3.24	3.33
			1.0	2.53	2.76	2.96	3.13	3.29	3.44	3.59	3.72	3.85	3.98	4.10	2.41	2.64	2.83	3.01	3.17	3.32	3.46	3.59	3.72	3.85	3.97
			1.2	2.86	3.15	3.39	3.61	3.80	3.99	4.16	4.33	4.49	4.64	4.79	2.70	2.99	3.23	3.45	3.65	3.84	4.01	4.18	4.34	4.49	4.64
0.4	0.4		0.2	1.99	1.99	2.00	2.01	2.01	2.02	2.03	2.04	2.05	2.05	2.06	1.96	1.97	1.97	1.98	1.98	1.99	2.00	2.00	2.01	2.02	2.03
			0.4	2.03	2.06	2.09	2.13	2.16	2.19	2.23	2.26	2.29	2.32	2.35	2.00	2.03	2.06	2.09	2.12	2.15	2.18	2.21	2.24	2.27	2.30
			0.6	2.12	2.20	2.28	2.36	2.44	2.51	2.58	2.64	2.71	2.77	2.84	2.08	2.15	2.23	2.30	2.37	2.44	2.51	2.57	2.64	2.70	2.76
			0.8	2.29	2.44	2.58	2.71	2.83	2.94	3.05	3.15	3.25	3.35	3.44	2.21	2.36	2.49	2.62	2.73	2.85	2.95	3.05	3.15	3.24	3.34
			1.0	2.54	2.77	2.96	3.14	3.30	3.45	3.59	3.73	3.85	3.98	4.10	2.43	2.65	2.84	3.02	3.18	3.33	3.47	3.60	3.73	3.85	3.97
			1.2	2.87	3.15	3.40	3.61	3.81	3.99	4.17	4.33	4.49	4.65	4.79	2.11	3.00	3.24	3.46	3.66	3.85	4.02	4.19	4.34	4.49	4.64
0.6	0.6		0.2	1.99	1.98	2.00	2.01	2.02	2.03	2.04	2.04	2.05	2.06	2.07	1.97	1.97	1.98	1.99	2.00	2.00	2.01	2.02	2.02	2.03	2.04
			0.4	2.04	2.07	2.10	2.14	2.17	2.20	2.23	2.27	2.30	2.33	2.36	2.01	2.04	2.07	2.10	2.13	2.16	2.19	2.22	2.26	2.29	2.32
			0.6	2.13	2.21	2.29	2.37	2.45	2.52	2.59	2.65	2.72	2.78	2.84	2.09	2.17	2.24	2.32	2.39	2.46	2.52	2.59	2.65	2.71	2.77
			0.8	2.30	2.45	2.59	2.72	2.84	2.95	3.06	3.16	3.26	3.35	3.44	2.23	2.38	2.51	2.64	2.75	2.86	2.97	3.07	3.16	3.26	3.35
			1.0	2.56	2.78	2.97	3.15	3.31	3.46	3.60	3.73	3.86	3.99	4.11	2.45	2.68	2.86	3.03	3.19	3.34	3.48	3.61	3.74	3.86	3.98
			1.2	2.89	3.17	3.41	3.62	3.82	4.00	4.17	4.34	4.50	4.65	4.80	2.74	3.02	3.26	3.48	3.67	3.86	4.03	4.20	4.35	4.50	4.65
0.8	0.8		0.2	2.00	2.01	2.02	2.02	2.03	2.04	2.05	2.05	2.06	2.07	2.08	1.99	1.99	2.00	2.01	2.01	2.02	2.03	2.04	2.04	2.05	2.06
			0.4	2.05	2.08	2.12	2.15	2.18	2.21	2.25	2.28	2.31	2.34	2.37	2.03	2.06	2.09	2.12	2.15	2.19	2.22	2.25	2.28	2.31	2.34
			0.6	2.15	2.23	2.31	2.39	2.46	2.53	2.60	2.67	2.73	2.79	2.85	2.12	2.19	2.27	2.34	2.41	2.48	2.55	2.61	2.67	2.73	2.79
			0.8	2.32	2.47	2.61	2.73	2.85	2.96	3.07	3.17	3.27	3.36	3.45	2.27	2.41	2.54	2.66	2.78	2.89	2.99	3.09	3.18	3.28	3.37
			1.0	2.59	2.80	2.99	3.16	3.32	3.47	3.61	3.74	3.87	3.99	4.11	2.49	2.70	2.89	3.06	3.22	3.36	3.50	3.63	3.76	3.88	4.00
			1.2	2.92	3.19	3.42	3.63	3.83	4.01	4.18	4.35	4.51	4.66	4.81	2.78	3.05	3.29	3.50	3.69	3.88	4.05	4.21	4.37	4.52	4.66

简图:

$K_1 = \dfrac{I_2}{I_1} \cdot \dfrac{H_1}{H_2}$

$K_2 = \dfrac{I_2}{I_1} \cdot \dfrac{H_3}{H_2}$

$\eta_1 = \dfrac{H_1}{H_3}\sqrt{\dfrac{N_1}{N_3} \cdot \dfrac{I_3}{I_1}}$

$\eta_2 = \dfrac{H_2}{H_3}\sqrt{\dfrac{N_2}{N_3} \cdot \dfrac{I_3}{I_2}}$

N_1——上段柱的轴心力；
N_2——中段柱的轴心力；
N_3——下段柱的轴心力。

续表

简图	η_1	η_2	$K_1=0.05$											$K_1=0.10$										
			K_2=0.2	0.3	0.4	0.5	0.6	0.7	0.8	0.9	1.0	1.1	1.2	K_2=0.2	0.3	0.4	0.5	0.6	0.7	0.8	0.9	1.0	1.1	1.2
	1.0	0.2	2.02	2.02	2.03	2.04	2.05	2.05	2.06	2.07	2.08	2.09	2.09	2.01	2.02	2.03	2.04	2.04	2.05	2.06	2.07	2.07	2.08	2.09
		0.4	2.07	2.10	2.14	2.17	2.20	2.23	2.26	2.30	2.33	2.36	2.39	2.06	2.10	2.13	2.16	2.19	2.22	2.25	2.28	2.31	2.34	2.37
		0.6	2.17	2.26	2.33	2.41	2.48	2.55	2.62	2.68	2.75	2.81	2.87	2.16	2.24	2.31	2.38	2.45	2.51	2.58	2.64	2.70	2.76	2.82
		0.8	2.36	2.50	2.63	2.76	2.87	2.98	3.08	3.19	3.28	3.38	3.47	2.32	2.46	2.58	2.70	2.81	2.92	3.02	3.12	3.21	3.30	3.39
		1.0	2.62	2.83	3.01	3.18	3.34	3.48	3.62	3.75	3.88	4.01	4.12	2.55	2.75	2.93	3.09	3.25	3.39	3.53	3.66	3.78	3.90	4.02
		1.2	2.95	3.21	3.44	3.65	3.82	4.02	4.20	4.36	4.52	4.67	4.81	2.84	3.10	3.32	3.53	3.72	3.90	4.07	4.23	4.39	4.54	4.68
	1.2	0.2	2.04	2.05	2.06	2.06	2.07	2.08	2.09	2.09	2.10	2.11	2.12	2.07	2.08	2.08	2.09	2.09	2.10	2.11	2.11	2.12	2.13	2.13
		0.4	2.10	2.13	2.17	2.20	2.23	2.26	2.29	2.32	2.35	2.38	2.41	2.13	2.16	2.18	2.21	2.24	2.27	2.30	2.33	2.35	2.38	2.41
		0.6	2.22	2.29	2.37	2.44	2.51	2.58	2.64	2.71	2.77	2.83	2.89	2.24	2.30	2.37	2.43	2.50	2.56	2.63	2.68	2.74	2.80	2.86
		0.8	2.41	2.54	2.67	2.78	2.90	3.00	3.11	3.20	3.30	3.39	3.48	2.41	2.53	2.64	2.75	2.86	2.96	3.06	3.15	3.24	3.33	3.42
		1.0	2.68	2.87	3.04	3.21	3.36	3.50	3.64	3.77	3.90	4.02	4.14	2.64	2.82	2.98	3.14	3.29	3.43	3.56	3.69	3.81	3.93	4.04
		1.2	3.00	3.25	3.47	3.67	3.86	4.04	4.21	4.37	4.53	4.68	4.83	2.92	3.16	3.37	3.57	3.76	3.93	4.10	4.26	4.41	4.56	4.70
	1.4	0.2	2.10	2.10	2.10	2.11	2.11	2.12	2.13	2.13	2.14	2.15	2.15	2.20	2.18	2.17	2.17	2.17	2.18	2.18	2.19	2.19	2.20	2.20
		0.4	2.17	2.19	2.21	2.24	2.27	2.30	2.33	2.36	2.39	2.41	2.44	2.26	2.26	2.27	2.29	2.32	2.34	2.37	2.39	2.42	2.44	2.47
		0.6	2.29	2.35	2.41	2.48	2.55	2.61	2.67	2.74	2.80	2.86	2.91	2.37	2.41	2.46	2.51	2.57	2.63	2.68	2.74	2.80	2.85	2.91
		0.8	2.48	2.60	2.71	2.82	2.93	3.03	3.13	3.23	3.32	3.41	3.50	2.53	2.62	2.72	2.82	2.92	3.01	3.11	3.20	3.29	3.37	3.46
		1.0	2.74	2.92	3.08	3.24	3.39	3.53	3.66	3.79	3.92	4.04	4.15	2.75	2.90	3.05	3.20	3.34	3.47	3.60	3.72	3.84	3.96	4.07
		1.2	3.06	3.29	3.50	3.70	3.89	4.06	4.23	4.39	4.55	4.70	4.84	3.02	3.23	3.43	3.62	3.80	3.97	4.13	4.29	4.44	4.59	4.73

$$K_1 = \frac{I_2}{I_1} \cdot \frac{H_3}{H_1}$$
$$K_2 = \frac{I_2}{I_3} \cdot \frac{H_3}{H_2}$$
$$\eta_1 = \frac{H_1}{H_3}\sqrt{\frac{N_1}{N_3} \cdot \frac{I_3}{I_1}}$$
$$\eta_2 = \frac{H_2}{H_3}\sqrt{\frac{N_2}{N_3} \cdot \frac{I_3}{I_2}}$$

N_1——上段柱的轴心力；
N_2——中段柱的轴心力；
N_3——下段柱的轴心力

续表

简图		η_2	K_1																			
			0.20											0.30								
			K_2																			
	η_1		0.2	0.3	0.4	0.5	0.6	0.7	0.8	0.9	1.0	1.1	1.2	0.2	0.3	0.4	0.5	0.6	0.7	0.8	0.9	1.0	1.1	1.2
	0.2	0.2	1.94	1.93	1.93	1.93	1.93	1.93	1.94	1.94	1.95	1.95	1.96	1.92	1.91	1.90	1.89	1.89	1.89	1.90	1.90	1.90	1.90	1.91
		0.4	1.96	1.98	1.99	2.02	2.04	2.07	2.09	2.12	2.15	2.17	2.20	1.95	1.95	1.96	1.97	1.99	2.01	2.04	2.06	2.08	2.11	2.13
		0.6	2.02	2.07	2.13	2.19	2.26	2.32	2.38	2.44	2.50	2.56	2.62	1.99	2.03	2.08	2.13	2.18	2.24	2.29	2.35	2.41	2.46	2.52
		0.8	2.12	2.23	2.35	2.47	2.58	2.68	2.78	2.88	2.98	3.07	3.15	2.07	2.16	2.27	2.37	2.47	2.57	2.66	2.75	2.84	2.93	3.01
		1.0	2.28	2.47	2.65	2.82	2.97	3.12	3.26	3.39	3.51	3.63	3.75	2.20	2.37	2.53	2.69	2.83	2.97	3.10	3.23	3.35	3.46	3.57
		1.2	2.50	2.77	3.01	3.22	3.42	3.60	3.77	3.93	4.09	4.23	4.38	2.39	2.63	2.85	3.05	3.24	3.42	3.58	3.74	3.89	4.03	4.17
	0.4	0.2	1.93	1.93	1.93	1.93	1.94	1.94	1.95	1.95	1.95	1.96	1.97	1.92	1.91	1.91	1.90	1.90	1.91	1.91	1.91	1.92	1.92	1.92
		0.4	1.97	1.98	2.00	2.03	2.05	2.08	2.11	2.13	2.16	2.19	2.22	1.95	1.96	1.97	1.99	2.01	2.03	2.05	2.08	2.10	2.12	2.15
		0.6	2.03	2.08	2.14	2.21	2.27	2.33	2.40	2.46	2.52	2.58	2.63	2.00	2.04	2.09	2.14	2.20	2.26	2.31	2.37	2.42	2.48	2.53
		0.8	2.13	2.25	2.37	2.48	2.59	2.70	2.80	2.90	2.99	3.08	3.17	2.08	2.18	2.28	2.39	2.49	2.59	2.68	2.77	2.86	2.95	3.03
		1.0	2.29	2.49	2.67	2.83	2.99	3.13	3.27	3.40	3.53	3.64	3.76	2.22	2.39	2.55	2.71	2.85	2.99	3.12	3.24	3.36	3.48	3.59
		1.2	2.52	2.79	3.02	3.23	3.43	3.61	3.78	3.94	4.10	4.24	4.39	2.41	2.65	2.87	3.07	3.26	3.43	3.60	3.75	3.90	4.04	4.18
	0.6	0.2	1.95	1.95	1.95	1.95	1.96	1.96	1.97	1.97	1.98	1.98	1.99	1.93	1.93	1.92	1.92	1.93	1.93	1.93	1.94	1.94	1.95	1.95
		0.4	1.98	2.00	2.02	2.05	2.08	2.10	2.13	2.16	2.19	2.21	2.24	1.96	1.97	1.99	2.01	2.03	2.06	2.08	2.11	2.13	2.16	2.18
		0.6	2.04	2.10	2.17	2.23	2.30	2.36	2.42	2.48	2.54	2.60	2.66	2.02	2.06	2.12	2.17	2.23	2.29	2.35	2.40	2.46	2.51	2.57
		0.8	2.15	2.27	2.39	2.51	2.52	2.72	2.82	2.92	3.01	3.10	3.19	2.11	2.21	2.32	2.42	2.52	2.62	2.71	2.80	2.89	2.98	3.06
		1.0	2.32	2.52	2.70	2.86	3.01	3.16	3.29	3.42	3.55	3.66	3.78	2.25	2.42	2.59	2.74	2.88	3.02	3.15	3.27	3.39	3.50	3.61
		1.2	2.55	2.82	3.05	3.26	3.45	3.63	3.80	3.96	4.11	4.26	4.40	2.44	2.69	2.91	3.11	3.29	3.46	3.62	3.78	3.93	4.07	4.20
	0.8	0.2	1.97	1.97	1.98	1.98	1.99	1.99	2.00	2.01	2.01	2.02	2.03	1.96	1.95	1.96	1.96	1.97	1.97	1.98	1.98	1.99	1.99	2.00
		0.4	2.00	2.03	2.05	2.08	2.11	2.14	2.17	2.20	2.22	2.25	2.28	1.99	2.01	2.03	2.05	2.08	2.10	2.13	2.15	2.18	2.21	2.23
		0.6	2.08	2.14	2.21	2.27	2.34	2.40	2.46	2.52	2.58	2.64	2.69	2.05	2.10	2.16	2.22	2.28	2.34	2.40	2.45	2.51	2.56	2.81
		0.8	2.19	2.32	2.44	2.55	2.66	2.76	2.85	2.96	3.05	3.13	3.22	2.15	2.26	2.37	2.47	2.57	2.67	2.76	2.85	2.94	3.02	3.10
		1.0	2.37	2.57	2.74	2.90	3.05	3.19	3.33	3.45	3.58	3.69	3.81	2.30	2.48	2.64	2.79	2.93	3.07	3.19	3.31	3.43	3.54	3.65
		1.2	2.61	2.87	3.09	3.30	3.49	3.66	3.83	3.99	4.14	4.29	4.42	2.50	2.74	2.96	3.15	3.33	3.50	3.66	3.81	3.96	4.10	4.23

$K_1 = \dfrac{I_2}{I_1} \cdot \dfrac{H_3}{H_1}$

$K_2 = \dfrac{I_2}{I_3} \cdot \dfrac{H_3}{H_2}$

$\eta_1 = \dfrac{H_1}{H_3}\sqrt{\dfrac{N_1}{N_3} \cdot \dfrac{I_3}{I_1}}$

$\eta_2 = \dfrac{H_2}{H_3}\sqrt{\dfrac{N_2}{N_3} \cdot \dfrac{I_3}{I_2}}$

N_1——上段柱的轴心力；
N_2——中段柱的轴心力；
N_3——下段柱的轴心力

续表

简图		η_1	η_2		K_2 \ K_1	0.20											0.30										
						0.2	0.3	0.4	0.5	0.6	0.7	0.8	0.9	1.0	1.1	1.2	0.2	0.3	0.4	0.5	0.6	0.7	0.8	0.9	1.0	1.1	1.2
		1.0		0.2		2.01	2.02	2.03	2.03	2.04	2.05	2.05	2.06	2.07	2.07	2.08	2.01	2.02	2.02	2.03	2.04	2.04	2.05	2.06	2.06	2.07	2.07
				0.4		2.06	2.09	2.11	2.14	2.17	2.20	2.23	2.25	2.28	2.31	2.33	2.05	2.08	2.10	2.13	2.16	2.18	2.21	2.23	2.26	2.28	2.31
				0.6		2.14	2.21	2.27	2.34	2.40	2.46	2.52	2.58	2.63	2.69	2.74	2.13	2.19	2.25	2.30	2.36	2.42	2.47	2.53	2.58	2.63	2.58
				0.8		2.27	2.39	2.51	2.62	2.72	2.82	2.91	3.00	3.09	3.18	3.26	2.24	2.35	2.45	2.55	2.65	2.74	2.83	2.92	3.00	3.08	3.16
				1.0		2.46	2.64	2.81	2.96	3.10	3.24	3.37	3.50	3.61	3.73	3.84	2.40	2.57	2.72	2.86	3.00	3.13	3.25	3.37	3.48	3.59	3.70
				1.2		2.69	2.94	3.15	3.35	3.53	3.71	3.87	4.02	4.17	4.32	4.46	2.60	2.83	3.03	3.22	3.39	3.56	3.71	3.86	4.01	4.14	4.28
		1.2	η_2	0.2		2.13	2.12	2.12	2.13	2.13	2.14	2.14	2.15	2.15	2.16	2.16	2.17	2.16	2.16	2.16	2.16	2.16	2.17	2.17	2.18	2.18	2.19
				0.4		2.18	2.19	2.21	2.24	2.26	2.29	2.31	2.34	2.36	2.38	2.41	2.22	2.22	2.24	2.26	2.28	2.30	2.32	2.34	2.36	2.39	2.41
				0.6		2.27	2.32	2.37	2.43	2.49	2.54	2.60	2.65	2.70	2.76	2.81	2.29	2.33	2.38	2.43	2.48	2.53	2.58	2.62	2.67	2.72	2.77
				0.8		2.41	2.50	2.60	2.70	2.80	2.89	2.98	3.07	3.15	3.23	3.32	2.41	2.49	2.58	2.67	2.75	2.84	2.92	3.00	3.08	3.16	3.23
				1.0		2.59	2.74	2.89	3.04	3.17	3.30	3.43	3.55	3.66	3.78	3.89	2.56	2.69	2.83	2.96	3.09	3.21	3.33	3.44	3.55	3.66	3.76
				1.2		2.81	3.03	3.23	3.42	3.59	3.76	3.92	4.07	4.22	4.36	4.49	2.74	2.94	3.13	3.30	3.47	3.63	3.78	3.92	4.06	4.20	4.33
		1.4		0.2		2.35	2.31	2.29	2.28	2.27	2.27	2.27	2.27	2.27	2.28	2.28	2.45	2.40	2.37	2.35	2.35	2.34	2.34	2.34	2.34	2.34	2.34
				0.4		2.40	2.37	2.36	2.38	2.39	2.41	2.43	2.45	2.47	2.49	2.51	2.48	2.45	2.44	2.44	2.45	2.46	2.48	2.49	2.51	2.53	2.55
				0.6		2.48	2.49	2.52	2.56	2.61	2.65	2.70	2.75	2.80	2.85	2.89	2.55	2.54	2.56	2.60	2.63	2.67	2.71	2.75	2.80	2.84	2.88
				0.8		2.60	2.66	2.73	2.82	2.90	2.98	3.07	3.15	3.23	3.31	3.38	2.64	2.68	2.74	2.81	2.89	2.96	3.04	3.11	3.18	3.25	3.33
				1.0		2.77	2.88	3.01	3.14	3.26	3.38	3.50	3.62	3.73	3.84	3.94	2.77	2.87	2.98	3.09	3.20	3.32	3.43	3.53	3.64	3.74	3.84
				1.2		2.97	3.15	3.33	3.50	3.67	3.83	3.98	4.13	4.27	4.41	4.54	2.94	3.09	3.26	3.41	3.57	3.72	3.86	4.00	4.13	4.26	4.39

注：表中的计算长度系数 μ_3 值按下式算得：

$$\frac{\eta_1 K_1}{\eta_2 K_2} \cdot \cot\frac{\pi\eta_1}{\mu_3} \cdot \cot\frac{\pi\eta_2}{\mu_3} + \frac{\eta_1 K_1}{(\eta_2 K_2)^2} \cdot \cot\frac{\pi\eta_2}{\mu_3} + \frac{1}{\eta_2 K_2} \cdot \cot\frac{\pi}{\mu_3} - 1 = 0$$

N_1——上段柱的轴心力；
N_2——中段柱的轴心力；
N_3——下段柱的轴心力

$K_1 = \frac{I_2}{I_3} \cdot \frac{H_3}{H_1}$

$K_2 = \frac{I_2}{I_3} \cdot \frac{H_3}{H_2}$

$\eta_1 = \frac{H_1}{H_3}\sqrt{\frac{N_1}{N_3} \cdot \frac{I_3}{I_1}}$

$\eta_2 = \frac{H_2}{H_3}\sqrt{\frac{N_2}{N_3} \cdot \frac{I_3}{I_2}}$

附录 6 疲劳计算的构件和连接分类

6.1 非焊接的构件和连接分类应符合附表 6.1 的规定。

附表 6.1 非焊接的构件和连接分类

项次	构造细节	说明	类别
1		・无连接处的母材：轧制型钢	Z1
2		・无连接处的母材：钢板。 (1) 两边为轧制边或刨边； (2) 两侧为自动、半自动切割边（切割质量标准应符合现行国家标准《钢结构工程施工质量验收标准》(GB 50205—2020)	Z1 Z2
3		・连接螺栓和虚孔处的母材：应力以净截面面积计算	Z4
4		・螺栓连接处的母材：高强度螺栓摩擦型连接应力以毛截面面积计算；其他螺栓连接应力以净截面面积计算。 ・铆钉连接处的母材：连接应力以净截面面积计算	Z2 Z4

续表

项次	构造细节	说明	类别
5	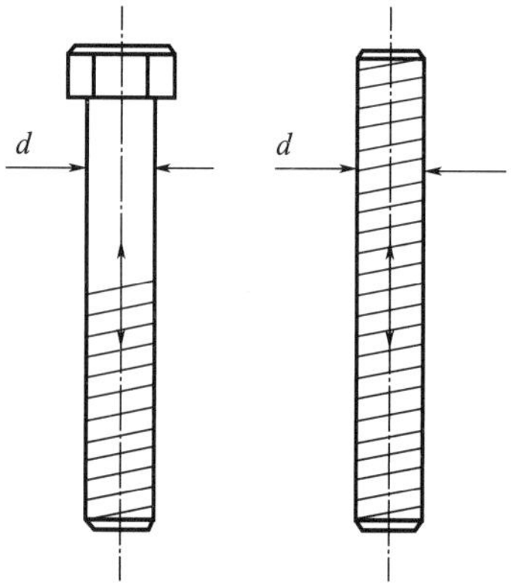	·受拉螺栓的螺纹处母材：连接板件应有足够的刚度，保证不产生撬力。否则受拉正应力应考虑撬力及其他因素产生的全部附加应力。 对于直径大于 30mm 螺栓，需要考虑尺寸效应对容许应力幅进行修正，修正系数 γ_t：$\gamma_t = \left(\dfrac{30}{d}\right)^{0.25}$ 式中，d 为螺栓直径，单位为 mm	Z11

注：箭头表示计算应力幅的位置和方向。

6.2 纵向传力焊缝的构件和连接分类应符合附表 6.2 的规定。

附表 6.2 纵向传力焊缝的构件和连接分类

项次	构造细节	说明	类别
1	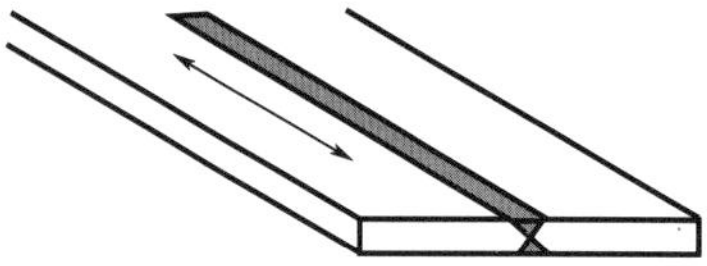	·无垫板的纵向对接焊缝附近的母材：焊缝符合二级焊缝标准	Z2
2	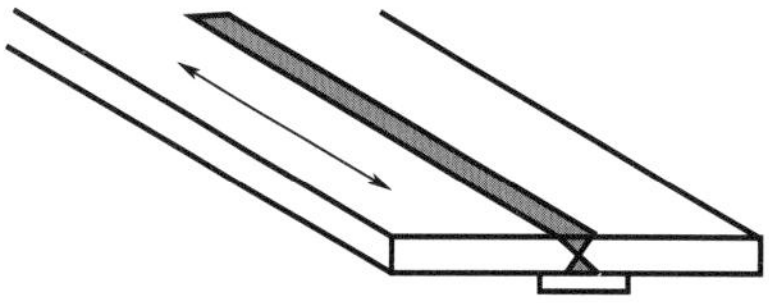	·有连续垫板的纵向自动对接焊缝附近的母材： （1）无起弧、灭弧； （2）有起弧、灭弧	Z4 Z5
3	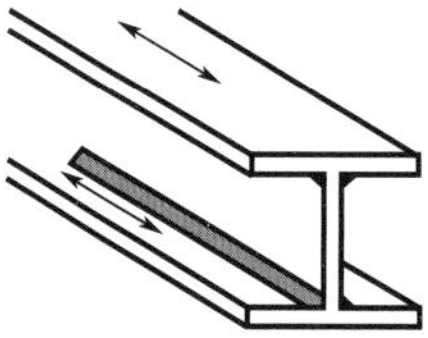 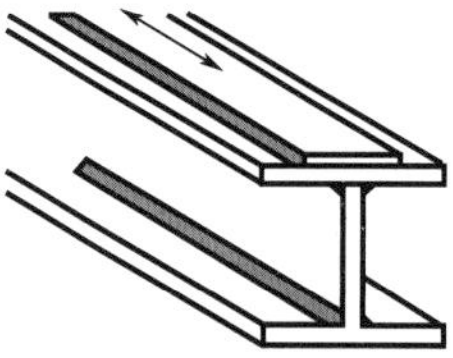	·翼缘连接焊缝附近的母材，翼缘板与腹板的连接焊缝： （1）自动焊，二级 T 形对接与角接组合焊缝自动焊； （2）角焊缝，外观质量标准符合二级手工焊； （3）角焊缝，外观质量标准符合二级双层翼缘板之间的连接焊缝； （4）自动焊，角焊缝，外观质量标准符合二级； （5）手工焊，角焊缝，外观质量标准符合二级	Z2 Z4 Z5 Z4 Z5
4	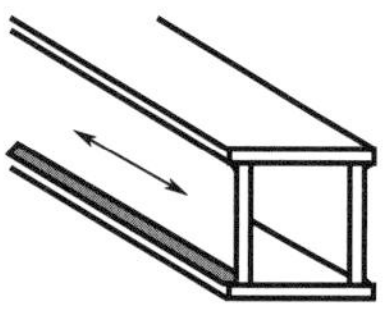 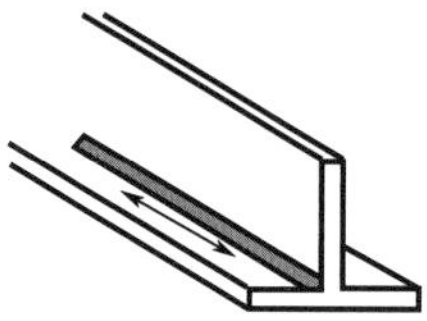	·仅单侧施焊的手工或自动对接焊缝附近的母材，焊缝符合二级焊缝标准，翼缘与腹板很好贴合	Z5

续表

项次	构造细节	说明	类别
5	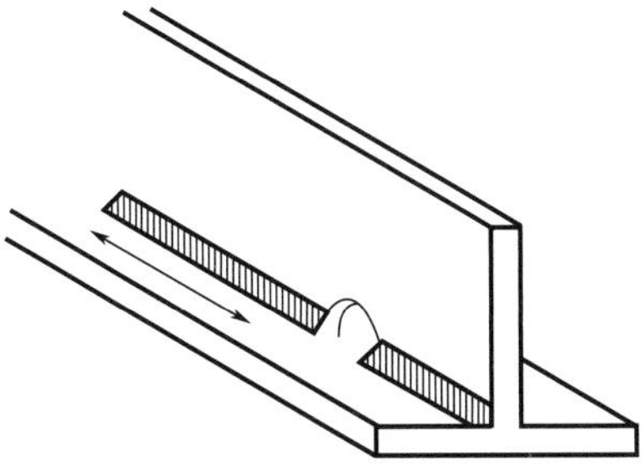	• 开工艺孔处焊缝符合二级焊缝标准的对接焊缝、焊缝外观质量符合二级焊缝标准的角焊缝等附近的母材	Z8
6	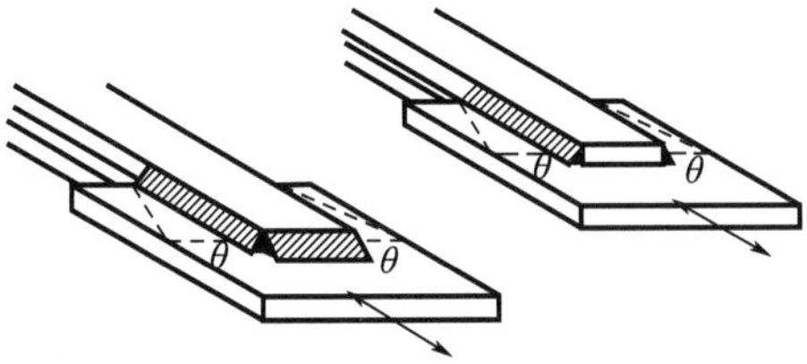	• 节点板搭接的两侧面角焊缝端部的母材; • 节点板搭接的三面围焊时两侧角焊缝端部的母材; • 三面围焊或两侧面角焊缝的节点板母材(节点板计算宽度按应力扩散角 θ 等于 30°考虑)	Z10 Z8 Z8

6.3 横向传力焊缝的构件和连接分类应符合附表 6.3 的规定。

附表 6.3 横向传力焊缝的构件和连接分类

项次	构造细节	说明	类别
1	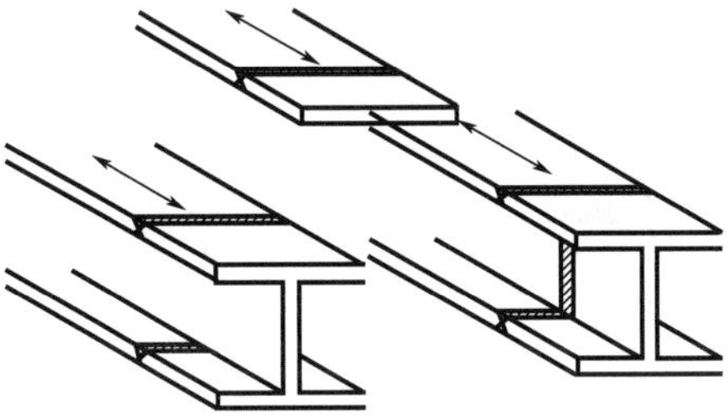	• 横向对接焊缝附近的母材,轧制梁对接焊缝附近的母材: (1) 符合现行国家标准《钢结构工程施工质量验收标准》(GB 50205)的一级焊缝,且经加工、磨平; (2) 符合现行国家标准《钢结构工程施工质量验收标准》(GB 50205)的一级焊缝	Z2 Z4
2	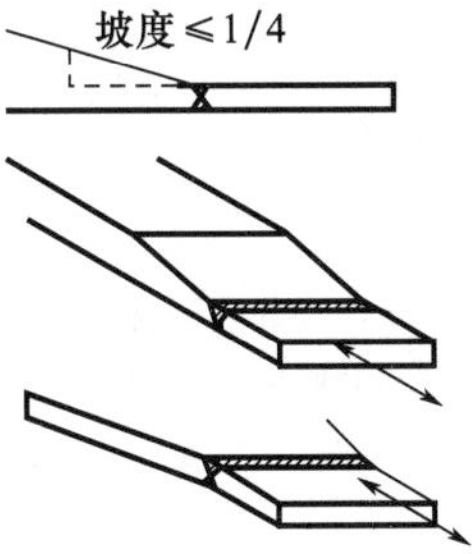 坡度≤1/4	• 不同厚度(或宽度)横向对接焊缝附近的母材: (1) 符合现行国家标准《钢结构工程施工质量验收标准》(GB 50205)的一级焊缝,且经加工、磨平; (2) 符合现行国家标准《钢结构工程施工质量验收标准》(GB 50205)的一级焊缝	Z2 Z4
3	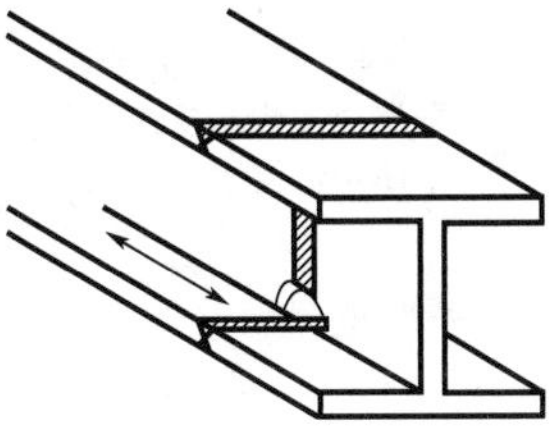	• 有工艺孔的轧制梁对接焊缝附近的母材,焊缝加工成平滑过渡并符合一级焊缝标准	Z6

续表

项次	构造细节	说明	类别
4		·带垫板的横向对接焊缝附近的母材，垫板端部超出母板距离 d： $d \geqslant 10\text{mm}$； $d < 10\text{mm}$	Z8 Z11
5		·节点板搭接的端面角焊缝的母材	Z7
6		·不同厚度直接横向对接焊缝附近的母材，焊缝等级为一级，无偏心	Z8
7		·翼缘盖板中断处的母材（板端有横向端焊缝）	Z8
8		·十字形连接、T形连接： （1）K形坡口、T形对接与角接组合焊缝处的母材，十字形连接两侧轴线偏离距离小于 $0.15t$，焊缝为二级，焊趾角 $\alpha \leqslant 45°$； （2）角焊缝处的母材，十字形连接两侧轴线偏离距离小于 $0.15t$	Z6 Z8
9		·法兰焊缝连接附近的母材： （1）采用对接焊缝，焊缝为一级； （2）采用角焊缝	Z8 Z13

注：箭头表示计算应力幅的位置和方向。

6.4 非传力焊缝的构件和连接分类应符合附表 6.4 的规定。

附表 6.4 非传力焊缝的构件和连接分类

项次	构造细节	说明	类别
1		・横向加劲肋端部附近的母材： (1) 肋端焊缝不断弧（采用回焊）； (2) 肋端焊缝断弧	Z5 Z6
2		・横向焊接附件附近的母材： (1) $t \leqslant 50$mm； (2) 50mm$<t\leqslant 80$mm； t 为焊接附件的板厚	Z7 Z8
3		・矩形节点板焊接于构件翼缘或腹板处的母材（节点板焊缝方向的长度 $L>150$mm）	Z8
4		・带圆弧的梯形节点板用对接焊缝焊于梁翼缘、腹板以及桁架构件处的母材，圆弧过渡处在焊后铲平、磨光、圆滑过渡，不得有焊接起弧、灭弧缺陷	Z6
5		・焊接剪力栓钉附近的钢板母材	Z7

注：箭头表示计算应力幅的位置和方向。

6.5 钢管截面的构件和连接分类应符合附表 6.5 的规定。

附表6.5 钢管截面的构件和连接分类

项次	构造细节	说明	类别
1		• 钢管纵向自动焊缝的母材： （1）无焊接起弧、灭弧点； （2）有焊接起弧、灭弧点	Z3 Z6
2		• 圆管端部对接焊缝附近的母材，焊缝平滑过渡并符合现行国家标准《钢结构工程施工质量验收标准》（GB 50205）的一级焊缝标准，余高不大于焊缝宽度的10%。 （1）圆管壁厚 8mm<t≤12.5mm； （2）圆管壁厚 t≤8mm	Z6 Z8
3		• 矩形管端部对接焊缝附近的母材，焊缝平滑过渡并符合一级焊缝标准，余高不大于焊缝宽度的10%。 （1）方管壁厚 8mm<t≤12.5mm； （2）方管壁厚 t≤8mm	Z8 Z10
4		• 焊有矩形管或圆管的构件，连接角焊缝附近的母材，角焊缝为非承载焊缝，其外观质量标准符合二级，矩形管宽度或圆管直径不大于100mm	Z8
5		• 通过端板采用对接焊缝拼接的圆管母材，焊缝符合一级质量标准。 （1）圆管壁厚 8mm<t≤12.5mm； （2）圆管壁厚 t≤8mm	Z10 Z11
6		• 通过端板采用对接焊缝拼接的矩形管母材，焊缝符合一级质量标准。 （1）方管壁厚 8mm<t≤12.5mm； （2）方管壁厚 t≤8mm	Z11 Z12
7		• 通过端板采用角焊缝拼接的圆管母材，焊缝外观质量标准符合二级，管壁厚度 t≤8mm	Z13

续表

项次	构造细节	说明	类别
8	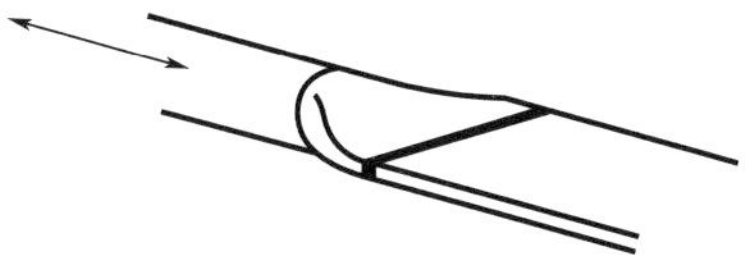	• 通过端板采用角焊缝拼接的矩形管母材，焊缝外观质量标准符合二级，管壁厚度 $t \leqslant 8mm$	Z14
9	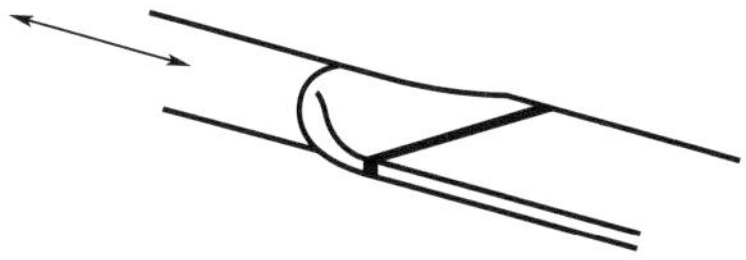	• 钢管端部压扁与钢板对接焊缝连接（仅适用于直径小于 200mm 的钢管），计算时采用钢管的应力幅	Z8
10	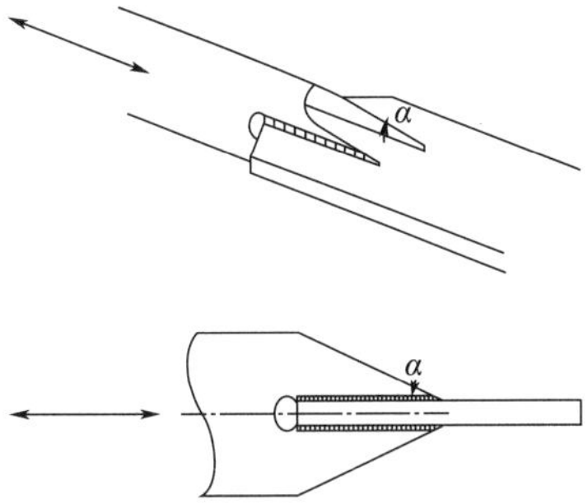	• 钢管端部开设槽口与钢板角焊缝连接，槽口端部为圆弧，计算时采用钢管的应力幅。 (1) 倾斜角 $\alpha \leqslant 45°$； (2) 倾斜角 $\alpha > 45°$	Z8 Z9

注：箭头表示计算应力幅的位置和方向。

6.6 剪应力作用下的构件和连接分类应符合附表 6.6 的规定。

附表 6.6 剪应力作用下的构件和连接分类

项次	构造细节	说明	类别
1	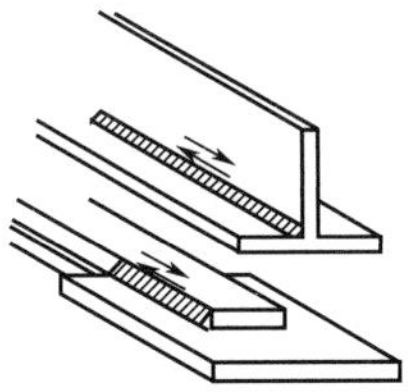	• 各类受剪角焊缝：剪应力按有效截面计算	J1
2	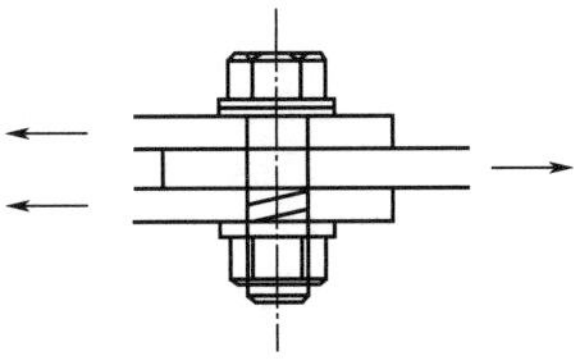	• 受剪力的普通螺栓：采用螺杆截面的剪应力	J2
3	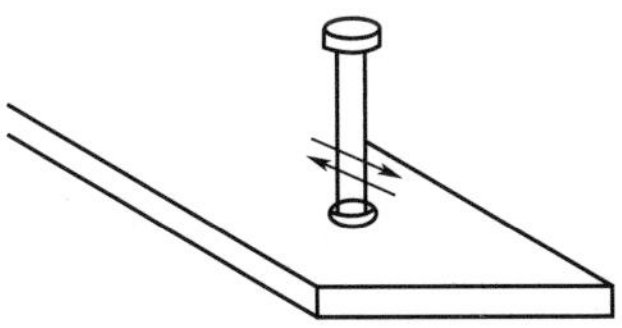	• 焊接剪力栓钉：采用栓钉名义截面的剪应力	J3

注：箭头表示计算应力幅的位置和方向。

附录 7 型钢表

附表 7.1 普通工字钢

符号 h——高度;
b——翼缘宽度;
t_w——腹板厚度;
t——翼缘平均厚度;
I——惯性矩;
W——截面模量;
R——圆角半径;
i——回转半径;
S——半截面的静力矩。

长度:型号 10~18，长 5~19m;
型号 20~63，长 6~19m

型号	尺寸 mm					截面面积 (cm²)	质量 (kg/m)	x-x 轴				y-y 轴		
	h	b	t_w	t	R			I_x cm⁴	W_x cm³	i_x cm	I_x/S_x cm	I_y cm⁴	W_y cm³	i_y cm
10	100	68	4.5	7.6	6.5	14.3	11.2	245	49	4.14	8.69	33	9.6	1.51
12.6	126	74	5.0	8.4	7.0	18.1	14.2	488	77	5.19	11.0	47	12.7	1.61
14	140	80	5.5	9.1	7.5	21.5	16.9	712	102	5.75	12.2	64	16.1	1.73
16	160	88	6.0	9.9	8.0	26.1	20.5	1127	141	6.57	13.9	93	21.1	1.89
18	180	94	6.5	10.7	8.5	30.7	24.1	1699	185	7.37	15.4	123	26.2	2.00
20 a	200	100	7.0	11.4	9.0	35.5	27.9	2369	237	8.16	17.4	158	31.6	2.11
20 b	200	102	9.0	11.4	9.0	39.5	31.1	2502	250	7.95	17.1	169	33.1	2.07
22 a	220	110	7.5	12.3	9.5	42.1	33.0	3406	310	8.99	19.2	226	41.1	2.32
22 b	220	112	9.5	12.3	9.5	46.5	36.5	3583	326	8.78	18.9	240	42.9	2.27

续表

型号		尺寸					截面面积 (cm²)	质量 (kg/m)	x—x 轴				y—y 轴		
		h	b	t_w	t	R			I_x	W_x	i_x	I_x/S_x	I_y	W_y	i_y
		mm							cm⁴	cm³	cm	cm	cm⁴	cm³	cm
25	a	250	116	8.0	13.0	10.0	48.5	38.1	5017	401	10.2	21.7	280	48.4	2.40
	b		118	10.0			53.5	42.0	5278	422	9.93	21.4	297	50.4	2.36
28	a	280	122	8.5	13.7	10.5	55.4	43.5	7115	508	11.3	24.3	344	56.4	2.49
	b		124	10.5			61.0	47.9	7481	534	11.1	24.0	364	58.7	2.44
32	a	320	130	9.5	15.0	11.5	67.1	52.7	11080	692	12.8	27.7	459	70.6	2.62
	b		132	11.5			73.5	57.7	11626	727	12.6	27.3	484	73.3	2.57
	c		134	13.5			79.9	62.7	12173	761	12.3	26.9	510	76.1	2.53
36	a	360	136	10.0	15.8	12.0	76.4	60.0	15796	878	14.4	31.0	555	81.6	2.69
	b		138	12.0			83.6	65.6	16574	921	14.1	30.6	584	84.6	2.64
	c		140	14.0			90.8	71.3	17351	964	13.8	30.2	614	87.7	2.60
40	a	400	142	10.5	16.5	12.5	86.1	67.6	21714	1086	15.9	34.4	660	92.9	2.77
	b		144	12.5			94.1	73.8	22781	1139	15.6	33.9	693	96.2	2.71
	c		146	14.5			102	80.1	23847	1192	15.3	33.5	727	99.7	2.67
45	a	450	150	11.5	18.0	13.5	102	80.4	32241	1433	17.7	38.5	855	114	2.89
	b		152	13.5			111	87.4	33759	1500	17.4	38.1	895	118	2.84
	c		154	15.5			120	94.5	35278	1568	17.1	37.6	938	122	2.79
50	a	500	158	12.0	20	14	119	93.6	46472	1859	19.7	42.9	1122	142	3.07
	b		160	14.0			129	101	48556	1942	19.4	42.3	1171	146	3.01
	c		162	16.0			139	109	50639	2026	19.1	41.9	1224	151	2.96
56	a	560	166	12.5	21	14.5	135	106	65576	2342	22.0	47.9	1366	165	3.18
	b		168	14.5			147	115	68503	2447	21.6	47.3	1424	170	3.12
	c		170	16.5			158	124	71430	2551	21.3	46.8	1485	175	3.07
63	a	630	176	13.0	22	15	155	122	94004	2984	24.7	53.8	1702	194	3.32
	b		178	15.0			167	131	98171	3117	24.2	53.2	1771	199	3.25
	c		180	17.0			180	141	102339	3249	23.9	52.6	1842	205	3.20

附表 7.2 热轧 H 型钢

符号：H——截面高度；
B——翼缘宽度；
t_1——腹板厚度；
t_2——翼缘厚度；
r——圆角半径；
HW——宽翼缘 H 型钢；
HM——中翼缘 H 型钢；
HN——窄翼缘 H 型钢；
HT——薄壁 H 型钢

类别	型号（高度×宽度）(mm×mm)	截面尺寸 (mm)					截面面积 (cm²)	理论质量 (kg/m)	惯性矩 (cm⁴)		惯性半径 (cm)		截面模量 (cm³)	
		H	B	t_1	t_2	r			I_x	I_y	i_x	i_y	W_x	W_y
HW	100×100	100	100	6	8	8	21.59	16.9	386	134	4.23	2.49	77.1	26.7
	125×125	125	125	6.5	9	8	30.00	23.6	843	293	5.30	3.13	135	46.9
	150×150	150	150	7	10	8	39.65	31.1	1620	563	6.39	3.77	216	75.1
	175×175	175	175	7.5	11	13	51.43	40.4	2918	983	7.53	4.37	334	112
	200×200	200	200	8	12	13	63.53	49.9	4717	1601	8.62	5.02	472	160
		200	204	12	12	13	71.53	56.2	4984	1701	8.35	4.88	498	167
	250×250	244	252	11	11	13	81.31	63.8	8573	2937	10.27	6.01	703	233
		250	255	9	14	13	91.43	71.8	10689	3648	10.81	6.32	855	292
		250	255	14	14	13	103.93	81.6	11340	3875	10.45	6.11	907	304
	300×300	294	302	12	12	13	106.33	83.5	16384	5513	12.41	7.20	1115	365
		300	300	10	15	13	118.45	93.0	20010	6753	13.00	7.55	1334	450
		300	305	15	15	13	133.45	104.8	21135	7102	12.58	7.29	1409	466
	350×350	338	351	13	13	13	133.27	104.6	27352	9376	14.33	8.39	1618	534
		344	348	10	16	13	144.01	113.0	32545	11242	15.03	8.84	1892	646
		344	354	16	16	13	164.65	129.3	34581	11841	14.49	8.48	2011	669
		350	350	12	19	13	171.89	134.9	39637	13582	15.19	8.89	2265	776
		350	357	19	19	13	196.39	154.2	42138	14427	14.65	8.57	2408	808

续表

类别	型号 (高度×宽度) (mm×mm)	截面尺寸(mm)					截面面积 (cm²)	理论质量 (kg/m)	惯性矩(cm⁴)		惯性半径(cm)		截面模量(cm³)	
		H	B	t_1	t_2	r			I_x	I_y	i_x	i_y	W_x	W_y
HW	400×400	388	402	15	15	22	178.45	140.1	48040	16255	16.41	9.54	2476	809
		394	398	11	18	22	186.81	146.6	55597	18920	17.25	10.06	2822	951
		394	405	18	18	22	214.39	168.3	59165	19951	16.61	9.65	3003	985
		400	400	13	21	22	218.69	171.7	66455	22410	17.43	10.12	3323	1120
		400	408	21	21	22	250.69	196.8	70722	23804	16.80	9.74	3536	1167
		414	405	18	28	22	295.39	231.9	93518	31022	17.79	10.25	4158	1532
		428	407	20	35	22	360.65	283.1	120892	39357	18.31	10.45	5649	1934
		458	417	30	50	22	528.55	414.9	190939	60516	19.01	10.70	8338	2902
		*498	432	45	70	22	770.05	604.5	304730	94346	19.89	11.07	12238	4368
	*500×500	492	465	15	20	22	257.95	202.5	115559	33531	21.17	11.40	4698	1442
		502	465	15	25	22	304.45	239.0	145012	41910	21.82	11.73	5777	1803
		502	470	20	25	22	329.55	258.7	150283	43295	21.35	11.46	5987	1842
HM	150×100	148	100	6	9	8	26.35	20.7	995.3	150.3	6.15	2.39	134.5	30.1
	200×150	194	150	6	9	8	38.11	29.9	2586	506.6	8.24	3.65	266.6	67.6
	250×175	244	175	7	11	13	55.49	43.6	5908	983.5	10.32	4.21	484.3	112.4
	300×200	294	200	8	12	13	71.05	55.8	10858	1602	12.36	4.75	738.6	160.2
	350×250	340	250	9	14	13	99.53	78.1	20867	3648	14.48	6.05	1227	291.9
	400×300	390	300	10	16	13	133.25	104.6	37363	7203	16.75	7.35	1916	480.2
	450×300	440	300	11	18	13	153.89	120.8	54067	8105	18.74	7.26	2458	540.3
	500×300	482	300	11	15	13	141.17	110.8	57212	6756	20.13	6.92	2374	450.1
		488	300	11	18	13	159.17	124.9	67916	8106	20.66	7.14	2783	540.4
	550×300	544	300	11	15	13	147.99	116.2	74874	6756	22.49	6.76	2753	450.4
		550	300	11	18	13	165.99	130.3	88470	8106	23.09	6.99	3217	540.4
	600×300	582	300	12	17	13	169.21	132.8	97287	7659	23.98	6.73	3343	510.6
		588	300	12	20	13	187.21	147.0	112827	9009	21.55	6.94	3838	600.6
		594	302	14	23	13	217.09	170.4	132179	10572	24.68	6.98	4450	700.1

续表

类别	型号(高度×宽度)(mm×mm)	截面尺寸(mm)					截面面积(cm²)	理论质量(kg/m)	惯性矩(cm⁴)		惯性半径(cm)		截面模量(cm³)	
		H	B	t_1	t_2	r			I_x	I_y	i_x	i_y	W_x	W_y
HN	100×50	100	50	5	7	8	11.85	9.3	191.0	14.7	4.02	1.11	38.2	5.9
	125×60	125	60	6	8	8	16.69	13.1	407.7	29.1	4.94	1.32	65.2	9.7
	150×75	150	75	5	7	8	17.85	14.0	645.7	49.4	5.01	1.66	86.1	13.2
	175×90	175	90	5	8	8	22.90	18.0	1174	97.4	7.16	2.06	134.2	21.6
	200×100	198	99	4.5	7	8	22.69	17.8	1484	113.4	8.09	2.24	149.9	22.9
		200	100	5.5	8	8	26.67	20.9	1753	133.7	8.11	2.24	175.3	26.7
	250×125	248	124	5	8	8	31.99	25.1	3346	254.5	10.23	2.82	269.8	41.1
		250	125	6	9	8	36.97	29.0	3868	293.5	10.23	2.82	309.4	47.0
	300×150	298	149	5.5	8	13	40.80	32.0	5911	441.7	12.04	3.29	396.7	59.3
		300	150	6.5	9	13	46.78	36.7	6829	507.2	12.08	3.29	455.3	67.6
	350×175	346	174	6	9	13	52.45	41.2	10456	791.1	14.12	3.88	604.4	90.9
		350	175	7	11	13	62.91	49.4	12980	983.8	14.36	3.95	741.7	112.4
	400×150	400	150	8	13	13	70.37	55.2	17906	733.2	15.95	3.23	895.3	97.8
	400×200	396	199	7	11	13	71.41	56.1	19023	1446	16.32	4.50	960.8	145.3
		400	200	8	13	13	83.37	65.4	22775	1735	16.53	4.56	1139	173.5
	450×200	446	199	8	12	13	82.97	65.1	27146	1578	18.09	4.36	1217	158.6
		450	200	9	14	13	95.43	74.9	31973	1870	18.30	4.43	1421	187.0
	500×200	496	199	9	14	13	99.29	77.9	39628	1842	19.98	4.31	1598	185.1
		500	200	10	16	13	112.25	88.1	45685	2138	20.17	4.36	1827	213.8
		506	201	11	19	13	129.31	101.5	54478	2577	20.53	4.46	2153	256.4
	550×200	546	199	9	14	13	103.79	81.5	49245	1842	21.78	4.21	1804	185.2
		550	200	10	15	13	117.25	92.0	56695	2138	21.99	4.27	2062	213.8
	600×300	596	199	10	15	13	117.75	92.4	64739	1975	23.45	4.10	2172	198.5
		600	200	11	17	13	131.71	103.4	73749	2273	23.66	4.15	2458	227.3
		606	201	12	20	13	149.77	117.6	86656	2716	24.05	4.26	2860	270.2

续表

类别	型号（高度×宽度）(mm×mm)	截面尺寸(mm)					截面面积 (cm²)	理论质量 (kg/m)	惯性矩 (cm⁴)		惯性半径 (cm)		截面模量 (cm³)	
		H	B	t_1	t_2	r			I_x	I_y	i_x	i_y	W_x	W_y
HN	650×300	646	299	10	15	13	152.75	119.9	107794	6688	26.56	6.62	3337	447.4
		650	300	11	17	13	171.21	134.4	122739	7657	26.77	6.69	3777	510.5
		656	301	12	20	13	195.77	153.7	144433	9100	27.16	6.82	4403	604.6
	700×300	692	300	13	20	18	207.54	162.9	164101	9014	28.12	6.59	4743	600.9
		700	300	13	24	18	231.54	181.8	193622	10814	28.92	6.83	5532	720.9
	750×300	734	299	12	16	18	182.70	143.4	155539	7140	29.18	6.25	4238	477.6
		742	300	13	20	18	214.04	168.0	191989	9015	29.95	6.49	5175	601.0
		750	300	13	24	18	238.04	186.9	225863	10815	30.80	6.74	6023	721.0
		758	303	16	28	18	284.78	223.6	271350	13008	30.87	6.76	7160	858.6
	800×300	792	300	14	22	18	239.50	188.0	242399	9919	31.81	6.44	6121	661.3
		800	300	14	25	18	263.50	206.8	280925	11719	32.65	6.67	7023	781.3
	850×300	834	298	14	19	18	227.46	178.6	243858	8400	32.74	6.08	5848	563.8
		842	299	15	23	18	259.72	203.9	291216	10271	33.49	6.29	6917	687.0
		850	300	16	27	18	292.14	229.3	339670	12179	34.10	6.46	7992	812.0
		858	301	17	31	18	324.72	254.9	389234	14125	34.62	6.60	9073	938.5
	900×300	890	299	15	23	18	266.92	209.5	330588	10273	35.19	6.20	7429	687.1
		900	300	16	28	18	305.82	240.1	397241	12631	36.04	6.43	8828	842.1
		912	302	18	34	18	360.06	282.6	484615	15652	36.69	6.59	10628	1037
	1000×300	970	297	16	21	18	276.00	216.7	382977	9203	37.25	5.77	7896	619.7
		980	298	17	26	18	315.50	247.7	462157	11508	38.27	6.04	9432	772.3
		990	298	17	31	18	345.30	271.1	535201	13713	39.37	6.30	10812	920.3
		1000	300	19	36	18	395.10	310.2	626396	16256	39.82	6.41	12528	1084
		1008	302	21	40	18	439.26	344.8	704572	18437	40.05	6.48	13980	1221

续表

类别	型号(高度×宽度)(mm×mm)	截面尺寸(mm) H	B	t_1	t_2	r	截面面积(cm^2)	理论质量(kg/m)	惯性矩(cm^4) I_x	I_y	惯性半径(cm) i_x	i_y	截面模量(cm^3) W_x	W_y
HT	100×50	95	48	3.2	4.5	8	7.62	6.0	109.7	8.4	3.79	1.05	23.1	3.5
	100×100	97	49	4	5.5	8	9.38	7.4	141.8	10.9	3.89	1.08	29.2	4.4
		96	99	4.5	6	8	16.21	12.7	272.7	97.1	4.10	2.45	56.8	19.6
	125×60	118	58	3.2	4.5	8	9.26	7.3	202.4	14.7	4.68	1.26	34.3	5.1
		120	59	4	5.5	8	11.40	8.9	259.7	18.9	4.77	1.29	43.3	6.4
	125×125	119	123	4.5	6	8	20.12	15.8	523.6	186.2	5.10	3.04	88.0	30.3
	150×75	145	73	3.2	4.5	8	11.47	9.0	383.2	29.3	5.78	1.60	52.9	8.0
		147	74	4	5.5	8	14.13	11.1	488.0	37.3	5.88	1.62	66.4	10.1
	150×100	139	97	3.2	4.5	8	13.44	10.5	447.3	68.5	5.77	2.26	64.4	14.1
		142	99	4.5	6	8	18.28	14.3	632.7	97.2	5.88	2.31	89.1	19.6
	150×150	144	148	5	7	13	27.77	21.8	1070	378.4	6.21	3.69	148.6	51.1
		147	149	6	8.5	13	33.68	26.4	1338	468.9	6.30	3.73	182.1	62.9
	175×90	168	88	3.2	4.5	8	13.56	10.6	619.6	51.2	6.76	1.94	73.8	11.6
		171	89	4	6	8	17.59	13.8	852.1	70.6	6.96	2.00	99.7	15.9
	175×175	167	173	5	7	13	33.32	26.2	1731	604.5	7.21	4.26	207.2	69.9
		172	175	6.5	9.5	13	44.65	35.0	2466	849.2	7.43	4.36	286.8	97.1
	200×100	193	98	3.2	4.5	8	15.26	12.0	921.0	70.7	7.77	2.15	95.4	14.4
		196	99	4	6	8	19.79	15.5	1260	97.2	7.98	2.22	128.6	19.6
	200×150	188	149	4.5	6	8	26.35	20.7	1669	331.0	7.96	3.54	177.6	44.4
	200×200	192	198	6	8	13	43.69	34.3	2984	1036	8.26	4.87	310.8	104.6
	250×125	244	124	4.5	6	8	25.87	20.3	2529	190.9	9.89	2.72	207.3	30.8

续表

类别	型号 (高度×宽度) (mm×mm)	截面尺寸 (mm)					截面面积 (cm²)	理论质量 (kg/m)	惯性矩 (cm⁴)		惯性半径 (cm)		截面模量 (cm³)	
		H	B	t_1	t_2	r			I_x	I_y	i_x	i_y	W_x	W_y
HT	250×175	238	173	4.5	8	13	39.12	30.7	4045	690.8	10.17	4.20	339.9	79.9
	300×150	294	148	4.5	6	13	31.90	25.0	4342	324.6	11.67	3.19	295.4	43.9
	300×200	286	198	6	8	13	49.33	38.7	7000	1036	11.91	4.58	489.5	104.6
	350×175	340	173	4.5	6	13	36.97	29.0	6823	518.3	13.58	3.74	401.3	59.9
	400×150	390	148	6	8	13	47.57	37.3	10900	433.2	15.14	3.02	559.0	58.5
	400×200	390	198	6	8	13	55.57	43.6	13819	1036	15.77	4.32	708.7	104.6

注：1. 同一型号的产品，其内侧尺寸高度一致。
2. 截面面积计算公式：$t_1(H-2t_2)+2Bt_2+0.858r^2$。
3. "*"所示规格表示国内暂不能生产。

附表7.3 部分T型钢

符号：h—截面高度；
B—翼缘宽度；
t_1—腹板厚度；
t_2—翼缘厚度；
r—圆角半径；
C_x—重心；
TW—宽翼缘部分T型钢；
TM—中翼缘部分T型钢；
TN—窄翼缘部分T型钢

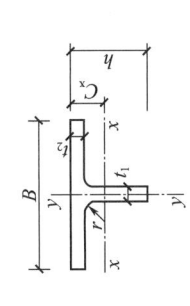

类别	型号 (高度×宽度) (mm×mm)	截面尺寸 (mm)					截面面积 (cm²)	质量 (kg/m)	惯性矩 (cm⁴)		惯性半径 (cm)		截面模量 (cm³)		重心 C_x (cm)	对应H型钢 系列型号
		h	B	t_1	t_2	r			I_x	I_y	i_x	i_y	W_x	W_y		
TW	50×100	50	100	6	8	8	10.79	8.47	16.7	67.7	1.23	2.49	4.2	13.5	1.00	100×100
	62.5×125	62.5	125	6.5	9	8	15.00	11.8	35.2	147.1	1.53	3.13	6.9	23.5	1.19	125×125
	75×150	75	150	7	10	8	19.82	15.6	66.6	281.9	1.83	3.77	10.9	37.6	1.37	150×150

续表

类别	型号(高度×宽度)(mm×mm)	截面尺寸(mm)					截面面积(cm^2)	质量(kg/m)	惯性矩(cm^4)		惯性半径(cm)		截面模量(cm^3)		重心C_x(cm)	对应H型钢系列型号
		h	B	t_1	t_2	r			I_x	I_y	i_x	i_y	W_x	W_y		
TW	87.5×175	87.5	175	7.5	11	13	25.71	20.2	115.8	494.4	2.12	4.38	16.1	56.5	1.55	175×175
	100×200	100	200	8	12	13	31.77	24.9	185.6	803.3	2.42	5.03	22.4	80.3	1.73	200×200
		100	204	12	12	13	35.77	28.1	256.3	853.6	2.68	4.89	32.4	83.7	2.09	
	125×250	125	250	9	14	13	45.72	35.9	413.0	1827	3.01	6.32	39.6	146.1	2.08	250×250
		125	255	14	14	13	51.97	40.8	589.3	1941	3.37	6.11	59.4	152.2	2.58	
	150×300	147	302	12	12	13	53.17	41.7	855.8	2760	4.01	7.20	72.2	182.8	2.85	300×300
		150	300	10	15	13	59.23	46.5	798.7	3379	3.67	7.55	63.8	225.3	2.47	
		150	305	15	15	13	66.73	52.4	1107	3554	4.07	7.30	92.6	233.1	3.04	
	175×350	172	348	10	16	13	72.01	56.5	1231	5624	4.13	8.81	84.7	323.2	2.67	350×350
		175	350	12	19	13	85.95	67.5	1520	6794	4.21	8.89	103.9	388.2	2.87	
		194	402	15	15	22	89.23	70.0	2479	8150	5.27	9.56	157.9	405.5	3.70	
		197	398	11	18	22	93.41	73.3	2052	9481	4.69	10.07	122.9	476.4	3.01	
	200×400	200	400	13	21	22	109.35	85.8	2483	11227	4.77	10.13	147.9	561.3	3.21	400×400
		200	408	21	21	22	125.35	98.4	3654	11928	5.40	9.75	229.4	584.7	4.07	
		207	405	18	28	22	147.70	115.9	3634	15535	4.96	10.26	213.6	767.2	3.68	
		214	407	20	35	22	180.33	141.6	4393	19704	4.94	10.45	251.0	968.2	3.90	
TM	75×100	74	100	6	9	8	13.17	10.3	51.7	75.6	1.98	2.39	8.9	15.1	1.56	150×100
	100×150	97	150	6	9	8	19.05	15.0	124.4	253.7	2.56	3.65	15.8	33.8	1.80	200×150
	125×175	122	175	7	11	13	27.75	21.8	288.3	494.4	3.22	4.22	29.1	56.5	2.28	250×175
	150×200	147	200	8	12	13	35.53	27.9	570.0	803.5	4.01	4.76	48.1	80.3	2.85	300×200
	175×250	170	250	9	14	13	49.77	39.1	1016	1827	4.52	6.05	73.1	146.1	3.11	350×250

续表

类别	型号(高度×宽度)(mm×mm)	截面尺寸(mm)					截面面积(cm²)	质量(kg/m)	惯性矩(cm⁴)		惯性半径(cm)		截面模量(cm³)		重心 C_x (cm)	对应H型钢型号系列
		h	B	t_1	t_2	r			I_x	I_y	i_x	i_y	W_x	W_y		
TM	200×300	195	300	10	16	13	66.63	52.3	1730	3605	5.10	7.36	107.7	240.3	3.43	400×300
	225×300	220	300	11	18	13	76.95	60.4	2680	4056	5.90	7.26	149.6	270.4	4.09	450×300
	250×300	241	300	11	15	13	70.59	55.4	3399	3381	6.94	6.92	178.0	225.4	5.00	500×300
		244	300	11	18	13	79.59	62.5	3615	4056	6.74	7.14	183.7	270.4	4.72	
	275×300	272	300	11	15	13	74.00	58.1	4789	3381	8.04	6.76	225.4	225.4	5.96	550×300
		275	300	11	18	13	83.00	65.2	5093	4056	7.83	6.99	232.5	270.4	5.59	
	300×300	291	300	12	17	13	84.61	66.4	6324	3832	8.65	6.73	280.0	255.5	6.51	600×300
		294	300	12	20	13	93.61	73.5	6691	4507	8.45	6.94	288.1	300.5	6.17	
		297	302	14	23	13	108.55	85.2	7917	5289	8.54	6.98	339.9	350.3	6.41	
TN	50×50	50	50	5	7	8	5.92	4.7	11.9	7.8	1.42	1.14	3.2	3.1	1.28	100×50
	62.5×60	62.5	60	6	8	8	8.34	6.6	27.5	14.9	1.81	1.34	6.0	5.0	1.64	125×60
	75×75	75	75	5	7	8	8.92	7.0	42.4	25.1	2.18	1.68	7.4	6.7	1.79	150×75
	87.5×90	87.5	90	5	8	8	11.45	9.0	70.5	49.1	2.48	2.07	10.3	10.9	1.93	175×90
	100×100	99	99	4.5	7	8	11.34	8.9	93.1	57.1	2.87	2.24	12.0	11.5	2.17	200×100
		100	100	5.5	8	8	13.33	10.5	113.9	67.2	2.92	2.25	14.8	13.4	2.31	
	125×125	124	124	5	8	8	15.99	12.6	206.7	127.6	3.59	2.82	21.2	20.6	2.66	250×125
		125	125	6	9	8	18.48	14.5	247.5	147.1	3.66	2.82	25.5	23.5	2.81	
	150×150	149	149	5.5	8	13	20.40	16.0	390.4	223.3	4.37	3.31	33.5	30.0	3.26	300×150
		150	150	6.5	9	13	23.39	18.4	460.4	256.1	4.44	3.31	39.7	34.2	3.41	
	175×175	173	174	6	9	13	26.23	20.6	674.7	398.0	5.07	3.90	49.7	45.8	3.72	350×175
		175	175	7	11	13	31.46	24.7	811.1	494.5	5.08	3.96	59.0	56.5	3.76	

续表

类别	型号(高度×宽度)(mm×mm)	h	B	t_1	t_2	r	截面面积(cm^2)	质量(kg/m)	I_x	I_y	i_x	i_y	W_x	W_y	重心C_x(cm)	对应II型钢系列型号
TN	200×200	198	199	7	11	13	35.71	28.0	1188	725.7	5.77	4.51	76.2	72.9	4.20	400×200
		200	200	8	13	13	41.69	32.7	1392	870.3	5.78	4.57	88.4	87.0	4.26	
	225×200	223	199	8	12	13	41.49	32.6	1863	791.8	6.70	4.37	108.7	79.6	5.15	450×200
		225	200	9	14	13	47.72	37.5	2148	937.6	6.71	4.43	124.1	93.8	5.19	
	250×200	248	199	9	14	13	49.65	39.0	2820	923.8	7.54	4.31	149.8	92.8	5.97	500×200
		250	200	10	16	13	56.13	44.1	3201	1072	7.55	4.37	168.7	107.2	6.03	
		253	201	11	19	13	64.66	50.8	3666	1292	7.53	4.47	189.9	128.5	6.00	
	275×200	273	199	9	14	13	51.90	40.7	3689	924.0	8.43	4.22	180.3	92.9	6.85	550×200
		275	200	10	16	13	58.63	46.0	4182	1072	8.45	4.28	202.9	107.2	6.89	
	300×200	298	199	10	15	13	58.88	46.2	5148	990.6	9.35	4.10	235.3	99.6	7.92	600×200
		300	200	11	17	13	65.86	51.7	5779	1140	9.37	4.16	262.1	114.0	7.95	
		303	201	12	20	12	74.89	58.8	6554	1361	9.36	4.26	292.4	135.4	7.88	
	325×300	323	299	10	15	13	76.27	59.9	7230	3346	9.74	6.62	223.8	223.8	7.28	650×300
		325	300	11	17	13	85.61	67.2	8095	3832	9.72	6.69	289.0	255.4	7.29	
		328	301	12	20	13	97.89	76.8	9139	4553	9.66	6.82	321.1	302.5	7.20	
	350×300	346	300	13	20	13	103.11	80.9	11263	4510	10.45	6.61	357.0	300.6	8.12	700×300
		350	300	13	24	13	115.11	90.4	12018	5410	10.22	6.86	425.3	360.6	7.65	
	400×300	396	300	14	22	18	119.75	94.0	17660	4970	12.14	6.44	439.5	331.3	9.77	800×300
		400	300	14	26	18	131.75	103.4	18771	5870	11.94	6.67	592.1	391.3	9.27	
	450×300	445	299	15	23	18	133.46	104.8	25897	5147	13.93	6.21	610.8	344.3	11.72	900×300
		450	300	16	28	18	152.91	120.0	29223	6327	13.82	6.43	790.0	421.8	11.35	
		456	302	18	34	18	180.03	141.3	34345	7838	13.81	6.60	868.5	519.0	11.34	

附表 7.4 普通槽钢

符号:同普通工字型钢,
但 W_y 为对应于翼缘肢尖的截面模量

长度:型号 5~8,长 5~12m;
型号 10~18,长 5~19m;
型号 20~40,长 6~19m

型号	尺寸 mm					截面面积 (cm²)	质量 (kg/m)	$x-x$ 轴			$y-y$ 轴			y_1-y_2 轴	Z_0
	h	b	t_w	t	R			I_x cm⁴	W_x cm³	i_x cm	I_y cm⁴	W_y cm³	i_y cm	I_{y1} cm⁴	cm
5	50	37	4.5	7.0	7.0	6.92	5.44	26	10.4	1.94	8.3	3.5	1.10	20.9	1.35
6.3	63	40	4.8	7.5	7.5	8.45	6.63	51	16.3	2.46	11.9	4.6	1.19	28.3	1.39
8	80	43	5.0	8.0	8.0	10.24	8.04	101	25.3	3.14	16.6	5.8	1.27	37.4	1.42
10	100	48	5.3	8.5	8.5	12.74	10.00	198	39.7	3.94	25.6	7.8	1.42	54.9	1.52
12.6	126	53	5.5	9.0	9.0	15.69	12.31	389	61.7	4.98	38.0	10.3	1.56	77.8	1.59
14a	160	58	6.0	9.5	9.5	18.51	14.53	564	80.5	5.52	53.2	13.0	1.70	107.2	1.71
14b		60	8.0	9.5	9.5	21.31	16.73	609	87.1	5.35	61.2	14.1	1.69	120.6	1.67
16a	160	63	6.5	10.0	10.0	21.95	17.23	866	108.3	6.28	73.4	16.3	1.83	144.1	1.79
16b		65	8.5	10.0	10.0	25.15	19.75	935	116.8	6.10	83.4	17.6	1.82	160.8	1.75
18a	180	68	7.0	10.5	10.5	25.69	20.17	1273	141.4	7.04	98.6	20.0	1.96	189.7	1.88
18b		70	9.0	10.5	10.5	29.29	22.99	1370	152.2	6.84	111.0	21.5	1.95	210.1	1.84
20a	200	73	7.0	11.0	11.0	28.83	22.63	1780	178.0	7.86	128.0	24.2	2.11	244.0	2.01
20b		75	9.0	11.0	11.0	32.83	25.77	1914	191.4	7.64	143.6	25.9	2.09	268.4	1.95

续表

型号	尺寸 h	b	t_w	t	R	截面面积 (cm²)	质量 (kg/m)	$x-x$ 轴 I_x (cm⁴)	W_x (cm³)	i_x (cm)	$y-y$ 轴 I_y (cm⁴)	W_y (cm³)	i_y (cm)	y_1-y_2 轴 I_{y1} (cm⁴)	Z_0 (cm)
22 a	220	77	7.0	11.5	11.5	31.84	24.99	2394	217.6	8.67	157.8	28.2	2.23	298.2	2.10
22 b		79	9.0	11.5	11.5	36.24	28.45	2571	233.8	8.42	176.5	30.1	2.21	326.3	2.03
25 a	250	78	7.0	12.0	12.0	34.91	27.40	3359	268.7	9.81	175.9	30.7	2.24	324.8	2.07
25 b		80	9.0	12.0	12.0	39.91	31.33	3619	289.6	9.52	196.4	32.7	2.22	355.1	1.99
25 c		82	11.0	12.0	12.0	44.91	35.25	3880	310.4	9.30	215.9	34.6	2.19	388.6	1.96
28 a	280	82	7.5	12.5	12.5	40.02	31.42	4753	339.5	10.90	217.9	35.7	2.33	393.3	2.09
28 b		84	9.5	12.5	12.5	45.62	35.81	5118	365.6	10.59	241.5	37.9	2.30	428.5	2.02
28 c		86	11.5	12.5	12.5	51.22	40.21	5484	391.7	10.35	264.1	40.0	2.27	467.3	1.99
32 a	320	88	8.0	14.0	14.0	48.50	38.07	7511	469.4	12.44	304.7	46.4	2.51	547.5	2.24
32 b		90	10.0	14.0	14.0	54.90	43.10	8057	503.5	12.11	335.6	49.1	2.47	592.9	2.16
32 c		92	12.0	14.0	14.0	61.30	48.12	8603	537.7	11.85	365.0	51.6	2.44	642.7	2.13
36 a	360	96	9.0	16.0	16.0	60.89	47.80	11874	659.7	13.96	455.0	63.6	2.73	818.5	2.44
36 b		98	11.0	16.0	16.0	68.09	53.45	12652	702.9	13.63	496.7	66.9	2.70	880.5	2.37
36 c		100	13.0	16.0	16.0	75.29	59.10	13429	746.1	13.36	536.6	70.0	2.67	948.0	2.34
40 a	400	100	10.5	18.0	18.0	75.04	58.91	17578	878.9	15.30	592.0	78.8	2.81	1057.9	2.49
40 b		102	12.5	18.0	18.0	83.04	65.19	18644	932.2	14.98	640.6	82.6	2.78	1135.8	2.44
40 c		104	14.5	18.0	18.0	91.04	71.47	19711	985.6	14.71	687.8	86.2	2.75	1220.3	2.42

附表 7.5 等边角钢

角钢型号	圆角 R	重心距 Z_0	截面面积 A	质量	惯性矩 I_x	截面模量 W_x^{max}	截面模量 W_x^{min}	回转半径 i_x	回转半径 i_{x0}	回转半径 i_{y0}	双角钢 i_y, 当 a 为下列数值 6mm	8mm	10mm	12mm	14mm
	mm	mm	cm²	kg/m	cm⁴	cm³	cm³	cm	cm	cm	cm				
L20×3	3.5	6.0	1.13	0.89	0.40	0.66	0.29	0.59	0.75	0.39	1.08	1.17	1.25	1.34	1.43
4	3.5	6.4	1.46	1.15	0.50	0.78	0.36	0.58	0.73	0.38	1.11	1.19	1.28	1.37	1.46
L25×3	3.5	7.3	1.43	1.12	0.82	1.12	0.46	0.76	0.95	0.49	1.27	1.36	1.44	1.53	1.61
4	3.5	7.6	1.86	1.46	1.03	1.34	0.59	0.74	0.93	0.48	1.30	1.38	1.47	1.55	1.64
L30×3	4.5	8.5	1.75	1.37	1.46	1.72	0.68	0.91	1.15	0.59	1.47	1.55	1.63	1.71	1.80
4	4.5	8.9	2.28	1.79	1.84	2.08	0.87	0.90	1.13	0.58	1.49	1.57	1.65	1.74	1.82
L36×4	4.5	10.0	2.11	1.66	2.58	2.59	0.99	1.11	1.39	0.71	1.70	1.78	1.86	1.94	2.03
4	4.5	10.4	2.76	2.16	3.29	3.18	1.28	1.09	1.38	0.70	1.73	1.80	1.89	1.97	2.05
5	4.5	10.7	3.38	2.65	3.95	3.68	1.56	1.08	1.36	0.70	1.75	1.83	1.91	1.99	2.08
L40×3	5	10.9	2.36	1.85	3.59	3.28	1.23	1.23	1.55	0.79	1.86	1.94	2.01	2.09	2.18
4	5	11.3	3.09	2.42	4.60	4.05	1.60	1.22	1.54	0.79	1.88	1.96	2.04	2.12	2.20
5	5	11.7	3.79	2.98	5.53	4.72	1.96	1.21	1.52	0.78	1.90	1.98	2.06	2.14	2.23
L45×3	5	12.2	2.66	2.09	5.17	4.25	1.58	1.39	1.76	0.90	2.06	2.14	2.21	2.29	2.37
4	5	12.6	3.49	2.74	6.65	5.29	2.05	1.38	1.74	0.89	2.08	2.16	2.24	2.32	2.40
5	5	13.0	4.29	3.37	8.04	6.20	2.51	1.37	1.72	0.88	2.10	2.18	2.26	2.34	2.42
6	5	13.3	5.08	3.99	9.33	6.99	2.95	1.36	1.71	0.88	2.12	2.20	2.28	2.36	2.44

续表

角钢型号	圆角 R	重心距 Z_0 mm	截面面积 A cm²	质量 kg/m	单角钢 惯性矩 I_x cm⁴	截面模量 W_x^{max} cm³	截面模量 W_x^{min} cm³	回转半径 i_x cm	回转半径 i_{x0} cm	回转半径 i_{y0} cm	双角钢 i_y，当a为下列数值 6mm	8mm	10mm	12mm	14mm
L50×3	5.5	13.4	2.97	2.33	7.18	5.36	1.96	1.55	1.96	1.00	2.26	2.33	2.41	2.48	2.56
4		13.8	3.90	3.06	9.26	6.70	2.56	1.54	1.94	0.99	2.86	2.36	2.43	2.51	2.59
5		14.2	4.80	3.77	11.21	7.90	3.13	1.53	1.92	0.98	2.30	2.38	2.45	2.53	2.61
6		14.6	5.69	4.46	13.05	8.95	3.68	1.51	1.91	0.98	2.32	2.40	2.48	2.56	2.64
L56×3	6	14.8	3.34	2.62	10.19	6.86	2.48	1.75	2.20	1.13	2.50	2.57	2.64	2.72	2.80
4		15.3	4.39	3.45	13.18	8.63	3.24	1.73	2.18	1.11	2.52	2.59	2.67	2.74	2.82
5		15.7	5.42	4.25	16.02	10.22	3.97	1.72	2.17	1.10	2.54	2.61	2.69	2.77	2.85
8		16.8	8.37	6.57	23.63	14.06	6.03	1.68	2.11	1.09	2.60	2.67	2.75	2.83	2.91
L63×4	7	17.0	4.98	3.91	19.03	11.22	4.13	1.96	2.46	1.26	2.79	2.87	2.94	3.02	3.09
5		17.4	6.14	4.82	23.17	13.33	5.08	1.94	2.45	1.25	2.82	2.89	2.96	3.04	3.12
6		17.8	7.29	5.72	27.12	15.26	6.00	1.93	2.43	1.24	2.83	2.91	2.98	3.06	3.14
8		18.5	9.51	7.47	34.45	18.59	7.75	1.90	2.39	1.23	2.87	2.95	3.03	3.10	3.18
10		19.3	11.66	9.15	41.09	21.34	9.39	1.88	2.36	1.22	2.91	2.99	3.07	3.15	3.23
L70×4	8	18.5	5.57	4.37	26.39	14.16	5.14	2.18	2.74	1.40	3.07	3.14	3.21	3.29	3.36
5		19.1	6.88	5.40	32.21	16.89	6.32	2.16	2.73	1.39	3.09	3.16	3.24	3.31	3.39
6		19.5	8.16	6.41	37.77	19.39	7.48	2.15	2.71	1.38	3.11	3.18	3.26	3.33	3.41
7		19.9	9.42	7.40	43.09	21.68	8.59	2.14	2.69	1.38	3.13	3.20	3.28	3.36	3.43
8		20.3	10.57	8.37	48.17	23.79	9.68	2.13	2.68	1.37	3.15	3.22	3.30	3.38	3.46

续表

角钢型号	圆角 R mm	重心距 Z_0 mm	截面面积 A cm²	质量 kg/m	惯性矩 I_x cm⁴	截面模量 cm³ W_x^{max}	截面模量 cm³ W_x^{min}	回转半径 cm i_x	回转半径 cm i_{x0}	回转半径 cm i_{y0}	双角钢 i_y,当 a 为下列数值 cm 6mm	8mm	10mm	12mm	14mm
L75×5	9	20.3	7.41	5.82	39.96	19.73	7.30	2.32	2.92	1.50	3.29	3.36	3.43	3.50	3.58
6		20.7	8.80	6.91	46.91	22.69	8.63	2.31	2.91	1.49	3.31	3.38	3.45	3.53	3.60
7		21.1	10.16	7.98	53.57	25.42	9.93	2.30	2.89	1.48	3.33	3.40	3.47	3.55	3.63
8		21.5	11.50	9.03	59.96	27.93	11.20	2.28	2.87	1.47	3.35	3.42	3.50	3.57	3.65
10		22.2	14.13	11.09	71.98	32.40	13.64	2.26	2.84	1.46	3.38	3.46	3.54	3.61	3.69
L80×5	9	21.5	7.91	6.21	48.79	22.70	8.34	2.48	3.13	1.60	3.49	3.56	3.63	3.71	3.78
6		21.9	9.40	7.38	57.35	26.16	9.87	2.47	3.11	1.59	3.51	3.58	3.65	3.73	3.80
7		22.3	10.86	8.53	65.58	29.38	11.37	2.46	3.10	1.58	3.53	3.60	3.67	3.75	3.83
8		22.7	12.30	9.66	73.50	32.36	12.83	2.44	3.08	1.57	3.55	3.62	3.70	3.77	3.85
10		23.5	15.13	11.87	88.43	37.68	15.64	2.42	3.04	1.56	3.58	3.66	3.74	3.81	3.89
L90×6	10	24.4	10.64	8.35	82.77	33.99	12.61	2.79	3.51	1.80	3.91	3.98	4.05	4.12	4.20
7		24.8	12.30	9.66	94.83	38.28	14.54	2.78	3.50	1.78	3.93	4.00	4.07	4.14	4.22
8		25.2	13.94	10.95	106.5	42.30	16.42	2.76	3.48	1.78	3.95	4.02	4.09	4.17	4.24
10		25.9	17.17	13.48	128.6	49.57	20.07	2.74	3.45	1.76	3.98	4.06	4.13	4.21	4.28
12		26.7	20.31	15.94	149.2	55.93	23.57	2.71	3.41	1.75	4.02	1.09	4.17	4.25	4.32

续表

角钢型号	圆角 R	重心距 Z_0	截面面积 A	质量	惯性矩 I_x	截面模量 单角钢		回转半径			双角钢 i_y, 当 a 为下列数值					
						W_x^{max}	W_x^{min}	i_x	i_{x0}	i_{y0}	6mm	8mm	10mm	12mm	14mm
	mm	mm	cm²	kg/m	cm⁴	cm³	cm³	cm	cm	cm	cm	cm	cm	cm	cm
L100×6	12	26.7	11.93	9.37	115.0	43.04	15.68	3.10	3.91	2.00	4.30	4.37	4.44	4.51	4.58
7		27.1	13.80	10.83	131.9	48.57	18.10	3.09	3.89	1.99	4.32	4.39	4.46	4.53	4.61
8		27.6	15.64	12.28	148.2	53.78	20.47	3.08	3.88	1.98	4.34	4.41	4.48	4.55	4.63
10		28.4	19.26	15.12	179.5	63.29	25.06	3.05	3.84	1.96	4.38	4.45	4.52	4.60	4.67
12		29.1	22.80	17.90	208.9	71.72	29.47	3.03	3.81	1.95	4.41	4.49	4.56	4.64	4.71
14		29.9	26.26	20.61	236.5	79.19	33.73	3.00	3.77	1.94	4.45	4.53	4.60	4.68	4.75
16		30.6	29.63	23.26	262.5	85.81	37.82	2.98	3.74	1.93	4.49	4.56	4.64	4.72	4.80
L110×7	12	29.6	15.20	11.93	177.2	59.78	22.05	3.41	4.30	2.20	4.72	4.79	4.86	4.94	5.01
8		30.1	17.24	13.53	199.5	66.36	24.95	3.40	4.28	2.19	4.74	4.81	4.88	4.96	5.03
10		30.9	21.26	16.69	242.2	78.48	30.60	3.38	4.25	2.17	4.78	4.85	4.92	5.00	5.07
12		31.6	25.20	19.78	282.6	89.34	36.05	3.35	4.22	2.15	4.82	4.89	4.96	5.04	5.11
14		32.4	29.06	22.81	320.7	99.07	41.31	3.32	4.18	2.14	4.85	4.93	5.00	5.08	5.15
L125×8	14	33.7	19.75	15.50	297.0	88.20	32.52	3.88	4.88	2.50	5.34	5.41	5.48	5.55	5.62
10		34.5	24.37	19.13	361.7	104.8	39.97	3.85	4.85	2.48	5.38	5.45	5.52	5.59	5.66
12		35.3	28.91	22.70	423.2	119.9	47.17	3.83	4.82	2.46	5.41	5.48	5.56	5.63	5.70
14		36.1	33.37	26.19	481.7	133.6	54.16	3.80	4.78	2.45	5.45	5.52	5.59	5.67	5.74

续表

角钢型号	圆角 R mm	重心距 Z_0 mm	截面面积 A cm²	质量 kg/m	惯性矩 I_x cm⁴	截面模量 W_x^{max} cm³	截面模量 W_x^{min} cm³	回转半径 i_x cm	回转半径 i_{x0} cm	回转半径 i_{y0} cm	双角钢 i_y，当 a 为下列数值 6mm cm	8mm cm	10mm cm	12mm cm	14mm cm
L140×10	14	38.2	27.37	21.49	514.7	134.6	50.58	4.34	5.46	2.78	5.98	6.05	6.12	6.20	6.27
L140×12	14	39.0	32.51	25.52	603.7	154.6	59.80	4.31	5.43	2.77	6.02	6.09	6.16	6.23	6.31
L140×14	14	39.8	37.57	29.49	688.8	173.0	68.75	4.28	5.40	2.75	6.06	6.13	6.20	6.27	6.34
L140×16	14	40.6	42.54	33.39	770.2	189.9	77.46	4.26	5.36	2.74	6.09	6.16	6.23	6.31	6.38
L160×10	16	43.1	31.50	24.73	779.5	180.8	66.70	4.97	6.27	3.20	6.78	6.85	6.92	6.99	7.06
L160×12	16	43.9	37.44	29.39	916.6	208.6	78.98	4.95	6.24	3.18	6.82	6.89	6.96	7.03	7.10
L160×14	16	44.7	43.30	33.99	1048	234.4	90.95	4.92	6.20	3.16	6.86	6.93	7.00	7.07	7.14
L160×16	16	45.5	49.07	38.52	1175	258.3	102.6	4.89	6.17	3.14	6.89	6.96	7.03	7.10	7.18
L180×12	16	48.9	42.24	33.16	1321	270.0	100.8	5.59	7.05	3.58	7.63	7.70	7.77	7.84	7.91
L180×14	16	49.7	48.90	38.38	1514	304.6	116.3	5.57	7.02	3.57	7.67	7.74	7.81	7.88	7.95
L180×16	16	50.5	55.47	43.54	1701	336.9	131.4	5.54	6.98	3.55	7.70	7.77	7.84	7.91	7.98
L180×18	16	51.3	61.95	48.63	1881	367.1	146.1	5.51	6.94	3.53	7.73	7.80	7.87	7.95	8.02
L200×14	18	54.6	54.64	42.89	2104	385.1	144.7	6.20	7.82	3.98	8.47	8.54	8.61	8.67	8.75
L200×16	18	55.4	62.01	48.68	2366	427.0	163.7	6.18	7.79	3.96	8.50	8.57	8.64	8.71	8.78
L200×18	18	56.2	69.30	54.40	2621	466.5	182.2	6.15	7.75	3.94	8.53	8.60	8.67	8.75	8.82
L200×20	18	56.9	76.50	60.06	2867	503.6	200.4	6.12	7.72	3.93	8.57	8.64	8.71	8.78	8.85
L200×24	18	58.4	90.66	71.17	3338	571.5	235.8	6.07	7.64	3.90	8.63	8.71	8.78	8.85	8.92

附表 7.6 不等边角钢

角钢型号 B×b×t	圆角 R	重心距 Z_x (mm)	重心距 Z_y (mm)	截面面积 A (cm²)	质量 (kg/m)	回转半径 i_x (cm)	回转半径 i_y (cm)	回转半径 i_{y0} (cm)	i_{y1}, 当 a 为下列数值 (cm) 6mm	8mm	10mm	12mm	i_{y2}, 当 a 为下列数值 (cm) 6mm	8mm	10mm	12mm
L25×16×3	3.5	4.2	8.6	1.16	0.91	0.44	0.78	0.34	0.84	0.93	1.02	1.11	1.40	1.48	1.57	1.66
4		4.6	9.0	1.50	1.18	0.43	0.77	0.34	0.87	0.96	1.05	1.14	1.42	1.51	1.60	1.68
L32×20×3		4.9	10.8	1.49	1.17	0.55	1.01	0.43	0.97	1.05	1.14	1.23	1.71	1.79	1.88	1.96
4		5.3	11.2	1.94	1.52	0.54	1.00	0.43	0.99	1.08	1.16	1.25	1.74	1.82	1.90	1.99
L40×25×3	4	5.9	13.2	1.89	1.48	0.70	1.28	0.54	1.13	1.21	1.30	1.38	2.07	2.14	2.23	2.31
4		6.3	13.7	2.47	1.94	0.69	1.26	0.54	1.16	1.24	1.32	1.41	2.09	2.17	2.25	2.34
L45×28×3	5	6.4	14.7	2.15	1.69	0.79	1.44	0.61	1.23	1.31	1.39	1.47	2.28	2.36	2.44	2.52
4		6.8	15.1	2.81	2.20	0.78	1.43	0.60	1.25	1.33	1.41	1.50	2.31	2.39	2.47	2.55
L50×32×3	5.5	6.8	16.0	2.43	1.91	0.91	1.60	0.70	1.38	1.45	1.53	1.61	2.49	2.56	2.64	2.72
4		7.3	16.5	3.18	2.49	0.90	1.59	0.69	1.40	1.47	1.55	1.64	2.51	2.59	2.67	2.75
L56×36×3	6	7.7	17.8	2.74	2.15	1.03	1.80	0.79	1.51	1.59	1.66	1.74	2.75	2.82	2.90	2.98
4		8.0	18.2	3.59	2.82	1.02	1.79	0.78	1.53	1.61	1.69	1.77	2.77	2.85	2.93	3.01
5		8.5	18.7	4.42	3.47	1.01	1.77	0.78	1.56	1.63	1.71	1.79	2.80	2.88	2.96	3.04
L63×40×4	7	9.2	20.4	4.06	3.19	1.14	2.02	0.88	1.66	1.74	1.81	1.89	3.09	3.16	3.24	3.32
5		9.5	20.8	4.99	3.92	1.12	2.00	0.87	1.68	1.76	1.84	1.92	3.11	3.19	3.27	3.35
6		9.9	21.2	5.91	4.64	1.11	1.99	0.86	1.71	1.78	1.86	1.94	3.13	3.21	3.29	3.37
7		10.3	21.6	6.80	5.34	1.10	1.97	0.86	1.73	1.81	1.89	1.97	3.16	3.24	3.32	3.40

续表

角钢型号 B×b×t	圆角 R	重心距 Z_x (mm)	重心距 Z_y (mm)	截面面积 A (cm²)	质量 (kg/m)	单角钢 回转半径 i_x (cm)	单角钢 回转半径 i_y (cm)	单角钢 回转半径 i_{y0} (cm)	双角钢 i_{y1}，当 a 为下列数值 6mm	双角钢 i_{y1}，当 a 为下列数值 8mm	双角钢 i_{y1}，当 a 为下列数值 10mm	双角钢 i_{y1}，当 a 为下列数值 12mm	双角钢 i_{y2}，当 a 为下列数值 6mm	双角钢 i_{y2}，当 a 为下列数值 8mm	双角钢 i_{y2}，当 a 为下列数值 10mm	双角钢 i_{y2}，当 a 为下列数值 12mm
L70×45× 4	7.5	10.2	22.3	4.55	3.57	1.29	2.25	0.99	1.84	1.91	1.99	2.07	3.39	3.46	3.54	3.62
L70×45× 5	7.5	10.6	22.8	5.61	4.40	1.28	2.23	0.98	1.86	1.94	2.01	2.09	3.41	3.49	3.57	3.64
L70×45× 6	7.5	11.0	23.2	6.64	5.22	1.26	2.22	0.97	1.88	1.96	2.04	2.11	3.44	3.51	3.59	3.67
L70×45× 7	7.5	11.3	23.6	7.66	6.01	1.25	2.20	0.97	1.90	1.98	2.06	2.14	3.46	3.54	3.61	3.69
L75×50× 5	8	11.7	24.0	6.13	4.81	1.43	2.39	1.09	2.06	2.13	2.20	2.28	3.60	3.68	3.76	3.83
L75×50× 6	8	12.1	24.4	7.26	5.70	1.42	2.38	1.08	2.08	2.15	2.23	2.30	3.63	3.70	3.78	3.86
L75×50× 8	8	12.9	25.2	9.47	7.43	1.40	2.35	1.07	2.12	2.19	2.27	2.35	3.67	3.75	3.83	3.91
L75×50× 10	8	13.6	26.0	11.6	9.10	1.38	2.33	1.06	2.16	2.24	2.31	2.40	3.71	3.79	3.87	3.95
L80×50× 5	8	11.4	26.0	6.38	5.00	1.42	2.57	1.10	2.02	2.09	2.17	2.24	3.88	3.95	4.03	4.10
L80×50× 6	8	11.8	26.5	7.56	5.93	1.41	2.55	1.09	2.04	2.11	2.19	2.27	3.90	3.98	4.05	4.13
L80×50× 7	8	12.1	26.9	8.72	6.85	1.39	2.54	1.08	2.06	2.13	2.21	2.29	3.92	4.00	4.08	4.16
L80×50× 8	8	12.5	27.3	9.87	7.75	1.38	2.52	1.07	2.08	2.15	2.23	2.31	3.94	4.02	4.10	4.18
L90×56× 5	9	12.5	29.1	7.21	5.66	1.59	2.90	1.23	2.22	2.29	2.36	2.44	4.32	4.39	4.47	4.55
L90×56× 6	9	12.9	29.5	8.56	6.72	1.58	2.88	1.22	2.24	2.31	2.39	2.46	4.34	4.42	4.50	4.57
L90×56× 7	9	13.3	30.0	9.88	7.76	1.57	2.87	1.22	2.26	2.33	2.41	2.49	4.37	4.44	4.52	4.60
L90×56× 8	9	13.6	30.4	11.2	8.78	1.56	2.85	1.21	2.28	2.35	2.43	2.51	4.39	4.47	4.54	4.62

续表

角钢型号 B×b×t	圆角 R	重心距 (mm)		截面面积 A (cm²)	质量 (kg/m)	单角钢 回转半径 (cm)			双角钢 i_{y1}，当 a 为下列数值 (cm)				i_{y2}，当 a 为下列数值 (cm)			
		Z_x	Z_y			i_x	i_y	i_{y0}	6mm	8mm	10mm	12mm	6mm	8mm	10mm	12mm
L100×63× 6	10	14.3	32.4	9.62	7.55	1.79	3.21	1.38	2.49	2.56	2.63	2.71	4.77	4.85	4.92	5.00
L100×63× 7	10	14.7	32.8	11.1	8.72	1.78	3.20	1.37	2.51	2.58	2.65	2.73	4.80	4.87	4.95	5.03
L100×63× 8	10	15.0	33.2	12.6	9.88	1.77	3.18	1.37	2.53	2.60	2.67	2.75	4.82	4.90	4.97	5.05
L100×63× 10	10	15.8	34.0	15.5	12.1	1.75	3.15	1.35	2.57	2.64	2.72	2.79	4.86	4.94	5.02	5.10
L100×80× 6	10	19.7	29.5	10.6	8.35	2.40	3.17	1.73	3.31	3.38	3.45	3.52	4.54	4.62	4.69	4.76
L100×80× 7	10	20.1	30.0	12.3	9.66	2.39	3.16	1.71	3.32	3.39	3.47	3.54	4.57	4.64	4.71	4.79
L100×80× 8	10	20.5	30.4	13.9	10.9	2.37	3.15	1.71	3.34	3.41	3.49	3.56	4.59	4.66	4.73	4.81
L100×80× 10	10	21.3	31.2	17.2	13.5	2.35	3.12	1.69	3.38	3.45	3.53	3.60	4.63	4.70	4.78	4.85
L110×70× 6	10	15.7	35.3	10.6	8.35	2.01	3.54	1.54	2.74	2.81	2.88	2.96	5.21	5.29	5.36	5.44
L110×70× 7	10	16.1	35.7	12.3	9.66	2.00	3.53	1.53	2.76	2.83	2.90	2.98	5.24	5.31	5.39	5.46
L110×70× 8	10	16.5	36.2	13.9	10.9	1.98	3.51	1.53	2.78	2.85	2.92	3.00	5.26	5.34	5.41	5.49
L110×70× 10	10	17.2	37.0	17.2	13.5	1.96	3.48	1.51	2.82	2.89	2.96	3.04	5.30	5.38	5.46	5.53
L125×80× 7	11	18.0	40.1	14.1	11.1	2.30	4.02	1.76	3.13	3.18	3.25	3.33	5.90	5.97	6.01	6.12
L125×80× 8	11	18.4	40.6	16.0	12.6	2.29	4.01	1.75	3.13	3.20	3.27	3.35	5.92	5.99	6.07	6.14
L125×80× 10	11	19.2	41.4	19.7	15.5	2.26	3.98	1.74	3.17	3.24	3.31	3.39	5.96	6.04	6.11	6.19
L125×80× 12	11	20.0	42.2	23.4	18.3	2.24	3.95	1.72	3.20	3.28	3.35	3.43	6.00	6.08	6.16	6.23

续表

角钢型号 B×b×t	圆角 R	重心距 Z_x (mm)	重心距 Z_y (mm)	截面面积 A (cm²)	质量 (kg/m)	单角钢 回转半径 i_x (cm)	单角钢 回转半径 i_y (cm)	单角钢 回转半径 i_{y0} (cm)	双角钢 i_{y1}，当 a 为下列数值 6mm (cm)	8mm (cm)	10mm (cm)	12mm (cm)	双角钢 i_{y2}，当 a 为下列数值 6mm (cm)	8mm (cm)	10mm (cm)	12mm (cm)
L140×90× 8	12	20.4	45.0	18.0	14.2	2.59	4.50	1.98	3.49	3.56	3.63	3.70	6.58	6.65	6.73	6.80
L140×90× 10	12	21.2	45.8	22.3	17.5	2.56	4.47	1.96	3.52	3.59	3.66	3.73	6.62	6.70	6.77	6.85
L140×90× 12	12	21.9	46.6	26.4	20.7	2.54	4.44	1.95	3.56	3.63	3.70	3.77	6.66	6.74	6.81	6.89
L140×90× 14	12	22.7	47.4	30.5	23.9	2.51	4.42	1.94	3.59	3.66	3.74	3.81	6.70	6.78	6.86	6.93
L160×100× 10	13	22.8	52.4	25.3	19.9	2.85	5.14	2.19	3.84	3.91	3.98	4.05	7.55	7.63	7.70	7.78
L160×100× 12	13	23.6	53.2	30.1	23.6	2.82	5.11	2.18	3.87	3.94	4.01	4.09	7.60	7.67	7.75	7.82
L160×100× 14	13	24.3	54.0	34.7	27.2	2.80	5.08	2.16	3.91	3.98	4.05	4.12	7.64	7.71	7.79	7.86
L160×100× 16	13	25.1	54.8	39.3	30.8	2.77	5.05	2.15	3.94	4.02	4.09	4.16	7.68	7.75	7.83	7.90
L180×110× 10	14	24.4	58.9	28.4	22.3	3.13	5.81	2.42	4.16	4.23	4.30	4.36	8.49	8.56	8.63	8.71
L180×110× 12	14	25.2	59.8	33.7	26.5	3.10	5.78	2.40	4.19	4.26	4.33	4.40	8.53	8.60	8.68	8.75
L180×110× 14	14	25.9	60.6	39.0	30.6	3.08	5.75	2.39	4.23	4.30	4.37	4.44	8.57	8.64	8.72	8.79
L180×110× 16	14	26.7	61.4	44.1	34.6	3.05	5.72	2.37	4.75	4.82	4.40	4.47	8.61	8.68	8.76	8.84
L200×125× 12	14	28.3	65.4	37.9	29.8	3.57	6.44	2.75	4.75	4.82	4.88	4.95	9.39	9.47	9.54	9.62
L200×125× 14	14	29.1	66.2	43.9	34.4	3.54	6.41	2.73	4.78	4.85	4.92	4.99	9.43	9.51	9.58	9.66
L200×125× 16	14	29.9	67.0	49.7	39.0	3.52	6.38	2.71	4.81	4.88	4.95	5.02	9.47	9.55	9.62	9.70
L200×125× 18	14	30.6	67.8	55.5	43.6	3.49	6.35	2.70	4.85	4.92	4.99	5.06	9.51	9.59	9.66	9.74

注：一个角钢的惯性矩 $I_x = Ai_x^2$，$I_y = Ai_y^2$；一个角钢的截面模量 $W_x^{max} = I_x/Z_x$，$W_x^{min} = I_x/(b-Z_x)$；$W_y^{max} = I_y/Z_y$，$W_y^{min} = I_y/(B-Z_y)$。

附表 7.7 热轧无缝钢管

I ——截面惯性矩；
W ——截面模量；
i ——截面回转半径

尺寸(mm)		截面面积 A	每米质量	截面特性			尺寸(mm)		截面面积 A	每米质量	截面特性		
d	t	cm²	kg/m	I cm⁴	W cm³	i cm	d	t	cm²	kg/m	I cm⁴	W cm³	i cm
32	2.5	2.32	1.82	2.54	1.59	1.05	50	3.5	5.11	4.01	13.90	5.56	1.65
	3.0	2.73	2.15	2.90	1.82	1.03		4.0	5.78	4.54	15.41	6.16	1.63
	3.5	3.13	2.46	3.23	2.02	1.02		4.5	6.43	5.05	16.81	6.72	1.62
	4.0	3.52	2.76	3.52	2.20	1.00		5.0	7.07	5.55	18.11	7.25	1.60
38	2.5	2.79	2.19	4.41	2.32	1.26	54	3.0	4.81	3.77	15.68	5.81	1.81
	3.0	3.30	2.59	5.09	2.68	1.24		3.5	5.55	4.36	17.79	6.59	1.79
	3.5	3.79	2.98	5.70	3.00	1.23		4.0	6.28	4.93	19.76	7.32	1.77
	4.0	4.27	3.35	6.26	3.29	1.21		4.5	7.00	5.49	21.61	8.00	1.76
42	2.5	3.10	2.44	6.07	2.89	1.40		5.0	7.70	6.04	23.34	8.64	1.74
	3.0	3.68	2.89	7.03	3.35	1.38		5.5	8.38	6.58	24.96	9.24	1.73
	3.5	4.23	3.32	7.91	3.77	1.37		6.0	9.05	7.10	26.46	9.80	1.71
	4.0	4.78	3.75	8.71	4.15	1.35	57	3.0	5.09	4.00	18.61	6.53	1.91
45	2.5	3.34	2.62	7.56	3.36	1.51		3.5	5.88	4.62	21.14	7.42	1.90
	3.0	3.96	3.11	8.77	3.90	1.49		4.0	6.66	5.23	23.52	8.25	1.88
	3.5	4.56	3.58	9.89	4.40	1.47		4.5	7.42	5.83	25.76	9.04	1.86
	4.0	5.15	4.04	10.93	4.86	1.46		5.0	8.17	6.41	27.86	9.78	1.85
50	2.5	3.73	2.93	10.55	4.22	1.68		5.5	8.90	6.99	29.84	10.47	1.83
	3.0	4.43	3.48	12.28	4.91	1.67		6.0	9.61	7.55	31.69	11.12	1.82

续表

尺寸(mm)		截面面积 A cm²	每米质量 kg/m	截面特性			尺寸(mm)		截面面积 A cm²	每米质量 kg/m	截面特性		
d	t			I cm⁴	W cm³	i cm	d	t			I cm⁴	W cm³	i cm
60	3.0	5.37	4.22	21.88	7.29	2.02	70	3.0	6.31	4.96	35.50	10.14	2.37
	3.5	6.21	4.88	24.88	8.29	2.00		3.5	7.31	5.74	40.53	11.58	2.35
	4.0	7.04	5.52	27.73	9.24	1.98		4.0	8.29	6.51	45.33	12.95	2.34
	4.5	7.85	6.16	30.41	10.14	1.97		4.5	9.26	7.27	49.89	14.26	2.32
	5.0	8.64	6.78	32.94	10.98	1.95		5.0	10.21	8.01	54.24	15.50	2.33
	5.5	9.42	7.39	35.32	11.77	1.94		5.5	11.14	8.75	58.38	16.68	2.29
	6.0	10.18	7.99	37.56	12.52	1.92		6.0	12.06	9.47	62.31	17.80	2.27
63.5	3.0	5.70	4.48	26.15	8.24	2.14	73	3.0	6.60	5.18	40.48	11.09	2.48
	3.5	6.60	5.18	29.79	9.38	2.12		3.5	7.64	6.00	46.26	12.67	2.46
	4.0	7.48	5.87	33.24	10.47	2.11		4.0	8.67	6.81	51.78	14.19	2.44
	4.5	8.34	6.55	36.50	11.50	2.09		4.5	9.68	7.60	57.04	15.63	2.43
	5.0	9.19	7.21	39.60	12.47	2.08		5.0	10.68	8.38	62.07	17.01	2.41
	5.5	10.02	7.87	42.52	13.39	2.06		5.5	11.66	9.16	66.87	18.32	2.39
	6.0	10.84	8.51	45.28	14.26	2.04		6.0	12.63	9.91	71.43	19.57	2.38
68	3.0	6.13	4.81	32.42	9.54	2.30	76	3.0	6.88	5.40	45.91	12.08	2.58
	3.5	7.09	5.57	36.99	10.88	2.28		3.5	7.97	6.26	52.50	13.82	2.57
	4.0	8.04	6.31	41.34	12.16	2.27		4.0	9.05	7.10	58.81	15.48	2.55
	4.5	8.98	7.05	45.47	13.37	2.25		4.5	10.11	7.93	64.85	17.07	2.53
	5.0	9.90	7.77	49.41	14.53	2.23		5.0	11.15	8.75	70.62	18.59	2.52
	5.5	10.80	8.48	53.14	15.63	2.22		5.5	12.18	9.56	76.14	20.04	2.50
	6.0	11.69	9.17	56.68	16.67	2.20		6.0	13.19	10.36	81.41	21.42	2.48

续表

尺寸(mm)		截面面积 A	每米质量	截面特性			尺寸(mm)		截面面积 A	每米质量	截面特性		
d	t	cm^2	kg/m	I cm^4	W cm^3	i cm	d	t	cm^2	kg/m	I cm^4	W cm^3	i cm
83	3.5	8.74	6.86	69.19	16.67	2.81	95	6.0	16.78	13.17	166.86	35.13	3.15
	4.0	9.93	7.79	77.64	18.71	2.80		6.5	18.07	14.19	177.89	37.45	3.14
	4.5	11.10	8.71	85.76	20.67	2.78		7.0	19.35	15.19	188.51	39.69	3.12
	5.0	12.25	9.62	93.56	22.54	2.76	102	3.5	10.83	8.50	131.52	25.79	3.48
	5.5	13.39	10.51	101.04	24.35	2.75		4.0	12.32	9.67	148.09	29.04	3.47
	6.0	14.51	11.39	108.22	26.08	2.73		4.5	13.78	10.82	164.14	32.18	3.45
	6.5	15.62	12.26	115.10	27.74	2.71		5.0	15.24	11.96	179.68	35.23	3.43
	7.0	16.71	13.12	121.69	29.32	2.70		5.5	16.67	13.09	194.72	38.18	3.42
89	3.5	9.40	7.38	86.05	19.34	3.03		6.0	18.10	14.21	209.28	41.03	3.40
	4.0	10.68	8.38	96.68	21.73	3.01		6.5	19.50	15.31	223.35	43.79	3.38
	4.5	11.95	9.38	106.92	24.03	2.99		7.0	20.89	16.40	236.96	46.46	3.37
	5.0	13.19	10.36	116.79	26.24	2.98	114	4.0	13.82	10.85	209.35	36.73	3.89
	5.5	14.43	11.33	126.29	28.38	2.96		4.5	15.48	12.15	232.41	40.77	3.87
	6.0	15.65	12.28	135.43	30.43	2.94		5.0	17.12	13.44	254.81	44.70	3.86
	6.5	16.85	13.22	144.22	32.41	2.93		5.5	18.75	14.72	276.58	48.52	3.84
	7.0	18.03	14.16	152.67	34.31	2.91		6.0	20.36	15.98	297.73	52.23	3.82
95	3.5	10.06	7.90	105.45	22.20	3.24		6.5	21.95	17.23	318.26	55.84	3.81
	4.0	11.44	8.98	118.60	24.97	3.22		7.0	23.53	18.47	338.19	59.33	3.79
	4.5	12.79	10.04	131.31	27.64	3.20		7.5	25.09	19.70	357.58	62.73	3.77
	5.0	14.14	11.10	143.58	30.23	3.19		8.0	26.64	20.91	376.30	66.02	3.76
	5.5	15.46	12.14	155.43	32.72	3.17	121	4.0	14.70	11.54	251.87	41.63	4.14

续表

尺寸(mm)		截面面积 A	每米质量	截面特性		
d	t	cm²	kg/m	I cm⁴	W cm³	i cm
121	4.5	16.47	12.93	279.83	46.25	4.12
	5.0	18.22	14.30	307.05	50.75	4.11
	5.5	19.96	15.67	333.54	55.13	4.09
	6.0	21.68	17.02	359.32	59.39	4.07
	6.5	23.38	18.35	384.40	63.54	4.05
	7.0	25.07	19.68	408.80	67.57	4.04
	7.5	26.74	20.99	432.51	71.49	4.02
	8.0	28.40	22.29	455.57	75.30	4.01
127	4.0	15.46	12.13	292.61	46.08	4.35
	4.5	17.32	13.59	325.29	51.23	4.33
	5.0	19.16	15.04	357.14	56.24	4.32
	5.5	20.99	16.48	388.19	61.13	4.30
	6.0	22.81	17.90	418.44	65.90	4.28
	6.5	24.61	19.32	447.92	70.54	4.27
	7.0	26.39	20.72	476.63	75.06	4.25
	7.5	28.16	22.10	504.58	79.46	4.23
	8.0	29.91	23.48	531.80	83.75	4.22
133	4.0	16.21	12.73	337.53	50.76	4.56
	4.5	18.17	14.26	375.42	56.45	4.55
	5.0	20.11	15.78	412.40	62.02	4.53
	5.5	22.03	17.29	448.50	67.44	4.51
	6.0	23.94	18.79	483.72	72.74	4.50
	6.5	25.83	20.28	518.07	77.91	4.48
	7.0	27.71	21.75	551.58	82.94	4.46
	7.5	29.57	23.21	584.25	87.86	4.45
	8.0	31.42	24.66	616.11	92.65	4.43
140	4.5	19.16	15.04	440.12	62.87	4.79
	5.0	21.21	16.65	483.76	69.11	4.78
	5.5	23.24	18.24	526.40	75.20	4.76
	6.0	25.26	19.83	568.06	81.15	4.74
	6.5	27.26	21.40	608.76	86.97	4.73
	7.0	29.25	22.96	648.51	92.64	4.71
	7.5	31.22	24.51	687.32	98.19	4.69
	8.0	33.18	26.04	725.21	103.60	4.68
	9.0	37.04	29.08	798.29	114.04	4.64
	10	40.84	32.06	867.86	123.98	4.61
146	4.5	20.00	15.70	501.16	68.65	5.01
	5.0	22.15	17.39	551.10	75.49	4.99
	5.5	24.28	19.06	599.95	82.19	4.97
	6.0	26.39	20.72	647.73	88.73	4.95
	6.5	28.49	22.36	694.44	95.13	4.94
	7.0	30.57	24.00	740.12	101.39	4.92

续表

尺寸(mm)		截面面积 A cm²	每米质量 kg/m	截面特性			尺寸(mm)		截面面积 A cm²	每米质量 kg/m	截面特性		
d	t			I cm⁴	W cm³	i cm	d	t			I cm⁴	W cm³	i cm
146	7.5	32.63	25.62	784.77	107.50	4.90	159	8.0	37.95	29.79	1084.67	136.44	5.35
	8.0	34.68	27.23	828.41	113.48	4.89		9.0	42.41	33.29	1197.12	150.58	5.31
	9.0	38.74	30.41	912.71	125.03	4.85		10	46.81	36.75	1304.88	164.14	5.28
	10	42.73	33.54	993.16	136.05	4.82	168	4.5	23.11	18.14	772.96	92.02	5.78
152	4.5	20.85	16.37	567.61	74.69	5.22		5.0	25.60	20.10	851.14	101.33	5.77
	5.0	23.09	18.13	624.43	82.16	5.20		5.5	28.08	22.04	927.85	110.46	5.75
	5.5	25.31	19.87	680.06	89.48	5.18		6.0	30.54	23.97	1003.12	119.42	5.73
	6.0	27.52	21.60	734.52	96.65	5.17		6.5	32.98	25.89	1076.95	128.21	5.71
	6.5	29.71	23.32	787.82	103.66	5.15		7.0	35.41	27.79	1149.36	136.83	5.70
	7.0	31.89	25.03	839.99	110.52	5.13		7.5	37.82	29.691	1220.38	145.28	5.68
	7.5	34.05	26.73	891.03	117.24	5.12		8.0	40.21	31.57	1290.01	153.57	5.66
	8.0	36.19	28.41	940.97	123.81	5.10		9.0	44.96	35.29	1425.22	169.67	5.63
	9.0	40.43	31.74	1037.59	136.53	5.07		10	49.64	38.97	1555.13	185.13	5.60
	10	44.61	35.02	1129.99	148.68	5.03	180	5.0	27.49	21.58	1053.17	117.02	6.19
159	4.5	21.84	17.15	652.27	82.05	5.46		5.5	30.15	23.67	1148.79	127.64	6.17
	5.0	24.19	18.99	717.88	90.30	5.45		6.0	32.80	25.75	1242.72	138.08	6.16
	5.5	26.52	20.82	782.18	98.39	5.43		6.5	35.43	27.81	1335.00	148.33	6.14
	6.0	28.84	22.64	845.19	106.31	5.41		7.0	38.04	29.87	1425.63	158.40	6.12
	6.5	31.14	24.45	906.92	114.08	5.40		7.5	40.64	31.91	1514.64	168.29	6.10
	7.0	33.43	26.24	967.41	121.69	5.38		8.0	43.23	33.93	1602.04	178.00	6.09
	7.5	35.70	28.02	1026.65	129.14	5.36		9.0	48.35	37.95	1772.12	196.90	6.05

续表

尺寸(mm) d	t	截面面积 A cm²	每米质量 kg/m	截面特性 I cm⁴	W cm³	i cm	尺寸(mm) d	t	截面面积 A cm²	每米质量 kg/m	截面特性 I cm⁴	W cm³	i cm
180	10	53.41	41.92	1936.01	215.11	6.02	203	16	94.00	73.79	4138.78	407.76	6.64
	12	63.33	49.72	2245.84	249.54	5.95	219	6.0	40.15	31.52	2278.74	208.10	7.53
194	5.0	29.69	23.31	1326.54	136.76	6.68		6.5	43.39	34.06	2451.64	223.89	7.52
	5.5	32.57	25.57	1447.86	149.26	6.67		7.0	46.62	36.60	2622.04	239.46	7.50
	6.0	35.44	27.82	1567.21	161.57	6.65		7.5	49.83	39.12	2789.96	254.79	7.48
	6.5	38.29	30.06	1684.61	173.67	6.63		8.0	53.03	41.63	2955.43	269.90	7.47
	7.0	41.12	32.28	1800.08	185.57	6.62		9.0	59.38	46.61	3279.12	299.46	7.43
	7.5	43.94	34.50	1913.64	197.28	6.60		10	65.66	51.54	3593.29	328.15	7.40
	8.0	46.75	36.70	2025.31	208.79	6.58		12	78.04	61.26	4193.81	383.00	7.33
	9.0	52.31	41.06	2243.08	231.25	6.55		14	90.16	70.78	4758.50	434.57	7.26
	10	57.81	45.38	2453.55	252.94	6.51		16	102.04	80.10	5288.81	483.00	7.20
	12	68.61	53.86	2853.25	294.15	6.45	245	6.5	48.70	38.23	3465.46	282.89	8.44
203	6.0	37.13	29.15	1803.07	177.64	6.97		7.0	52.34	41.08	3709.06	302.78	8.42
	6.5	40.13	31.50	1938.81	191.02	6.95		7.5	55.96	43.93	3949.52	322.41	8.40
	7.0	43.10	33.84	2072.43	204.18	6.93		8.0	59.56	46.76	4186.87	341.79	8.38
	7.5	46.06	36.16	2203.94	217.14	6.92		9.0	66.73	52.38	4652.32	379.78	8.35
	8.0	49.01	38.47	2333.37	229.89	6.90		10	73.83	57.95	5105.63	416.79	8.32
	9.0	54.85	43.06	2586.08	254.79	6.87		12	87.84	68.95	5976.67	487.89	8.25
	10	60.63	47.60	2830.72	278.89	6.83		14	101.60	79.76	6801.68	555.24	8.18
	12	72.01	56.52	3296.49	324.78	6.77		16	115.11	90.36	7582.30	618.96	8.12
	14	83.13	65.25	3732.07	367.69	6.70	273	6.5	54.42	42.72	4834.18	354.15	9.42

· 273 ·

续表

尺寸(mm)		截面面积 A	每米质量	截面特性		
d	t	cm²	kg/m	I cm⁴	W cm³	i cm
273	7.0	58.50	45.92	5177.30	379.29	9.41
273	7.5	62.56	49.11	5516.47	404.14	9.39
273	8.0	66.60	52.28	5851.71	428.70	9.37
273	9.0	74.64	58.60	6510.56	476.96	9.34
273	10	82.62	64.86	7154.09	524.11	9.31
273	12	98.39	77.24	8396.14	615.10	9.24
273	14	113.91	89.42	9579.75	701.81	9.17
273	16	129.18	101.41	10706.79	784.38	9.10
299	7.5	68.68	53.92	7300.02	488.30	10.31
299	8.0	73.14	57.41	7747.42	518.22	10.29
299	9.0	82.00	64.37	8628.09	577.13	10.26
299	10	90.79	71.27	9490.15	634.79	10.22
299	12	108.20	84.93	11159.52	746.46	10.16
299	14	125.35	98.40	12757.61	853.35	10.09
299	16	142.25	111.67	14286.48	955.62	10.02
325	7.5	74.81	58.73	9431.80	580.42	11.23
325	8.0	79.67	62.54	10013.92	616.24	11.21
325	9.0	89.35	70.14	11161.33	686.85	11.18
325	10	98.96	77.68	12286.52	756.09	11.14
325	12	118.00	92.63	14471.45	890.55	11.07
325	14	136.78	107.38	16570.98	1019.75	11.01
325	16	155.32	121.93	18587.38	1143.84	10.94
351	8.0	86.21	67.67	12684.36	722.76	12.13
351	9.0	96.70	75.91	14147.55	806.13	12.10
351	10	107.13	84.10	15584.62	888.01	12.06
351	12	127.80	100.32	18381.63	1047.39	11.99
351	14	148.22	116.35	21077.86	1201.02	1.93
351	16	168.39	132.19	23675.75	1349.05	11.86

附表 7.8 电焊钢管

I——截面惯性矩；
W——截面模量；
i——截面回转半径

尺寸 (mm)		截面面积 $A(cm^2)$	每米质量 (kg/m)	截面特性		
d	t			I cm^4	W cm^3	i cm
32	2.0	1.88	1.48	2.13	1.33	1.06
	2.5	2.32	1.82	2.54	1.59	1.05
38	2.0	2.25	1.78	3.68	1.93	1.27
	2.5	2.79	2.19	4.41	2.32	1.26
40	2.0	2.39	1.87	4.32	2.15	1.35
	2.5	2.95	2.31	5.20	2.60	1.33
42	2.0	2.51	1.97	5.04	2.40	1.42
	2.5	3.10	2.44	6.07	2.89	1.40
45	2.0	2.70	2.12	6.26	2.78	1.52
	2.5	3.34	2.62	7.56	3.36	1.51
	3.0	3.96	3.11	8.77	3.90	1.49
51	2.0	3.08	2.42	9.26	3.63	1.73
	2.5	3.81	2.99	11.23	4.40	1.72
	3.0	4.52	3.55	13.08	5.13	1.70
	3.5	5.22	4.10	14.81	5.81	1.68
53	2.0	3.20	2.52	10.43	3.94	1.80
	2.5	3.97	3.11	12.67	4.78	1.79
	3.0	4.71	3.70	14.78	5.58	1.77
	3.5	5.44	4.27	16.75	6.32	1.75
57	2.0	3.46	2.71	13.08	4.59	1.95
	2.5	4.28	3.36	15.93	5.59	1.93
	3.0	5.09	4.00	18.61	6.53	1.91
	3.5	5.88	4.62	21.14	7.42	1.90
60	2.0	3.64	2.86	15.34	5.11	2.05
	2.5	4.52	3.55	18.70	6.23	2.03
	3.0	5.37	4.22	21.88	7.29	2.02
	3.5	6.21	4.88	24.88	8.29	2.00
63.5	2.0	3.86	3.03	18.29	5.76	2.18
	2.5	4.79	3.76	22.32	7.03	2.16
	3.0	5.70	4.48	26.15	8.24	2.14
	3.5	6.60	5.18	29.79	9.38	2.12

续表

尺寸(mm)		截面面积 A(cm²)	每米质量 (kg/m)	截面特性			尺寸(mm)		截面面积 A(cm²)	每米质量 (kg/m)	截面特性		
d	t			I cm⁴	W cm³	i cm	d	t			I cm⁴	W cm³	i cm
70	2.0	4.27	3.35	21.72	7.06	2.41	89	3.0	8.11	6.36	75.02	16.86	3.04
	2.5	5.30	4.16	30.23	8.64	2.39		3.5	9.40	7.38	86.05	19.34	3.03
	3.0	6.31	4.96	35.50	10.14	2.37		4.0	10.68	8.38	96.68	21.73	3.01
	3.5	7.31	5.74	40.53	11.58	2.35		4.5	11.95	9.38	106.92	24.03	2.99
	4.5	9.26	7.27	49.89	14.26	2.32	95	2.0	5.84	4.59	63.20	13.31	3.29
76	2.0	4.65	3.65	31.85	8.38	2.62		2.5	7.26	5.70	77.76	16.37	3.27
	2.5	5.77	4.53	39.03	10.27	2.60		3.0	8.67	6.81	91.83	19.33	3.25
	3.0	6.88	5.40	45.91	12.08	2.58		3.5	10.06	7.90	105.45	22.20	3.24
	3.5	7.97	6.26	52.50	13.82	2.57	102	2.5	6.28	4.93	78.57	15.41	3.54
	4.0	9.05	7.10	58.81	15.48	2.55		3.0	7.81	6.13	96.77	18.97	3.52
	4.5	10.11	7.93	64.85	17.07	2.53		3.5	9.33	7.32	114.42	22.43	3.50
83	2.0	5.09	4.00	41.76	10.06	2.86		4.0	10.83	8.50	131.52	25.79	3.48
	2.5	6.32	4.96	51.26	12.85	2.85		4.5	12.32	9.67	148.09	29.04	3.47
	3.0	7.54	5.92	60.40	14.56	2.83		5.0	13.78	10.82	164.14	32.18	3.45
	3.5	8.74	6.86	69.19	16.67	2.81			15.24	11.96	179.68	35.23	3.43
	4.0	9.93	7.79	77.64	18.71	2.80	108	3.0	9.90	7.77	136.49	25.28	3.71
	4.5	11.10	8.71	85.76	20.67	2.78		3.5	11.49	9.02	157.02	29.08	3.70
89	2.0	5.47	4.29	51.75	11.63	3.08		4.0	13.07	10.26	176.95	32.77	3.68
	2.5	6.79	5.33	63.59	14.29	3.06							

续表

尺寸(mm)		截面面积 A(cm²)	每米质量 (kg/m)	截面特性			尺寸(mm)		截面面积 A(cm²)	每米质量 (kg/m)	截面特性		
d	t			I cm⁴	W cm³	i cm	d	t			I cm⁴	W cm³	i cm
114	3.0	10.46	8.21	161.24	28.29	3.93	133	3.5	14.24	11.18	298.71	44.92	4.58
	3.5	12.15	9.54	185.63	32.57	8.91		4.0	16.21	12.73	337.53	50.76	4.56
	4.0	13.82	10.85	209.35	36.73	3.89		4.5	18.17	14.26	375.42	56.45	4.55
	4.5	15.48	12.15	232.41	40.77	3.87		5.0	20.11	15.78	412.40	62.02	4.53
	5.0	17.12	13.44	254.81	44.70	3.86	140	3.5	15.01	11.78	349.79	49.97	4.83
121	3.0	11.12	8.73	193.69	32.01	4.17		4.0	17.09	13.42	395.47	56.50	4.81
	3.5	12.92	10.14	223.17	36.89	4.16		4.5	19.16	15.04	440.12	62.87	4.79
	4.0	14.70	11.54	251.87	41.63	4.14		5.0	21.21	16.65	483.76	69.11	4.78
127	3.0	11.69	9.17	224.75	35.39	4.39		5.5	23.24	18.24	526.40	75.20	4.76
	3.5	13.58	10.66	259.11	40.80	4.37	152	3.5	16.33	12.82	450.35	59.26	5.25
	4.0	15.46	12.13	292.61	46.08	4.35		4.0	18.60	14.60	509.59	67.05	5.23
	4.5	17.32	13.59	325.29	51.23	4.33		4.5	20.85	16.37	567.61	74.69	5.22
	5.0	19.16	15.04	357.14	56.24	4.32		5.0	23.09	18.13	624.43	82.16	5.20
								5.5	25.31	19.87	680.06	89.48	5.18

附录8 螺栓和锚栓规格

螺栓螺纹处的有效截面面积见附表8.1。

附表8.1 螺栓螺纹处的有效截面面积

公称直径	12	14	16	18	20	22	24	27	30
螺栓有效截面面积 A_e（cm²）	0.84	1.15	1.57	1.92	2.45	3.03	3.53	4.59	5.61
公称直径	33	36	39	42	45	48	52	56	60
螺栓有效截面面积 A_e（cm²）	6.94	8.17	9.76	11.2	13.1	14.7	17.6	20.3	23.6
公称直径	64	68	72	76	80	85	90	95	100
螺栓有效截面面积 A_e（cm²）	26.8	30.6	34.6	38.9	43.4	49.5	55.9	62.7	70.0

锚栓规格见附表8.2。

附表8.2 锚栓规格

型式	Ⅰ				Ⅱ				Ⅲ		
锚栓直径 d（mm）	20	24	30	36	42	48	56	64	72	80	90
锚栓有效截面面积（cm²）	2.45	3.53	5.61	8.17	11.2	14.7	20.3	26.8	34.6	43.4	55.9
锚栓设计拉力（kN）（Q235钢）	34.3	49.4	78.5	114.1	156.9	206.2	284.2	375.2	484.4	608.2	782.7
Ⅲ型锚栓 锚板宽度 c（mm）	—	—	—	—	140	200	200	240	280	350	400
Ⅲ型锚栓 锚板厚度 t（mm）	—	—	—	—	20	20	20	25	30	40	40

附录 9　受弯和压弯构件的截面板件宽厚比等级及限值

构件	截面板件宽厚比等级		S1 级	S2 级	S3 级	S4 级	S5 级
受弯构件（梁）	工字形截面	翼缘 b/t	$9\varepsilon_k$	$11\varepsilon_k$	$13\varepsilon_k$	$15\varepsilon_k$	20
		腹板	$65\varepsilon_k$	$72\varepsilon_k$	$93\varepsilon_k$	$124\varepsilon_k$	250
	箱形截面	壁（腹）板间翼缘 b_0/t	$25\varepsilon_k$	$32\varepsilon_k$	$37\varepsilon_k$	$42\varepsilon_k$	—
压弯构件（框架柱）	H 形截面	翼缘 b/t	$9\varepsilon_k$	$11\varepsilon_k$	$13\varepsilon_k$	$15\varepsilon_k$	20
		腹板 h_0/t_w	$(33+13\alpha_0^{1.3})\varepsilon_k$	$(38+13\alpha_0^{1.39})\varepsilon_k$	$(40+18\alpha_0^{1.5})\varepsilon_k$	$(45+25\alpha_0^{1.66})\varepsilon_k$	250
	箱形截面	壁（腹）板间翼缘 b_0/t	$30\varepsilon_k$	$35\varepsilon_k$	$40\varepsilon_k$	$45\varepsilon_k$	—
	圆钢管截面	径厚比 D/t	$50\varepsilon_k^2$	$70\varepsilon_k^2$	$90\varepsilon_k^2$	$100\varepsilon_k^2$	—

注：1. S1 级称为一级塑性截面，可达到全截面塑性；S2 级称为二级塑性截面，可达到全截面塑性但塑性铰转动能力有限；S3 级表示弹塑性截面，翼缘全部屈服，腹板局部塑性发展；S4 级表示弹性截面，翼缘边缘纤维可达到屈服，但由于翼缘局部屈曲而不能发展塑性；S5 级表示薄壁截面，翼缘边缘纤维达到屈服前，腹板可能发生局部屈曲。
2. ε_k 为钢号修正系数，其值为 235 与钢材牌号中屈服点数值的比值的平方根。
3. b 为工字形、H 形截面的翼缘外伸宽度，t、h_0、t_w 分别是翼缘厚度、腹板净高和腹板厚度，对轧制型截面，腹板净高不包括翼缘腹板过渡处圆弧段；对于箱形截面，b_0、t 分别是壁板间的距离和壁板厚度；D 为圆管截面外径。
4. $\alpha_0 = (\sigma_{max} - \sigma_{min})/\sigma_{max}$，$\sigma_{max}$ 是腹板计算边缘的最大压应力（N/mm²），σ_{min} 为腹板计算高度另一边缘相应的应力（N/mm²），压应力取正值，拉应力取负值。
5. 箱形截面梁及单向受弯的箱形截面柱，其腹板限值可根据 H 形截面腹板采用。
6. 腹板的宽厚比可通过设置加劲肋减小。

参考文献

[1] 戴国欣. 钢结构 [M]. 5 版. 武汉：武汉理工大学出版社，2019.

[2] 曹平周，朱召泉. 钢结构 [M]. 5 版. 北京：中国电力出版社，2021.

[3] 张耀春. 钢结构设计原理 [M]. 2 版. 北京：高等教育出版社，2020.

[4] 刘树堂. 钢结构 [M]. 北京：中国电力出版社，2009.

[5] 中华人民共和国住房和城乡建设部. 建筑结构可靠性设计统一标准：GB 50068—2018 [S]. 北京：中国建筑工业出版社，2019.

[6] 中华人民共和国住房和城乡建设部. 钢结构设计标准：GB 50017—2017 [S]. 北京：中国建筑工业出版社，2018.

[7] 中华人民共和国住房和城乡建设部. 钢结构设计标准：GB 50017—2017 [S]. 北京：中国建筑工业出版社，2018.

[8] 中华人民共和国住房和城乡建设部. 建筑结构荷载规范：GB 50009—2012 [S]. 北京：中国建筑工业出版社，2012.

[9] 中华人民共和国住房和城乡建设部. 钢结构工程施工质量验收规范：GB 50205—2020 [S]. 北京：中国计划出版社，2020.

[10] 中华人民共和国建设部. 冷弯薄壁型钢结构技术规范：GB 50018—2002 [S]. 北京：中国标准出版社，2003.

[11] 中华人民共和国住房和城乡建设部. 工程结构设计基本术语标准：GB/T 50083—2014 [S]. 北京：中国建筑工业出版社，2015.

[12] 中华人民共和国住房和城乡建设部. 门式刚架轻型房屋钢结构技术规范：GB 51022—2015 [S]. 北京：中国建筑工业出版社，2016.

[13] 中华人民共和国住房和城乡建设部. 建筑抗震设计规范：GB 50011—2010 [S]. 2016 年版. 北京：中国建筑工业出版社，2016.

[14] 中华人民共和国住房和城乡建设部. 建筑钢结构防火技术规范：GB 51249—2017 [S]. 北京：中国计划出版社，2018.

[15] 中国工程建设标准化协会. 建筑结构抗倒塌设计规范：CECS 392—2014 [S]. 北京：中国计划出版社，2015.

[16] CEN. EN 1991-1-7. Eurocode 1-Actions on structures Part 1.7：General Actions-Accidental actions due to impact and explosions [S]. Brussels. 2006.

[17] 但泽义. 钢结构设计手册 [M]. 4 版. 北京. 中国建筑工业出版社，2019.

[18] 陈绍藩. 钢结构设计原理 [M]. 4 版. 北京：科学出版社，2016.

[19] 别列尼亚. 金属结构 [M]. 颜景田，译. 哈尔滨：哈尔滨工业大学出版社，1988.

[20] 李开禳，肖允徽. 逆算单元长度法计算单轴失稳时钢压杆的临界力 [J]. 土木与环境工程学报（中英文），1982（4）：26-45.

[21] 卢铁鹰. 钢结构 [M]. 重庆：西南师范大学出版社，1993.

[22] 王国周，瞿履谦. 钢结构原理与设计 [M]. 北京：清华大学出版社，1993.

[23] 夏志斌，姚谏. 钢结构：原理与设计 [M]. 北京：中国建筑工业出版社，2004.